材料科学与工程实验系列教材

总主编　崔占全　潘清林　赵长生　谢峻林
总主审　王明智　翟玉春　肖纪美

材料科学与工程实验教程

（高分子分册）

主　编　燕　山　大　学　李青山
副主编　天　津　大　学　原续波
　　　　陕西理工学院　　袁新强
　　　　燕　山　大　学　彭桂荣
主　审　东　华　大　学　沈新元
　　　　中　山　大　学　叶大铿
　　　　河北联合大学　　商晓明

U0315565

北　京

冶 金 工 业 出 版 社
北 京 大 学 出 版 社
国 防 工 业 出 版 社
哈尔滨工业大学出版社

2012

内 容 提 要

本教程共分为 9 章，内容包括：高分子材料与工程专业实验基础，高分子合成化学实验，高分子化学反应实验，高分子结构实验，高分子性能实验，高分子表征实验，高分子成型加工实验，综合型实验，创新、设计、探索性实验。

本教程可作为高分子材料加工、改性和高分子化学助剂生产领域相关人员的实验指导教程，也可供相关专业的教学、科研、设计、生产和应用人员参考。

图书在版编目(CIP)数据

材料科学与工程实验教程. 高分子分册/李青山主编. —北京：冶金工业出版社，2012.8
材料科学与工程实验系列教材
ISBN 978-7-5024-5989-5

Ⅰ. ①材… Ⅱ. ①李… Ⅲ. ①高分子材料—材料试验—高等学校—教材 Ⅳ. ①TB302

中国版本图书馆 CIP 数据核字(2012) 第 173935 号

出 版 人 曹胜利
地　　址 北京北河沿大街嵩祝院北巷 39 号，邮编 100009
电　　话 (010)64027926 电子信箱 yjcbs@ cnmip. com. cn
责任编辑 谢冠伦 尚海霞 美术编辑 李 新 版式设计 孙跃红
责任校对 王贺兰 责任印制 牛晓波
ISBN 978-7-5024-5989-5
北京百善印刷厂印刷；冶金工业出版社出版发行；各地新华书店经销
2012 年 8 月第 1 版，2012 年 8 月第 1 次印刷
787mm ×1092mm 1/16；22 印张；528 千字；332 页
39. 00 元
冶金工业出版社投稿电话：(010)64027932 投稿信箱：tougao@cnmip. com. cn
冶金工业出版社发行部 电话：(010)64044283 传真：(010)64027893
冶金书店 地址：北京东四西大街 46 号(100010) 电话：(010)65289081(兼传真)
　　　　　(本书如有印装质量问题，本社发行部负责退换)

《材料科学与工程实验系列教材》
总编委会

总主编 崔占全　潘清林　赵长生　谢峻林

总主审 王明智　翟玉春　肖纪美

《材料科学与工程实验系列教材》
编写委员会成员单位

（按汉语拼音排序）

北方民族大学、北华航天工业大学、北京科技大学、成都理工大学、大连交通大学、大连理工大学、东北大学、东北大学秦皇岛分校、哈尔滨工业大学、河南工业大学、河南科技大学、河南理工大学、佳木斯大学、江苏科技大学、九江学院、兰州理工大学、南昌大学、南昌航空大学、清华大学、山东大学、陕西理工大学、沈阳工业大学、沈阳化工大学、沈阳理工大学、四川大学、太原科技大学、太原理工大学、天津大学、武汉理工大学、西南石油大学、燕山大学、郑州大学、中国石油大学（华东）、中南大学

《材料科学与工程实验系列教材》
出版委员会

（除出版本书出版社外，其他出版社按汉语拼音排序）

冶 金 工 业 出 版 社　曹胜利　张　卫　刘小峰

北 京 大 学 出 版 社　杨立范　林章波　童君鑫

国 防 工 业 出 版 社　邢海鹰　辛俊颖

哈尔滨工业大学出版社　黄菊英　杨　桦　许雅莹

序　言

近年来，我国高等教育取得了历史性突破，实现了跨越式的发展，高等教育由精英教育变为大众化教育。以国家需求与社会发展为导向，走多样化人才培养之路是今后高等教育教学改革的一项重要内容。

作为高等教育教学内容之一的实验教学，是培养学生动手能力、分析问题、解决问题能力的基础，是学生理论联系实际的纽带和桥梁，是高等院校培养创新开拓型和实践应用型人才的重要课堂。因此，实验教学及国家级实验示范中心建设在高等学校建设上至关重要，在高等院校人才培养计划中亦占有极其重要的地位。但长期以来，实验教学存在以下弊病：

1. 在高等学校的教学中，存在重理论轻实践的现象，实验教学长期处于从属理论教学的地位，大多没有单独设课，忽视对学生能力的培养；

2. 实验教师队伍建设落后，师资力量匮乏，部分实验教师由于种种原因而进入实验室，且实验教师知识更新不够；

3. 实验教学学时有限，且在教学计划中实验教学缺乏系统性，为了理论教学任务往往挤压实验教学课时，实验教学没有被置于适当的位置；

4. 实验内容单调，局限在验证理论；实验方法呆板、落后，学生按照详细的实验指导书机械地模仿和操作，缺乏思考、分析和设计过程，被动地重复几年不变的书本上的内容，整个实验过程是教师抱着学生走；设备缺乏且陈旧，组数少，大大降低了实验效果；

5. 整个高等学校存在实验室开放程度不够，实验室的高精尖设备学生根本没有机会操作，更谈不上学生亲自动手及培养其分析问题与解决问题的能力。

这样，怎么能培养出适应国家"十二五"发展规划以及建设"创新型国家"需求的合格毕业生？

"百年大计，教育为本；教育大计，教师为本；教师大计，教学为本；教育大计，教材为本。"有了好的教材，就有章可循，有规可依，有鉴可借，有路可走。师资、设备、资料（首先是教材）是高等院校的三大教学基本建设。

为了落实教育部"质量工程"及"卓越工程师"计划，建设好材料类特色专业与国家级实验示范中心，实现培养面向二十一世纪高等院校材料类创新型综合性应用人才的目的，国内涉及材料科学与工程专业实验教学的40余所高校及国内四家出版社100多名专家、学者，于2011年1月成立了"材料科学与工程实验系列教学研究会"。"研究会"针对目前国内材料类实验教学的现状，以提升材料实验教学能力和传输新鲜理念为宗旨，团结全国高校从事材料科学与工程类实验教学的教师，共同研究提高我国材料科学与工程类实验教学的思路、方法，总结教学经验；目标是，精心打造出一批形式新颖、内容权威、适合时代发展的材料科学与工程系列实验教材，并经过几年的努力，成为优秀的精品课程教材。为此，成立"实验系列教材编审委员会"，并组成以国内有关专家、院士为首的高水平"实验系列教材总编审指导委员会"，其任务是策划教材选题，审查把关教材总体编写质量等；还组成了以教学第一线骨干教师为首的"实验教材编写委员会"，其任务是，提出、审查编写大纲，编写、修改、初审教材等。此外，冶金工业出版社、国防工业出版社、北京大学出版社、哈尔滨工业大学出版社等组成了本系列实验教材的"出版委员会"，协调、承担本实验教材的出版与发行事宜等。

为确保教材品位、体现材料科学与工程实验教材的国家水平，"编委会"特意对培养目标、编写大纲、书目名称、主干内容等进行了研讨。本系列实验教材的编写，注意突出以下特色：

1. 实验教材的编写与教育部专业设置、专业定位、培养模式、培养计划、各学校实际情况联系在一起；坚持加强基础、拓宽专业面、更新实验教材内容的基本原则。

2. 实验教材编写紧跟世界各高校教材编写的改革思路。注重突出人才素质、创新意识、创造能力、工程意识的培养，注重动手能力，分析问题及解决问题能力的培养。

3. 实验教材的编写与专业人才的社会需求实际情况联系在一起，做到宽窄并举；教材编写应听取用人单位专业人士的意见。

4. 实验教材编写突出专业特色、深浅度适中，以编写质量为实验教材的生命线。

5. 实验教材的编写，处理好该实验课与基础课之间的关系，处理好该实验课与其它专业课之间的关系。

6. 实验教材编写注意教材体系的科学性、理论性、系统性、实用性，不但要编写基本的、成熟的、有用的基础内容，同时也要将相关的未知问题在教材中体现，只有这样才能真正培养学生的创新意识。

7. 实验教材编写要体现教学规律及教学法，真正编写出一本教师及学生都感觉到得心应手的教材。

8. 实验教材的编写要注意与专业教材、学习指导、课堂讨论及习题集等配套教材的编写成龙配套，力争打造立体化教材。

本材料科学与工程实验系列教材，从教学类型上可分为：基础入门型实验，设计研究型实验，综合型实践实验，软件模拟型实验，创新开拓型实验。从教材题目上，包括材料科学基础实验教程（金属材料工程专业）；机械工程材料实验教程（机械类、近机类专业）；材料科学与工程实验教程（金属材料工程）；高分子材料实验教程（高分子材料专业）；无机非金属材料实验教程（无机专业）；材料成型与控制实验教程（压力加工分册）；材料成型与控制实验教程（铸造分册）；材料成型与控制实验教程（焊接分册）；材料物理实验教程（材料物理专业）；超硬材料实验教程（超硬材料专业）；表面工程实验教程（材料的腐蚀与防护专业）等一系列与材料有关的实验教材。从内容上，每个实验包含实验目的、实验原理、实验设备与材料、实验内容与步骤、实验注意事项、实验报告要求、思考题等内容。

本实验系列教材由崔占全（燕山大学）、潘清林（中南大学）、赵长生（四川大学）、谢峻林（武汉理工大学）任总主编；王明智（燕山大学）、翟玉春（东北大学）、肖纪美（北京科技大学、院士）任总主审。

经全体编审教师的共同努力，本系列教材的第一批教材即将出版发行，我们殷切期望此系列教材的出版能够满足国内高等院校材料科学与工程类各个专业教育改革发展的需要，并在教学实践中得以不断充实、完善、提高和发展。

本材料科学与工程实验系列教材涉及的专业及内容极其广泛。随着专业设置与教学的变化和发展，本实验系列教材的题目还会不断补充，同时也欢迎国内从事材料科学与工程专业的教师加入我们的队伍，通过实验教材这个平台，将本专业有特色的实验教学经验、方法等与全国材料实验工作者同仁共享，为国家复兴尽力。

由于编者水平及时间有限，书中不足之处，敬请读者批评指正。

材料科学与工程实验教学研究会
材料科学与工程实验系列教材编写委员会

2011 年 7 月

前　言

随着时代的进步，高分子材料已经与人类的生活、社会的发展密不可分，高分子材料已经广泛地应用于人们生产、生活、工作的各个领域和行业。从宇航员太空行走所用特殊服装中的特种纤维到我们每个人服装中的涤纶，这些材料无不与高分子化学、高分子物理、高分子材料科学密切相关。高分子实验包括高分子化学反应实验、高分子合成制备、高分子的结构表征、高分子材料的性能评价、高分子加工等几个方面的内容，是化学、材料学、物理学、现代分析测试技术等几个领域和学科的交叉。在很多高校开设的应用化学、高分子材料、化学工艺等专业中均开设有高分子实验课程。通过实验课程，尤其是以独立设课的实验教学方式进行实验，可促进学生对理论知识的深化，培养学生的动手能力和实验技能、提高学生的实验设计思维并激发创新意识。

本教程是适应新时期高分子科学人才的培养需要，在参编教师多年的高分子实验教学改革的基础上，参考国内外有关高分子实验的相关教材和资料，为独立设课的高分子实验课程而编写的，尤其是加重了功能高分子化学助剂的设计、研发等过程中密切相关的高分子材料的实验技术的总结。

本教程共分为9章，其中第一章为高分子材料科学与工程专业实验基础，其余为实验部分，共包含专业实验84个，创新实验题目58项，主要介绍了常规的高分子材料制备、合成、表征、性能，重点高分子材料的相关性能及生产、使用现状。在实验基础部分对实验基本思路、有关高分子实验的基本注意事项、实验理论等进行了总结，打破了一般教程的编写模式，编写了实验设计与数据分析处理，为很多实验的优化设计等提供了参考。实验部分的设置在充分尊重聚合机理体系的框架下，根据常用聚合实验方法优选了有一定代表性的实验项目。在高分子化学反应及高分子性能及结构表征实验部分坚持每一个实验代表一类反应或一种方法的思路，确保了每个实验有一定的代表性。在综合、设计、创新性实验部分中突破了一般实验教程将综合实验、创新实验项目编写得非常复杂和详细的思路，仅为每个实验提供了一般实验思路或实验研究技术路线，为学生进行该实验时提供更多查阅资料、设计实验方案等的锻炼机会并留有更多空间，进一步提高学生的思维创新能力。

本教程主要特点有：

（1）紧密联系生活、重视实验历史、强化安全技术。首先把实验目的、任务交给学生，重视每个实验发展历史与人类生活的密切关系，强化安全技术，让学生感兴趣，尽量调动学生的积极性。

（2）改进验证性实验、增设探索性、设计性实验。验证性实验，能够帮助学生进一步掌握实验程序、有关仪器设备的熟练使用和相关实验内容及结果。但是，传统的验证性实验都是学生在实验教材、实验教师的指导下，提供详细的实验配方、工艺参数的前提下，在有限的时间内使用规定的仪器设备完成实验任务。因此，学生观察同样的实验现象、得到同样的实验结果，实验报告千篇一律。针对这一现象，对传统的验证性实验进行了改进，把高分子实验与艺术相结合，让高分子实验具有美的感觉，使学生觉得做高分子实验是一种乐趣，极大地提高了学生的实验兴趣，充分调动了学生的实验积极性。

把一些基础性、验证性的实验改为探索性、设计性的实验，积极推广微型高分子化学实验和加工实验。在讨论、总结的过程中，无形中提高了学生的思维创新逻辑性、严密性以及语言组织能力和表达能力，对学生的全面发展具有积极的促进作用。

（3）紧密结合科研，开设创新、研究性实验。为了进一步提高实验的教学效果，在验证性实验、探索性实验的基础上，开设了与作者课题组科研紧密相关的研究性实验。把高分子实验和科研紧密结合，运用科研成果推动和促进教学，不仅拓宽了科研领域，而且加大了教学的深度，提高了教学水平。

（4）紧密联系实际，开设应用性实验。根据各个学校实际情况，结合自身有利条件，对高分子实验从开设设计性实验、研究性实验以及应用性实验几个方面进行了初步的探索。在新的课程体系中，我们把加强实践训练作为教学研究和改革的重点，建立和完善新的实验教学体系；通过查阅文献、设计实验等环节培养学生的自学能力、科学思考能力、创新意识及创新能力；通过安装实验装置、观察和记录实验现象，分析、讨论实验结果等过程，培养学生的动手能力、分析问题和解决问题的能力；在协作实验中培养学生的协作精神和团队精神，为毕业以后的工作打下坚实的基础。

高分子实验改革是深化高校课程改革的一部分，在已有工作的基础上，要不断探索，对开设大型综合设计性实验进行研究，总结经验，使各校高分子实验教学再上一个台阶，也为学生毕业后的就业创造条件，为社会培养优秀人才。

受教育部材料学国家实验教学示范中心委托，本教程由燕山大学李青山教授主编，参编单位有：燕山大学、天津大学、兰州理工大学、沈阳理工大学、陕西理工学院、齐齐哈尔大学、安徽理工大学、河北联合大学等。全书的统稿工作由燕山大学李青山负责。东华大学纤维与聚合物改性国家重点实验室沈新元教授、中山大学叶大铿教授、河北联合大学商晓明教授对本教程进行了审定。贾宏葛、于金库、陈振斌、贺燕、胡玉洁、刘明程、于鹏、洪伟、汪建新、薛长国、李柏峰、董金虎、陈立贵、吴来磊、吕文峰、关龙龙、赵舟、杨秀英等参加了编写工作。

本书微型实验部分得到燕山大学特色教材专项经费资助，特此致谢。

由于编者水平所限，书中不足之处敬请各位读者斧正。

编　者

2012 年 5 月

目　　录

第一章
高分子材料与工程专业实验基础

第一节 高分子专业实验安全

高分子专业实验中安全是重要的，特别是高分子化学实验要经常用到化学试剂和化工原料，因此，化学试剂和化工原料的使用与安全技术是首先应该掌握的。

一、实验室的安全

完成一项高分子专业实验，不仅仅意味着顺利地获得预期设计的高分子产物并对其结构进行充分的表征，更为重要的而且往往被忽视的是避免安全事故的发生。在高分子化学实验、高分子物理和高分子加工实验中，经常会使用易燃溶剂和单体，如苯、苯乙烯、丙酮、乙醇和烷烃、烯烃、炔烃；易燃和易爆的试剂，如碱金属、金属有机化合物和过氧化物；有毒的试剂，如硝基苯、甲醇和多卤代烃；有腐蚀性的试剂，如浓硫酸、浓硝酸及溴等。化学试剂如果使用不当，就可能引起着火、爆炸、中毒和烧伤等事故。玻璃仪器和电器设备的使用不当也会引发事故。以下介绍的是高分子专业特别是高分子化学实验中经常遇到的几类安全事故和采取的处理方法。

（一）火警和火灾

高分子化学实验常常使用许多易燃有机溶剂，有时还会使用碱金属和金属有机化合物，如果操作不当就可能引发火警和火灾。实验室出现火警的常见原因如下：

（1）使用明火（如电炉、煤气）直接加热有机溶剂进行重结晶或溶液浓缩操作，而且不使用冷凝装置或者使用不当，导致溶剂溅出和大量挥发；

（2）在使用挥发性易燃溶剂时，实验同伴正在使用明火；

（3）随意抛弃易燃、易氧化化学品，如将回流干燥溶剂的钠连同残余溶剂倒入水池中；

（4）电器质量存在问题，长时间通电使用引起过热着火。

因此，使用水浴、油浴或加热套进行加热操作，应尽可能避免使用明火；长时间加热溶剂时，应使用冷凝装置；浓缩有机溶液，不得在敞口容器中进行，应使用旋转蒸发仪等装置，避免溶剂挥发并四处扩散。必须使用明火时（如进行封管和玻璃加工），应使明火远离易燃有机溶剂和药品。按常规方法处理废弃溶剂和药品，经常检查电器是否正常工作，如损坏应及时更换和修理。要熟悉安全用具（灭火器、石棉布、沙箱等）的放置地点和使用方法，并妥善保管，不要挪作他用。

如果出现了火警，可以根据不同的情况采取相应对策：

（1）容器中溶剂发生燃烧时，移去或关闭明火，缓慢地将石棉布、笔记本或书夹等物件快速盖于容器之上，隔绝空气使火焰自熄；

（2）溶剂溅出并燃烧时，移去或关闭明火，尽快移去临近的其他溶剂，使用石棉布盖于火焰上或者使用二氧化碳灭火器；

（3）碱金属引起着火时，移去临近溶剂，使用石棉布盖于火焰上。

由于大多数有机溶剂密度低于水，并且烃类溶剂与水不互溶，因此不要使用水灭火，以免火势随水流四处蔓延。

（二）爆炸与爆聚

进行放热反应，有时会因反应失控而导致玻璃反应器炸裂，导致实验人员受到伤害；在进行减压操作时，玻璃仪器由于存在瑕疵也会发生炸裂。在这种情况下，应特别注意对眼睛的保护，防护眼镜等保护眼睛的用品应成为实验室的必备品，凡是不戴近视眼镜的人一定要戴防护镜或平镜！高分子化学实验中所用到的易爆物有偶氮类引发剂和有机过氧化物，在进行纯化过程时，应避免高浓度、高温操作，尽可能在防护玻璃后进行操作。进行真空减压实验时，应仔细检查玻璃仪器是否存在缺陷，必要时在装置和人员之间放置保护屏。有些有机化合物遇氧化剂会发生猛烈爆炸或燃烧，操作时应特别小心！卤代烃和碱金属应分开存放，以免两者接触而反应。

（三）中毒

过多吸入常规有机溶剂会使人产生诸多不适，有些毒害性物质如苯胺、硝基苯和苯酚等可很快通过皮肤和呼吸道被人体吸收，对人造成伤害。在不经意时，手上会粘有毒有害物质，它可经口腔进入人体，对人体造成伤害。因此，在使用有毒试剂时，应首先阅读说明书与使用规范，认真操作，妥善保管；实验残留物不得乱扔，必须有效地处理掉。在接触有毒和腐蚀性试剂时，必须戴橡皮等材质的防护手套，操作完毕后立即洗手，切勿让有毒试剂粘在五官或伤口上。在进行产生有毒气体和腐蚀性气体反应的实验时，应在通风柜中操作，并必须在排到大气中之前做适当处理，使用过的器具应及时清洗；在实验室内不得饮食和喝水，养成工作完毕离开实验室之前洗手的习惯；若皮肤上溅有毒害性物质，应根据其性质，采取适当方法进行清洗。

（四）外伤

除玻璃仪器破裂会造成意外伤害外，将玻璃棒（管）或温度计插入橡皮塞或将橡皮管套入冷凝管或三通时也会引起玻璃的断裂，造成事故。因此，在进行操作时，应检查橡皮塞和橡皮管的孔径是否合适，并将玻璃切口熔光，涂少许润滑剂后再缓缓旋转而入，切勿用力过猛。如果造成机械伤害，应取出伤口中的玻璃或固体物，用水洗涤后涂上药水，用绷带扎住伤口或贴上创可贴；大伤口则应先按住主血管以防大量出血，稍加处理后去医院诊治。

发生化学试剂灼伤皮肤和眼睛的事故时，应根据试剂的类型，在用大量水冲洗后再用弱酸或弱碱溶液洗涤。

另外，特别需要注意的是，在使用水银温度计时，如发生温度计破损时，应将遗漏在容器中的水银倒入专用储瓶中，用水封好；遗漏在地上的，无法收集的，用硫黄粉覆盖。破损水银温度计的水银，绝对不能倒入下水道，会污染水源，造成环境污染。

为了处理意外事故，实验室应备有灭火器、石棉布、硫黄和急救箱等用具；同时需要严格遵守实验室安全规则，养成良好的实验习惯，在从事不熟悉和危险的实验时更应该小心谨慎，防止因操作不当而造成实验事故。

二、试剂的存放和废弃试剂的处理

（一）化学试剂的保管

实验室所用试剂不得随意散失、遗弃。有些有机化合物遇氧化剂会发生猛烈爆炸或燃烧，操作时应特别小心。卤代烃遇到碱金属时，会发生剧烈反应，伴随大量热产生，也会引起爆炸。因此，化学试剂应根据它们的化学性质分门别类，妥善存放在适当场所。如烯类单体和自由基引发剂应保存在阴凉处（如冰箱）；光敏引发剂和其他光敏物质应保存在避光处；强还原剂和强氧化剂、卤代烃和碱金属应分开放置；离子型引发剂和其他吸水易分解的试剂应密封保存（充氮的干燥器）；易燃溶剂的放置场所应远离热源。

（二）废弃试剂的处理

在高分子实验中，产生的废弃试剂大多来源于聚合物的纯化过程，如聚合物的沉淀、分级和抽提。废弃的化学试剂不可倒入下水道中，应分类加以收集、回收再利用。有机溶剂通常按含卤溶剂和非卤溶剂分类收集，非卤溶剂还可进一步分为烃类、醇类、酮类等。无机液体往往分为酸类和碱类废弃物，中性的盐可以经稀释后倒入下水道，但是含重金属的废液不属此类，需要单独处理。无害的固体废弃物可以作为垃圾倒掉，如色谱填料和干燥用的无机盐；有害的化学药品则应进行适当处理。对反应过程中产生的有害气体，应按规定进行处理，以免污染环境，影响身体健康。

在回流干燥溶剂过程中，往往会使用钠、镁和氢化钙。后两者反应活性较低，加入醇类使残余物缓慢反应完毕即可。钠的反应活性较高，加入无水乙醇使残余物转变成醇钠，但是不溶的产物会导致钠粒反应不完全，需加入更多的醇稀释后继续反应。经常需要使用无水溶剂时，这样处理钠会造成浪费，可以使用高沸点的二甲苯来回收。收集每次回流溶剂残留的钠，置于干燥的二甲苯中（每20g钠约使用100mL二甲苯），在开口较大的烧瓶中以加热套加热使钠缓慢融化。轻轻晃动烧瓶，分散的钠球逐渐聚集成较大的球，趁热将钠和二甲苯倒入一个干燥的烧杯中，冷却后取出钠块，保存于煤油中。切记，操作过程要十分小心，不可接触水。

除上述两方面外，及时整理实验室和实验台面并清洗玻璃仪器，合理放置实验设备，保持一个整洁舒适的工作环境，也是高质量完成实验所需要的。

第二节　实验室安全制度

高分子专业实验经常使用到易燃、易爆、有毒、有害等危险试剂，为了防止事故的发生，必须严格遵守下列安全规范：

（1）实验进行之前，应熟悉相关仪器、设备和试剂的使用，实验过程中严格遵守使用操作规范。

（2）蒸馏易燃液体时，保持塞子不漏气，同时保持接液管出气口的通畅。

（3）使用水浴、油浴或加热套等进行加热操作时，不能随意离开实验岗位；进行回流蒸馏操作时，冷凝水不必开得太大，以免水流冲破橡皮管或冲开接口。

（4）如果出现火警，需保持镇静，立即移去周围易燃物品，切断火源，同时采取正确的灭火方法，将火扑灭。

（5）禁止用手直接取剧毒、腐蚀性和其他危险药品，必须使用橡胶手套，严禁用嘴尝试一切化学试剂和嗅闻有毒气体。在进行有刺激性、有毒气体或其他危险实验时，必须在通风橱中进行。

（6）易燃、易爆、剧毒的试剂，应有专人负责保存于合适场所，不得随意摆放；取用和称量需遵从相关规定。

（7）实验完毕，应检查电源、水阀和煤气管道是否关闭，特别在暂时离开时，应交代他人代为照看实验过程。

第三节　危险药品的使用与保管

化学药品多是易燃、易爆、有腐蚀性或者有毒的药品，因此，化学实验常常伴随着危险，所以无论多么简单的实验，都不能马虎。一旦发生事故，不仅会使设备或人身受到伤害，而且会使精神受到很大打击。发生事故不仅会损害个人健康，还会危及他人，为此应尽全力防止事故的发生，必须重视安全操作，并注意吸取前人的经验、教训，避免犯同样的错误。

一、属于危险品的化学药品

属于危险品的化学药品主要有：

（1）易爆和不稳定物质，如浓过氧化氢、有机过氧化物等。

（2）氧化性物质，如氧化性酸，过氧化氢也属此类。

（3）可燃性物质，除易燃的气体、液体、固体外，还包括在潮气中会产生可燃物的物质（如碱金属的氢化物、碳化钙）及接触空气自燃的物质（如白磷）等。

（4）有毒物质。

（5）腐蚀性物质，如酸、碱等。

（6）放射性物质。

二、化验室试剂存放、使用要求

化验室试剂存放、使用要求主要是：

（1）易燃易爆试剂应储存于铁柜（壁厚1mm以上）中，柜子的顶部应有通风口。严禁在化验室存放大于20L的瓶装易燃液体。易燃易爆药品不要放在冰箱内（防爆柜冰箱除外）。

（2）相互混合或接触后可以产生激烈反应、燃烧、爆炸、放出有毒气体的两种或两种以上的化合物称为不相容化合物，不能混放。这种化合物系多为强氧化性物质与还原性物质。

（3）腐蚀性试剂宜放在塑料或搪瓷的盘或桶中，以防因瓶子破裂造成事故。

（4）要注意化学药品存放的期限，一些试剂在存放过程中会逐渐变质，甚至形成危害。

（5）药品柜和试剂溶液均应避免阳光直晒及靠近暖气等热源。要求避光的试剂应装于棕色瓶中或用黑纸或黑布包好存于暗柜中。

（6）发现试剂瓶上标签掉落或将要模糊时应立即贴好标签。无标签或标签无法辨认的试剂都要当成危险物品重新鉴别后小心处理，不可随便乱扔，以免引起严重后果。

（7）化学试剂定位放置、用后复位、节约使用，但多余的化学试剂不准倒回原瓶。

三、危险药品使用的原则和方法

危险药品使用的原则和方法主要是：

（1）必须对实验室的有毒物品强化管理，专人保管，限量发放使用，并妥善处理剩余毒物和残毒物品。

（2）在实验过程中，尽量采用无毒或低毒物质代替剧毒物质。若必须使用有毒物品时，事先应充分了解其性质，并熟悉注意事项。

（3）进行产生有毒气体的实验时，应尽可能密闭化，有回收可能的要回收。实验室要有良好的排风设备，甚至增设送风设备。

（4）工作人员要注意保持个人卫生和遵守个人防护规则。严禁在使用有毒物或有可能被毒物污染的实验室内存放食物、饮料或吸烟。工作时要穿专用工作服，戴好防毒面具。禁止用手直接接触毒物。实验完毕要及时洗手，专用工作服单独存放，以免污染扩散。

第四节　实验常用仪器及其洗涤和干燥

化学反应的进行、溶液的配制、物质的纯化以及许多分析测试都是在玻璃仪器中进行的，另外还需要一些辅助设施，如金属器具和电学仪器等。

一、常用玻璃仪器

玻璃仪器按接口的不同可以分为普通玻璃仪器和磨口玻璃仪器。普通玻璃仪器之间的连接是通过橡皮塞进行的，需要在橡皮塞上打出适当大小的孔，孔道不直，和橡皮塞不配套时，会给实验装置的搭置带来许多不便。磨口玻璃仪器的接口要标准化，其分为内磨接口和外磨接口，烧瓶的接口基本是内磨的，而回流冷凝管的下端为外磨口。为了方便接口大小不同的玻璃仪器之间的连接，还有多种换口可以选择。常用标准玻璃磨口有 10 号、12 号、14 号、19 号、24 号、29 号和 34 号等规格，其中，24 号磨口大小与 4 号橡皮塞相当。

使用磨口玻璃仪器时，由于接口处已经细致打磨和聚合物溶液的渗入，有时会使内、外磨口发生黏结，难以分开不同的组件。为了防止出现这种麻烦，仪器使用完毕后应立即将装置拆开；使用较长时间时，可以在磨口上涂敷少量硅脂等润滑脂，但是要避免污染反应物。润滑脂的用量越少越好，实验结束后，用吸水纸或脱脂棉蘸少量丙酮擦拭接口，然后再将容器中的液体倒出。

大部分高分子化学反应是在搅拌、回流和通惰性气体的条件下进行的，有时还需进行温度控制（使用温度计和控温设备）、加入液体反应物（使用滴液漏斗）和反应过程监测（添加取样装置），因此，反应最好在多口反应瓶中进行。图 1-1 所示为几种常见的磨口烧瓶，高分子化学实验中多用三颈和四颈烧瓶，容量大小根据反应液的体积决定，烧瓶的容量一般为反应液总体积的 1.5~3 倍。

可拆卸的反应釜用于聚合反应，可以很方便地清除粘在壁上的坚韧聚合物或者高黏度的聚合物凝胶，尤其适用于缩合聚合反应，如聚酯和不饱和聚酯树脂的合成，示意图如图 1-2 所示。

为了保持高真空条件，可在上下两部分之间加密封垫，并用旋夹拧紧。进行聚合反应动力学研究时，特别是本体自由基聚合反应，膨胀计是非常合适的反应器，如图 1-3 所

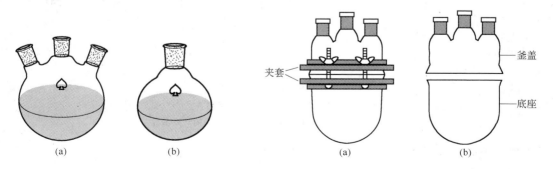

图 1-1　磨口烧瓶
（a）三颈烧瓶；（b）单颈烧瓶

图 1-2　树脂反应釜
（a）组合釜；（b）分开釜

示。它是由反应容器和标有刻度的毛细管组成，好的膨胀计应具有操作方便、不易泄漏和易于清洗的特点。通过标定，膨胀计可以直接测定聚合反应过程中体系的体积收缩，从而获得聚合反应动力学方面的数据。

一些聚合反应需要在隔绝空气的条件下进行，此时使用封管或聚合管比较方便，如图1-4所示。封管宜选用硬质、壁厚均一的玻璃管制作，下部为球形，可以盛放较多的样品，并有利于搅拌；上部应拉出细颈，以利于烧结密闭。封管适用于高温、高压下的聚合反应。带翻口橡皮塞的聚合管，适用于温和条件下的聚合反应，单体、引发剂和溶剂的加入可以通过干燥的注射器进行。

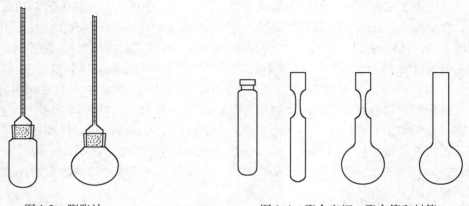

图 1-3   膨胀计   图 1-4   聚合安瓿、聚合管和封管

除了上述反应器以外，高分子化学实验经常使用到冷凝管、蒸馏头、接液管和漏斗等玻璃仪器（见图1-5）。在进行离子型聚合反应或者要求无水、无湿气操作时，因实验条件要求很高，往往根据需要设计和制作特殊的玻璃反应装置，这些在以后章节中叙述。

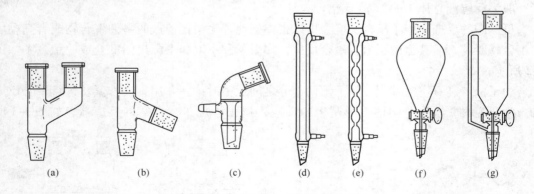

(a)   (b)   (c)   (d)   (e)   (f)   (g)

图 1-5   常用玻璃仪器

（a）克氏蒸馏头；（b）普通蒸馏头；（c）单口接引管；（d）直形冷凝管；
（e）球形冷凝管；（f）滴液漏斗；（g）平衡滴液漏斗

二、聚合反应装置

在实验室中，大多数的聚合反应可在磨口三颈瓶或四颈瓶中进行，常见的反应装置如图1-6所示，一般带有搅拌器、冷凝管和温度计（见图1-6（a）），若需滴加液体反应物，则需配上滴液漏斗（见图1-6(b)）。

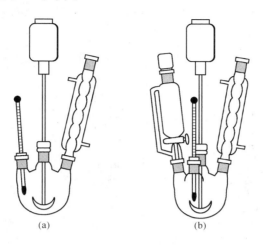

图1-6　常见的三颈瓶和四颈瓶聚合反应装置

　　为防止反应物特别是挥发性反应物的逸出，搅拌器与瓶口之间应有良好的密封。图1-7(a)所示的聚四氟乙烯搅拌器为常用的搅拌器，由搅拌棒和高耐腐蚀性的标准口聚四氟乙烯搅拌头组成。搅拌头包括两部分，两者之间常配有橡胶密封圈，该密封圈也可用聚四氟乙烯膜缠绕搅拌棒压成饼状来代替。由于聚四氟乙烯具有良好的自润滑性能和密封性能，因此既能保证搅拌顺利进行，也能起到很好的密封作用；搅拌棒是带活动聚四氟乙烯搅拌桨的金属棒，该活动搅拌桨通过开合，不仅能非常方便地进出反应瓶，而且还能以不同的打开角度来适应实际需要，如图1-7(a)中虚线所示。为了得到更好的搅拌效果，也可根据需要用玻璃棒烧制各种特殊形状的搅拌棒（桨），图1-7(b)所示为实验室中常用的其他几种搅拌器。

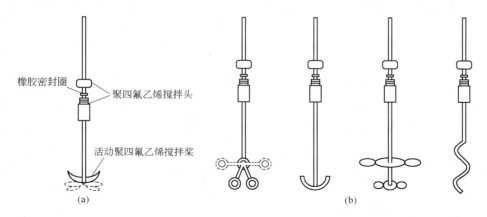

橡胶密封圈
聚四氟乙烯搅拌头
活动聚四氟乙烯搅拌桨
(a)　　　　　　　　　　　　　　　　(b)

图1-7　实验室用搅拌器
（a）聚四氟乙烯搅拌器；（b）其他常用搅拌器

　　以上的反应装置适合于不需要氮气保护的聚合反应场合，若需氮气保护的聚合反应，则需相应地添加通氮装置。为保证良好的保护效果，单单只向体系中通氮气常常是不够的。通常需先对反应体系进行除氧处理，而且在反应过程中，为防止氧气和湿气从反应装置的各接口处渗入，必须使反应体系保持一定的氮气正压。常用氮气保护反应装置如图1-8所示。

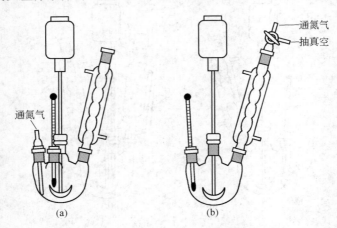

图1-8　常用氮气保护反应装置

其中，图1-8(a)适合于除氧要求不是十分严格的聚合反应。若反应是在回流条件下进行，则在开始回流后，由于体系本身的蒸汽可起到隔离空气的作用，因此可停止通氮。图1-8（b）适合于对除氧除湿相对较严格的聚合体系。在反应开始前，可先加入固体反应物（也可将固体反应物配成溶液后，以液体反应物形式加入），然后调节三通活塞，抽真空数分钟后，再调节三通活塞充入氮气，如此反复数次，使反应体系中的空气完全被氮气置换。之后再在氮气保护下，用注射器把液体反应物由三通活塞加入反应体系，并在反应过程中始终保持一定的氮气正压。

体系黏度不大的溶液聚合体系也可以使用磁力搅拌器，特别是对除氧除湿要求较严的聚合反应（如离子聚合）。使用磁力搅拌器可提供更好的体系密闭性，典型的聚合反应装置如图1-9(a)所示。其中的温度计若非必需，可用磨口玻璃塞代替，如图1-9(b)所示。

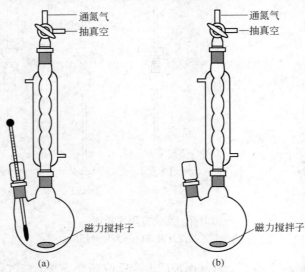

图1-9　磁力搅拌反应装置

其除氧操作如图 1-8（b）所示。

对除湿除氧要求更苛刻的聚合反应可在如图 1-10 所示的安瓿管中进行。具体操作时，将安瓿管的上端通过一段橡胶管连上三通活塞，然后交替地抽真空、充氮气进行除氧处理，用注射器经由橡胶管加入反应物后，将安瓿管顶端熔封，从而保证聚合反应能在完全隔氧隔湿的条件下进行。

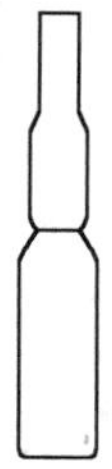

对于一些聚合产物非常黏稠的聚合反应，则不适合使用以上的一般反应容器。如熔融缩聚随着反应程度的提高，聚合产物相对分子质量的增大，聚合产物黏度非常大，使用一般的三颈瓶，由于瓶口小、出料困难，不便于产物的后处理；再如一些非线形逐步聚合反应，如果条件控制不当，可能形成不熔不溶的交联产物，使用一般的三颈瓶会给产物的清理带来极大的困难，易对反应器造成损伤。对于这样的聚合反应，宜使用如图 1-2 所示的树脂反应釜，或者不锈钢反应釜，反应釜分为底座和釜盖两部分，反应完成后，将盖子揭开，黏稠的物料易倾出，反应器也易清理。

图 1-10　安瓿管

三、玻璃仪器的清洗和干燥

玻璃仪器的清洗和干燥是避免引入杂质的关键。清洗玻璃仪器最常用的方法是使用毛刷和清洁剂，清除玻璃表面的污物，然后用水反复冲洗，直至器壁不挂水珠，烘干后可供一般实验使用。盛放聚合物的容器往往难以清洗，搁置时间过长则清洗更加困难，因而要养成实验完毕立即清洗的习惯。除去容器中残留聚合物的最常用方法是使用少量溶剂来清洗，最好使用回收的溶剂或废溶剂。带酯键的聚合物（如聚酯、聚甲基丙烯酸甲酯）和环氧树脂残留于容器中，将容器浸泡于乙醇-氢氧化钠洗液之中，可起到很好的清除效果。含少量交联聚合物固体而不易清洗的容器，如膨胀计和容量瓶，可用铬酸洗液来洗涤，热的洗液效果会更好，但是要注意安全。总之，应根据残留物的性质，选择适当的方法使其溶解或分解而达到除去的效果。离子型聚合反应所使用的反应器要求更加严格，清洗时应避免杂质的引入。

洗净后的仪器可以晾干或烘干，干燥仪器有烘箱和气流干燥器。临时急用时，可以加入少量乙醇或丙酮冲刷水洗过的器皿，以加速烘干过程，电吹风更能加快烘干过程。对于离子型聚合反应，实验装置需绝对干燥，往往仪器搭置完毕后，在高真空下加热除去玻璃仪器上的水汽。

第五节　试剂精制与基本操作

一、常用单体与溶剂的纯化

通常溶剂在其制备与储存过程中难免会引入一些杂质，而且有些溶剂在储存过程中还需加入各种稳定剂，因此必要时，需在聚合反应前对溶剂进行预处理。

（一）几类常见溶剂的通用处理方法

1. 醇类

醇类溶剂中常见的杂质是醛、酮和水，可加少量金属钠回流 2h 后蒸馏，以除去其中的醛和酮。水也可用类似方法除去，但通常用金属镁来代替金属钠，因为镁反应后生成的是不溶性的氢氧化镁，更有利于反应完全。金属镁最好先用碘活化。

2. 酯类

酯类溶剂中常见的杂质是对应的酸、醇和水。可先用质量浓度为 100g/L 左右的碳酸钠或氢氧化钠溶液洗涤，除去酸性杂质，再加氯化钙充分搅拌除去醇，然后加碳酸钾或硫酸镁干燥蒸馏。

3. 醚类

醚类溶剂中常见的杂质是对应的醇类及其氧化产物、过氧化物和水。可加入碱性高锰酸钾溶液搅拌数小时以除去过氧化物、醛类和醇类，然后分别用水和浓硫酸洗涤，水洗至中性，用氯化钙干燥，过滤，加金属钠或氢化铝锂回流蒸馏。在蒸馏醚类溶剂时特别要注意不能蒸干；为防止因过氧化物去除不彻底而发生爆炸，一般留下的残留液需占总体积的 1/4 左右。

4. 卤代烃

脂肪族卤代烃中常见的杂质是其制备原料氢卤酸和醇，芳香族卤代烃中常见的杂质是对应的芳香烃、胺或酚类。其处理方法是依次用浓盐酸、水、质量浓度为 50g/L 碳酸钠或碳酸氢钠溶液洗涤，再用水洗至中性，氯化钙干燥后蒸馏，若需进一步除水，可加氢化钙回流蒸馏，注意不能用金属钠。

5. 烃类

脂肪烃类溶剂先加浓硫酸摇动洗涤，至硫酸层几小时内不变色为止，再依次用水、质量浓度为 100g/L 氢氧化钠溶液和水洗涤，无水氯化钙或硫酸钠干燥，过滤后加金属钠或五氧化二磷或氢化钙回流蒸馏。

芳香烃溶剂中最常见的杂质是对应的噻吩及一些含硫杂质。其处理方法是先用浓硫酸洗涤以除去上述杂质，为防止磺化，洗涤时温度最好保持在 30℃ 以下，然后依次用水、质量浓度为 50g/L 的碳酸氢钠或氢氧化钠溶液洗涤，再水洗至中性，加氯化钙初步干燥后，可加五氧化二磷、钠或氢化钙等回流蒸馏进一步除去水。

普通分析纯溶剂皆可满足自由基聚合和逐步聚合反应的需要，乳液聚合和悬浮聚合可用蒸馏水作为反应介质。离子型聚合反应对溶剂的要求很高，必须精制和干燥溶剂，做到完全无水、无杂质。

（二）常用溶剂提纯

1. 蒸馏水

将普通蒸馏水（沸点 100℃）在全部磨口的蒸馏装置中蒸馏一次得一次蒸馏水。在 1L 一次蒸馏水中加入 0.5g 氢氧化钠、0.2g 化学纯高锰酸钾，在全部磨口仪器中再蒸馏，取中间的馏分得二次蒸馏水。在 1L 二次蒸馏水中加数滴硫酸，用相同方式蒸馏得三次蒸馏水。

2. 丙酮

普通丙酮（沸点 56.5℃）中常含有少量水、甲醇及乙醛等杂质。可用下列方法精制。

方法 1：在丙酮中加入少量高锰酸钾（质量分数约 0.5%），加热回流。若紫色消失，再补加少许高锰酸钾，直至紫色不褪为止。用无水碳酸钾或无水硫酸钙干燥、过滤、分馏，收集 55 ~ 56.5℃ 的馏分。

方法 2：在 1000mL 丙酮中加入 40mL 质量分数为 10% 的硝酸银溶液及 35mL 摩尔浓度为 0.1mol/L 的 NaOH 溶液，振荡 10min，除去还原性杂质，过滤，滤液用无水硫酸钙干燥后，蒸馏收集 55 ~ 56.5℃ 的馏分。

3. 无水乙醇

乙醇与水形成恒沸物，通常含有质量分数为 5% 的水，需要脱水剂除水后，再行蒸馏提纯。方法是：将 100mL 普通乙醇和 20g 生石灰混合，再加入 1g 氢氧化钠，回流 1h（回流冷凝管口装上氯化钙干燥管），然后蒸馏，可得 99.5% 的乙醇。

若想再提高纯度，可将上述乙醇再行处理。方法是：

（1）在 1L 圆底烧瓶中放置 2 ~ 3g 干燥洁净的镁条、数粒碘，加入 30mL 质量分数为 99.5% 的乙醇，装上回流冷凝管，冷凝管口装上氯化钙干燥管，以沸水加热，保持微沸，待反应完全后，由冷凝管口加入 500mL 质量分数为 99.5% 的乙醇，加热回流 1h，然后蒸出乙醇。此法可得到质量分数为 99.95% 的乙醇。

（2）将 1.4g 金属钠溶解在 200mL 质量分数为 99% 以上的乙醇中，再加入 5.5g 邻苯二甲酸二乙酯，回流 30min 后蒸馏，可得无水乙醇（沸点 78.3℃）。

4. 正己烷

正己烷的常压沸点为 68.7℃，密度为 0.6578g/cm³（20℃），折射率为 1.3723（20℃），与水的共沸点为 61.6℃，共沸物含 94.4% 的正己烷。正己烷常含有烯烃和高沸点的杂质。正己烷的纯化步骤为：

（1）在分液漏斗中，用 5%（体积分数）的浓硫酸洗涤正己烷，可除去烯烃杂质。用蒸馏水洗涤至中性，除去硫酸。用无水 Na₂SO₄ 干燥，过滤除去无机盐。

（2）如要除去正己烷中的芳烃，可将上述初精制的正己烷通过碱性氧化铝色谱柱，氧化铝用量为 200g/L。

（3）初步干燥的正己烷，加入钠丝或钠块，以二苯甲酮作为指示剂回流至深蓝色。其他烷烃类溶剂也可采取相同的方法进行精制。

5. 苯和甲苯

苯的常压沸点为 80.1℃，密度为 0.8790g/cm³（20℃），折射率为 1.5011（20℃），苯中常含有噻吩（沸点为 80.1℃），采用蒸馏的方法难以除去。苯的纯化步骤为：

（1）利用噻吩比苯容易磺化的特点，用苯体积的 10% 的浓硫酸反复洗涤，至酸层呈无色或微黄色。取苯 3mL，与 10mL 靛红-浓硫酸溶液（1g/L）混合，静置片刻后，若溶液呈浅蓝绿色，则表明噻吩仍然没有除净。

（2）无噻吩的苯层用质量浓度为 100g/L 碳酸钠溶液洗涤一次，再用蒸馏水洗涤至中性，然后用无水 $CaCl_2$ 干燥。

（3）初步干燥的苯加入钠丝或钠块，以二苯甲酮作为指示剂，回流至深蓝色。

甲苯的常压沸点为 110.6℃，密度为 0.8669g/cm³（20℃），折射率为 1.4969（20℃），常含有甲基噻吩（沸点为 112.51℃）。它的纯化方法与苯相同。

6. 四氢呋喃

四氢呋喃的常压沸点为 66℃，密度为 0.8892g/cm³（20℃），折射率为 1.4071（20℃），储存时间长易产生过氧化物。取 0.5mL 四氢呋喃，加入 1mL 质量浓度为 100g/L 的碘化钾溶液和 0.5mL 稀盐酸，混合均匀后，再加入几滴淀粉溶液，振摇 1min，溶液若显色，表明溶剂中含有四氢呋喃。它的纯化过程为：

（1）四氢呋喃用固体 KOH 浸泡数天，过滤，进行初步干燥。

（2）向四氢呋喃中加入新制的氯化铜，回流数小时后，除去其中的过氧化物，蒸馏出溶剂。

（3）加入钠丝或钠块，以二苯甲酮作为指示剂，回流至深蓝色。

7. 二氧六环

二氧六环的常压沸点为 10.5℃，密度为 1.0336g/cm³（20℃），折射率为 1.4224（20℃），长时间存放也会产生过氧化物，商品溶剂中还含有二乙醇缩醛。它的纯化为：二氧六环与 10%（质量分数）的浓盐酸回流 3h，同时慢慢通入氮气，以除去生成的乙醛，加入 KOH 直至不再溶解为止，分离出水层；然后用粒状 KOH 初步干燥 1 天，常压蒸出；初步除水的二氧六环加入钠丝或钠块，以二苯甲酮作为指示剂，回流至深蓝色。

8. 乙酸乙酯

乙酸乙酯的常压沸点为 77℃，密度为 0.8946g/cm³（20℃），折射率为 1.3724（20℃），最常见的杂质是水、乙醇和乙酸。它的纯化为：在分液漏斗中，先用质量浓度为 50g/L 的碳酸钠溶液洗涤，再用饱和氯化钙溶液洗涤，分出酯层，用无水硫酸钙或无水硫酸镁干燥，进一步用活化的 0.4nm 分子筛干燥。

9. N,N-二甲基甲酰胺

N,N-二甲基甲酰胺的常压沸点为 153℃，密度为 0.9437g/cm³（20℃），折射率为 1.4297（20℃）；与水互溶，150℃时缓慢分解，生成二甲胺和一氧化碳。在碱性试剂存在下，室温即可发生分解反应。因此，不能用碱性物质作为干燥剂。它的纯化为：溶剂用无水 $CaSO_4$ 初步干燥后，减压蒸馏，如此纯化的溶剂可供大多数实验使用。若溶剂含有大量水时，可将 250mL 溶剂和 30g 苯混合，于 140℃蒸馏出水和苯。纯化好的溶剂应该避光保存。

10. 环己烷

环己烷（沸点 80.8℃）中常含有苯，可用冷浓硝酸与浓硫酸的混合液洗涤数次，使苯硝化后溶于酸层而除去，然后用水洗，干燥后分馏。

11. 氯仿

氯仿（沸点 61.2℃）在空气和光的作用下，分解成剧毒的光气。一般加入质量分数为 1% 的乙醇作为稳定剂。纯化的方法是：先用酚钠洗除光气，用水洗去多余的酚钠，然后依次用体积分数为 5% 的硫酸、水、稀氢氧化钠水溶液、水洗涤以除去乙醇。用无水氯化钙干燥后蒸馏。注意：氯仿及卤代烷不能用金属钠干燥，否则会发生爆炸。

12. 1,2-二氯乙烷

1,2-二氯乙烷（沸点 83.7℃）可与水组成恒沸物。纯化方法是：依次用浓硫酸、水、稀碱溶液、水洗涤，用无水氯化钙或五氧化二磷干燥后分馏，收集 83.0 ~ 83.7℃ 的馏分。

13. 石油醚

石油醚是烷烃和脂环烃的混合物，有 30 ~ 60℃、60 ~ 90℃、90 ~ 120℃ 3 种沸程。通常含有少量烯烃和芳香烃。为除去烯烃，可用浓硫酸洗涤 2 ~ 3 次，再用高锰酸钾的质量分数为 10% 硫酸溶液洗涤至高锰酸钾的颜色不褪为止。为除去芳烃，再用发烟硫酸（含 SO_3 质量分数为 8% ~ 10%）小心振荡洗涤 1 次。然后依次用水、质量分数为 10% 的氢氧化钠溶液、水各洗涤 1 次，经无水氯化钙干燥后，蒸馏收集所需馏分。若需绝对干燥的石油醚，可用钠丝干燥。

溶剂的彻底干燥需要在隔绝潮湿空气的条件下进行；处理好的溶剂存放时间较长，会吸收湿气，因此，最好使用刚刚处理好的溶剂。

二、常用引发剂的精制

为使聚合反应顺利进行以及获得真实准确的聚合反应实验数据，对引发剂（催化剂）进行提纯处理是非常必要的。引发剂的精制是针对自由基聚合的引发剂而言，离子聚合和基团转移聚合等引发剂往往是现制现用，使用之前一般需要进行浓度的标定。以下是一些常见引发剂（催化剂）的提纯方法。

（一）过氧化苯甲酰

过氧化苯甲酰（BPO）的提纯常采用重结晶法，通常用氯仿为溶剂，甲醇作沉淀剂进行精制。BPO 只能在室温下溶解在氯仿中，加热易爆炸。过氧化苯甲酰在不同溶剂中的溶解度见表 1-1。

表 1-1　过氧化苯甲酰的溶解度（20℃）

溶 剂	溶解度/g·(100mL)$^{-1}$	溶 剂	溶解度/g·(100mL)$^{-1}$
石油醚	0.5	丙 酮	14.6
甲 醇	1.0	苯	16.4
乙 醇	1.5	氯 仿	31.6
甲 苯	11.0		

在 100mL 烧杯中加入 5gBPO 和 20mL 氯仿，不断搅拌使之溶解，过滤，滤液直接滴入 50mL 用冰盐冷却的甲醇中，然后将针状结晶过滤，用冷的甲醇洗净抽干。反复重结晶两次后，将结晶物置于真空干燥器中干燥，称重。产品放在棕色瓶中，保存于干燥器中。

甲醇有毒，可用乙醇代替。丙酮和乙醚对过氧化苯甲酰有诱发分解作用，因此不适合作重结晶的溶剂。重结晶时，一般在室温将 BPO 溶解，高温溶解有引起爆炸的危险，需特别注意。

（二）偶氮二异丁腈

偶氮二异丁腈（AIBN）是一种广泛应用的引发剂，它的提纯溶剂主要是低级醇，由于甲醇有毒，因此多采用乙醇。

在装有回流冷凝管的150mL锥形瓶中加入95%（质量分数）乙醇50mL，在水浴上加热至接近沸腾，迅速加入5g AIBN，摇荡使其全部溶解，热溶液迅速抽滤（过滤所用吸滤瓶和漏斗必须预热），滤液冷却后得到白色结晶，结晶置于干燥器中干燥，称重，其熔点为102℃。产品在棕色瓶中低温保存。

（三）硫酸钾或过硫酸铵

在过硫酸盐中，主要杂质是硫酸氢钾（或铵）和硫酸钾（或铵），可用少量的水反复重结晶。

将过硫酸盐在40℃溶解过滤，滤液用冰冷却，过滤出结晶，并以冰水洗涤，用 $BaCl_2$ 检验到无 SO_4^{2-} 离子为止。将白色晶体置于真空干燥器中干燥。

（四）过氧化肉桂酸

过氧化肉桂酸（LPO）的纯化以苯作溶剂，甲醇作沉淀剂进行重结晶，方法与过氧化苯甲酰的提纯一样。

（五）叔丁基过氧化氢

叔丁基过氧化氢（质量分数约60%）20mL，边搅拌边慢慢加入预先冷却的50mL质量浓度为250g/L的NaOH水溶液中，使之生成钠盐析出，过滤，将此钠盐配成饱和水溶液，用 NH_4Cl 或固体干冰中和，使叔丁基过氧化氢再生。分离此有机层，用无水碳酸钾干燥，减压蒸馏，得到精制品，沸点38℃（2.4kPa，即18mmHg），折射率为1.3961，纯度95%。

（六）三氟化硼乙醚溶液

三氟化硼乙醚溶液[$BF_3(CH_3CH_2)$]$_2$为无色透明液体。接触空气易被氧化，使色泽变深。可用减压蒸馏精制。方法为：在500mL商品三氟化硼乙醚液中加10mL乙醚和2g氢化钙减压蒸馏。沸点46℃（1.3kPa，即10mmHg），折射率为1.348(20℃)。

（七）四氯化钛

四氯化钛（$TiCl_4$）中常含有 $FeCl_3$，可加入少量铜粉，加热与其作用，过滤，滤液减压蒸馏。

三、常用单体的精制

所有合成高分子化合物都是由单体通过聚合反应生成的，在聚合反应过程中，所用原料的纯度对聚合反应影响巨大，特别是单体，即使单体中仅含质量分数为0.01% ~

0.0001%的杂质，也常常会对聚合反应产生严重的影响。单体中的杂质来源是多方面的，以常用的乙烯基单体为例，所含的杂质来源可能包括以下几个方面：

（1）单体制备过程中的副产物，如苯乙烯中的乙苯、乙酸乙烯酯中的乙醛等。

（2）为防止单体在储存过程中发生聚合反应而加入的阻聚剂，通常为醌类和酚类。

（3）单体在储存过程中发生氧化或分解反应而产生的杂质，如双烯类单体中的过氧化物、苯乙烯中的苯乙醛等。

（4）在储存和处理过程中引入的其他杂质，如从储存容器中带入的微量金属或碱、磨口接头上所涂的油脂等。

在高分子化学实验中，单体的精制主要是对烯类单体而言，也包括某些其他类型单体。单体的提纯方法要根据单体的类型、可能存在的杂质以及将要进行的聚合反应类型来综合考虑。不同的单体、杂质，其适应的提纯方法可能不同，而不同聚合反应类型对杂质的提纯及纯化程度的要求也各有不同。如自由基聚合和离子聚合对单体的纯化要求就有所区别，即使同样是自由基聚合，活性自由基聚合对单体的纯化要求就比一般的自由基聚合要高得多。因此，很难提出一个通用的单体提纯方式，必须根据具体情况小心选择。

常用的单体提纯方法主要有以下几种：分馏、共沸、萃取蒸馏、重结晶、升华以及柱层析分离等。对于一些不溶于水的液态单体，如苯乙烯、（甲基）丙烯酸酯类等，为除去其中添加的少量酚类或胺类阻聚剂，单单采用蒸馏的方法是不够的，因为这些阻聚剂常具有相当高的挥发性，蒸馏时难免随蒸汽带出。因此，在纯化这些单体时，应先用稀碱或稀酸溶液进行处理，以除去阻聚剂（酚类用稀碱，胺类用稀酸）。具体操作是在分液漏斗中加入单体及一定量的稀酸或稀碱溶液（通常为10%（质量分数）的溶液），经反复振荡后静置分层，除去水相，反复几次，直至水相无色，再用蒸馏水洗至水相中性，有机相用无水硫酸钠或无水硫酸镁等干燥后，再进行蒸馏。在蒸馏时，为防止单体聚合，可加入挥发性小的阻聚剂，如铜盐或铜屑等。同时，为防止发生氧化，蒸馏最好在惰性气体保护下进行。对于沸点较高的单体，为防止热聚合，应采用减压蒸馏。此外，根据聚合反应对单体的除水要求，在蒸馏时可加入适当的干燥剂再进行深度干燥，如加入 $CaCl_2$ 等回流一段时间后重蒸使用。

固体单体常用的纯化方法为结晶（己二胺和己二酸的尼龙66-盐用乙醇重结晶，双酚A用甲苯重结晶，丙烯酰胺可用丙酮、三氯甲烷、甲醇等溶剂进行重结晶）和升华，液体单体可采用减压蒸馏，在惰性气氛下分馏的方法进行纯化，也可以用制备色谱分离纯化单体，乙烯基单体在光或热的作用下易发生聚合反应，因此，单体在储存时必须采取一些保护措施。单体长期储存时必须加入适当的阻聚剂，如醌、酚、胺、硝基化合物、亚硝基化合物或金属化合物等。对于多数的单体而言，通常加入0.1%～1%（质量分数）的对苯二酚或4-叔丁基邻苯二酚就足以起到阻聚作用。但在聚合反应前需将这些阻聚剂除去。大多数经提纯后的单体可在避光及低温条件下短时间储存，如放置在冰箱中；若需储存较长时间，则除避光低温外还需除氧及氮气保护。实验室的通常做法是将提纯后的单体在氮气保护下封管，再避光低温储存。

（一）苯乙烯的精制

商品苯乙烯由于存在着阻聚剂而呈现黄色，因此，在使用前必须将阻聚剂除去。通常所使用的方法是用 5%～10% 的氢氧化钠水溶液振荡洗涤，其操作方法为：取一只 250mL 的分液漏斗，加入 150mL 苯乙烯，用事先已配制好的质量浓度为 50g/L 或 100g/L 的氢氧化钠水溶液反复洗涤数次，每次用量 30g。洗至无色时再用去离子水洗涤，以除去微量碱，洗至中性为止，用 pH 试纸试之。以无水硫酸钠或无水氯化钙干燥后，进行减压蒸馏，收集 44～45℃（2.66kPa，即 20mmHg）或 58～59℃（5.33kPa，即 40mmHg）的馏分，测其折射率。

（二）甲基丙烯酸甲酯的精制

商品甲基丙烯酸甲酯为了储存，加有少量阻聚剂（如对苯二酚等）而呈现黄色。纯净的甲基丙烯酸甲酯是无色透明的液体，其沸点为 100.3℃，密度为 0.937g/cm³（20℃），折射率为 1.4138（20℃）。

在实验中往往需要精制甲基丙烯酸甲酯，其方法为：按实验所需要用量选择分液漏斗。例如精制 250mL 甲基丙烯酸甲酯，选择 500mL 分液漏斗，将单体加入到分液漏斗中，用事先配制好的质量浓度为 100g/L 氢氧化钠水溶液反复振荡洗涤，每次用量为 40～50mL，然后再用去离子水洗至中性，用 pH 试纸测试呈中性即可。再用无水硫酸钠或无水氯化钙（每升单体加 100g）进行干燥，30min 后进行减压蒸馏，收集 46℃、13.3kPa（100mmHg）下的馏分，测其折射率。

精制后的单体呈无色透明液体，其纯度可用色谱仪进行测定，也可通过折射率进行测定。在使用前往单体中加入一滴甲醇，若出现浑浊，表明仍有聚合物存在。

（三）乙酸乙烯酯的精制

纯净的乙酸乙烯酯为无色透明的液体，沸点为 72.5℃，冰点为 –100℃，密度为 0.9342g/cm³（20℃），折射率为 1.3956（20℃），在水中溶解度为 2.5%（20℃），可与醇混溶。

目前，我国采用乙炔气相法生产的乙酸乙烯酯副产物种类很多，其中对乙酸乙烯酯聚合反应影响较大的物质有乙醛、巴豆醛、乙烯基乙炔、二乙烯基乙炔等。为了储存的目的，在单体中还加入了 0.01%～0.03%（质量分数）对苯二酚阻聚剂，以防止单体自聚。此外，在单体中还含有少量酸、水分及其他杂质等，因此，在进行聚合反应之前，必须对单体进行提纯。其精制方法为：把 200mL 的乙酸乙烯酯放在 500mL 的分液漏斗中，用饱和亚硫酸氢钠溶液洗涤 3 次（每次用量约 50mL），水洗 3 次（每次用量约 50mL）后，再用饱和碳酸钠溶液洗涤 3 次（每次用量约 50mL），然后用去离子水洗涤至中性，最后将乙酸乙烯酯放入干燥的 300mL 磨口锥形瓶中，用无水硫酸钠干燥，过夜。

将经过洗涤和干燥的乙酸乙烯酯在装有韦氏蒸馏头的精馏装置上进行精馏，为了防止爆沸和自聚，在蒸馏瓶中加入几粒沸石及少量的对苯二酚阻聚剂。收集 71.8～72.5℃之间的馏分，测其折射率。

（四）丙烯腈的精制

纯净的丙烯腈为无色透明液体，沸点为 77.3℃，密度为 0.8060g/cm³，折射率为 1.3911。在水中溶解度为 7.3%（20℃）。其精制方法为：量取 200mL 工业丙烯腈至 500mL

蒸馏瓶中，进行常压蒸馏，收集 76～78℃馏分。将馏出物用无水氯化钙干燥 3h 后，过滤至装有分馏装置的蒸馏瓶中，加几滴高锰酸钾溶液进行分馏，收集 77～77.5℃的馏分，并测定其折射率。

注意：丙烯腈有剧毒，所有操作最好在通风橱中进行，操作过程必须仔细，绝对不能进入口内或接触皮肤。仪器装置要严密，毒气应排出室外，残渣要用大量水冲掉。

（五）丙烯酰胺的精制

丙烯酰胺为固体，易溶于水，不能通过蒸馏的方法进行精制，可采用重结晶的方法进行精制。具体步骤为：将 55g 丙烯酰胺溶解于 40℃的 20mL 蒸馏水，置于冰箱中深度冷却，有丙烯酰胺晶体析出，迅速用布氏漏斗过滤。自然晾干后，再于 20～30℃下真空干燥 24h。如要提高单体的结晶收率，可在重结晶母液中加入 6g 硫酸铵，充分搅拌后置于冰箱中，又有丙烯酰胺晶体析出。其他固体烯类单体皆采用重结晶的方法进行精制。

（六）乙烯基吡啶的精制

乙烯基吡啶为无色透明液体，因易被氧化而呈褐色甚至褐红色。密度为 0.972g/cm³（20℃），折射率为 1.55（20℃）。采用分离色谱柱的方法除去阻聚剂，填料为强碱性阴离子交换树脂。2-乙烯基吡啶收集 14.66kPa 压力下 48～50℃的馏分；4-乙烯基吡啶收集 12.0kPa 压力下 62～65℃的馏分，密闭避光保存。

（七）环氧丙烷的精制

环氧丙烷中加入适量 CaH_2，在隔绝空气的条件下电磁搅拌 2～3h，在 CaH_2 存在下进行蒸馏，即可得到无水的环氧丙烷，可用于阳离子聚合。若环氧丙烷存放了较长时间，需要重新精制。

（八）尼龙 66-盐的制备和精制

合成尼龙-66 的单体为己二酸和己二胺，分别具有酸性和碱性，两者可以形成 1∶1 的盐，称为尼龙 66-盐，熔点为 196℃。将 5.8g（0.04mol）己二酸和 4.8g（0.42mol）己二胺分别溶解于 30mL 的 95%（质量分数）乙醇中。在搅拌条件下，将两溶液混合，混合过程中溶液温度升高，并有晶体析出。继续搅拌 20min，充分冷却后过滤，并用乙醇洗涤 2～3 次，自然晾干或在 60℃真空干燥。

四、聚合反应体系的除湿除氧

聚合反应体系中，空气与水的存在对有些聚合反应会造成致命的伤害。如水和氧气通常都是离子聚合和配位聚合的终止剂，在低温条件下氧气也是自由基聚合的阻聚剂。此外，在高温条件下，氧气的存在还会导致许多不期望的副反应的发生，如氧化、降解等，因此，对聚合体系进行除湿除氧处理是许多聚合反应的基本要求之一。

聚合体系的除湿包括反应容器和反应物的除湿干燥。反应容器通常需在较高的温度下（大于 120℃）烘烤较长的时间（至少 2～3h），取出后立即放入干燥器中，这样才能保证除去容器内壁附着的湿气。但即便如此，在装配仪器时仍难以避免湿气进入仪器，因此，更有效的方法是在仪器装配完后，在加入反应物之前，边抽真空边用小火烘烤仪器一段时间，然后在氮气的保护下冷却。安全的固体反应物除湿方法是将其装在适当的容器内，容器口用滤纸包盖，以防止干燥过程中掉入灰尘等，以及在解除真空时防止被干燥物（特别是粉状物）被吹散，再放入装有浓硫酸或五氧化二磷、硅胶、分子筛等干燥剂的真空干燥器内抽真空一段时间（见图1-11），然后保持真空过夜。液体反应物的干燥可先用合适的干燥剂干燥后再蒸馏，但必须小心选择干燥剂，基本的前提是干燥剂不能与液体发生不期望的副反应。不同类别化合物常用的干燥剂见表1-2。

图1-11　固体干燥器

（抽真空、被干燥物、干燥剂）

表1-2　常用化合物的干燥剂

化合物种类	通用干燥剂
缩醛类	碳酸钾
有机酸	硫酸钙、硫酸镁、硫酸钠
酰卤	硫酸镁、硫酸钠
醇类	硫酸镁、硫酸钙初步干燥，再用镁和碘（或钠）、氢化钙（高级醇）
醛类	硫酸钙、硫酸镁、硫酸钠
卤代烃	硫酸钙、硫酸镁、硫酸钠、五氧化二磷、氢化钙
有机胺	氧化钡、氢氧化钾粉末
酯类	硫酸镁、硫酸钠、碳酸钾
醚类	硫酸钙、硫酸镁、金属钠
芳烃、饱和烃类	硫酸钙、硫酸镁、五氧化二磷、金属钠、氢化钙
酮类	硫酸镁、硫酸钠、碳酸钾

干燥剂的干燥强度与其干燥机理密切相关。干燥剂按干燥机理大致可分为三类：（1）与水可逆结合；（2）与水反应；（3）分子筛。第一类干燥剂的干燥强度随使用时的温度和所形成的水合物的蒸汽压而变化，因此，这类干燥剂必须在液体加热前先滤去，属于这类干燥剂的干燥强度顺序（由强到弱）为：氧化钡、无水高氯酸镁、氧化钙、氧化镁、氢氧化钾（熔融）、浓硫酸、硫酸钙、三氧化二铝、氢氧化钾（棒状）、硅胶、三水合高氯酸镁、氢氧化钠（熔融）、95%（质量分数）硫酸、溴化钙、氯化钙（熔融）、氢氧化钠（棒状）、高氯酸钡、氯化锌（棒状）、溴化锌、氯化钙、硫酸铜、硫酸钠、硫酸钾。若要除去大量水分，可先加入饱和氯化钙、碳酸钾或氯化钠溶液振摇，做初步干燥，再加入以上干燥剂进行干燥。若需进一步进行深度干燥，则需使用与水反应的干燥剂，如加入金属钠、金属钾、氢化钙等进行回流。

聚合体系的除氧也包括反应容器和反应物的除氧。反应容器的除氧通常是通过反复地交替抽真空、充氮气，最后用氮气保护来实现。所用氮气必须具有高纯度，现在市面上所售的高纯氮的纯度可达 99.999%（质量分数），可满足大多数实验的需要。

若对除氧要求很高，则需使用高纯的氩气。使用惰性气体保护时，应注意保持一定的惰性气体正压，以防止空气渗入体系。固体反应物的除氧可与反应容器的除氧同时进行，即将固体反应物加入反应容器中再反复地交替抽真空、通氮气数次。

常用的液体反应物除氧方法有两种：一种是将液体反应物用液氮冷却冻结后，抽真空数分钟，然后充入氮气，移去液氮，使液体解冻，重复该操作 2~3 次；另一种是在氮气保护下，将氮气导管插入液体反应物底部，边搅拌边鼓泡半小时以上。

聚合物的干燥是将聚合物中残留的溶剂（如水和有机溶剂）除去的过程。最普通的干燥方法是将样品置于红外灯下烘烤，但是会因温度过高导致样品被烤焦；另一种方法是将样品置于烘箱内烘干，但是所需时间较长。比较适合于聚合物干燥的方法是真空干燥。真空干燥可以利用真空烘箱进行，将聚合物样品置于真空烘箱密闭的干燥室内，加热到适当温度并减压，能够快速、有效地除去残留溶剂。为了防止聚合物粉末样品在恢复常压时被气流冲走和固体杂质飘落到聚合物样品中，可以在盛放聚合物的容器上加盖滤纸或铝箔，并用针扎一些小孔，以利于溶剂挥发。冷冻干燥是在低温下进行的减压干燥，适用于有生物活性的聚合物样品。

五、蒸馏

高分子化学实验中，单体的精制、溶剂的纯化和干燥以及聚合物溶液的浓缩经常会用到蒸馏，根据待蒸馏物的沸点和实验的需要可使用不同的蒸馏方法。

（一）普通蒸馏

普通蒸馏装置由烧瓶蒸馏头、温度计、冷凝管、接液管和收集瓶组成。为了防止液体爆沸，需要加入少量沸石，磁力搅拌也可以起到相同效果。

（二）减压蒸馏

实验室常用的烯类单体沸点比较高，如苯乙烯的沸点为 145℃，甲基丙烯酸甲酯的沸点为 100.5℃，丙烯酸丁酯的沸点为 145℃，这些单体在较高温度下容易发生热聚合，因此，不宜进行常规蒸馏。高沸点溶剂的常压蒸馏也很困难，降低压力会使溶剂的沸点下降，因此，降低压力可以在较低的温度下得到溶剂的馏分。在缩聚反应过程中，为了提高反应程度、加快聚合反应进行，需要将反应产生的小分子产物从反应体系中脱除，这也需要在减压下进行。根据蒸馏物的沸点不同，减压蒸馏所需的真空度也各异。实用中将真空划分为粗真空（1~100kPa）、中真空（0.001~1kPa）和高真空（小于 0.001kPa）。真空的获得是通过真空泵来实现的。

1. 减压蒸馏系统

减压蒸馏系统（见图 1-12）由蒸馏装置、真空泵和保护检测装置 3 个部分组成。蒸馏装置（见图 1-12(a)）在大多数情况下使用克氏蒸馏头，直口处插入一个毛细管鼓泡装置，也可以使用普通蒸馏头，下面用多口瓶，毛细管由直口插入液面以下。鼓泡装置可以提供沸腾的汽化中心，防止液体爆沸。对于阴离子聚合等使用的单体，要求绝对无水，因此，不能使用鼓泡装置，变通的做法是加入沸石和提高磁力搅拌速度来预防爆沸，减压时应该缓缓提高体系的真空度，达到要求后再进行加热。减压蒸馏使用带抽气口和防护滴管的接液管，可以防止液体直接泄漏到真空泵中。

真空泵和蒸馏系统之间常常串联保护装置，以防止低沸点物质和腐蚀性气体进入真空泵。以液氮充分冷却的冷阱（见图 1-12(b)）能使低沸点、易挥发的馏分凝固，从而十分有效地防止它们进入真空泵，但是当液体出现爆沸时，会使冷阱堵塞，影响到减压蒸馏的正常进行。在冷阱与蒸馏系统之间装置三通活塞，调节真空度和抽气量，可以避免液体爆沸，这种简单的保护设施适用于普通单体和溶剂的减压蒸馏。较为复杂的保护系统由多个串联的吸收塔组成（见图 1-12(c)），从真空泵开始，依次填装干燥剂、苛性碱和固体石蜡，为使用方便，常将它们与真空泵固定于小车上。系统的真空度可由真空计来测定。

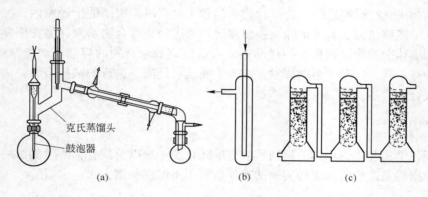

图 1-12　减压蒸馏系统
（a）蒸馏装置；（b）冷阱；（c）保护系统

2. 减压蒸馏的实验操作

首先搭置好蒸馏装置，并与保护系统和真空油泵相连，中间串联一个调节装置（三通活塞）。三通置于全通位置，启动真空油泵，调节三通活塞使系统逐渐与空气隔绝；继续调节活塞，使蒸馏系统与真空泵缓缓相通，同时注意液体是否有爆沸迹象。当系统达到合适真空度时，开始对蒸馏液体进行加热，温度保持到馏分成滴蒸出。蒸馏完毕，调节三通活塞使体系与大气相通，然后再断开真空泵电源，拆除蒸馏装置。要获得无水的蒸馏物，需用干燥惰性气体通入体系，使之恢复常压，并在干燥惰性气流下撤离接收瓶，迅速密封。

（三）旋转蒸发仪

旋转蒸发浓缩溶液具有快速方便的特点，在旋转蒸发仪上完成。旋转蒸发仪由 3 个部分组成，如图 1-13 所示。待蒸发的溶液盛放于梨形烧瓶中，在马达的带动下烧瓶旋转，在瓶壁上形成

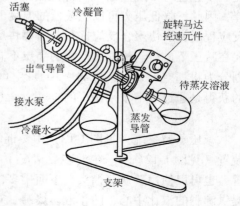

图 1-13　旋转蒸发仪

薄薄的液膜，这提高了溶剂的挥发速度。溶剂的蒸气经冷却凝结，形成液体流入接收瓶中。冷凝部分可为常规的回流冷凝管，也可以是特制的锥形冷凝器。为了起到良好的冷凝效果，常用冰水作为冷凝介质。为了进一步提高溶剂的挥发速度，通常使用水泵来降低系统压力。进行旋转蒸发时，首先将待蒸发溶液加入到梨形烧瓶中，液体的量不宜过多，为烧瓶体积的 1/3 即可。将梨形烧瓶和接收瓶接到旋转蒸发仪上，并用烧瓶夹固定。启动旋转马达，开动水泵，关闭活塞，打开冷凝水，进行旋转蒸发，必要时将梨形烧瓶用水浴进行加热。

第六节　常见聚合物单体物理性质

常见聚合物单体的物理性质见表1-3。

表 1-3　常见聚合物单体的物理性质

单　体	相对分子质量	密度(20℃)/g·mL⁻¹	熔点/℃	沸点/℃	折射指数(20℃)
乙　烯	28.05	0.384(-10℃)	-169.2	-103.7	1.363(-100℃)
丙　烯	42.07	0.5193(-20℃)	-185.4	-47.8	1.3567(-70℃)
异丁烯	56.11	0.5915	-185.4	-6.3	1.3962(-20℃)
丁二烯	54.09	0.6211	-108.9	-4.4	1.4294(-25℃)
异戊二烯	68.12	0.6710	-146	34	1.4220
氯乙烯	62.50	0.9918(-15℃)	-153.8	-13.4	1380
乙酸乙烯酯	86.09	0.9317	-93.2	72.5	1.3959
丙烯酸甲酯	86.09	0.9535	<-70	80	1.3984
丙烯酸乙酯	100.11	0.92	-71	99	1.4034
丙烯酸正丁酯	128.17	0.898		145	1.4185
甲基丙烯酸甲酯	100.12	0.9440	-48	100.5	1.4142
甲基丙烯酸正丁酯	142.20	0.894		160~163	1.423
丙烯酸羟乙酯	116.12	1.10		92(1.6MPa)	1.4500
甲基丙烯酸羟乙酯	130.14	1.196		135~137(9.33kPa)	
二甲基丙烯酸乙二醇酯	198.2	1.05			
丙烯腈	53.06	0.8086	-83.8	77.3	1.3911
丙烯酰胺	71.08	1.122(30℃)	84.8	125(3.3kPa)	
苯乙烯	104.15	0.90	-30.6	45	1.5468
2-乙烯基吡啶	105.14	0.975		48~50(1.46kPa)	1.49
4-乙烯基吡啶	105.14	0.976		62~65(3.3kPa)	1.550
顺丁烯二酸酐	98.06	1.48	52.8	200	
乙烯基吡咯烷酮	113.16	1.25			1.53
环氧丙烷	58	0.830		34	
环氧氯丙烷	92.53	1.181	-57.2	116.2	1.4375
四氢呋喃	72.11	0.8818		66	1.4070
己内酰胺	113.16	1.02	70	139(1.67kPa)	1.4784
己二酸	146.14	1.366	153	265(13.3kPa)	

单 体	相对分子质量	密度(20℃)/g·mL^{-1}	熔点/℃	沸点/℃	折射指数(20℃)
癸二酸	202.3	1.2705	134.5	185~195(4kPa)	
邻苯二甲酸酐	148.12	1.527(4℃)	130.8	284.5	
己二胺	116.2		39~40	100(2.67kPa)	
癸二胺	144.3				
乙二醇	62.07	1.1088	-12.3	197.2	1.4318
双酚 A	228.20	1.195	153.5	250(1.73kPa)	
甲苯二异氰酸酯	174.16	1.22	20~21	251	

第七节 常见聚合物的物理性质

常见聚合物的物理性质可见表 1-4。

表 1-4 常见聚合物的物理性质

聚 合 物	单体相对分子质量 $M_o/g \cdot mol^{-1}$	单体密度 $\rho_A/g \cdot cm^{-3}$	聚合物密度 $\rho_c/g \cdot cm^{-3}$	玻璃化转变温度 T_g/K	熔点温度 T_m/K	溶解度参数 $\delta/(MJ \cdot m^{-3})^{\frac{1}{2}}$
聚乙烯	28.1	0.85	1.00	195(150/253)	368/414	15.7~17.1
聚丙烯	42.1	0.85	0.95	238/299	385/481	16.7~18.8
聚异丁烯	56.1	0.84	0.94	198/243	275/317	15.9~16.5
聚1-丁烯	56.1	0.86	0.95	228/249	397/415	
聚1,3-丁二烯(全同)	54.1		0.96	208	398	16.5~17.5
聚1,3-丁二烯(间同)	54.1	<0.92	0.963		428	16.5~17.5
聚 α-甲基苯乙烯	118.2	1.065		443/465		
聚苯乙烯	104.1	1.05	1.13	253/373	498/523	17.3~19.0
聚4-氯代苯乙烯	138.6			383/399		
聚氯乙烯	62.5	1.385	1.52	247/356	485/583	19.2~22.0
聚溴乙烯	107.0			373		19.6
聚偏二氟乙烯	64.0	1.74	2.00	233/286	410	
聚偏二氯乙烯	97.0	1.66	1.95	255/288	463/483	20.3~24.9
聚四氟乙烯	100.0	2.00	2.35	160/400	292/672	12.6
聚三氟氯乙烯	116.5	1.92	2.19	318/273	483/533	14.7~16.1
聚乙烯醇	44.1	1.26	1.35	343/372	505/538	25.7~29.4
聚乙烯基甲基醚	58.1	<1.03	1.175	242/260	417/423	
聚乙烯基乙基醚	72.1	0.94	70.79	231/254	359	
聚乙烯基丙基醚	86.1	<0.94			349	
聚乙烯基异丙基醚	86.1	0.924	<0.93	270	464	
聚乙烯基丁基醚	100.2	<0.927	0.944	220	237	
聚乙烯基叔丁基醚	100.2		0.978	361	533	
聚乙酸乙烯酯	86.1	1.19	>1.194	301		19.2~22.6
聚丙烯乙烯酯	100.1	1.02		283		18.0~18.6
聚2-乙烯基吡啶	105.1			377	488	
聚乙烯基吡咯烷酮	111.1	1.25		418/448		
聚丙烯酸	72.1			379		
聚丙烯酸甲酯	86.1	1.22		281		19.8~21.2
聚丙烯酸乙酯	100.1	1.12		251		19.2
聚丙烯酸丙酯	114.1	<1.08	>1.18	229	188	18.6

聚 合 物	单体相对分子质量 $M_o/\text{g} \cdot \text{mol}^{-1}$	单体密度 $\rho_A/\text{g} \cdot \text{cm}^{-3}$	聚合物密度 $\rho_c/\text{g} \cdot \text{cm}^{-3}$	玻璃化转变温度 T_g/K	熔点温度 T_m/K	溶解度参数 $\delta/(\text{MJ} \cdot \text{m}^{-3})^{\frac{1}{2}}$
聚丙烯酸异丙酯	114.1		1.08/1.18	262/284	389	
聚丙烯酸丁酯	128.2	1.00/1.09		221	320	18.0 ~ 18.6
聚丙烯酸异丁酯	128.2	<1.05	1.24	249/256	354	18.4 ~ 22.4
聚甲基丙烯酸	86.1					
聚甲基丙烯酸甲酯	100.1	1.17	1.23	266/399	433/473	18.6 ~ 22.4
聚甲基丙烯酸乙酰	114.1	1.119		285/338		18.4
聚甲基丙烯酸丙酯	128.2	1.08		308/316		
聚甲基丙烯酸丁酯	142.2	1.05		249/300		17.7 ~ 18.4
聚甲基丙烯酸 2-乙基丁酯	170.2	1.040		284		
聚甲基丙烯酸苯酯	162.2	1.21		378/393		
聚甲基丙烯酸苯甲酯	176.2	1.179		327	20.3	
聚丙烯腈	53.1	1.184	1.27/1.54	353/378	591	25.9 ~ 31.4
聚甲基丙烯腈	67.1	1.10	1.34	393	523	21.8
聚丙烯酰胺	71.1	1.302		438		
聚 N-异丙基丙烯酰胺	113.2	1.03/1.01	1.118	358/403	473	21.8
聚 1,3-丁二烯(顺式)	54.1		1.01	171	277	17.5
聚 1,3-丁二烯(反式)	54.1		1.02	255/263	421	
聚 1,3-丁二烯(混合)	54.1	0.892		188/215		16.9
聚 1,3-戊二烯	68.1	0.89	0.98	213	368	
聚 2-甲基 1,3-丁二烯(顺式)	68.1	0.908	1.00	203	287/309	
聚 2-甲基 1,3-丁二烯(反式)	68.1	0.094	1.05	205/220	347	16.1 ~ 17.1
聚 2-甲基 1,3-丁二烯(混合)	68.1			225		
聚 2-叔丁基 1,3-丁二烯(顺式)	110.2	<0.88	0.906	298	379	
聚 2-氯代 1,3-丁二烯(反式)	88.5		1.09/1.66	225	353/388	16.7 ~ 18.8
聚 2-氯代 1,3-丁二烯(混合)	88.5	1.243	1.356	228	316	16.7 ~ 19.0
聚甲醛	30.0	1.25	1.54	190/243	333/471	20.8 ~ 22.6
聚环氧乙烷	44.1	1125	1.33	206/246	335/345	
聚正丁醚	72.1	0.98	1.18	185/194	308/453	16.9 ~ 17.5
聚乙二醇缩甲醛	74.1		1.325	209	328/347	
聚 1,4-丁二醇缩甲醛	102.1		1.414	189	296	
聚乙醛	44.1	1.071	1.234	243	438	
聚氧化丙烯	58.1	1.00	1.14	200/212	333/348	15.3 ~ 20.4
聚氧化 3-氯丙烯	92.5	1.37	1.10/1.21		390/408	19.2
聚 2,6-二甲基对苯醚	120.1	1.07	1.461	453/515	534/548	19.0
聚 2,6-二苯基对苯醚	244.3	<1.15	71.12	221/236	730/770	

续表 1-4

聚 合 物	单体相对分子质量 $M_o/\text{g} \cdot \text{mol}^{-1}$	单体密度 $\rho_A/\text{g} \cdot \text{cm}^{-3}$	聚合物密度 $\rho_c/\text{g} \cdot \text{cm}^{-3}$	玻璃化转变温度 T_g/K	熔点温度 T_m/K	溶解度参数 $\delta/(\text{MJ} \cdot \text{m}^{-3})^{\frac{1}{2}}$
聚硫化丙烯	74.1	<1.10	1.234		313/326	
聚苯硫醚	108.2	<1.34	1.44	358/423	527/563	
聚羟基乙酸	58.0	1.60	1.70	311/368	496/533	
聚丁二酸乙二酯	144.1	1.175	1.358	272	379	
聚己二酸乙二酯	172.2	<1.183/1.221	<125/1.45	203/233	320/338	19.4
聚对羟基苯甲酸酯	120.1	<1.44	>1.48	>420	590/770	
聚对羟基苯甲酸乙二酯	164.2	<1.34		355	475/500	
聚间苯二甲酸乙二酯	192.2	1.34	>1.38	324	410/513	
聚对苯二甲酸乙二酯	192.2	1.335	1.46/1.52	342/350	538/577	19.8~21.8
聚 6-氨基己酸(尼龙 6)	113.2	1.084	1.23	323/348	487/506	22.4
聚 4-氨基丁酸(尼龙 4)	85.1	<1.25	1.34/1.37		523/538	
聚 7-氨基庚酸(尼龙 7)	127.2	<1.095	1.21	325/335	490/506	
聚 8-氨基辛酸(尼龙 8)	141.2	1.04	1.04/1.18	324	458/482	25.9
聚 9-氨基壬酸(尼龙 9)	155.2	<1.052	>1.066	324	467/482	
聚 10-氨基癸酸(尼龙 10)	169.3	<1.032	1.019	316	450/465	
聚 11-氨基十一酸(尼龙 11)	183.3	1.01	1.12/1.23	319	455/493	
聚 12-氨基十二酸(尼龙 12)	197.3	0.99	1.106	310	452	
聚己二酰己二胺(尼龙 66)	226.3	1.07	1.24	318/330	523/455	27.8
聚庚二酰庚二胺(尼龙 77)	254.4	<1.06	1.108		469/487	
聚辛二酰辛二胺(尼龙 88)	282.4	<1.09			478/498	
聚癸二酰己二胺(尼龙 610)	282.4	1.04	1.19	303/323	488/506	
聚壬二酰壬二胺(尼龙 99)	310.5	<1.043			450	
聚壬二酰癸二胺(尼龙 109)	324.5	<1.044			487	
聚癸二酰癸二胺(尼龙 1010)	338.5	<1.032	>1.063	319/333	469/489	
聚间苯二甲酰间苯二胺(Nomex)	238.2	<1.33	>1.36	545	660/700	
聚对苯二甲酰对苯二胺	238.2		1.54	580/620	770/870	
聚 4,4-异丙叉二苯撑氧[二(4-苯撑)]砜(聚砜)	442.5	<1.24		463/468	570	20.4
聚苯均四酰 P,P′-氧化二苯撑二亚二胺(Kapton)	382.3	1.42		600/660	770	
聚二甲基硅氧烷	74.1	0.98	1.07	150	234/244	14.9~15.7

参 考 文 献

[1] 范克雷维伦 D W. 聚合物的性质（性质的估算及化学结构的关系）[M]. 许元泽，等译. 北京：科学出版社，1981.

第八节 实验的准备与操作

一、实验的准备

高分子化学实验课程的学习以学生动手操作为主，老师辅以必要的指导和监督。一个完整的高分子化学实验课由实验预习、实验操作和实验报告3部分组成。

（一）预习

无论是现在做普通实验还是以后从事科学研究，在进行一项高分子实验之前，首先要对整个实验过程有所了解，对于新的高分子合成化学反应更要有充分的准备。要带着问题做实验预习，如为什么要做这个实验？怎样顺利完成这个实验？做这个实验要收获什么？预习过程要看（实验教材和相关资料）、查（重要数据）、问（提出疑问）和写（预习报告和注意事项）。学生在实验前应事先预习所做实验内容，并在实验时提交预习报告，以备指导老师查阅。预习内容应包括下列各项：

（1）了解实验目的、原理。

（2）写出实验步骤，最好用流程图表示，简明扼要；示意画出实验主要装置、仪器或设备图。

（3）列出主要试剂药品（或物料）一览表，内容应包括名称、规格、用量、相对密度、使用条件等；列出主要仪器设备一览表，内容应包括名称、型号、精确度、使用范围等。

（4）根据实验内容，确定实验原始数据记录项目，内容一般应包括时间、温度、湿度、压力、操作内容、实验现象等。

（5）实验过程中可能会出现的问题和解决方法。

（6）注明实验注意事项，确定解决办法。

整个预习报告一定要字迹清晰、可操作性强。

高年级学生在做综合性、设计性实验时，会接触到新的实验，预习过程还包括文献的查阅、实验方案的拟订和实验过程的设想。

（二）提问

指导老师在查阅完学生的预习报告后，一定要以提问的方式了解学生预习情况，回答问题的结果应如实记录。经老师同意后方可开始实验，指导老师应在预习报告上签字以备后查。

（三）实验操作

高分子化学实验一般需要很长时间，过程进行中需要仔细操作、认真观察和真实记录，做到以下几点：

（1）认真听实验老师的讲解，进一步明确实验进行过程、操作要点和注意事项。

（2）搭置实验装置、加入化学试剂和调节实验条件，按照拟订的步骤进行实验，既要细心又要大胆操作，如实记录化学试剂的加入量和实验条件。

（3）认真观察实验过程中发生的现象，获得实验必需的数据（如反应时间、馏分的沸点等），并如实记录到实验报告本上。

（4）实验过程中应勤于思考，认真分析实验现象和相关数据，并与理论结果相比较。遇到疑难问题，应及时向实验指导老师和他人请教；发现实验结果与理论不符，仔细查阅实验记录，分析原因。

（5）实验结束后，拆除实验装置，清理实验台面，清洗玻璃仪器和处置废弃化学试剂。实验记录经指导老师查阅后，方可离开实验室。

（四）纪律卫生

在实验过程中，学生一定要遵守实验纪律，保持实验室卫生，并在实验结束后认真打扫室内卫生并做好善后工作，经指导老师同意后方可离去。

（五）实验报告

在实验结束后，学生应立即根据实验记录并参照实验讲义写出实验报告。实验报告应包括下列各项：

（1）实验名称、日期、地点、环境条件、实验者及同组实验者姓名。

（2）实验目的、原理、主要实验装置（应画出装置简图）。

（3）注明仪器、设备的名称、型号、精确度等，其他用具也应一并列出。

（4）注明试剂药品（或物料）的名称、规格、加工条件等。

（5）实验操作的书写应以实际操作为准，不要盲目照抄。

（6）数据处理一定要以实验的原始记录为依据，注意单位和有效数字的使用。在用公式进行计算时，一定要注明公式中各符号代表的意义及单位。在用图表表示实验结果时，一定要清晰整洁，图应画在坐标纸上，图注、纵横坐标代表的物理量、单位、比例要清楚。

（7）得到实验结果后，应对其进行分析讨论，分析实验结果是否正确，精确度（误差）怎样，影响实验结果的因素有哪些，还要回答老师指定的思考题。

（8）将实验结果和理论预测进行比较，分析出现的特殊现象，提出自己的见解和对实验的改进。

总之，实验报告一定要做到真实、全面、清晰、准确无误。

在下次实验时，实验报告应和预习报告、实验原始记录一起提交给指导老师。无预习报告或原始实验记录者，指导老师有权拒收。

（六）口试或笔试

实验结束后，指导老师应及时、认真地批改实验报告，然后以口试或笔试的方式对学生进行考核（口试以计算机随机选题方式进行，笔试以试卷方式进行）。

二、高分子实验规则

高分子实验同许多其他实验一样，在整个实验过程中，要求实验人员必须做到肃静、整洁、按规章制度办事，与实验无关人员不得随意进入实验室，要求参加实验的老师、学生必须按下列规则进行实验。

（一）实验前

实验前，参加实验的老师、学生必须按下列规则准备：

（1）指导老师应按实验讲义对实验进行预做，并和实验员一起检查实验仪器装置、试剂药品是否齐备。

（2）指导老师应先于学生进入实验室，并检查实验准备工作情况。

（3）学生应事先预习所做实验内容，并准备实验记录本（专用）一册。

（4）检查实验仪器装置是否正确、完备，经指导老师检查允许后方可进行实验（检查内容包括预习报告、实验仪器装置，检查后指导老师应签字以备后查）。

（二）实验中

实验过程中，做实验者要思想集中，认真操作；仔细观察，做好记录；坚守岗位，有事请假；发现问题，及时报告。如果实验为多人一组，应适时调整轮换，以便人人都有锻炼机会。整个实验过程必须按操作规程进行。

（三）实验后

实验结束后，做实验者应切断水源、电源（总闸、分闸），洗刷仪器，整理实验台，做好卫生值日，关好门窗和照明灯，经指导老师检查、签字后方可离开。回去后认真写好实验报告，并在下次实验时交给指导老师。

（四）仪器使用规则

仪器使用规则是：

（1）实验仪器由个人保管时，如果遗失或损坏，要报告指导老师并补领，按学校有关规定填写报告单，并按规定赔偿。

（2）公用仪器、设备不能随意移动，要按顺序使用，使用后要填写使用记录。

（3）实验室的仪器、设备不能拿出实验室或用做他用。

（五）药品使用规则

药品使用规则是：

（1）称量时要遵守操作规程，使用称量器具应填写使用记录。

（2）试剂药品用量应按实验讲义称取，不得随意散失、遗弃。

（3）回收的试剂药品不能与原装试剂药品掺混。

三、实验操作

进行高分子化学实验，首先应根据反应的类型和用量选择合适类型和大小的反应器，根据反应的要求选择其他的玻璃仪器，并使用辅助器具搭置实验装置，将不同仪器完好、稳固地连接起来。高分子化学实验常常在加热、搅拌和通惰性气体的条件下进行，单体和溶剂的精制离不开蒸馏操作，有时还需要减压条件。以下介绍高分子化学实验的基本实验操作。

（一）聚合反应的温度控制

聚合反应温度的控制是聚合反应实施的重要环节之一。温度对聚合反应的影响，除了和有机化学实验一样表现在聚合反应速度和产物收率方面以外，还表现在聚合物的相对分子质量及其分布上，因此，准确控制聚合反应的温度十分必要。室温以上的聚合反应可使用电加热套、加热圈和水浴加热箱等加热装置，室温以下的聚合反应可使用低温浴或采用适当的冷却剂冷却。

准确的温度控制必须使用恒温浴。实验室最常用的热浴是水浴和油浴，由于使用水浴存在水汽蒸发的问题，因此，若反应时间较长宜使用油浴（如硅油浴）。根据聚合反应温度控制的需要，可选择适宜的热浴。现在热浴的装置采用恒温水浴箱，可进行水浴和油浴加热。

若反应温度在室温以下，则需根据反应温度选择不同的低温浴。如0℃用冰浴，更低温度可使用各种不同的冰和盐混合物、液氮和溶剂混合物等。不同的盐与冰、不同的溶剂与液氮以不同的配比混合可得到不同的冷浴温度。此外，也可使用专门的制冷恒温设备。

（二）加热方式

1. 水浴加热

当实验需要的温度在90℃以下时，使用恒温水浴箱对反应体系进行加热和温度控制最为合适，水浴加热具有方便、清洁和完全等优点。长时间使用水浴，会因水分的大量蒸发而导致水的散失，需要及时补充；过夜反应时可在水面上盖一层液状石蜡。对于温度控制要求高的实验，可以直接使用超级恒温水槽，还可通过它对外输送恒温水达到所需温度，其温度可控制在0.5℃范围内。由于水管等的热量散失，反应器的温度低于超级恒温水槽的设定温度时需要进行纠正。

2. 油浴加热

水浴不能适用于温度较高的场合，此时需要使用不同的油作为加热介质。油浴不存在加热介质的挥发问题，但是玻璃仪器的清洗稍为困难，操作不当还会污染实验台面及其他设施。使用油浴加热，还需要注意加热介质的热稳定性和可燃性，最高加热温度不能超过上限温度。一些常用加热介质的性质见表1-5。

表1-5　常用加热介质的性质

加热介质	沸点或最高使用温度/℃	评　述
水	100	洁净、透明，易挥发
甘　油	140 ~ 150	洁净、透明，难挥发
植物油	170 ~ 180	难清洗，难挥发，高温有油烟
硅　油	250	耐高温，透明，价格高
泵　油	250	回收泵油多含杂质，不透明

3. 电加热套

电加热套是一种外热式加热器，电热元件封闭于玻璃等绝缘层内，并制成内凹的半球状，非常适用于圆底烧瓶的加热，外部为铝质的外壳。电热元件可直接与电源相通，也可以通过调压器等调压装置连接于电源，最高使用温度可达450℃。功能较齐全的电加热套带有调节装置，可以对加热功率和温度进行有限的调节，难以准确控制温度。电加热套具有安全、方便和玻璃仪器不易损坏的特点。由于玻璃仪器与电加热套紧密接触，保温性能好。根据烧瓶的大小，可以选用不同规格的电加热套。

（三）冷却

离子聚合往往需要在低于室温的条件下进行，因此，冷却是离子聚合常常需要采取的实验操作。例如，甲基丙烯酸甲酯阴离子聚合为避免副反应的发生，聚合温度在 −60℃ 以下。环氧乙烷的聚合反应在低温下进行，可以减少环低聚体的生成，并提高聚合物收率。

若反应温度需要控制在0℃附近，多采用冰水混合物作为冷却介质。若要使反应体系温度保持在0℃以下，则采用碎冰和无机盐的混合物作为制冷剂；如要维持在更低的温度，则必须使用更为有效的制冷剂（干冰和液氮）。干冰和乙醇、乙醚等混合，温度可降至 −70℃，通常使用温度在 −40 ~ −50℃范围内。液氮与乙醇、丙酮混合使用，冷却温度可稳定在有机溶剂的凝固点附近。不同制冷剂的配制方法和使用温度范围见表1-6。配制冰盐冷浴时，应使用碎冰和颗粒状盐，并按比例混合。干冰和液氮作为制冷剂时，应置于浅口保温瓶等隔热容器中，以防止制冷剂的过度损耗。

表 1-6　常用低温浴的组成及其温度

温度/℃	组　成	温度/℃	组　成
0	碎冰	5	干冰 + 苯
13	干冰 + 二甲苯	−5 ~ −20	冰盐混合物
−40 ~ −50	冰/$CaCl_2$（3.5 ~ 4.5）	−33	液氮
−30	干冰 + 溴苯	−41	干冰 + 乙腈
−50	干冰 + 丙二酸二乙酯	−60	干冰 + 异丙醚
−72	干冰 + 乙醇	−77	干冰 + 氯仿或丙酮
−78	干冰粉末	−90	液氮 + 硝基乙烷
−98	液氮 + 甲醇	−100	干冰 + 乙醚
−192	液态空气	−196	液氮

超级恒温槽可以提供低温环境，并能准确控制温度。可以通过恒温槽输送冷却液来控制反应温度。

（四）温度的测定和调节

酒精温度计和水银温度计是最常用的测温仪器，它们的量程受其凝固点和沸点的限制，酒精温度计可在 −60 ~ 100℃ 范围内使用，水银温度计可测定的最低温度为 −38℃，最高使用温度在300℃左右。低温测定可使用以有机溶剂制成的温度计，甲苯制成的温度

计可测低温达 −90℃，正戊烷制成的温度计可测低温为 −130℃。为观察方便，在溶剂中加入少量有机染料，由于有机溶剂传热较差和黏度较大，这种温度计需要较长的平衡时间。

控温仪兼有测温和控温两种功能，但是所测温度往往不准确，需要用温度计进行校正。

较为简单的控制温度方法是调节电加热元件的输入功率，使加热和热量散失达到平衡。但是该种方法不够准确，而且不够安全。使用温度控制器，如控温仪和触点温度计，能够非常有效和准确地控制反应温度。控温仪的温敏探头置于加热介质中，其产生的电信号输入到控温仪中，并与所设置的温度信号相比较。当加热介质未达到设定温度时，控温仪的继电器处于闭合状态，电加热元件继续通电加热；加热介质的温度高于设定温度时，继电器断开，电加热元件不再工作。触点温度计需与一台继电器连用，工作原理也是利用继电器控制电加热元件的工作状态，达到控制和调节温度的目的。

要获得良好的恒温系统，除了使用控温设备外，选择适当的电加热元件的功率、电加热介质和调节体系的散热情况也是必需的。

（五）搅拌

高分子化学实验中经常接触到的化学物质是高分子化合物。高分子化合物具有高黏度特性，无论是溶液状态还是熔体状态，如果要保持高分子化学实验过程中混合的均匀性和反应的均匀性，搅拌尤为重要。搅拌不仅可以使反应组分混合均匀，还有利于体系的散热，可避免发生局部过热从而爆聚。搅拌方式通常为磁力搅拌和机械搅拌。

1. 磁力搅拌器

磁力搅拌器中的小型马达能带动一块磁铁转动，将一颗磁子放入容器中，磁场的变化使磁子发生转动，从而起到搅拌效果。磁子内含磁铁，外部包裹着聚四氟乙烯，以防止磁铁被腐蚀、氧化和污染反应溶液。磁子的外形有棒状、锥状和椭球状，前者仅适用于平底容器，后两种可用于圆底反应器，如图 1-14 所示。根据容器的大小，选择大小合适的磁子。同时，可以通过调节磁力搅拌器的搅拌速度来控制反应体系的搅拌情况。磁力搅拌器适用于黏度较小或量较少的反应体系。

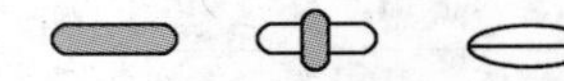

棒状　锥状　椭球状

图 1-14　磁转子

2. 机械搅拌器

当反应体系的黏度较大时，如进行自由基本体聚合和熔融缩聚反应时，磁力搅拌器不能带动磁子转动；反应体系量较多时，磁子无法使整个体系充分混合均匀，在这些情况下就需要使用机械搅拌器。进行乳液聚合和悬浮聚合，需要强力搅拌使单体分散成微小液滴，这也离不开机械搅拌器。

机械搅拌器由马达、搅拌棒和控制部分组成。锚形搅拌棒具有良好的搅拌效果，但是往往不适用于烧瓶中的反应；活动叶片式搅拌棒可方便地放入反应瓶中，搅拌时由于离心作用，叶片自动处于水平状态，提高了搅拌效率（见图 1-7）。搅拌棒通常用玻璃制成，但是易折断和损坏；不锈钢材质的搅拌棒不易受损，但是不适用于强酸、强碱环境，因此，外层包覆聚四氟乙烯的金属搅拌棒越来越受到欢迎。

为了使搅拌棒能平稳转动，需要在反应器接口处装配适当的搅拌导管，它同时起到密封作用。由橡皮塞制成的导管和标准磨口制成的导管可用于密封条件要求不高的场合，使用时将一小段恰好与搅拌棒紧配的橡皮管套在导管或玻璃管和搅拌棒上。

　　安装搅拌器时，首先要保证电机的转轴绝对与水平垂直，再将配好导管的搅拌棒置于转轴下端的搅拌棒夹具中，拧紧夹具的旋钮。调节反应器的位置，使搅拌棒与瓶口垂直，并处在瓶口中心，再将搅拌导管套入瓶口中。将搅拌器开到低挡，根据搅拌情况，小心调节反应装置位置至搅拌棒平稳转动，然后才可装配其他玻璃仪器，如冷凝管和温度计等。装入温度计和氮气导管时，应该关闭搅拌，仔细观察温度计和氮气导管是否与搅拌棒有接触，再行调节它们的高度。

（六）化学试剂的称量和转移

　　固体试剂基本上是采用称量法，它可在不同类型的天平上进行，如托盘天平、光电分析天平和电子分析天平。分析天平是高精密仪器，使用时应严格遵守使用规则，平时还要妥善维护。电子天平的出现使高精度称量变得十分简单和容易，使用时应该注意它的最大负荷，并且要避免试剂散失到托盘上。称量时，应借助适当的称量器具，如称量瓶、合适的小烧杯和洁净的硫酸纸。除了称量法以外，液体试剂可直接采用量体积法，它需要用到量筒、注射器和移液管等不同量具。

　　进行聚合反应时，不同试剂需要转移到反应装置中。此时，一般应遵循"先固体后液体"的原则，这样可以避免固体黏在反应瓶的壁上，还可以利用液体冲洗反应装置。为了防止固体试剂散失，可以利用滤纸、硫酸纸等制成小漏斗，通过小漏斗缓慢加入固体；在许多场合下，液体试剂需要连续加入，这需要借助恒压滴液漏斗等装置，严格的试剂加入速度可通过恒流蠕动泵来实现，流量可在每分钟几微升到几毫升内调节；气体的转移则较为简单，为了利于反应，通气管口应位于反应液面以下。

　　在高分子化学实验中，会接触到许多对空气、湿气等非常敏感的引发剂，如碱金属、有机锂化合物和某些离子聚合的引发剂（萘钠、三氟磺酸等）。在进行离子型聚合和基团转移聚合时，需要将绝对无水试剂转移到反应装置。这些化学试剂的量取和转移需要采取特殊的措施，以下列举几例：

　　（1）碱金属（锂、钠和钾）。取一洁净的烧杯，盛放适量的甲苯或石油醚，将粗称量的碱金属放入溶剂中，用镊子和小刀将金属表面的氧化层刮去，快速称量并转移到反应器中，少量附着于表面上的溶剂可在干燥氮气流下除去。

　　（2）离子聚合的引发剂。少量液体引发剂可借助干燥的注射器加入，固体引发剂可事先溶解于适当溶剂中再加入，较多量的引发剂可采用内转移法（见图1-15）。

　　（3）无水溶剂。绝对无水的溶剂最好采用内转移法进行，如图1-15所示。一根双尖中空的弹性钢针，经橡皮塞将储存溶剂容器A和反应容器B连接在一起，容器A另有出口与氮气管道相通，通氮加压即可将定量溶剂压入反应容器B中。溶剂加入完毕，将针头抽出。

（七）气体的干燥和通入

　　在高分子化学实验中，气体往往起到的是保护作用。例如，空气中的氧气对自由基聚合有一定的阻聚作用。阴离子聚合体系如果接触到空气，就会与氧气、二氧化碳和水汽反

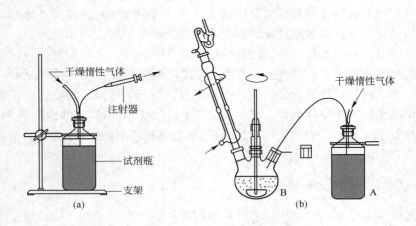

图 1-15   注射器法和内转移法加敏感液态试剂
（a）注射器法；（b）内转移法

应而使聚合终止。常用的保护气体为氮气和氩气等惰性气体，它们分别储存在黑色和绿色的钢瓶中。

使用的场合不同，对惰性气体纯度要求也不一样。自由基聚合中使用普通氮气即可，阴离子聚合则需要使用纯度为99.99%的高纯氮和高纯氩，为了保证聚合的顺利进行，在气体进入反应系统之前，还要通过净化干燥装置，进一步除去气体的水汽、氧气等活泼性气体。工业纯氮气中的水分可用分子筛、氯化钙等除去。氮气中少量的氧气可使用不同的除氧剂，如固体的还原铜和富氧分子筛，在常压下即可使用。钡钛硅系（BTS）催化剂是一种新型的除氧剂：由还原剂和还原催化剂组成，能快速将氧气还原成水，使用一段时间后，需在管式马弗炉中通氢使其还原，然后可重复使用。分子筛使用之前，也需要高温通氮干燥。液体除氧剂有铜氨溶液、连二亚硫酸钠碱性溶液和焦性没食子酸的碱性溶液，使用时气体会带出大量水汽。

（八）聚合物的分离和纯化

在聚合反应完成后，是否需要对聚合物进行分离后处理取决于聚合体系的组成及聚合物的最终用途。如本体聚合和熔融缩聚，由于聚合体系中除单体外只有微量甚至没有外加的催化剂，因此，聚合体系中所含的杂质很少，并不需要分离后处理程序。有些聚合物在聚合反应完成后便可直接以溶液或乳液形式成为商品，因此，也不需要进行分离后处理，如有些胶粘剂和涂料等的合成。其他的聚合反应一般都需要把聚合物从聚合体系中分离出来才能应用。此外，为了对聚合产物进行准确的分析表征，在聚合反应完成后不仅需要对聚合物进行分离，还需要进行必要的提纯。而且分离提纯还有利于提高聚合物的各种性能，特别是一些具有特殊用途的聚合物，如光、电功能高分子材料和医用高分子材料等，对聚合物的纯度要求都相当高，对于这类高分子而言，分离提纯是必不可少的。

聚合物具有分子量的多分散性和结构的多样性，因此，聚合物的精制与小分子的精制有所不同。聚合物的精制是指将其中的杂质除去。对于不同的聚合物而言，杂质可以是引发剂及其分解产物、单体分解及其他副反应产物和各种添加剂如乳化剂、分散剂和溶剂，也可以是同分异构聚合物（如有规立构聚合物和无规立构聚合物、嵌段共聚物和无规共聚物），还可以是原料聚合物（如接枝共聚物中的均聚物）。

聚合物的分离方法取决于聚合物在反应体系中的存在形式。聚合物在反应体系中的存在形式大致可分为以下几种：

（1）沉淀形式，如沉淀聚合、悬浮聚合、界面缩聚等。聚合反应完成后，聚合物以沉淀形式存在于反应体系中，这类聚合反应的产物分离比较简单，可用过滤或离心方法进行分离。

（2）溶液形式。如果聚合物以溶液形式存在于反应体系中，聚合物的分离可有两种方法。一种方法是用减压蒸馏法除去溶剂、残余的单体以及其他的挥发性成分，但该方法由于难以彻底除去引发剂残渣及聚合物包埋的单体与溶剂，在实验室中一般很少使用，不过由于该方法可进行大量处理，因而在工业生产中多被采用。另一种方法是加入沉淀剂，使聚合物沉淀后再分离，该方法常用于实验室少量聚合物的处理。由于该方法需大量沉淀剂，工业生产中较少用。

采用沉淀法时，对沉淀剂有一定的要求。首先，沉淀剂必须对单体、聚合反应溶剂、残余引发剂及聚合反应副产物（包括不需要的低聚物）等具有良好的溶解性，但不溶解聚合物，最好能使聚合物以片状而不是油状或团状沉淀出来；其次，沉淀剂应是低沸点的，且难以被聚合物吸附或包藏，以便于沉淀聚合物的干燥。

沉淀时通常将聚合物溶液在强烈搅拌下滴加到 $4 \sim 10$ 倍量的沉淀剂中，为使聚合物沉淀为片状，聚合物溶液的质量浓度一般以不超过 $100g/L$ 为宜。有时为了避免聚合物沉淀为胶体状，需在较低温度下操作或在滴加完后加以冷冻，也可以在沉淀剂中加入少量的电解质，如氯化钠或硫酸铝溶液、稀盐酸、氨水等。此外，长时间的搅拌也有利于聚合物凝聚。

如果聚合物对溶剂的吸附性较强或易在沉淀过程中结团，用滴加的方法通常难以将聚合物很好地分离，而需将聚合物溶液以细雾状喷射到沉淀剂中沉淀。

（3）乳液形式。要把聚合物从乳液中分离出来，首先必须对乳液进行破乳，即破坏乳液的稳定性，使聚合物沉淀。破乳方法取决于乳化剂的性质。对于阴离子型乳化剂，可用电解质 $NaCl$、$AlCl_3$、$KAl(SO_4)_2$ 等的水溶液作为破乳剂，其中，尤以高价金属盐的破乳效果最好。如果酸对聚合物没有损伤的话，稀酸（如稀盐酸等）也是非常不错的破乳剂。所加破乳剂应容易除去。

通常的破乳操作程序是在搅拌下将破乳剂溶液滴加到乳液中直至出现相分离，必要时事先应将乳液稀释，破乳后可加热（$60 \sim 90℃$）一段时间，使聚合物沉淀完全，再冷却至室温，过滤、洗涤、干燥。

根据所需除去的杂质选择相应的精制方法，以下为聚合物常用的精制方法：

（1）溶解沉淀法。这是精制聚合物最原始的方法，也是应用最为广泛的方法。将聚合物溶解于溶剂 A 中，然后将聚合物溶液加入到对聚合物不溶但可以与溶剂 A 互溶的溶剂 B（聚合物的沉淀剂）中，使聚合物缓慢地沉淀出来，这就是溶解沉淀法。

聚合物溶液的浓度、沉淀剂加入速度以及沉淀温度等对精制的效果和所分离出聚合物的外观影响很大。聚合物浓度过大，沉淀物呈橡胶状，容易包裹较多杂质，精制效果差；浓度过低，精制效果好，但是聚合物呈微细粉状，收集困难。沉淀剂的用量一般是溶剂体积的 5~10 倍，聚合物残留的溶剂可以采用真空干燥的方法除去。

（2）洗涤法。用聚合物的不良溶剂反复洗涤高聚物，通过溶解而除去聚合物所含的杂质，这是最为简单的精制方法。对于颗粒很小的聚合物来说，因为其表面积大，洗涤效果较好，但是对于颗粒大的聚合物而言，则难以除去颗粒内部的杂质，因此，精制效果不甚理想。该法一般只作为辅助的精制方法，即当萃取或沉淀后，用溶剂进一步洗涤干净。常用的有水和乙醇等价廉的溶剂。

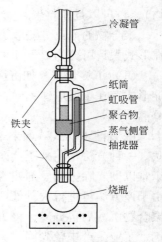

图 1-16 索氏提取器

（3）抽提法。这是精制聚合物的重要方法，它是用溶剂萃取出聚合物中可溶性的部分，达到分离和提纯的目的，一般在索氏抽提器中进行。

索氏抽提器是由烧瓶、带两个侧管的提取器和冷凝管组成，形成的溶剂蒸气经蒸气侧管上升，虹吸管则是提取器中溶液往烧瓶中溢流的通道，整个装置如图 1-16 所示。

将被萃取的聚合物用滤纸包裹结实，放在纸筒内，把它置于提取器中，并使滤纸筒上端低于虹吸管的最高处。在烧瓶中装入适当的溶剂，最少量不得小于提取器容积的 1.5 倍。加热使溶剂沸腾，溶剂蒸气沿蒸气侧管上升至提取器中，并经冷凝管冷却凝聚。液态溶剂在提取器中汇集，润湿聚合物并溶解其中可溶性的组分。当提取器中的溶剂液面升高至虹吸管最高点时，提取器中的所有液体从提取器虹吸到烧瓶中，然后开始新一轮的溶解提取过程。保持一定的溶剂沸腾速度，使提取器每 15min 被充满一次，经过一定时间，聚合物中可溶性杂质就可以完全被抽提到烧瓶中，在抽提器中只留下纯净的不溶性的聚合物，可溶性部分残留在溶剂中。抽提方法主要适用于聚合物的分离，不溶性的聚合物以固体形式存在，可溶性的聚合物除去溶剂并经纯化后即得到纯净的组分。

（九）聚合物的干燥

聚合物的干燥是将聚合物中残留的溶剂（如水和有机溶剂）除去的过程。最普通的干燥方法是将样品置于红外灯下烘烤，但是会因温度过高导致样品被烤焦；另一种方法是将样品置于烘箱内烘干，但是所需时间较长。比较适合于聚合物干燥的方法是真空干燥。真空干燥可以利用真空烘箱进行，它是将聚合物样品置于真空烘箱密闭的干燥室内，加热到适当温度并减压，它能够快速、有效地除去残留溶剂。为了防止聚合物粉末样品在恢复常压时被气流冲走及固体杂质飘落到聚合物样品中，可以在盛放聚合物的容器上加盖滤纸或铝箔，并用针扎一些小孔，以利于溶剂挥发。冷冻干燥是在低温下进行的减压干燥，适用于有生物活性的聚合物样品。

第九节　高分子专业实验发展简介

一、高分子材料科学与工程发展简介

高分子材料的发展大致经历了 4 个时期，即天然高分子的利用与加工、天然高分子的改性和合成、高分子的工业生产（高分子科学的建立）和高分子材料发展。

高分子工业和科学发展简史如图 1-17 所示。

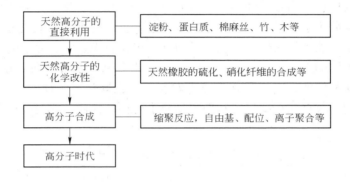

图 1-17　高分子工业和科学发展简史

天然存在的高分子很多，例如动物体细胞内的蛋白质、毛、角、革、胶，植物细胞壁的纤维素、淀粉，橡胶植物中的橡胶，凝结的桐油，某些昆虫分泌的虫胶，针叶树埋于地下数万年后形成的琥珀等，都是高分子材料。人类很早就开始利用这些天然高分子了，特别是纤维、皮革和橡胶。我国古代在利用高分子方面有辉煌成就。早在黄帝时代（5000年以前）劳动人民已学会养蚕缫丝，到商朝（公元前 2000 年），我国蚕丝业已极为发达，汉唐时代（4～5 世纪）丝绸已行销国外，战国时代（公元前 710～公元前 249 年）纺织业也很发达。东汉以前（公元前 3～公元前 4 世纪）我国已发明造纸术，汉和帝时（公元89～105 年）蔡伦加以改进，西方因家用纸比我国晚很多年。至于用皮革、毛裘作为衣着和利用淀粉发酵的历史就更为久远了。中国大漆被誉为世界上第一个塑料。生漆是中国特产，俗称国漆，誉为"国宝"。中国是世界上产漆最多、用漆最多的国家，漆画具有悠久的历史。浙江余姚河姆渡发掘的朱漆碗已有 7000 年的历史。河南信阳长台关出土的漆瑟，彩绘有狩猎乐舞和神怪龙蛇等形象的漆画，也有 2000 余年的历史。著名的还有湖南长沙马王堆出土的汉代漆棺上的漆画、山西大同司马金龙墓漆屏风画以及明清大量的屏风漆画等。

由于工业的发展，天然高分子已远远不能满足需要，19 世纪中叶以后，人们发明了加工和改性天然高分子的方法，如用天然橡胶经过硫化制成橡皮和硬质橡胶；用化学方法使纤维素改性为硝酸纤维，并用樟脑作为增塑剂制成赛璐珞、假象牙等，用乳酪蛋白经甲醛塑化制成酪素塑料。这些以天然高分子为基础的塑料在 19 世纪末已经具有一定的工业价值。20 世纪初，又开始了乙酸纤维的生产。后来，合成纤维工业就在天然纤维改性的基础上建立和发展起来了。

　　高分子合成工业是在20世纪建立起来的。第一种工业合成的产品是酚醛树脂，它是1872年用苯酚和甲醛合成的，1907年开始小型工业生产，首先用做电绝缘材料，并随着电气工业的发展而迅速发展起来。20世纪30年代开始进入合成高分子时期。第一种热塑性高分子——聚氯乙烯及继而出现的聚苯乙烯、聚甲基丙烯酸甲酯（有机玻璃）等，都是在这个时期相继开始进行工业生产的。20世纪30年代到40年代，合成橡胶工业与合成纤维工业也发展起来了。20世纪50年代到60年代，高分子工业的发展突飞猛进，几乎所有被称为大品种的高分子（包括有机硅等）都陆续投入了生产。

　　20世纪60年代，高分子又出现了新的特征。为适应当时宇宙飞行和航空事业的发展需要，耐高温、耐低温、高强度的高分子研究出现了高潮。一类是芳香族的聚酰胺，另一类是芳香族杂环高分子。20世纪70年代中期，科学家又发现了导电高分子，改变了人们长期以来对高分子只能是绝缘体的概念，进而开发出具有光、电、磁性的高分子材料。

　　回顾高分子科学的发展历史（见表1-7），可以看到高分子科学和高分子工业发展一直是相互促进、密切相关的，它为现代工业、农业、交通运输、医疗卫生、国防尖端技术、航空航天以及人们的衣食住行提供了新型的高分子材料，因此，它是现代材料科学的一个重要组成部分。

表1-7　高分子科学发展大事记

时　间	大　事　记
7000多年前开始	中国发现和使用天然生漆，从新石器时代起人们就认识了天然生漆的性能并应用，据史籍记载："漆之为用也，始于书竹简，而舜作食器，黑漆之，禹作祭器，黑漆其外，朱画其内。"《庄子·人世间》就有"桂可食，故伐之，漆可用，故割之"的记载。天然生漆具有防腐蚀、耐酸、耐碱、防潮绝缘、耐高温、耐土抗性等特性。天然生漆也是世界公认的"涂料之王"，是第一个应用的塑料
5000年以前	黄帝时代开始中国已学会养蚕缫丝
15世纪	美洲玛雅人用天然橡胶做容器、雨具等生活用品
1833年	Berzelius提出"Polymer"（包括以共价键、非共价键联结的聚集体）一词
1839年	美国人Charles Goodyear发现天然橡胶与硫黄共热后明显地改变了性能，使它从硬度较低、遇热发黏软化、遇冷发脆断裂的不实用的性质，变为富有弹性、可塑性的材料
1869年	美国人John Wesley Hyatt把硝化纤维、樟脑和乙醇的混合物在高压下共热，制造出了第一种人工合成塑料"赛璐珞"
1870年	开始意识到纤维、淀粉和蛋白质是大的分子
1887年	法国人Count Hilaire de Chardonnet用硝化纤维素的溶液进行纺丝，制得了第一种人造丝
1892年	确定天然橡胶干馏产物异戊二烯的结构式
1902年	认识到蛋白质是由氨基酸残基组成的多肽结构
1904年	确认纤维素和淀粉是由葡萄糖残基组成
1907年	提出分子胶体的概念
1909年	美国人Leo Baekeland用苯酚与甲醛反应制造出第一种完全人工合成的塑料——酚醛树脂
1920年	德国人Hermann Staudinger发表的"关于聚合反应"的论文中提出：高分子物质是由具有相同化学结构的单体经过化学反应（聚合），通过化学键连接在一起的大分子化合物。高分子或聚合物一词即源于此

时　间	大　事　记
1926 年	瑞典化学家斯维德贝格等人设计出一种超离心机，用它测量出蛋白质的相对分子质量，证明高分子的相对分子质量的确是从几万到几百万
1927 年	美国化学家 Waldo Semon 合成了聚氯乙烯，并实现了工业化生产
1930 年	纤维素相对分子质量测定研究，现代高分子概念获得公认。聚苯乙烯（PS）发明。德国人用金属钠作为催化剂，用丁二烯合成了丁钠橡胶和丁苯橡胶
1932 年	Hermann Staudinger 总结了自己的大分子理论，出版了划时代的巨著《高分子有机化合物》，它成为高分子化学作为一门新兴学科建立的标志
1935 年	杜邦公司基础化学研究所有机化学部的 Wallace H. Carothers 合成出聚酰胺 Nylon66，即尼龙。尼龙在 1938 年实现工业化生产
1940 年	英国人 T. R. Whinfield 合成了聚酯纤维（PET）。Peter Debye 发明了通过光散射测定高分子物质相对分子质量的方法
1945 年	确定胰岛素一级结构，建立乳液聚合理论
1948 年	Paul Flory 建立了高分子长链结构的数学理论
1953 年	德国人 Karl Ziegler 与意大利人 Giulio Natta 分别用金属络合催化剂合成了聚乙烯与聚丙烯
1955 年	美国人利用齐格勒-纳塔催化剂聚合异戊二烯，首次用人工方法合成了结构与天然橡胶基本一样的合成天然橡胶
1956 年	Szwarc 提出活性聚合概念。高分子进入分子设计时代
1957 年	聚乙烯单晶的获得
1958 年	肌血球朊结构测定
1960～1969 年	结晶高分子、高分子黏弹性、流变学研究进一步开展，各种近代研究方法在高分子结构研究中应用和开发，如 NMR、GPC、IR、热谱、电镜等手段的应用，PVDF 的压电性的研究
1971 年	S. L. Wolek 发明可耐 300℃ 高温的 Kevlar。聚乙炔薄膜研制（白川英树）
1972 年	中子小角散射法应用
1973 年	纤维开发，高分子共混理论发展
1974 年	P. J. Flory 获诺贝尔化学奖
1977 年	掺杂聚乙炔的金属导电性分子设计提出
20 世纪 80 年代	基团转移聚合、易位型引发剂、芳香族梯形聚合物、大豆蛋白改性维纶、改性腈纶、牛奶纤维、其他植物蛋白纤维合成
20 世纪 90 年代	原子转移自由基、茂金属催化、超临界 CO_2、聚合物无机复合材料合成
1999 年	中国人李官奇发明大豆功能纤维
2000 年	导电塑料获得 2000 年诺贝尔化学奖，获得者：艾伦.J.黑格、艾伦.G.马克迪尔米德和白川英树
2001 年	振动式电磁塑料成型原理及设备研究，结构型磁性高分子的合成及新磁性材料研究，杜仲树天然橡胶研究
2002 年	高分子稳定金属纳米簇的合成及催化研究；复旦大学邵正中教授与牛津大学合作在《Nature》杂志上发表了关于"由丝蛋白一类的结构性蛋白质所形成的动物丝，其性能将主要取决于成丝（纤）过程及蛋白质的高级结构"的论文

续表1-7

时　间	大　事　记
2003 年	"高分子链在稀溶液中的折叠和组装"获 2003 年国家自然科学奖二等奖。主要完成人：吴奇、江明，主要完成单位：香港中文大学、复旦大学
2004 年	颜德岳在《Science》(2004 年第 303 卷第 5654 页) 杂志上发表了关于超分子自组装的研究论文。吉林大学在超分子领域的研究成果"有机、聚合物体系的层状组装与功能"获国家自然科学奖二等奖，主要完成人：沈家聪、张希；南京大学和清华大学共同完成的成果"有机杂环化合物在金属表面的化学及电化学聚合"获国家自然科学奖二等奖，主要完成人：薛奇
2011 年	张俐娜当选中国科学院院士

二、高分子专业实验文献发展简介

高分子专业实验发展主要从 20 世纪 50 年代开始，所用书籍主要是美国和前苏联的实验讲义与教材。主要有：美国 G. F. D'Alelio 著，吴嘉城译，《塑料制造实验》，上海科技出版社 1956 年 12 月出版第 1 版；前苏联 И. А 沃尔任斯基、В. Н. 利若夫、В. О. 列伊赫斯费利德著，黄继雅、高炳生、武金壁译，《合成橡胶实验指导》，第 1 版由化学工业出版社于 1957 年 10 月出版；K. 安德烈阿诺夫、D. 卡达肖夫著，沈嗣唐、冯昭连、林敦仪译，《合成树脂与塑料实验指导》，由化学工业出版社于 1959 年出版。

20 世纪 60 年代出版的著作和教材主要有：日本水谷久一等著，李福绵译，《高分子实验学讲座（第 10 册）聚合与解聚合反应》，于 1964 年 11 月出版第 1 版；日本高分子学会神原周等编著，《高分子实验学讲座 1～14 卷》，再版为 1～18 卷；美国 W. R. 苏任生、T. W. 坎姆贝尔著，王有槐、胡亚东、贺涛译，《高分子化学制备方法》，由中国工业出版社于 1965 年出版；J. R. Ellott 编辑了《Macromolecular Syntheses》，从 1965 年开始，出版了一套高分子实验工具书，每个实验都经过严格验证，可以重复再现；中国大连工学院、成都工学院、中山大学等也出版了相应的高分子实验讲义。

20 世纪 70～80 年代美国出版的著作和教材主要有：G. G. 奥弗贝格编，洪啸吟、冯汉保译，《高分子合成（第一卷）》，于 1974 年 2 月在科学出版社出版第 1 版；J. R. 埃利奥特编《高分子合成（第二卷）》，1975 年 11 月出版第 1 版；N. G. 盖洛德编，《高分子合成（第三卷）》，1977 年 4 月出版第 1 版；W. J. 贝利编，《高分子合成（第四卷）》，1978 年 11 月出版第 1 版；W. L. 威特贝克尔编，《高分子合成（第五卷）》，1980 年 4 月出版第 1 版；J. E. 马尔瓦尼著，《高分子合成（第六卷）》，1983 年 7 月出版第 1 版；E. M. 费蒂斯编，《高分子合成（第七卷）》，1987 年 6 月出版第 1 版；E. M. 皮尔斯编，《高分子合成（第八卷）》，1987 年 6 月出版第 1 版。

中国出版的高分子实验教材主要有：北京大学出版了《高分子物理实验》，复旦大学出版了《高分子实验技术》，蒋硕健、曹维孝等翻译了美国麦卡弗里的《高分子化学实验室制备》，黄葆同等翻译了德国布劳恩的《高分子实验与表征技术》，陈久顺、方向东翻译了日本大津隆行、木下雅悦的《高分子实验教材》。

20 世纪 90 年代以后，我国正式出版了高分子专业实验教程以及"九五"计划各个部委的重点教材。随着测试与表征技术进步和环境保护与可持续发展的要求，实验要求量越来越小，微型高分子化学实验、微型高分子加工实验应运而生。

　　进入 21 世纪以来，提出了设计性、创新性、综合性、研究性实验，我国出版了国家"十五"、"十一五"教材。

　　本教程在研究高分子实验教学发展基础上，在高分子基础实验中，结合作者多年高分子专业实验教学实践，经过筛选经典与重要的基础实验，特别强调实验的安全技术与基本操作，把其他书列为附录的重要内容放在第一篇，让学生在基础实验技术与印证实验过程中得到乐趣，培养学生自主学习兴趣和思维创新能力，然后再进行大型综合性专业实验、创新实验和设计性实验，掌握高分子专业科学研究能力、实践开发能力，完成高等教育法规定的培养高分子专业创新精神和实践能力的高级专业人才的历史使命。

第十节　高分子实验文献索引与参考文献

一、高分子文献资料查阅方法

科学研究工作往往是从科技文献阅读、信息收集开始，只有首先完成完整、全面而深入的文献阅读，才有可能确立集科学性、创新性等为一体的科研课题。所以，有人将文献阅读、信息收集比作科学研究的基石与起点。一项课题的好坏，尤其是一个课题的创新性、创造性来源于研究方向与科研设计，但其根本来源于科研信息的采集，所以科技文献的阅读与科研信息的采集在科学研究中具有十分重要的作用。查阅文献资料的目的是为了获得前人和今人公开发表的实验数据、实验方法以及某一领域内的有关信息。参考这些资料，再综合实验经验和有关理论知识制定出具体研究方案，然后经过实践来完成要研究的任务，并在实践中验证方案的正确性。

下面介绍常用的高分子文献资料的查阅。分手册、实验参考书、教科书、丛书、文摘和期刊 6 个方面做简单介绍。

（一）手册、词典、标准

高分子方面可查阅的手册、词典、标准主要有：

（1）《Polymer Handbook》，本手册由 J. Brandrup，E. H. Immergut 等编写。本手册提供了聚合物研究和试验用的各种数据。1966 年初版，1975 年第 2 版。全书分 9 个部分。第一部分介绍了聚合物命名的原则和单位。第二部分介绍了聚合物与解聚的各种参数，如：自由基引发剂的分解速度、自由基聚合反应的增长和终止的速率常数、增长和终止反应的活化能；聚合反应的热和热焓、最高聚合温度、平衡单体浓度等。第三部分介绍了聚合物的各种固态性能参数，如各种不同聚合物的结晶数据、聚合物的玻璃化转变温度、结晶速率、相容聚合物、临界表面张力、渗透系数、折光指数等。第四部分介绍了各种溶液的性能参数，如线性链分子的黏度-分子量关系，聚合物在溶液中沉降系数、扩散系数、定浓比容和第二维利系数，聚合物与溶剂相互作用系数，聚合物的分级、θ-溶剂，聚合物的良溶剂和不良溶剂等。第五部分介绍某些重要聚合物的物理常数，列举了聚丁二烯、聚乙烯、聚丙烯、聚丙烯腈、聚氯乙烯、聚乙酸乙烯酯、聚甲基丙烯酸甲酯、聚苯乙烯、聚甲醛等 14 类聚合物的物理常数。第六部分介绍了共聚物的物理常数。第七部分介绍了单体和溶剂的物理性能。第八和第九部分为热塑性塑料性能表和主题索引表。

（2）《Handbook of Analysis，Synthetic Polymers and Plastics》，本手册由波兰华沙科技大学和华沙塑材研究所的五位专门从事聚合物分析的化学家编写，他们分别是 J. Urbanski，W. Czerwinski，K. Janicka，F. Majewska and H. Zowell，英译本由英国 Eillis Horwood 出版公司于 1977 年出版。中译本由陈本明和张德和译，于 1982 年 6 月由化学工业出版社出版。全书较全面地总结了国外有关聚合物与塑料分析的各种方法，扼要地阐明了各种分析方法所依据的基本原理，并详细地介绍了分析各类聚合物的实验步骤。本书分上下两篇。上篇为分析方法通论，共 5 章，有化学方法、红外与紫外吸收光谱法、色谱法、极谱法和核磁共振波谱法等。下篇为各类聚合物的分析，共 15 章，有酚醛树脂、氨基树脂、聚酯树脂、聚酰胺、未固化的环氧树脂、聚亚氨酯、聚甲醛、聚烯烃、含氟烯烃聚合物、氟乙烯聚合物、聚苯乙烯及其共聚物、聚乙烯醇及其衍生物、丙烯酸类聚合物、纤维素衍生物和硅酮等。

（3）《高分子辞典》，本辞典由著名高分子科学家、中科院院士冯新德任主编，张中岳、施良和教授任副主编，由知名学者马德柱、王有槐、丘坤元等组成编委会，组织延聘了有关各方面专家学者 54 人编写，它是大型高分子名词的解释性工具书。《高分子辞典》于 1997 年 10 月由中国石化出版社出版。该书共收词 7000 余条，覆盖了高分子物理、化学、工艺、工程、加工应用以及材料领域中天然与合成橡胶、塑料、纤维、功能化材料、结构材料、黏合及涂敷材料、高性能材料以及相关学科的词汇，每个词条均有详细的解释。具有收词全面、释义准确、新词新意尽量收录的特点，这是我国正式出版的首部高分子词典，也是高分子科研、生产、教学人员不可缺少的工具书。

（4）《高分子材料手册》，该手册分上下两册，是反映当代高分子科学和高分子材料发展水平的大型专业工具书，由杨鸣波、唐志玉等任主编，由化学工业出版社出版。该手册内容包括：高分子材料概论、塑料工程、有机纤维、橡胶工程、高分子胶粘剂、功能高分子和皮革材料。本书以高分子材料品种为基础，以加工成型和改性为线索，以获得优质产品或某些特定性能为目标，给予了全面系统的总结，完整地反映了高分子材料工程领域的现状和所取得的成就，具有很好的科学性、先进性和实用性。

（5）《英汉高分子科学与工程词汇》，该书由吴大诚主编，1997 年出版第一版，2010年出版第二版，该书总词汇量超过 96400 条。收词范围除了涵盖高分子化学、高分子物理、高分子材料科学、塑料、纤维、橡胶、涂料等领域外，新增生物材料、生物医学工程等新兴交叉学科相关的重要词条，并尽可能多地收录了一些重要的高分子缩写词、加工助剂等。本书还应及时之需，收录了（由中国化学名词审定委员会高分子化学专业组正式公布的）《高分子化学命名原则》中所列举的 2842 个词条，用黑体字排出；同时，也收录了国际理论与应用化学联合会（IUPAC）于 2009 年公布的《高分子术语和命名纲要》中的基本词名 1500 余条，本词汇在词条后右上角用星号"＊"标出；对于由国际标准化组织（ISO）确定和推荐的缩写词，在词条后右上角用双星号"＊＊"标出，以表示规范名词的权威性。

（6）《高分子科学前沿与进展》，本书由国家自然科学基金委员会化学科学部组织活跃在高分子科学相关研究领域的几十位学者共同撰写而成。本书对高分子科学近期的前沿方向与进展进行了全方位的介绍，其特点是全面、新颖，反映了高分子科学研究的主流和发展趋势。全书共分 7 篇，分别讨论高分子合成化学、高分子物理与高分子物理化学、光电功能高分子、生物高分子与医用高分子、超分子组装与超分子聚合物、高分子微/纳米结构以及综合等。

（7）《纺织纤维鉴别手册》，由李青山、王雅珍等编写，中国纺织出版社于 1996 年出版；李青山、潘婉连于 2003 年修订第二版；李青山、辛婷芬、茅明华于 2007 年修订第三版。

（8）《高分子分析手册》，由董炎明编著，中国石化出版社于 2004 年出版。

（9）《应用高分子手册》，由张丰志编著，化学工业出版社于 2006 年出版。

（二）实验参考书

高分子实验参考书主要有：

（1）《Preparative Methods of Polymer Chemistry》——Wayne R. Sorenson and Tod W. Campbell，Interscience Publishers，Inc.，New York，1961. 中译本：王有槐，胡亚东，贺溥合译，中国工业出版社1956年出版。

本书叙述了275个各种类型聚合物的合成方法，首先介绍了高分子化学的基本实验操作技术、加工成型和鉴别测试方法。然后按照合成的原理加以分类，详细叙述了各种聚合原理和实验制备步骤。内容有缩聚和氢移位聚合、烯类加成聚合、开环聚合、环化聚合，聚甲醛的制备，单异氰酸酯、重氮化合物的聚合反应。最后描述了各种在工业上广泛应用的热固性树脂的制法。

（2）《Laboratory Preparation for Macromolecular Chemistry》，由Edward L. McCaffery，McGraw等编写，由Hill Book Company于1970年在New York出版，中译本由蒋硕健、王盈康等译，科学出版社于1981年出版。

全书共有28个实验，介绍了高分子化学中比较典型的合成类型和方法、测定和鉴别聚合物结构和性质的实验技术。内容涉及应用于高分子化学的有机化学、无机化学、分析化学、物理化学、物理以及电子计算机技术等知识。每个实验都有针对性地进行理论叙述，并且列出习题和参考文献。这些实验都经过精选，实验时间较短，书末有几个附录和一个索引，是一本较好的高分子实验教学参考书。

（3）《Expriments in Polymer Science》——Edward A. Collins，Jan Bares and Fred W. Billmeyer，Jr.，John Wiley & Sons，Inc.，New York，London 1973.

本书内容分3部分，第一部分详细叙述了高分子合成技术，第二部分详细叙述了高分子表征技术，第三部分为实验，共32个实验，包括聚合物的合成相对分子质量和分布测定、形态、热性能和结构与性能关系等。

（4）《微型高分子化学实验》，由李青山、王雅珍、周宁怀编著，化学工业出版社教材出版中心于2003年出版。全面系统地介绍了微型高分子合成化学实验与高分子反应微型实验。

（5）《高分子科学实验》，该书由韩哲文主编，华东理工大学出版社于2005年出版。

本书是配合高分子科学课程教学的实验用书。全书包括4个部分：高分子化学；高分子物理；高分子材料；综合与设计。每个实验后面均附有设计简洁明了的"实验记录与报告"。本书可作为理工科院校高分子各专业的基础高分子科学实验教材。

（6）《工程塑料改性技术》，由张玉龙、李萍主编，机械工业出版社于2006年出版。

（7）《高分子材料实验技术》，由陈泉水、罗太安、刘晓东著，化学工业出版社于2006年出版。

（8）《高分子材料改性技术》，由王琛主编，中国纺织出版社于2007年出版。

本书介绍了高分子材料的几种常用改性技术，如化学改性、共混改性、填充改性、纤维增强改性、表面改性技术等内容。本书适合高等院校高分子材料专业学生阅读。

（9）《Principles of Polymer Chemistry》（《高分子化学原理》）是国际高分子领域的知名教授撰写的高分子化学领域的专著，中文版由张超灿等译。该书内容涵盖了高分子化学和高分子物理，并以高分子化学的内容为主，分章节介绍了自由基聚合、离子聚合、开环聚合、高分子反应及聚合物降解的原理和方法，并单独设章节专门介绍了商用高分子材料的工业合成工艺、天然高分子等内容。

（10）《超分子构筑调控高分子合成导论》。该书由谢萍、张榕本、曹新宇编著，化学工业出版社于 2009 年出版。本书介绍自组装和超分子化学的基本概念；然后是超分子聚合物化学的基本原理，各种类型的超分子聚合物的构筑与合成及常用的聚合方法。最后特别讨论了作者课题组所提出的"超分子构筑调控的逐步偶联聚合方法"的原理，及其在梯形、管状及筛板状等特种结构高分子的合成和应用方面所取得的主要研究成果。

（11）《高分子化学改性》，由黄军左、葛建芳编写，中国石化出版社于 2009 年出版。

（12）《有机及高分子化合物结构研究中的光谱方法》，由薛奇编著，科学出版社于 2011 年出版。

（三）教科书

高分子方面的教科书主要有：

（1）《Principles of Polymer Chemistry》，由 Paul J. Flory 编写，由 Cornell University Press 于 1953 年在 New York 出版。

本书共 14 章。第一章介绍历史；第二章介绍聚合物的类型、定义和分类；第三章介绍分子大小和化学活性、缩聚反应原理；第四章介绍自由基聚合反应；第五章介绍共聚反应、乳液聚合和离子型聚合；第六章介绍乙烯基聚合物的结构；第七章介绍相对分子质量的测定；第八章介绍线型聚合物的相对分子质量分布；第九章介绍非线型聚合物的相对分子质量分布和凝胶理论；第十章介绍聚合物链的构型；第十一章介绍橡胶弹性；第十二章介绍聚合物溶液的统计热力学；第十三章介绍聚合物体系相平衡；第十四章介绍稀溶液中聚合物分子的构型和摩擦性能。

（2）《Principles of Polymerization》，由 George Odians，McGraw 编写，由 Hill Book Coompany 于 1970 年在 New York 出版。

本书内容主要有导论、逐步聚合、自由基聚合、乳液聚合、离子型聚合、共聚合、开环聚合、定向聚合和聚合物的合成反应，共 9 章。

（3）《Textbook of Polymer Chemistry》，由 Fred W. Billmereyer，John Wiley & Sons 编写。本书第一版于 1962 年出版，1971 年再版。中译本由中国科学院化学研究所七室译，科学出版社 1980 年出版。

本书内容分第一篇和第二篇，第一篇为聚合物链和聚合物表征、大分子的科学、聚合物溶液以及分子量和分子尺寸的测定，共分 3 章叙述。第二篇为聚合物本体的结构和性质，分 4 章叙述，包括聚合物的分析和测试、结晶聚合物的形态和有序性、聚合物的流变学和力学性能，以及聚合物结构与物理性能。

（4）《高分子材料成型加工原理》，由王贵恒主编，化学工业出版社于 1982 年出版。

（5）《高分子化学》，该书由潘祖仁主编，化学工业出版社于 2000 年出版。

全书共分 9 章。在绪论中介绍了高分子的基本概念、聚合物的分类和命名、聚合反应等内容。其余各章分别就缩聚和逐步聚合、自由基聚合、自由基共聚合等进行了详细介绍。

（6）《高分子物理实验》，由冯开才等编写，化学工业出版社于 2004 年出版。

（7）《高分子化学实验》，由梁晖、卢江主编，化学工业出版社于 2004 年出版。

（8）《高分子合成材料学》，由陈平、廖明义主编，化学工业出版社于 2005 年出版。

（9）《高分子科学与材料工程实验》，由刘建平、郑玉斌主编，化学工业出版社于 2005 年出版。

（10）《高分子物理》第三版，由金日光、华幼卿主编，化学工业出版社于 2007 年出版。

（11）《Polymer Physics》，由 Rubinstein，Michael，Colby，Ralph H 编写，于 2007 年在 New York 出版。

《高分子物理》中文版由励杭泉等译。

本书第一章为引论，总结了从入门开始的高分子重要概念。从第二章开始分为四个部分。第一部分介绍高分子单链的构象；第二部分讨论高分子溶液和熔体的热力学，也包括这两种状态下的构象；第三部分的内容是第二部分的概念在高分子网络的生成与性质方面的应用；最后的第四部分描述了高分子的溶液和熔体中运动状态的基本形式。

（12）《高分子科学实验》，由李树新、王佩璋等编写，中国石化出版社于 2008 年出版。

（13）《聚合物材料表征与测试》，该书由杨万泰主编，中国轻工业出版社于 2008 年出版。

本书主要涉及聚合物材料结构与性能表征中最基本的一些表征手段。主要介绍样品制备的方法、实验影响因素，重点内容放在数据处理及综合分析、谱图解析方法等方面的介绍，并通过大量具体实例阐述各种表征手段在聚合物材料结构与性能研究中的应用。

（14）《功能高分子材料学》，由李青山等编著，机械工业出版社于 2009 年出版。

（15）《高分子材料成型工艺学》，该书由应宗荣等编著，高等教育出版社于 2010 年出版。

本书系统讲述高分子材料的成型原理及工艺。全书分为绪论、高分子成型基础理论、塑料成型、化学纤维成型、橡胶成型和其他材料成型 6 个部分。

（四）丛书

高分子方面的丛书主要有：

（1）《High Polymer Series》(《高聚物丛书》)，Interscience1940 年开始出版。

（2）《高分子文库》，这是由日本高分子学会从 1957 年开始出版的一套丛书。

（3）《Macromolecular Synthesis》，即《高分子合成》，它是一套连续出版的实验工具书，第一卷于 1963 年出版，第二卷于 1966 年出版，第三卷于 1969 年出版，第四卷于 1972 年出版，第五卷于 1974 年出版。每一个制备方法的实验步骤、注意事项以及单体的纯化和仪器安装均有详细说明。中译本由洪啸吟、冯汉保译，科学出版社出版。出版时间为：第一卷 1974 年，第二卷 1975 年，第三卷 1977 年，第四卷 1978 年，第五卷 1980 年，1～5 卷合订本 1977 年，第六卷 1983 年，第七卷 1987 年，第八卷 1987 年。

（4）《Progress in High Polymers》(《高分子进展》)，Heywood 1961 年出版。

（5）《Encyclopedia of Polymer Science and Technology》，即《聚合物科学和工艺学大

全》，1964 年出版第 1 卷，到 1972 年共出版 16 卷，第 16 卷为 1～15 卷的索引，按英文字母排列检索。1976～1977 年又出版了两卷补篇。全书按英文字母序列介绍塑料、树脂、橡胶和纤维等有关高分子化学和工艺学的术语，详细说明其发展历史、性能、制备、应用、参考书目等。

（6）《Progress in Polymer Science》（《聚合物科学进展》），Pergamon 1967 年出版。

（7）《Progress in Polymer Science》（Japan）（《日本聚合物科学进展》），Pergamon 1967 年出版。

（五）文摘

文摘是一种综合性的情报杂志。它把世界各国文字发表的资料收集起来，经摘录、分类编排成便于查阅的形式，及时广泛地提供当前科技动态和查考历史性发展情况。世界上化学、化工方面综合性的文摘，一般较熟悉的有德、美、苏三大化学文摘。《德国化学文摘》（Chemisches Zentralbkatt）由德国化学会主编，虽创刊最早（1830 年），但已于 1969 年停刊，并入《美国化学文摘》。《苏联化学文摘》由前苏联科学院科学情报研究所编辑，创刊较晚（1953 年），且由于索引出版速度较慢，在我国化学界使用不够广泛。《美国化学文摘》是目前比较完整的一种化学文摘，是查阅化学化工文献比较重要的检索工具之一，在世界各国有一定影响。

《美国化学文摘》（Chemical Abstracts，CA）创刊于 1907 年，由美国化学会化学文摘社编辑出版。CA 自创刊始到 1961 年为每年一卷；自 1962 年后改为半年一卷，半年出 13 期，一年两卷；自 1967 年起，改为周刊，每卷为 26 期，每年出两卷，共 52 期。

CA 页码编排：1907～1933 年（1～27 卷）为每页一个页号，正反面共两个号；1934～1946 年（28～40 卷），每页分成左右两栏，每栏各一个号，正反面共四个号，每栏又分成九等分，自上而下用 1～9 的数字指明每条文摘所在的位置，以便查找；1947～1962 年（41～57 卷），又将 1～9 数字改为 a～i 的 9 个英文字母；1963～1966 年（58～65 卷），改为 a～h 的 8 个等分；自 1967 年起，每条文摘都编有文摘号，取消了栏号，自此，文摘的页码就不起作用了，每个文摘号的末尾都有一个英文字母，称之为核对字母，供电子计算机核对文摘号使用。

文摘内容：原先分 31 大类，1962 年分 73 类，1963 年分 74 类，1967 年起分 80 类。每逢单期刊登 1～34 类，逢双期刊登 35～80 类。生物化学部分在 1～20 类中，有机化学部分在 21～34 类中，大分子化学在 35～46 类中，应用化学和化学工程部分在 47～64 类中，物理和分析化学部分在 65～80 类中。CA 从第 81 卷第 2 期开始，对有关能源的类目做了调整。原先散见于各类的有关化学能、电能、热能、辐射能等类目都集中在一起，构成一个新的类目：第 52 类——电化学能、辐射能和热能技术。原第 52 类与第 51 类合并为一个类目，即第 51 类，新的第 51 类名为"矿物燃料、衍生物及有关产品"。

各期 CA 均由两部分组成，前半部是文摘部分，后半部是索引部分，现分别介绍如下：

（1）文摘部分：每类所列文摘分三方面，第一方面为期刊论文（Journal Artical），包括一般期刊论文、综论（Review）、技术报道（Technical Report）、专论（Monograph）、会议记录（Conference Proceeding）、专题集论文（Symposium）、学位论文（Dissertation）等；

第二方面为新书出版公告（New-book Anouncement）；第三方面为专利及参见，各部分之间用短线上下分开。

（2）索引部分：CA 每卷末有全卷主题索引（Subject Index）、作者索引（Author Index）。从 1920 年起有分子式索引（Formula Index）（按 C、H，然后按元素符号字母排列）；从 1953 年起有专利号索引（Nmerical Patent Index）；从 1907 年起有 10 年综合索引，到 1965 年共出 5 次，第 6 次（1957～1961 年）起改为 5 年综合索引，到现在已出到第 9 次综合索引，从第 7 次（1962～1966 年）开始有专利对应号索引；从第 58 卷（1963 年上半年）起，在每期末都附有关键词索引（Keyword Index），其目的是在主题索引未出之前，便于查阅现刊。因此，期刊索引共有 5 种，即关键词索引、专利号索引、专利对应号索引（Patent Concordance）、作者索引以及摘用刊名变更表。

另外，1967 年末开始出版"环系索引"（Index of Ring Systems），指导多环及稠环化合物的命名法，以便再从主题索引中去检索该化合物或其他衍生物。它是主题索引的辅助索引，本身不提供文摘所在。

1967 年开始有杂原子关联索引（Hetero-Atom-in-Context Index，HAIC Index）。带杂原子的化合物比较难命名，在主题索引上查找有困难，利用本索引较方便，用本索引提供的分子式，查分子式索引，即得文献。它是分子式索引的辅助索引，它不直接提供文摘所在。

1969 年，从第 71 卷开始新增加一种登记号索引（Register Numbers Index），根据文摘中或主题索引中化合物名称后附的登记号，在本索引中检索出它的分子式及命名。每一个化合物只给一个登记号，便于确认。

（六）期刊

高分子方面的期刊主要有：

（1）《Plastic and Polymers》（《塑料与聚合物》），原名《Journal of the Plastic Institute》，英国化学会编，1932 年创刊，月刊，主要刊登学位论文，内容主要包括塑料的制造、性能、用途、加工等各方面，以及学会动态、国外塑料工业方面的消息等。

（2）《Plastic Word》（《塑料世界》），1943 年创刊，月刊，所刊文章多数为介绍美国各种塑料产品，也有一些实用的技术文章。

（3）《高分子化学》（日本），日本高分子学会编，1943 年创刊，月刊。它是日本高分子学会论文集。内容分为物理和化学两部分，专载有关高分子物理、化学及高分子基础学方面的原始论文和研究快报，附有英文摘要。

（4）《Journal of Polymer Science》（《高分子科学杂志》），1946 年创刊时名《Journal of Polymer Research》。自 1963 年起分成三部分，1966 年起又分成 A1、A2、B、C 四大部分。A、B 每月一册，C 不定期。A1 为一般高分子化学论文，A2 为高分子物理论文，B 为高分子研究简报（Polymer Letters），C 为高分子论文集（Polymer Symposia），包括国际高分子化学会议和美国化学会一年两次的高分子会议讨论集。

（5）《Die Makromoleculare Chemie》（《高分子化学》），1947 年创刊于瑞士，不定期刊物。1972 年起改为月刊，专载高分子化学研究论文，用英、德或法文发表。每篇都有英文和德文摘要。

（6）《Polymer》（《聚合物》），1960 年创刊，月刊。刊载以英国为主的生物及合成高聚物的物化及应用研究原始论文，以及与聚合物发展有关的各种科学论文。特点是发表之前先有预告短讯，使读者事先能了解此项工作进展趋向，有书评。

（7）《Journal of Applied Polymer Science》（《应用高分子科学杂志》），1959 年创刊，双月刊。专载应用高分子科学方面的论文，内容主要包括塑料、弹性体、薄膜、纤维、黏合剂、挤压与模制等，大部分用英文发表，每篇均有英、德、法文的内容提要，也有书评。

（8）《高分子》（日本），日本高分子学会编，1961 年创刊，月刊。主要刊载综述、讲座、动态、述评。

（9）《Journal of Macromolecular Science》（《高分子科学杂志》），《高分子科学杂志》，由美国出版，1967 年创刊，主要登载工业发达国家有关高分子论文，C 和 D 两卷刊载专题综述文章。卷 A，不定期，一般每年出 8 期，自 1981 年起每年出两卷，每卷 8 期；《Journal of Macromolecular Science-Physics》，卷 B，季刊；《Journal of Macromolecular Science-Chemistry》，卷 C，每年两册；《Journal of Macromolecular Science-Reviews in Polymer Technology》，卷 D，每年两册。

（10）《Polymer Engineering and Science》（《聚合物工程与科学》），英国塑料工程师学会编，双月刊，1961 年创刊，1965 年前原名为《SPE Transactions》（《塑料工程学会会刊》）。主要刊载有关高聚物与塑料的物化性能研究论文，以理论性研究为主。

（11）《Macromolecules》（《高分子》），1968 年创刊，双月刊，美国化学学会编，文首有摘要。

（12）《British Polymer Journal》（《英国高聚物杂志》）1969 年创刊，双月刊。主要刊载以英国为主的高聚物物化研究论文，书末刊载论文的摘要，有述评。

（13）《The Journal of Adhesion》（《胶粘杂志》）（英文），1969 年创刊，季刊，1971 年11 月改为双月刊。主要刊载黏合剂物化性能方面的研究论文。

（14）《Rubber Chemistry and Technology》（《橡胶化学及工艺学》），1957 年创刊，双月刊，每年从 3 月开始出版，每年 5 期。

（15）《功能高分子学报》，1975 年创刊，季刊。出版机构为华东理工大学。

（16）《Polymer Degradation and Stability》，1979 年创刊，月刊。该期刊历史久远，为老牌的聚合物材料类期刊，主要涉及聚合物材料的降解和稳定性问题，如降解反应与控制，包括聚合物的热降解、光降解、生物降解、环境降解等。还包括各类阻燃材料的设计研究与应用、特种聚合物的合成与应用、聚合物在各类条件下的老化和分解研究、聚合物对环境的影响等。

（17）《高分子材料科学与工程》，1985 年创刊，双月刊。《高分子材料科学与工程》杂志编辑部编，成都科技大学高分子研究所出版。

（18）《高分子学报》，1987 年创刊，双月刊。中国化学会编辑委员会编，科学出版社出版。

（19）《高分子通报》，1988 年创刊，季刊。中国化学会编辑委员会编，化学工业出版社出版。

（20）《化学推进剂与高分子材料》，1998 年创刊，黎明化工研究院主办。

二、主要参考文献

[1] ［美］Alelio G F D′. 塑料制造实验[M]. 吴嘉城译. 上海：上海科技出版社，1956.

[2] ［苏］沃尔任斯基 И A，利若夫 B H，列伊赫斯费利德 B O. 合成橡胶实验指导[M]. 黄继雅，高炳生，武金壁译. 北京：化学工业出版社，1957.

[3] ［苏］安德烈阿诺夫 K，卡达肖夫 D. 合成树脂与塑料实验指导[M]. 沈嗣唐，冯昭连，林敦仪译. 北京：化学工业出版社，1959.

[4] ［日］水谷久一，等. 高分子实验学讲座[M]. 李福绵译. 北京：化学工业出版社，1964.

[5] ［美］苏任生 W R，坎姆贝尔 T W. 高分子化学制备方法[M]. 王有槐，胡亚东，贺涛译. 北京：中国工业出版社，1965.

[6] 日本高分子学会神原周，等. 高分子实验学讲座 1～14 卷[M]. 东京：化学同仁，1958.

[7] ［日］大津隆行. 高分子合成化学[M]. 陈久顺，方向东译. 哈尔滨：黑龙江大学出版社，1982.

[8] ［美］奥弗贝格 G G. 高分子合成（第一卷）[M]. 北京：科学出版社，1974.

[9] ［美］埃利奥特 J R. 高分子合成（第二卷）[M]. 北京：科学出版社，1975.

[10] ［美］盖洛德 N G. 高分子合成（第三卷）[M]. 北京：科学出版社，1977.

[11] ［美］贝利 W J. 高分子合成（第四卷）[M]. 北京：科学出版社，1978.

[12] ［美］威特贝克尔 W L. 高分子合成（第五卷）[M]. 北京：科学出版社，1980.

[13] ［美］马尔瓦尼 J E. 高分子合成（第六卷）[M]. 北京：科学出版社，1983.

[14] ［美］费蒂斯 E M. 高分子合成（第七卷）[M]. 北京：科学出版社，1987.

[15] ［美］皮尔斯 E M. 高分子合成（第八卷）[M]. 北京：科学出版社，1987.

[16] ［美］麦卡弗里 E L. 高分子化学实验室制备[M]. 蒋硕健，等译. 北京：科学出版社，1981.

[17] 复旦大学化学系高分子教研组. 高分子实验技术[M]. 上海：复旦大学出版社，1983.

[18] 吴承佩，周彩华，栗方星. 高分子化学实验[M]. 合肥：安徽科学技术出版社，1989.

[19] 张举贤. 高分子科学实验[M]. 开封：河南大学出版社，1997.

[20] 大连工学院. 高分子实验讲义[M]. 1964.

[21] 王玉荣，张春庆，廖明义. 高分子化学与物理实验[M]. 大连：大连理工大学出版社，1998.

[22] 欧国荣，张德震. 高分子科学与工程实验[M]. 上海：华东理工大学出版社，1998.

[23] 黄天滋，钟兆灯，盛勤，等. 高分子科学与工程实验[M]. 上海：华东理工大学出版社，1998.

[24] 马立群，张晓辉，王雅珍. 微型高分子化学实验技术[M]. 北京：中国纺织出版社，1999.

[25] 刘喜军，杨秀英，王慧敏. 高分子实验教程[M]. 哈尔滨：东北林业大学出版社，2000.

[26] 王槐三，寇晓康. 高分子化学教程[M]. 北京：科学出版社，2002.

[27] 李青山，王雅珍，周宁怀. 微型高分子化学实验[M]. 北京：化学工业出版社，2003.

[28] 梁晖，卢江. 高分子化学实验[M]. 北京：化学工业出版社，2004.

[29] 张兴英，李齐方. 高分子科学实验[M]. 北京：化学工业出版社，2004.

[30] 刘长维. 高分子材料与工程实验[M]. 北京：化学工业出版社，2004.

[31] 何卫东. 高分子化学实验[M]. 合肥：中国科学技术大学出版社，2004.

[32] 张美珍，柳百坚，谷晓昱. 聚合物研究方法[M]. 北京：中国轻工业出版社，2004.

[33] 吴智华. 高分子材料加工工程实验教程[M]. 北京：化学工业出版社，2004.

[34] 刘建平，郑玉斌. 高分子科学与材料工程实验[M]. 北京：化学工业出版社，2005.

[35] 韩哲文. 高分子科学实验[M]. 上海：华东理工大学出版社，2005.

[36] 李树新，王佩璋，等. 高分子科学实验[M]. 北京：中国石化出版社，2008.

[37] 沈新元，李青山，刘喜军. 高分子材料与工程专业实验教程[M]. 北京：中国纺织出版社，2010.

[38] 杨万泰. 聚合物材料表征与测试[M]. 北京：中国轻工出版社，2008.

［39］ 庄启昕，承建军，韩哲文．高分子化学实验改革的探索［J］．化工高等教育，2005（4）：69～83.

［40］ 张晓云．提高高分子化学实验效果的尝试［J］．高分子通报，2007（10）：62～64.

［41］ 曾小平，周爱军，刘长生．高分子化学与物理研究性实验教学探索与研究［J］．武汉工程大学学报，2007，29（5）：94～96.

［42］ 殷勤俭，周歌，江波．高分子科学实验教学初探［J］．高分子通报，2007（7）：95～98.

［43］ 钱浩，张莹雪，林志勇．高分子化学实验课程的网络教学［J］．实验技术与管理，2007，24（8）：78～81.

［44］ 祖立武，张小舟，王雅珍．高分子化学设计性实验的教学实践［J］．高师理科学刊，2007，27（1）：94～95.

［45］ 黄军左．试论高分子化学实验的微型化［J］．化工高等教育，2007（2）：48～49.

［46］ 俞成丙，吴若峰，张云，等．高分子化学微型实验的过程管理［J］．高校教育研究，2008（15）：66.

［47］ 彭桂荣，李青松，李青山，等．高分子物理教学中几点体会［J］．高分子通报，2007（8）：60～63.

［48］ 高分子教学指导委员会．应用型系列教材　高分子实验教程［M］．北京：化学工业出版社，2011.

第二章

高分子合成化学实验

第一节　逐步聚合反应

实验1　低相对分子质量端羟基聚酯的制备

[**实验目的**]

（1）通过低相对分子质量端羟基聚酯的合成，了解平衡常数 K 较小的聚酯类型缩聚反应的特点。

（2）制备相对分子质量为 2000～3000 的端羟基聚酯（其为合成聚酯型聚氨酯的原料）。

[**实验原理**]

缩聚反应大多数是官能团之间的逐步可逆反应。影响聚酯反应程度和聚酯相对分子质量的因素除了单体结构外，还有反应条件，如单体原料的配比、反应温度、压力、催化剂及反应时间。单体原料配比对聚酯反应程度及聚酯相对分子质量有很大影响。聚酯相对分子质量与单体过量的摩尔分数之间的关系是：

$$\overline{M}_n = \frac{N_b + N_a}{N_b - N_a} \tag{2-1}$$

式中　　$\overline{M}_n$——聚酯相对分子质量；

N_a，N_b——分别为官能团 a、b 的摩尔数。

提高反应温度可以提高反应速度，缩短反应到达平衡所需的时间，并且有利于反应中生成的小分子的去除，使反应向着生成聚酯的方向进行，不过，反应温度高低的确定还需考虑原料的沸点、熔点和热稳定性。降低压力无疑有利于反应中生成的小分子的去除，使反应向着生成聚酯的方向进行，但压力高低的确定还需考虑压力对原料配比的影响。使用催化剂可以大大加快反应的进行，缩短反应时间。延长反应时间可以提高反应程度，从而提高聚酯相对分子质量。反应程度 p、官能团摩尔比 r 与聚酯相对分子质量 $\overline{M}_n$ 之间关系为：

$$\overline{M}_n = \frac{1 + r}{1 + r - 2rp} \tag{2-2}$$

但反应时间太长，将影响聚合物的色泽和质量，并且长时间高温反应，将使聚酯氧化变质，因此，反应时间的长短也要适当。

综上所述，合成聚酯的工艺条件一般为：起初反应温度不能太高，一般比单体的熔点高 5～10℃，以保证原料的配比。随着反应的进行，聚酯相对分子质量逐步增加，物料的熔点也逐渐增高，反应温度应不断提高，但最高温度不能超过 250℃。起初反应在常压甚至带压的情况下进行，随着反应的进行，不断降低压力，而体系的压力受到体系密闭性的限制，并且应高效搅拌。这样，就可以在较短的时间内获得预定相对分子质量的聚酯。

本实验用己二酸和乙二醇为原料合成低相对分子质量（2000～3000）的端羟基聚酯。其化学反应方程式为：

$$(n+1)\ HOCH_2CH_2OH + n\ HOOC(CH_2)_4COOH \rightleftharpoons$$

$$HOCH_2CH_2O \underset{n}{\overset{}{\left[C(CH_2)_4 \underset{\parallel}{\overset{O}{}} COCH_2CH_2 \right]}} H + 2nH_2O$$

［实验试剂和仪器］

（1）主要实验试剂：己二酸（相对分子质量为146，白色结晶，熔点为135℃）；乙二醇（相对分子质量为62，是黏稠带有甜味的液体，熔点为 -19℃，沸点为197℃）；对甲苯磺酸；亚磷酸三苯酯。

（2）主要实验仪器：四颈瓶；电动搅拌器；水油分离器；电热套；真空系统。

［实验步骤］

（1）在装有温度计、搅拌器和油水分离器（其上装有真空系统）的 250mL 四颈烧瓶中，加入 15.5g（0.25mol）乙二醇、29.5g（0.20mol）己二酸、0.18g 的催化剂对甲苯磺酸和 0.02g 稳定剂亚磷酸三苯酯，用电热套加热。

（2）当温度上升到 140℃ 左右时，开动搅拌器。在大约 15min 时间内升温到（160±2）℃，并保持此温度。记下第一滴水析出的时间，每隔 10min 记录一次析出的水量。待析水量不再增加时继续升温，在大约 10min 时间内使体系的温度升至（180±2）℃，并同时开动真空泵，使体系真空度为 39996.6～46662.7Pa（300～350mmHg）。每隔 10min 记录一次析出的水量，当析水量不再增加时，继续升温，在大约 10min 时间内使体系温度升至（200±2）℃，并保持此温度，并同时使体系真空度为 79993.2～86659.3Pa（600～650mmHg），每隔 10min 记录一次析出水量，待析水量不再增加时，继续反应 30min。

（3）停止加热，当温度下降至 120℃ 时停止搅拌并去掉真空系统，出料。物料经真空过滤得透明微黄色黏稠液体，即为端羟基聚酯。测定聚酯的相对分子质量和羟值。

［实验结果分析和讨论］

（1）根据聚酯反应的特点，说明采取这种实验步骤和实验装置的原因是什么？

（2）本实验起始条件的选择原则是什么？

（3）试计算本实验条件下聚酯理论相对分子质量是多少，并与实际相对分子质量比较，说明产生误差的原因。

参 考 文 献

[1] 潘祖仁. 高分子化学[M]. 北京：化学工业出版社，1986.

[2] ［美］苏任生 W R，坎姆贝尔 T W. 高分子化学制备方法[M]. 王有槐，胡亚东，贺涛译. 北京：中国工业出版社，1965.

实验 2　线型酚醛树脂的制备

[实验目的]

（1）加深对缩聚反应的特点及反应条件对产物性能影响的认识。

（2）掌握制备线型酚醛树脂的实验技术。

[实验原理]

酚醛树脂是最早实现工业化的树脂，它具有很多优点，如抗湿、抗电、耐腐蚀等，模制器件有固定形状、不开裂等优点，是现代工业中应用广泛的塑料之一。

本实验是在酸性催化剂存在下，使甲醛与过量苯酚缩聚而得到热塑性酚醛树脂。其反应方程式为：

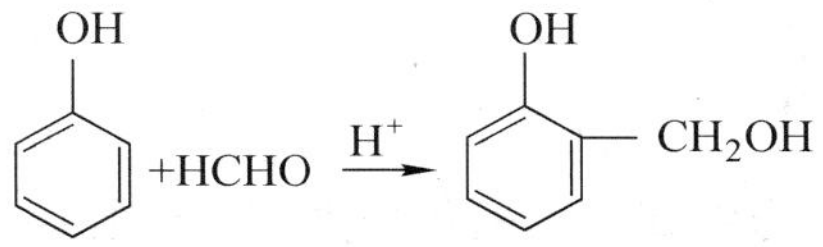

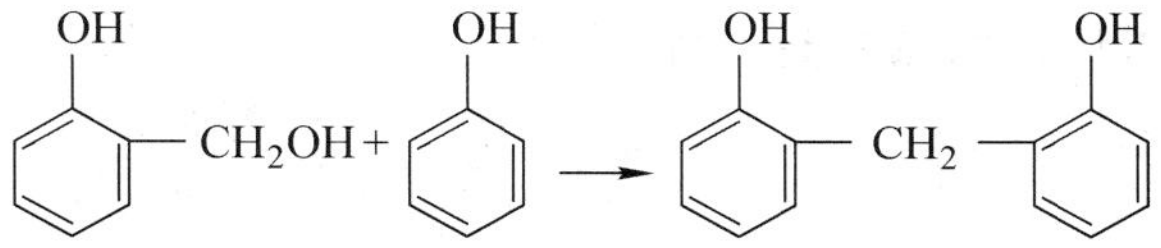

继续反应生成线型大分子，线型大分子的结构式为：

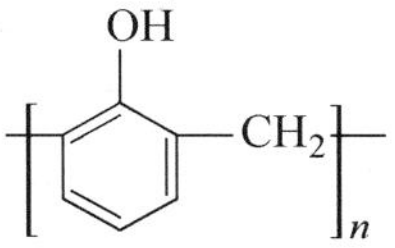

线型酚醛树脂相对分子质量在 1000 以下，聚合度约为 $4 \sim 10$。

分析甲醛含量的方法是：根据甲醛与亚硫酸钠作用生成氢氧化钠的量来计算甲醛含量。其反应方程式为：

$$HCHO + Na_2SO_3 + H_2O \longrightarrow H-\overset{\displaystyle H}{\underset{\displaystyle SO_2Na}{C}}-OH + NaOH$$

[实验试剂和仪器]

（1）主要实验试剂：苯酚；甲醛；盐酸。

（2）主要实验仪器：聚合装置一套，包括 250mL 三颈烧瓶一个、电动搅拌器一套、冷凝管一支、$0 \sim 100℃$ 温度计一支、加热套一个；表面皿；吸管；20mL 移液管；布氏漏斗；锥形瓶。

[实验步骤]

（1）酚醛树脂的合成。将 50g 苯酚及 41g 甲醛溶液在 250mL 三颈烧瓶中混合，然后固定在固定架上，装好回流冷凝管及搅拌器、温度计，在加热套中缓缓加热，使温度保持在（60±2）℃。取 3g 样品，加 1.0mL 盐酸，反应即开始。每隔 30min 用滴管取 2~3g 反应液，放入预先称量好的 150mL 锥形瓶中，分别进行分析。

反应 3h 后，将反应瓶中的全部物料倒入蒸发皿中。冷却后倒去上层水，下层缩合物用水洗涤数次，至呈中性为止。然后用小火加热，由于有水存在，树脂在开始加热时有泡沫产生。当水蒸发完后，移去煤气灯（防止烧焦），倒在铁皮上冷却，称量。

（2）甲醛含量测定。将约 3g（准确称量）苯酚与甲醛的混合物放在 250mL 锥形瓶中，加 25mL 蒸馏水，加 3 滴酚酞，用 NaOH 标准溶液滴定至呈红色。再加 50mL（1mol/L）的 Na_2SO_3 溶液，为了使 Na_2SO_3 与甲醛反应完全，混合物应在室温下放置 2h，然后用 0.5mol/L HCl 溶液滴定至褪色为止。

[实验结果分析和讨论]

（1）测定甲醛含量时，为什么在苯酚与甲醛的混合物中加酚酞后用 NaOH 标准溶液滴定至呈红色？

（2）本实验是否可以改用碱性催化剂？

参 考 文 献

[1] 李青山. 功能与智能高分子[M]. 北京：国防工业出版社，2006.
[2] 潘奇艳. 双环戊二烯苯酚树脂的制备[J]. 金山油化纤，2004(3)：20~23.

实验 3 不饱和聚酯树脂的合成

［实验目的］

（1）加深对不饱和聚酯树脂聚合机理的理解。

（2）掌握制备不饱和聚酯树脂的实验技术。

［实验原理］

不饱和聚酯是由不饱和二元酸或其酸酐与多元醇经缩聚反应制得的聚合物。二元酸或酸酐主要有：顺丁烯二酸、反丁烯二酸、顺丁烯二酸酐。醇主要包括：乙二醇、1,2-丙二醇、丙三醇（甘油）等。最常用的不饱和聚酯是由顺丁烯二酸酐和1,2-丙二醇合成的，其反应机理如下。

酸酐开环并与羟基加成：

$$CH = CH + HOCH_2CH_2OH \longrightarrow HO - \overset{O}{\underset{\parallel}{C}} - CH = CH - \overset{O}{\underset{\parallel}{C}} - O - CH_2CH_2 - OH$$

形成的羟基酸可进一步进行缩聚反应，如羟基酸分子间进行缩聚反应：

$$2HO - \overset{O}{\underset{\parallel}{C}} - CH = CH - \overset{O}{\underset{\parallel}{C}} - O - CH_2CH_2 - OH \rightleftharpoons$$

$$HO - \overset{O}{\underset{\parallel}{C}} - CH = CH - \overset{O}{\underset{\parallel}{C}} - O - CH_2CH_2 - O - \overset{O}{\underset{\parallel}{C}} - CH = CH - \overset{O}{\underset{\parallel}{C}} - O - CH_2CH_2 - OH + H_2O$$

或者羟基酸与二元醇进行缩聚反应：

$$HO - \overset{O}{\underset{\parallel}{C}} - CH = CH - \overset{O}{\underset{\parallel}{C}} - O - CH_2CH_2 - OH - HOCH_2CH_2OH \rightleftharpoons$$

$$HO - CH_2CH_2 - O - \overset{O}{\underset{\parallel}{C}} - CH = CH - \overset{O}{\underset{\parallel}{C}} - O - CH_2CH_2 - OH + H_2O$$

在实际生产中，为了改进不饱和聚酯最终产品的性能，用两种或两种以上的酸酐，如邻苯二甲酸酐和马来酸酐一起共聚。

［实验试剂和仪器］

（1）主要实验试剂：顺丁烯二酸酐；邻苯二甲酸酐；1,2-丙二醇；苯乙烯；过氧化苯甲酰；氢氧化钾-乙醇溶液。

（2）主要实验仪器：250mL 磨口三颈瓶一个；长度 300mm 球形冷凝管一支；长度 300mm 直形冷凝管一支；100mL 分水器一个；蒸馏头一个；150℃、200℃ 湿度计各一支；250mL 广口试剂瓶一个；250mL 锥形瓶两个；毛细管若干；CaCl₂ 干燥管；加热、控温、搅拌器各一套。

[**实验步骤**]

（1）将干净的玻璃仪器按实验装置图 2-1 安装好，并检查反应瓶磨口的气密性。

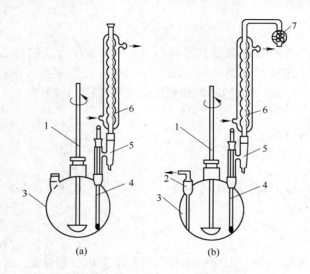

图 2-1　不饱和聚酯的聚合装置

1—搅拌器；2—毛细管；3—三颈瓶；4—温度计；5—分水器；6—冷凝管；7—干燥管

（2）在 250mL 三颈瓶中依次加入顺丁烯二酸酐 9.8g、邻苯二甲酸酐 14.8g、丙二醇 9.2g。加热升温，并通入氮气保护。同时，在蒸馏头出口处接上直形冷凝管，并通水冷却。用 25mL 已干燥称量的烧杯接收馏出的水分。

（3）30min 内升温至 80℃，充分搅拌 1.5h 后升温至 160℃，保持此温度 30min 后，取样测酸值。逐渐升温至 190～200℃，并维持此温度。控制蒸馏头温度在 102℃ 以下。

（4）每隔 1h 测一次酸值。酸值测定方法：精确称取 1g 左右树脂，置于 250mL 锥形瓶中，加入 25mL 丙酮，溶解后加入 3 滴酚酞指示剂，用浓度为 0.1mol/L 的氢氧化钾-乙醇标准溶液滴定至终点。酸值（以 KOH 量计算，单位为 mg/g）计算公式为：

$$酸值 = \frac{56.1cV}{m} \tag{2-3}$$

式中　c——氢氧化钾-乙醇标准溶液的浓度，mol/L；

　　　V——消耗的氢氧化钾-乙醇标准溶液的体积，mL；

　　　m——样品的质量，g。

酸值小于 80mg（KOH）/g 后，每 30min 测一次酸值，直到酸值达到（40 ± 2）mg（KOH）/g 为止。

（5）停止加热，冷却物料至170～180℃时加入对苯二酚和石蜡，充分搅拌，直至溶解。待物料降温至100℃时，将称量好的苯乙烯迅速倒入反应瓶内，要求加完苯乙烯后的物料温度不超过70℃，充分搅拌，使树脂冷却到40℃以下，再取样测一次酸值。

（6）称量馏出水。

［实验结果分析和讨论］

（1）将馏出水的称量值与理论出水量比较，估计反应程度。

（2）实验过程中，不断检测酸值的目的是什么？为什么？

（3）实验中为什么要强调几个温度，如102℃、70℃、40℃？

参 考 文 献

[1] 李青山. 功能与智能高分子[M]. 北京：国防工业出版社，2006.

[2] 祝晓华，刘琦焕，范春娟. 不饱和聚酯树脂改性研究新进展[J]. 绝缘材料，2011，44（2）：34～38.

[3] 冀宪领，安鑫南，王石发. 新型不饱和聚酯树脂的合成及其性能的研究[J]. 南京林业大学学报，1999，23（5）：47～49.

实验 4　双酚 A 型环氧树脂的制备

［实验目的］

（1）熟悉环氧氯丙烷与双酚 A 缩聚制备环氧树脂的实验室方法。

（2）掌握环氧值的测定方法，并了解环氧树脂的使用方法和性能。

［实验原理］

环氧树脂是指含有环氧基的聚合物，它有多种类型，如环氧氯丙烷与酚醛缩合反应生成的酚醛环氧树脂、环氧氯丙烷与甘油反应生成的甘油环氧树脂、环氧氯丙烷与二酚基丙烷（双酚 A）反应生成的二丙烷环氧树脂等。环氧氯丙烷是主要单体，它可以与各种多元酚类、多元醇类反应，生成各类环氧树脂。环氧树脂结构中有羟基、醚基和极为活泼的环氧基存在，使环氧分子与相邻界面产生了较强的分子间作用力，而且环氧基团能与介质表面，特别是金属表面上的游离键起反应，形成化学键。因而环氧树脂具有很高的黏合力，用途很广，商业上称为"万能胶"。此外，环氧树脂还可以做涂料、层压材料、浇铸、浸渍及模具等。

环氧树脂预聚体为主链上含醚键和仲羟基、端基为环氧基的预聚体。其中的醚键和仲羟基为极性基团，可与多种表面之间形成较强的相互作用，而环氧基则可与介质表面的活性基，特别是无机材料或金属材料表面的活性基起反应形成化学键，产生强力的黏结，因此，环氧树脂具有独特的黏附力。用环氧树脂配制的胶黏剂对多种材料具有良好的黏结性能，常称"万能胶"。目前使用的环氧树脂预聚体 90% 以上是由双酚 A 与过量的环氧氯丙烷缩聚而成的。

改变原料配比、聚合反应条件（如反应介质、温度及加料顺序等），可获得不同相对分子质量与软化点的产物。为使产物分子链两端都带环氧基，必须使用过量的环氧氯丙烷。树脂中环氧基的含量是控制反应和树脂应用的重要参考指标，根据环氧基的含量可计算产物相对分子质量，环氧基含量也是计算固化剂用量的依据。环氧基含量可用环氧值或环氧基的质量分数来描述。环氧基的质量分数是指每 100g 树脂中所含环氧基的质量。而环氧值是指每 100g 环氧树脂所含环氧基的物质的量。环氧值采用滴定的方法获得。

环氧树脂未固化时为热塑性的线型结构，使用时必须加入固化剂。环氧树脂的固化剂种类很多，有多元的胺、羧酸、酸酐等。使用多元胺固化时，固化反应为多元胺的氨基与环氧预聚体的环氧端基之间的加成反应。该反应无需加热，可在室温下进行，称为冷固化。用多元羧酸或酸酐固化时，交联固化反应是羧基与预聚体上仲羟基及环氧基之间的反应，需在加热条件下进行，称为热固化。

［实验试剂和仪器］

（1）主要实验试剂：双酚 A；环氧氯丙烷；甲苯；氢氧化钠；盐酸；硝酸银；乙二胺等。

（2）主要实验仪器：三颈瓶；冷凝管；滴液漏斗；蒸馏瓶；搅拌机；恒温水浴；温

度计。

[实验步骤]

（1）树脂制备。

将 22.5g（0.1mol）双酚 A、28g（0.3mol）环氧氯丙烷加入到 250mL 三颈瓶中。在搅拌条件下缓慢升温至约 55℃，待双酚 A 全部溶解后，开始滴加质量浓度为 200g/L 的 NaOH 溶液 40mL 至三颈瓶中，保持反应温度在 70℃ 以下，若反应温度过高，可减慢滴加速度，约 0.5h 滴加完毕。在 90℃ 左右继续反应 2h，在搅拌条件下用 25%（质量分数）稀盐酸中和反应液至中性。向瓶内加去离子水 30mL、甲苯 60mL，充分搅拌并倒入 250mL 分液漏斗中，静止片刻，分去水层，再用去离子水洗涤数次至水相中无 Cl^-（用 $AgNO_3$ 溶液检验），分出有机层，减压蒸馏除去甲苯及残余的水，蒸馏瓶中黄色黏稠液体即为环氧树脂。

（2）环氧值测定。

环氧值是指每 100g 环氧树脂中含环氧基的物质的量。它是环氧树脂质量的重要指标，是计算固化剂用量的依据。树脂的相对分子质量越高，环氧值相应降低，一般低分子量环氧树脂的环氧值在 0.48～0.57 之间。另外，还可用环氧基质量分数（每 100g 树脂中含有的环氧基克数）和环氧物质的量（用环氧基的环氧树脂克数）来表示，三者之间的互换关系为：

环氧值 = 环氧基质量分数／环氧基相对分子质量 = 1／环氧物质的量

因为环氧树脂中的环氧基在盐酸的有机溶液中能被 HCl 开环，所以测定所消耗的 HCl 的量，即可算出环氧值。其反应式为：

$$\text{〜CH—CH}_2 + \text{HCl} \longrightarrow \text{〜CH—CH}_2$$

过量的 HCl 用标准氢氧化钠-乙醇液回滴。

对于相对分子质量小于 1500 的环氧树脂，其环氧值的测定用盐酸-丙酮法测定，相对分子质量高的用盐酸吡啶法。具体操作如下。

准确称取 1g 左右环氧树脂，放入 150mL 的磨口锥形瓶中，用移液管加入 25mL 盐酸-丙酮溶液，加塞摇动至树脂完全溶解，放置 1h，加入酚酞指示剂 3 滴，用氢氧化钠-乙醇溶液滴定至浅粉红色，同时按上述条件做空白实验两次。

$$环氧值 \ E_{pv} = \frac{(V_0 - V_1)c}{10m}$$

式中　V_0，V_1——分别为空白和样品滴定所消耗的 NaOH 的量，mL；

　　　　c——NaOH 溶液的浓度，mol/L；

　　　　m——树脂质量，g。

盐酸-丙酮溶液为 2mL 浓盐酸溶于 80mL 丙酮中，混合均匀。

氢氧化钠-乙醇标准溶液为 4g NaOH 溶于 100mL 乙醇中，用标准邻苯二甲酸氢钾溶液标定，酚酞作指示剂。

（3）黏结试验。

1）分别准备两小块木片和铝片，木片用砂纸打磨擦净，铝片用酸性处理液（由 10 份重铬酸钾、50 份浓硫酸、340 份水配成）处理 10~15min，取出用水冲洗后晾干。

2）用干净的表面皿称取 4g 环氯树脂，加入 0.3g 乙二胺用玻璃棒调匀，分别取少量均匀涂于木片或铝片的端面约 1cm 的范围内，对准胶合面合拢，压紧，放置待固化后观察黏结效果。

或在老师指导下通过剪切实验定量测定黏结效果。

［实验结果分析和讨论］

线型环氧树脂外观为黄色至青铜色的黏稠液体或脆性固体，易溶于有机溶剂中。未加固化剂的环氧树脂有热塑性，可长期储存而不变质。其主要参数是环氧值，固化剂的用量与环氧值成正比。固化剂的用量对成品的力学性能影响很大，必须控制适当。

参 考 文 献

［1］何卫东. 高分子化学实验［M］. 合肥：中国科学技术大学出版社；2009.

实验 5　尼龙-66 的制备

［实验目的］

（1）加深对缩聚反应基本原理的理解。

（2）掌握用己二酸己二胺盐熔融缩聚法制备尼龙-66 的实验方法。

［实验原理］

以己二酸和己二胺为代表的二元酸与二元胺之间的缩聚反应，是典型的 AA 和 BB 双官能团单体间的反应。直接由己二酸和己二胺制备尼龙-66 的过程中，由于尼龙-66 在缩聚温度 260℃时很容易升华逸出，导致很难控制配料比，因此，实际上是将己二酸和己二胺先制成尼龙-66 盐，这种盐是熔点为 196℃的白色晶体，很容易进行纯化处理。这就能保证两者的等摩尔比。尼龙-66 盐的缩聚反应可简单表示为：

$$n[\overset{\oplus}{H_3N}(CH_2)_6\overset{\oplus}{NH_3}][\overset{\ominus}{OOC}(CH_3)_4\overset{\ominus}{COO}] \Longrightarrow \left[NH(CH_2)_6NHCO(CH_2)_4CO\right]_n + 2nH_2O$$

［实验试剂和仪器］

（1）主要实验试剂：己二胺；己二酸；95% 乙醇；苯甲醇。

（2）主要实验仪器：锥形瓶；吸滤瓶；搪瓷杯；支管试管；滴定管。

［实验步骤］

（1）己二酸己二胺盐（尼龙-66 盐）的制备。

1）在两支 150mL 的锥形瓶中，使 5.8g（0.04mol）己二酸和 4.8g（0.042mol）己二胺分别溶于 30mL 质量分数为 95% 的乙醇。如果振摇后仍不能快速溶解，可在锥形瓶口装上一支长玻璃管作冷凝管，慢慢加热，促使其溶解。

2）待溶液冷却后，在搅拌条件下将己二胺溶液慢慢倒入己二酸溶液中。随着盐的生成，溶液温度将升至 40～50℃，同时可观察到有白色结晶形成。继续搅拌一段时间后，用冷水冷却，结晶用水泵、布氏漏斗进行抽滤分离，并用 95%（质量分数）乙醇洗涤 2～3 次。将晶体转入培养皿内干燥（自然风干或在真空烘箱中于 60℃烘干），称重。

（2）尼龙-66 盐的缩聚。

按图 2-2 装好缩聚反应装置。在约 500mL 的消毒缸（搪瓷杯）中称入 250g KNO₃ 和 250g NaNO₂ 混合均匀。在缸中悬挂一支 300℃的温度计，试管的支管连接缓冲瓶，以便于进行抽真空操作和吸收排出的少量胺等。

［思考题］

（1）计算尼龙-66 盐的产率。

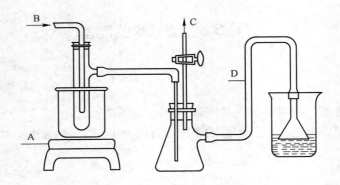

图 2-2　尼龙-66 盐缩聚反应装置

A—电炉；B—进氮气口；C—抽真空；D—自由夹

（2）在尼龙-66 盐本体熔融缩聚过程中，为什么要抽真空、通氮气？

（3）体系中如有空气滞留或混入，对聚合物性能有什么影响？

参 考 文 献

［1］张俐娜. 天然高分子改性材料及应用［M］. 北京：化学工业出版社，2006.

［2］刘喜军，杨秀英，王慧敏. 高分子实验教程［M］. 哈尔滨：东北林业大学出版社，2000.

［3］何素芹，李书同，吕励耘. 抗氧化尼龙-66 的制备与性能研究［J］. 塑料工业，2005，33（3）：
　　60～63.

实验 6　软质聚氨酯泡沫塑料的制备

[**实验目的**]

掌握软质聚氨酯泡沫塑料制备的试验方法及反应机理。

[**实验原理**]

聚氨酯泡沫塑料的合成可分为三个阶段：

（1）预聚体的合成。由二异氰酸酯单体与端羟基聚醚或聚酯反应生成含异氰酸酯端基的聚氨酯预聚体，反应式为：

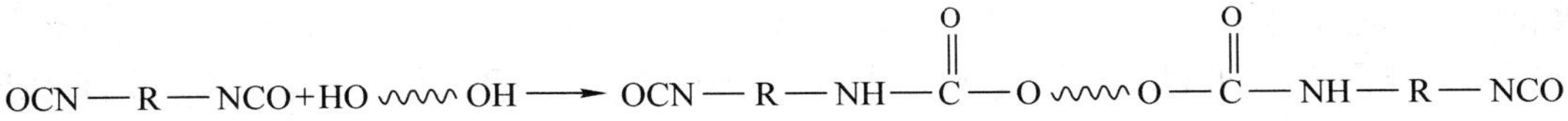

$$OCN—R—NCO+HO \wedge\wedge\wedge OH \longrightarrow OCN—R—NH\overset{O}{\overset{\|}{C}}—O\wedge\wedge\wedge O—\overset{O}{\overset{\|}{C}}—NH—R—NCO$$

（2）气泡的形成与扩链。在预聚体中加入适量的水，异氰酸酯端基与水反应生成的氨基甲酸不稳定，分解生成端氨基与 CO_2，放出的 CO_2 气体在聚合物中形成气泡，并且生成的端氨基聚合物可与聚氨酯预聚体进一步发生扩链反应：

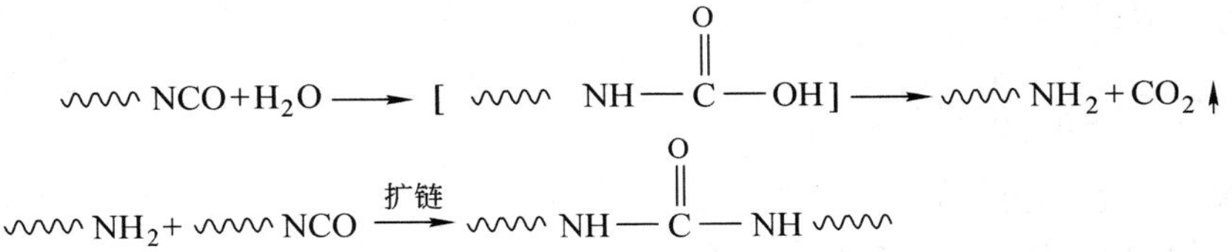

$$\wedge\wedge\wedge NCO + H_2O \longrightarrow [\wedge\wedge\wedge NH—\overset{O}{\overset{\|}{C}}—OH] \longrightarrow \wedge\wedge\wedge NH_2 + CO_2\uparrow$$

$$\wedge\wedge\wedge NH_2 + \wedge\wedge\wedge NCO \xrightarrow{\text{扩链}} \wedge\wedge\wedge NH—\overset{O}{\overset{\|}{C}}—NH\wedge\wedge\wedge$$

（3）交联固化。游离的异氰酸酯基与脲基上的活泼氢反应，使分子链发生交联形成体型网状结构。

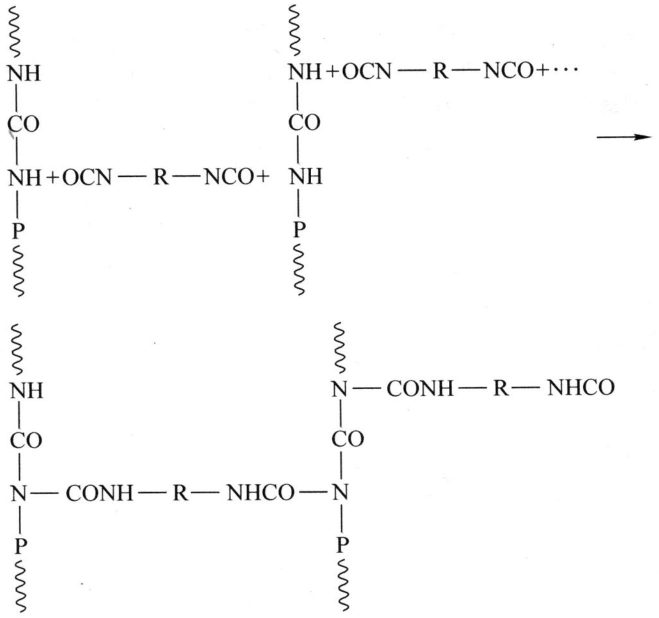

聚氨酯泡沫塑料的软硬取决于所用的羟基聚醚或聚酯。使用高相对分子质量及相应较低羟值的线型聚醚或聚酯时，得到的产物交联度较低，为软质泡沫塑料；若用短链或支链的多羟基聚醚或聚酯，所得聚氨酯的交联度高，为硬质泡沫塑料。

[实验试剂和仪器]

（1）主要实验试剂：三羟基聚醚（相对分子质量 2000～4000）；甲苯二异氰酸酯；二氮杂双环[2,2,2]辛烷（DABCO）或三乙醇胺；二月桂酸二丁基锡；硅油。

（2）主要实验仪器：烧杯；玻棒；纸盒（100mm×100mm×50mm）。

[实验步骤]

（1）在一个 25mL 烧杯（1 号）中将 0.1g（约 3 滴）三乙醇胺溶解在 0.2g（约 5 滴）水和 10g 三羟聚醚中。

（2）在另一个 50mL 烧杯（2 号）中依次加入 25g 三羟基聚醚、10g 甲苯二异氰酸酯和 0.1g（约 3 滴）二月桂酸二丁基锡，搅拌均匀，可观察到有反应热放出。

（3）在 1 号烧杯中加入 0.1～0.2g（约 10 滴）硅油，搅拌均匀后倒入 2 号烧杯，搅拌均匀，当反应混合物变稠后，将其倒入纸盒中。

（4）在室温下放置 0.5h 后，放入约 70℃的烘箱中加热 0.5h，即可得到一块白色的软质聚氨酯泡沫塑料。

[实验结果分析和讨论]

（1）聚氨酯泡沫塑料的软硬由哪些因素决定？
（2）均匀的泡沫结构如何保证？

参 考 文 献

[1] 刘新建. 聚氨酯泡沫塑料[D]. 秦皇岛：燕山大学，2006.

[2] 刘喜军，杨秀英，王慧敏. 高分子实验教程[M]. 哈尔滨：东北林业大学出版社，2000.

[3] 沈新元，李青山，刘喜军. 高分子材料与工程专业实验教程[M]. 北京：中国纺织出版社，2010.

实验7　三聚氰胺-甲醛的缩合反应

[实验目的]

（1）掌握三聚氰胺-甲醛的缩合反应微型实验方法。
（2）了解三聚氰胺-甲醛的缩合反应机理。

[实验原理]

三聚氰胺由尿素与胺合成。三聚氰胺与甲醛发生加成缩合聚合反应，产物属于无规则预聚物，其组成与结构取决于单体配比、反应的 pH 值和反应温度。其反应式为：

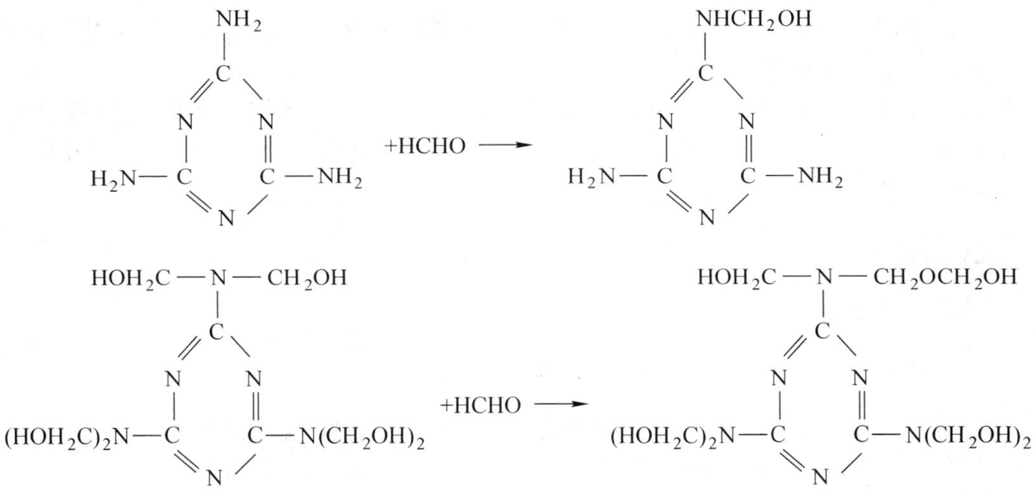

[实验试剂和仪器]

（1）主要实验试剂：三聚氰胺；40%（质量分数）甲醛水溶液；质量浓度为 200g/L 的氢氧化钠溶液。

（2）主要实验仪器：烧瓶；玻璃棒；搅拌器；恒温水浴；温度计。

[实验步骤]

反应器是一个 10mL 烧瓶，上面装搅拌器，一个双口接头和一个打了孔的橡皮塞中插入一根玻璃棒。在烧瓶中加入 0.63g（5mmol）三聚氰胺和 1.50g 质量分数为 40% 的甲醛水溶液（20mmol），搅拌混合物，并加入几滴质量浓度为 200g/L 的氢氧化钠溶液，使悬浮液的 pH 值为 8.5。在不断搅拌条件下，把反应混合物在水浴中于 5～10min 内加热到 80℃。在 70～80℃，形成一个均匀的溶液。加热过程中，必须滴加质量浓度为 200g/L 的氢氧化钠溶液，使反应溶液的 pH 值保持恒定。在不断搅拌条件下，使反应混合物在 pH 值为 8.5 条件下保持在 80℃，直至沉淀比达到 1∶1。冷却后，将溶液过滤，去除微量不溶物。

三聚氰胺在加热时溶于甲醛水溶液，形成羟甲基化合物，羟甲基化合物为晶形化合物，溶于热水而微溶于冷水。三聚氰胺完全溶解后立即取出反应溶液进行冷却，微溶的羟甲基化合物便沉淀出来。

进一步加热就得到缩聚物，开始还可以任何浓度溶于水中。缩聚物仍然含有相当大一部分单体状的羟基化合物，所以溶液在冷却时变得浑浊。继续加热，水溶液仍是清晰的，然而，这一反应阶段后的缩合物仅在高浓度时才形成清晰的溶液，一经稀释便沉淀出来。

测定沉淀比。缩合反应进行约 50～60min 后，把小量反应混合物样品加到冰水里去，水就变浑浊。由那时起，不时由反应混合物中精确地取 1mL 样品。样品冷却至 20℃ 后，在搅拌条件下向样品中滴加 20℃ 的蒸馏水。当加入 1mL 水时，样品变浑浊，停止缩合实验。

浸渍纸张。把制备的树脂溶液转移到一个瓷盘里，将 10～20 张圆滤纸浸渍于其中。滤纸在溶液中浸 1～2min，然后用镊子取出，使过剩溶液滴下。把浸渍的滤纸用夹子固定在拉直的绳子上，干燥过夜。

制备层压塑料。把 10 张浸渍过的滤纸互相堆叠起来，将堆起的纸放在两块铝箔（15cm×15cm）之间，在油压机上在 135℃、4～10MPa 条件下加热 15min。打开压力机后，将样品趁热取出。

［思考题］

实验为什么要在微碱性条件下进行？

参 考 文 献

［1］李青山，王雅珍，周宁怀. 微型高分子化学实验［M］. 北京：化学工业出版社，2006.
［2］刘喜军，杨秀英，王慧敏. 高分子实验教程［M］. 哈尔滨：东北林业大学出版社，2000.
［3］沈新元，李青山，刘喜军. 高分子材料与工程专业实验教程［M］. 北京：中国纺织出版社，2010.

实验 8　双酚 A 和光气溶液中缩聚制备聚碳酸酯

[实验目的]

（1）掌握双酚 A 和光气溶液中缩聚制备聚碳酸酯的试验方法。

（2）了解双酚 A 和光气溶液中缩聚制备聚碳酸酯与结构表征。

[实验原理]

光气属于酰氯，活性高，可与羟基化合物直接酯化。光气法合成聚碳酸酯多采用界面缩聚技术。实验将双酚 A 和吡啶的溶液作为水相，光气的有机溶剂作为另一相，加入催化剂进行反应。

[实验试剂和仪器]

（1）主要实验试剂：双酚 A；光气；液状石蜡；二氯甲烷；甲醇；氯仿；吡啶；二氧六环；四氢呋喃。

（2）主要实验仪器：10mL 三颈烧瓶；氮气导入管；搅拌器；温度计；微型化学分馏柱；冷凝管；真空接头。

[实验步骤]

在一个通风良好的通风橱内，将 4 个洗瓶串联到光气钢瓶上，第一个和第三个洗瓶是空的，并且接得相反，中间的洗瓶则充以液状石蜡。最后一个洗瓶连接到一个配有搅拌器、温度计和气体入口管及出口管的三颈烧瓶上。温度计必须浸润到反应混合物中，并且是通过一个 T 形管插进来的，这个 T 形管起着出气口的作用。入气管也必须插入混合物中，其直径应大于 5mm，并且管口应接近搅拌器叶片的上方，以防被沉淀出的盐酸吡啶所堵塞。出气管连到一个空洗瓶，而空洗瓶本身又同一个装有液状石蜡的洗瓶相连。

向 50mL 反应瓶中加入 2.25g 纯双酚 A 和 23mL 蒸馏过的吡啶，一面剧烈搅拌反应混合物，一面向洗瓶中高速通入光气。在开启光气钢瓶阀门和以后进行拆除装置操作时，必须戴上具有适当过滤器的防毒面具。

反应立即开始，瓶中物由于有盐酸吡啶沉淀出而逐渐变浊。反应温度应维持在约 25℃，如超过 30℃，以水浴冷却烧瓶。接近缩聚完了时（约 45~60min），反应混合物变得很黏。向烧瓶中通光气直至稍微过量（约 5min 后），即中间生成的光气与 HCl 的络合物的黄色持久不变。随后将装置拆掉。

用一个滴液漏斗取代入气管，在强烈搅拌条件下，在大约 10min 内从漏斗中滴加 25mL 甲醇，将缩聚物沉淀出来。再搅拌几分钟后，将产物滤出，在 50℃下真空干燥后，再次溶于二氯甲烷，并在甲醇中沉淀，滤出产物后真空干燥。

[实验结果分析和讨论]

将产物溶于四氢呋喃中测定其黏度，并计算其相对分子质量。

参 考 文 献

[1] 李青山，王雅珍，周宁怀. 微型高分子化学实验[M]. 北京：化学工业出版社，2003.

第二节　自由基聚合反应

实验9　甲基丙烯酸甲酯的本体聚合

[**实验目的**]

（1）加深对本体聚合原理的理解，认识烯类单体本体聚合的特点与难点。

（2）了解甲基丙烯酸甲酯本体聚合主要工艺参数对其产品质量的影响，加深对自由基链式聚合中自动加速效应的理解。

（3）掌握通过本体聚合工艺制备聚甲基丙烯酸甲酯的实验技术。

[**实验原理**]

甲基丙烯酸甲酯的聚合反应在过氧化苯甲酰引发剂存在下进行。反应开始前有一段诱导期，聚合速率为零，体系无黏度变化，在转化率超过20%之后，反应速率显著加快，而转化率达80%之后，反应速率显著减小，最后几乎停止聚合，需要升高温度才能使之完全聚合。

配方中引发剂的含量应视制备的模具厚度而定。由于甲基丙烯酸甲酯单体的密度只有$0.94g/cm^3$，而其聚合物的密度为$1017g/cm^3$，因此，聚合物有较大的体积收缩，因而生产上一般先做成甲基丙烯酸甲酯的预聚体，然后再进行浇模。这样可以减少体积收缩，而且预聚体具有一定黏度，在采用夹板式模具时不会产生液漏现象。

采用试管做模具，厚度较大，因而聚合时间过长。为了便于操作，在浇模前补加0.03%（质量分数）的过氧化二碳酸环己酯作为室温引发剂。

[**实验试剂和仪器**]

（1）主要实验试剂：甲基丙烯酸甲酯；过氧化苯甲酰；过氧化二碳酸环己酯；偶氮二异丁腈。

（2）主要实验仪器：试管；三颈瓶；冷凝管；恒温水浴等。

[**实验步骤**]

（1）准确称取0.03g偶氮二异丁腈和50g甲基丙烯酸甲酯，混合均匀，投入到100mL配有冷凝管与通氮气管的磨口三颈瓶中，开启冷却水，通氮气，采用水浴恒温。开动搅拌，升温至$75\sim80℃$，$20\sim30min$后取样，若预聚物具有一定黏度（转化率7%～10%），则移去热源，冷却至50℃左右，补加0.03%（质量分数，即0.015g）的过氧化二碳酸环己酯，搅拌均匀。

（2）取$1.5cm\times15cm$试管若干支，分别进行灌注，灌注高度一般为$5\sim7cm$，然后静置片刻，或在60℃的水浴中加热数分钟，直到试管内无气泡，即可取出，放进30℃左右的烘箱或在室温中直至聚合物硬化，然后在沸水中熟化1h，使反应趋于完全。撤除试管，可得到透明度高、光洁的圆柱形产物聚甲基丙烯酸甲酯。如采用玻璃夹板做模具，预聚液（转化率约为 8% ~ 10%）中不用补加过氧化二碳酸环己酯。聚合物在 55 ~ 60℃ 水浴中恒温 2h，硬化后升温至 95 ~ 100℃ 保持 1h，撤除夹板后，可得到透明、光洁的产物——有机玻璃薄板。

注意事项：

（1）为提高学生实验兴趣，学生可在试管或模具中放入工艺品，但不要放入动物、植物和有机物。

（2）预聚时不要老是摇动瓶子，以减少氧气在单体中的溶解。

（3）灌注过多，压力太大，有可能使气泡不易逸出而留在聚合物内。

（4）若无过氧化二碳酸环己酯，可补加 0.03g 偶氮二异丁腈。

[实验结果分析和讨论]

（1）将剩余的预聚物倒入一支小试管中进行爆聚实验，即在水的沸点下继续加热使爆聚发生，让学生了解和观察爆聚现象。

（2）为什么要进行预聚合？

（3）如何制备大尺寸的有机玻璃板？如何制备长度为 1m、直径为 0.3m、厚度为 1cm 的无缝有机玻璃圆筒？

（4）甲基丙烯酸甲酯聚合到刚刚不流动时的单体转化率大致是多少？

（5）除有机玻璃外，工业上还有什么聚合物是用本体聚合的方法合成的？

参 考 文 献

［1］田丽娜，黄志明，包永忠，等. 甲基丙烯酸甲酯本体聚合体系导热系数的研究［J］. 化学反应与化学工艺，2006，22（4）：339 ~ 343.

［2］刘喜军，杨秀英，王慧敏. 高分子实验教程［M］. 哈尔滨：东北林业大学出版社，2000.

［3］沈新元，李青山，刘喜军. 高分子材料与工程专业实验教程［M］. 北京：中国纺织出版社，2010.

实验 10　乙酸乙烯酯的溶液聚合

［实验目的］

（1）加深对溶液聚合原理的理解。

（2）了解影响乙酸乙烯酯溶液聚合的主要因素。

（3）掌握通过溶液聚合工艺制备聚乙酸乙烯酯的实验技术。

［实验原理］

　　溶液聚合是将引发剂、单体溶于溶剂中成为均相，然后在一定温度下进行的聚合反应。聚合时靠溶剂回流带走聚合热，使聚合温度保持平稳，这样不易产生局部过热。溶液聚合体系黏度较低，引发剂分散容易均匀，不易被聚合物包裹，引发效率较高。这是其优点。但由于乙酸乙烯酯的自由基活性较高，在溶液聚合体系中引入溶剂，大分子自由基与溶剂发生链转移反应，使聚合物的相对分子质量降低，从而形成支链产物。以甲醇为例，大分子自由基向溶剂分子转移的结果，使产物的相对分子质量降低。

　　在制备聚乙酸乙烯酯时，控制相对分子质量是关键。因为单体纯度、引发剂和溶剂类别，以及聚合温度和转化率的高低，都对产物的相对分子质量有很大影响。

　　本实验是以偶氮二异丁腈（或过氧化苯甲酰）为引发剂、甲醇为溶剂的乙酸乙烯酯溶液聚合，属于自由基型聚合反应。

［实验试剂和仪器］

（1）主要实验试剂：乙酸乙烯酯；偶氮二异丁腈（或过氧化苯甲酰）；甲醇。

（2）主要实验仪器：搅拌器；回流冷凝管；温度计；三颈瓶；变压器；水浴；表面皿；烘箱。

［实验步骤］

　　（1）在装有搅拌器、回流冷凝管和温度计的 250mL 三颈瓶中（见图 2-3），加入 21mL（20g）乙酸乙烯酯，然后将 0.1g 引发剂（偶氮二异丁腈或过氧化苯甲酰）溶于 20g 甲醇（可换算成体积加入）中，并将其倒入三颈瓶中，并升温至瓶内温度维持在 60℃，开始记录反应时间，用变压器控制水浴温度为 61～63℃，注意观察反应液的黏度变化和整个体系的封闭性，反应维持 3h。

　　（2）反应结束后，停止加热，冷却至温室。取 5g 反应液于已称重的表面皿上，放于 50℃ 烘箱中干燥（或将冷凝管拆除，并将装置改成减压蒸馏装置，直至把溶剂及未聚合的单体蒸出）。最后得到五色玻璃状的聚合物，连表面皿一起称重。

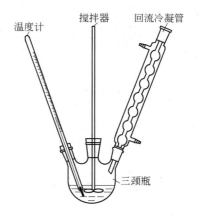

图 2-3　乙酸乙烯酯溶液
聚合反应装置图

如果将聚乙酸乙烯酯进一步醇解，就能制得聚乙烯醇。

注意事项：

（1）实验前乙酸乙烯酯需重蒸，否则会因阻聚剂的存在而影响实验效果。

（2）引发剂偶氮二异丁腈（AIBN）使用前需要重结晶，过氧化苯甲酰（BPO）活性较高，于 65～100℃ 温度内使用较好。在溶液聚合中，使用乙醇作溶剂时，可采用过氧化苯甲酰作引发剂，反应温度可控制在 65～70℃。

（3）溶液聚合时以甲醇作溶剂，瓶外水浴温度不能高于 63℃，因为甲醇的沸点为 64.5℃，若瓶外温度高于此温度，因局部受热，会使甲醇大量挥发，回流增大使体系中溶剂减少，不能及时带走反应热，会使反应失败。用乙醇作溶剂时，瓶外温度不能高于乙醇沸点 78℃，在 70℃ 左右为宜。

（4）在实验前应将三颈瓶、烧杯等烘干除去水分，否则会破坏聚合反应。

[思考题]

（1）将产物称重，计算单体的转化率。

（2）溶液聚合有哪些优缺点？

（3）溶液聚合中如何控制产品聚合物的相对分子质量大小？

（4）制备维尼纶用聚乙酸乙烯酯为何通常采用溶液聚合？

（5）影响聚乙酸乙烯酯聚合速率及转化率的因素是什么？

参 考 文 献

[1] 刘喜军，杨秀英，王慧敏. 高分子实验教程[M]. 哈尔滨：东北林业大学出版社，2000.

[2] 田炳寿，程正，贾向群. 乙酸乙烯酯聚合中分子量的控制[J]. 化学研究与应用，1997，9（2）：200～202.

[3] 黄明德，徐兰，胡盛华. 乙酸乙烯酯的微波加热聚合[J]. 化学工程师，2005：9～10.

实验11　苯乙烯与顺丁烯二酸酐的交替共聚合

［实验目的］

（1）加深对自由基交替共聚原理的理解。

（2）掌握苯乙烯与顺丁烯二酸酐共聚合的实验技术。

（3）了解除氧、充氮以及隔绝空气条件下的物料转移和聚合方法。

［实验原理］

由于空间位阻效应，顺丁烯二酸酐在一般条件下很难发生均聚，而苯乙烯由于共轭效应很容易均聚，当将上述两种单体按一定配比混合后在引发剂作用下却很容易发生共聚，而且共聚产物具有规整的交替结构，这与两种单体的结构有关。顺丁烯二酸酐双键两端带有两个吸电子能力很强的酸酐基团，使酸酐中的碳碳双键上的电子云密度降低而带部分的正电荷，而苯乙烯是一个大共轭体系，在正电性的顺丁烯二酸酐的诱导下，苯环的电荷向双键移动，使碳碳双键上的电子云密度增加而带部分的负电荷。这两种带有相反电荷的单体构成了受电子体（Accepter）-给电子体（Donor）体系，在静电作用下很容易形成一种电荷转移配位化合物。这种配位化合物可看做一个大单体，在引发剂作用下发生自由基共聚合，形成交替共聚的结构。

［实验试剂和仪器］

（1）主要实验试剂：苯乙烯；顺丁烯二酸酐；过氧化二苯甲酰；乙酸乙酯；乙醇。

（2）主要实验仪器：实验装置一套（真空抽排系统见图2-4，它接反应瓶）；恒温水浴槽；聚合瓶；溶剂加料管；注射器；止血钳；布氏漏斗；烧杯；表面皿；单爪夹。

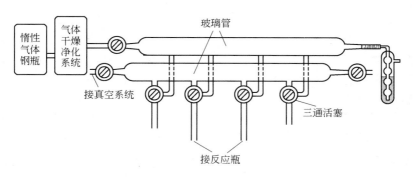

图2-4　真空抽排系统

［实验步骤］

（1）称取0.5g顺丁烯二酸酐、0.05g过氧化二苯甲酰放入聚合瓶中（见图2-5）。将聚合瓶连接在实验装置上，进行抽真空和充氮气操作，以排除瓶内空气，反复3次后，在充氮气情况下将瓶取下，用止血钳夹住出料口。

（2）用加料管量取 15mL 乙酸乙酯，在氮气保护下加入到聚合瓶中，充分摇晃使固体溶解，再用注射器将 0.6mL 的苯乙烯加入到聚合瓶中，充分摇匀。

（3）将聚合瓶用单爪夹夹住放入 80mL 水浴中，不时摇晃，在反应 15min 之内需放气 3 次，以防止聚合瓶盖被冲开。1h 后结束反应。

（4）将聚合瓶取出，在室温下冷却，再用冷水冷却至室温，然后将瓶盖打开。将聚合液一边搅拌一边倒入盛有乙醇的烧杯内，出现白色沉淀至聚合物全部析出，干燥后计算产率。

图 2-5　管状聚合瓶

[思考题]

（1）引发剂的用量对反应及产物有何影响？
（2）乙醇在此反应中的作用是什么？

参 考 文 献

[1] 鲁彦玲，施冬梅，杜仕国，等. 顺丁烯二酸酐制备工艺及催化剂发展研究［J］. 长江大学学报，
    2006，3（2）：33～37.

实验 12　丙烯腈共聚物的合成

[实验目的]

（1）加深对自由基共聚合原理的理解。

（2）掌握通过自由基溶液共聚合方法制备丙烯腈三元共聚物的实验技术。

（3）熟悉共聚合转化率的测定方法。

[实验原理]

合成纤维的主要大品种腈纶是以丙烯腈（AN）（质量分数为 35%～85%）的共聚物纺制的纤维。第二单体通常为带有酯基（—COOR）的乙烯基化合物，第三单体通常为带有在水中可离子化的乙烯基化合物或有较大侧链的乙烯基化合物。为了聚合反应产物组分稳定、序列相近，所选共聚单体与丙烯腈的竞聚率应相近。常用第二单体为丙烯酸甲酯（MA）、甲基丙烯酸甲酯（MMA）、乙酸乙烯酯（VAC）、氯乙烯（VCl）、偏二氯乙烯（VDC）等，第三单体为衣康酸（ITA）、丙烯磺酸钠（AS）、甲基丙烯磺酸钠（MAS）、苯乙烯磺酸钠（SSS）、2-甲基-5-乙烯吡啶（MVP）、乙烯基吡咯烷酮（PVP）、α-甲基苯乙烯（α-MS）等。

本实验是以丙烯腈（AN）（M1）、丙烯酸甲酯（MA）（M2）和甲基丙烯磺酸钠（MAS）（M3）为单体，偶氮二异丁腈（AIBN）为引发剂，异丙醇（IPA）为链转移剂，质量浓度为 510g/L 的 NaSCN 水溶液为溶剂进行溶液聚合。

甲基丙烯磺酸钠（MAS）型三元共聚腈纶生成反应（$X:Y:Z=90:9:1$）为：

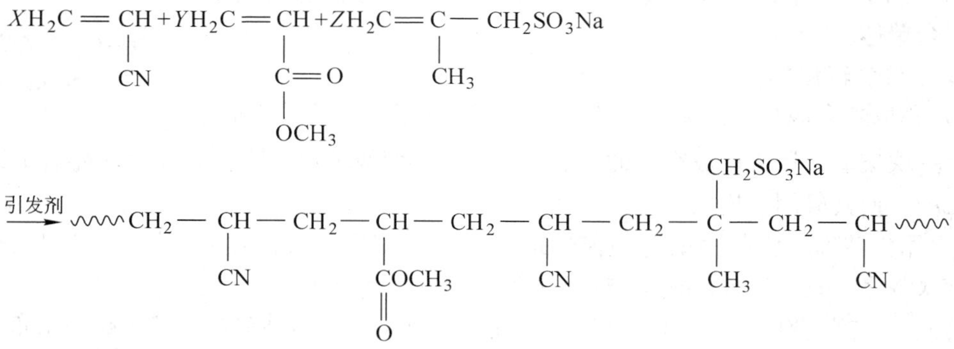

单体转化率（%）可由下式求得：

$$转化率 = \frac{M_0 - M}{M_0} \times 100\%$$

$$= \frac{聚合液中聚合物的质量分数}{M_0} \times 100\%$$

$$= \frac{聚合物薄膜重}{M_0 \times 与薄膜相应的聚合液重} \times 100\% \tag{2-4}$$

式中　M_0——体系中总单体的初始质量分数；

　　　M——聚合结束时体系中总单体的残余质量分数。

［实验试剂和仪器］

（1）主要实验试剂：丙烯腈（AN）；丙烯酸甲酯（MA）；异丙醇（IPA）；甲基丙烯磺酸钠（MAS）（化学纯）；偶氮二异丁腈（AIBN）（化学纯）；二氧化硫脲（TUD）（化学纯）；铁矾指示剂（CP，配成质量浓度为 10g/L 的水溶液）；质量浓度为 510g/L 的 NaSCN 水溶液。

（2）主要实验仪器：三颈瓶；球形冷凝管；温度计；水浴锅；方玻璃；培养皿；量筒；烧杯；高形称量瓶；扁形称量瓶；尖玻璃棒；搅拌器；碘量瓶。

［实验步骤］

（1）丙烯腈三元共聚物的制备。

1）将清洁干燥的仪器按图 2-6 进行安装。

2）将各种反应物和占计算量 2/3 的 NaSCN 溶液加入碘量瓶，盖上瓶塞，轻轻摇动，直至固体物料完全溶解。随后，小心地倒入三颈瓶中，用剩余的 NaSCN 溶液洗涤碘量瓶后，也加入三颈瓶中，并将装置复原。

3）开启搅拌器并升温聚合。当反应物温度达 75℃时，使温度缓慢上升，在 78～80℃反应 1h，反应物即成淡黄色的黏稠浆液。

4）反应结束后，拆去搅拌器和冷凝管，迅速倒出聚合液约 5～10g 于高形称量瓶中，留做测转化率用。随后将三颈瓶接通真空泵以脱去残余单体。

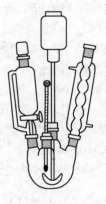

图 2-6　丙烯腈三元
共聚装置示意图

（2）聚合转化率的测定。

1）称取聚合液 0.8～1g（精确到 0.1mg）置于方玻璃的光面上，再盖上一块玻璃，用力压成很薄的一层。然后，将两块玻璃平移打开并浸在盛有蒸馏水的培养皿中，使其凝固，析出。

2）用尖玻璃棒将凝固的薄膜谨慎地揭下来（防止薄膜破损），放在 100mL 烧杯中，用蒸馏水洗涤，直至洗液用铁矾指示剂检验不显现红色为止。

3）将洗净的薄膜挤干，拉松后放在扁形称量瓶中，于 105℃的烘箱中烘至恒重。

4）将薄膜称重（精确到 0.1mg），求其转化率。同时做一平行实验数次，使两次测定的数值之差不大于 2s，并取其平均值。

注意事项：丙烯腈具有剧毒，应该在通风橱内加入。

［思考题］

（1）按表 2-1 记录共聚物合成体系中各种试剂的加入量，并写出其作用。

表 2-1　试剂加入量及其作用

试　剂		丙烯腈（AN）（M$_1$）	丙烯酸甲酯（MA）（M$_2$）	甲基丙烯磺酸钠（MAS）（M$_3$）	偶氮二异丁腈（AIBN）	二氧化硫脲（TUD）	异丙醇（IPA）	NaSCN溶液
加入量	质量/g							
	体积/mL							
各种试剂的作用								

（2）完成表 2-2，并计算转化率。

表 2-2　转化率计算

序　号	聚合液质量 W_s/g	薄膜质量 W_f/g	聚合体含量 $P_c = \dfrac{W_f}{W_s} \times 100\%$	转化率 $P = \dfrac{P_c}{M_0} \times 100\%$	平均值
1					
2					

（3）写出反应混合液中各物料的配比与计算结果。

（4）在反应过程中，你对温度的控制有何体会？

参 考 文 献

［1］陈稀，黄象安. 化学纤维实验教程［M］. 保定：纺织工业出版社，1988.

［2］沈新元. 化学纤维手册［M］. 北京：中国纺织出版社，2009.

实验13　苯乙烯的乳液聚合

[实验目的]

（1）加深对乳液聚合原理的理解。

（2）掌握通过悬浮聚合工艺制备聚合物的实验技术。

[实验原理]

乳液聚合即在乳液体系中进行的聚合。乳液聚合体系的主要组成有介质、乳化剂、单体以及引发剂。常见的乳液聚合体系的介质为水，乳化剂为负离子型乳化剂，如十二烷基苯磺酸钠等。若以憎水性的有机溶剂（如二甲苯）为介质，采用非离子型的乳化剂（如多元醇的单硬脂酸酯），则可以进行亲水性单体（如丙烯酸和丙烯酰胺）的乳液聚合。亲水性单体在憎水性有机溶剂介质中的乳液聚合又被称为反相乳液聚合。反相乳液聚合的乳液体系不如普通的乳液聚合体系稳定，因此应用不太普遍。

一般在乳液聚合中，单体几乎不溶于水或只稍微溶于水。单体分子主要存在于单体颗粒和胶束之中。与悬浮聚合不同，乳液聚合所用引发剂是水溶性的，而且由于高温不利于乳液的稳定，引发体系产生自由基的活化能应当很低，因此使聚合可以在室温甚至更低的温度下进行。常用的乳液聚合引发体系有过硫酸盐-亚铁盐体系和异丙苯过氧化氢-亚铁盐等氧化还原引发体系，这类体系产生自由基的活化能只有 41.84kJ/mol 左右，可在较低温度下引发烯类单体聚合。

在乳液聚合中，自由基产生于水相。初级自由基可在水相中引发溶在水中的少数单体分子进行聚合，并经过扩散过程进入胶束或单体颗粒，从而引发胶束或单体颗粒内的单体分子聚合。由于体系中胶束的数目比单体颗粒的数目大很多，比如在一个典型的乳液聚合体系中，每毫升介质水中约含 10^{17} 个胶束，而每毫升水所含的单体颗粒数目则只有 10^{11} 个左右，胶束的总表面积比单体颗粒的总表面积要大 10 倍以上，因此，生于水相的自由基通过扩散运动进入胶束的机会要比进入单体颗粒中的机会大很多。可以想象，乳液聚合的主要场所应当是含有单体分子的胶束，而在单体颗粒内进行的聚合则很少。单体颗粒主要起着单体储存库的作用，单体分子不断地由单体颗粒中扩散出去，通过介质进入正在发生聚合的胶乳颗粒内，以补充颗粒内的单体（原先含有单体分子的胶束即单体增溶胶束，在单体开始转变为聚合物后便转变为胶乳颗粒或单体增溶的聚合物颗粒）。实验发现，单体向胶乳颗粒中的扩散过程通常很快，因而不影响胶乳颗粒中单体的浓度和聚合速度，只有在单体颗粒完全消失之后，胶乳颗粒中的单体浓度才因得不到外界的补偿而逐渐降低。

乳液聚合速度 R_p（mol/(L·s)）可以用式(2-5)表示：

$$R_p = \frac{Nk_p[M]}{2} \cdot \frac{10^3}{N_0} \tag{2-5}$$

式中　N——单体增溶的胶乳颗粒数，即聚合反应进行的主要场所的数目；

　　　k_p——链生长速度常数；

　　$[M]$——胶乳颗粒内的单体浓度，在许多情况下 $[M]$ 可高达 5mol/L 左右；

N_0——阿伏加德罗常数。

聚合物相对分子质量$\overline{DP}$与胶乳颗粒数目N及引发速度R_i的关系可以式(2-6)表示：

$$\overline{DP} = \frac{Nk_p[M]}{R_i} \tag{2-6}$$

［实验试剂和仪器］

（1）主要实验试剂：NaOH；十二烷基磺酸钠（或十二烷基苯磺酸钠）；苯乙烯；聚乙二醇（相对分子质量为300）；十二烷基硫醇（或其他分子质量调节剂）；过硫酸钾；LiCl；HCl；乙醇；甲醇。

（2）主要实验仪器：三颈瓶；回流冷凝器；搅拌器；恒温水浴；氮气。

［实验步骤］

（1）在一装有搅拌器、回流冷凝器和氮气进出导管的三颈瓶中加入180mL蒸馏水，以鼓泡的方式将氮气通入水中，搅拌10min后加入0.1g NaOH，溶解后加入0.3g十二烷基磺酸钠。加热使反应混合物恒温在50℃，加入100mL新蒸馏过或以碱水洗过的苯乙烯单体和3mL相对分子质量为300的聚乙二醇，再加入2滴十二烷基硫醇和0.5g过硫酸钾。在50℃下使聚合反应进行3h左右。

（2）将聚合物乳液转移至一个600mL的烧杯中，一边搅拌一边加入10mL质量浓度为100g/L的LiCl水溶液以破坏胶乳，再在搅拌条件下加入50mL浓度为1mol/L的盐酸。若LiCl溶液未能使乳液破坏，再加入5mL乙醇或丙酮；若乳液还未被破坏，可加入更多的乙醇或丙酮，直至达到使乳液破坏的目的。

（3）将凝聚下来的聚合物转移至另一个600mL的烧杯中，先用甲醇洗两次，每次用甲醇100mL，再用蒸馏水洗两次，每次用水200mL。洗后聚合物在80℃烘箱中干燥至恒重。

注意事项：洗聚合物时应避免激烈搅拌，以免产物再乳化。

［思考题］

（1）计算共聚物产率是多少？

（2）乳液聚合与悬浮聚合有何不同？

（3）举例说明乳液聚合在工业上的应用。

（4）乳液聚合中如何控制胶乳颗粒的大小和数目？

参 考 文 献

［1］刘喜军，杨秀英，王慧敏. 高分子实验教程［M］. 哈尔滨：东北林业大学出版社，2000.

实验14　低相对分子质量聚丙烯酸的合成

［实验目的］

（1）掌握低相对分子质量聚丙烯酸的合成。

（2）掌握自由基聚合原理以及基本的溶液聚合方法。

［实验原理］

聚丙烯酸是水质稳定剂的主要原料之一。高相对分子质量的聚丙烯酸（相对分子质量在几万或几十万以上）多用于皮革工业、造纸工业等方面。作为阻垢用的聚丙烯酸，相对分子质量都在一万以下，聚丙烯酸相对分子质量的大小对阻垢效果有极大影响。各项实验表明，低相对分子质量的聚丙烯酸阻垢作用显著，高相对分子质量的聚丙烯酸则丧失阻垢作用。

本实验通过控制引发剂用量和应用调聚剂异丙醇，合成低相对分子质量的聚丙烯酸。

$$n\text{CH}_2 = \text{CH} - \text{COOH} \xrightarrow{\text{引发剂}} \underset{\underset{\text{COOH}}{\mid}}{+ \text{CH}_2 - \text{CH} +_6}$$

聚合方法：丙烯酸单体极易聚合，可以通过本体、溶液、乳液和悬浮等聚合方法得到聚丙烯酸。丙烯酸单体聚合符合一般的自由基聚合反应规律。本实验中采用溶液聚合。

本实验采用无机过氧类引发剂过硫酸铵。

（1）引发剂过硫酸铵分解，形成初级自由基；

（2）初级自由基与单体加成，形成单体自由基。

引发剂分解是吸热反应，活化能高，初级自由基与单体结合成单体自由基这一步是放热反应，自由基活性高，有相互作用从而终止的倾向。终止反应有偶合终止和歧化终止两种方式。链终止的方式与单体种类和聚合条件有关。中间可能会发生链转移。

反应影响因素：本实验的目的是得到低相对分子质量的聚丙烯酸。而控制聚合度和聚合速率，则需综合考虑引发剂浓度和聚合温度两个因素。

链转移（可能向引发剂转移，使引发剂的效率降低）的结果很有可能产生阻聚作用，使相对分子质量较低；提高温度一般可以使链转移常数增加；凝胶效应将使相对分子质量增加。

［实验试剂和仪器］

（1）主要实验试剂：丙烯酸；过硫酸铵；异丙醇。

（2）主要实验仪器：四颈瓶；回流冷凝管；电动搅拌器；恒温水浴；温度计；滴液漏斗。

［实验步骤］

（1）在装有搅拌器、回流冷凝管、滴液漏斗和温度计的 250mL 四颈瓶中，加入

100mL 蒸馏水和 1g 过硫酸铵。待过硫酸铵溶解后，加入 5g 丙烯酸单体和 8g 异丙醇。开动搅拌器，加热使反应瓶内温度达到 65~70℃。

（2）将 40g 丙烯酸单体和 2g 过硫酸铵在 40mL 水中溶解，由滴液漏斗渐渐滴入瓶内，由于聚合过程中放热，瓶内温度有所升高，反应液逐渐回流。滴完丙烯酸和过硫酸铵溶液约 0.5h。

（3）在 94℃继续回流 1h，反应即可完成。聚丙烯酸相对分子质量约在 500~4000 之间。

[思考题]

（1）本实验采用的聚合方法是什么？
（2）如何控制聚丙烯酸的低相对分子质量？

参 考 文 献

[1] 吴伟，张凌云，阎虎生. 窄分子量分布的聚丙烯酸的合成及其阻垢性能[J]. 应用化学，2007，24（9）：1050~1053.

[2] 中国科学院上海有机化学研究所第三研究室 304 组. 水质稳定剂聚丙烯酸的合成[J]. 有机化学，1976(4)：37~39.

实验15 氯丁胶的接枝改性

[实验目的]

（1）加深对接枝共聚合原理的理解。

（2）了解影响氯丁胶接枝共聚反应的主要因素。

（3）掌握氯丁胶接枝共聚改性的实验技术。

[实验原理]

氯丁胶是 2-氯-1,3-丁二烯单体按聚合配方经乳液聚合反应制成的：

$$nCH_2=CH-\overset{\overset{\displaystyle Cl}{|}}{C}=CH_2 \longrightarrow +CH_2-CH=\overset{\overset{\displaystyle Cl}{|}}{C}-CH_2+_n$$

由于具有 C=C 键，为接枝反应提供了可能。在溶剂介质中加入要接枝改性的单体，在适宜温度下便能发生共聚反应。

通过接枝共聚制备接枝型氯丁胶黏剂的反应属于自由基型溶液聚合反应，改性单体在自由基（由引发剂过氧化苯甲酰断裂产生）的作用下产生单体自由基，通过链转移而得到接枝共聚物。

[实验试剂和仪器]

（1）主要实验试剂：氯丁胶；甲基丙烯酸甲酯（MMA）；甲苯；过氧化苯甲酰（BPO）；对苯二酚；增黏树脂。

（2）主要实验仪器：搅拌器；回流冷凝管；温度计；三颈瓶；漏斗；滴管；水浴。

[实验步骤]

在装有回流冷凝器的三颈瓶中将氯丁胶与溶剂甲苯混合，在电动搅拌条件下加热至 50℃，继续搅拌至完全溶解。升温至 80℃，连续滴加溶有过氧化苯甲酰的甲基丙烯酸甲酯溶液，保温搅拌；待反应至黏度适中（约40min）时，立即加入阻聚剂对苯二酚，保温 4～6h。反应完全后，降温至 40℃，加入增黏树脂、硫化剂、防老剂及填料。最后保温 2～3h，降至室温，即得产品。可以补加少量甲苯调节黏度。所得接枝共聚物（CR-MMA）为棕黄色透明黏稠液体。

试验装置如图 2-7 所示。

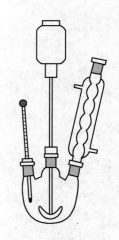

图 2-7　接枝聚合反应装置图

[思考题]

（1）本实验实用的增黏树脂、硫化剂、防老剂及填料有哪些?

（2）过氧化苯甲酰、甲基丙烯酸甲酯的作用是什么？其用量对接枝共聚物相对分子质量有何影响？

参 考 文 献

［1］李和平，阎春绵，戚俊清. CR/MMA-BA 自交联型接枝共聚物［J］. 合成橡胶工业，2003，23（2）：104～106.

［2］王茂元，仇立干. 二元接枝氯丁橡胶粘合剂的研制［J］. 苏州大学学报，2003，19（1）：94～97.

［3］李光才，张华. 多元接枝氯丁胶的研制［J］. 化学推进剂与高分子材料，2002（2）：25～27.

第三节 离子聚合及开环聚合反应

实验 16 苯乙烯的阴离子聚合

[实验目的]

(1) 加深对阴离子聚合原理的理解。
(2) 了解苯乙烯净化程度对聚合反应的影响。
(3) 掌握通过阴离子聚合工艺制备聚苯乙烯的实验技术。

[实验原理]

阴离子聚合是连锁式聚合反应的一种,包括链引发、链增长和链终止三个基元反应。

在一定的条件下,苯乙烯的阴离子聚合可以实现活性计量聚合。其原因是:首先,苯乙烯是一种活性相对适中的单体,在高纯氮的保护下,活性中心自身可长时间稳定存在而不发生副反应;其次,通常阴离子活性中心非常容易与水、醇、酸等带有活泼氢和氧、二氧化碳等物质反应,从而使负离子活性中心消失;第三,使反应终止的杂质可以通过净化原料、净化体系从聚合反应体系中除去,从而可以避免发生终止反应,因此,阴离子聚合可以做到无终止、无链转移,即活性聚合。在这种情况下,聚合物的相对分子质量由单体加入量与引发剂加入量之比决定,且相对分子质量分布很窄。

[实验试剂和仪器]

(1) 主要实验试剂:单体苯乙烯;溶剂环己烷;引发剂正丁基锂;沉淀剂酒精;四氢呋喃。
(2) 主要实验仪器:聚合釜(500mL);吸收瓶(1000mL);30mL、1mL 注射器各一支;注射针头;厚壁乳胶管;称量瓶(φ40mm);止血钳;加料管等。
实验装置如图 2-8 所示。

[实验步骤]

(1) 配方计算。
1) 设计:单体质量浓度为 80g/L,产物相对分子质量 40000,总投料量 20g。
2) 计算:

$$活性中心的摩尔数 = 20/40000 = 5 \times 10^{-4}\text{mol} = 0.5\text{mmol}$$

设正丁基锂摩尔浓度为 0.8mmol/mL(实验中可以不同),则正丁基锂加入的毫升数为:

$$V = 0.5/0.8 = 0.625\text{mL}$$

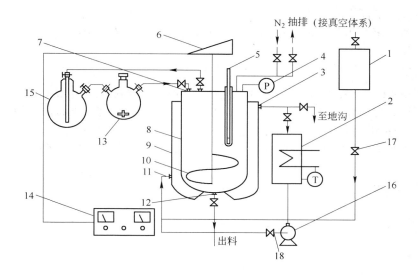

图 2-8　实验装置

1—冷水箱；2—恒温水浴箱；3—出水口；4—压力表；5—温度计；6—搅拌电机；
7—进料口；8—聚合釜；9—水浴夹套；10—搅拌桨；11—进水口；12—出料口；
13—引发剂进料口；14—控速箱；15—吸收瓶；16—水泵；17，18—控制阀门

设 $[THF]/[活性中心] = 2$

$$[THF] = 0.625 \times 2 = 1.25 mmol$$

$$w(THF) = 1.25 mmol \times 72.1 g/mol = 0.090 g$$

$$V(THF) = 0.090/0.883 = 0.102 mL$$

（2）实验步骤。

1）开动聚合釜。在氮气保护下将聚合釜中的活性聚合物放出，开启加热泵加热循环水至 60℃。

2）净化。在高纯氮气的保护下将聚合釜中的活性聚合物放出并充氮，保持体系正压。将加料管、吸收瓶接入真空体系，用检漏剂检查体系，保证体系不漏。然后抽真空、充氮，反复三次，待冷却后取下。

3）加料。用加料管准确取环己烷加入聚合瓶，用注射器取计量苯乙烯和四氢呋喃迅速加入聚合瓶，并用止血钳夹住针孔下方，以防漏气。

4）除杂。用 1mL 注射器抽取正丁基锂，逐滴加入聚合瓶中，同时密切注意颜色的变化，直至出现淡茶色且不消失为止，将聚合液加入聚合釜。

5）聚合。迅速加入计量的引发剂，反应 30min。

6）后处理。将少量聚合液和 2，6，4 防老剂放入工业乙醇中，搅拌，使聚合物沉淀。倾去洗液，将聚合物放入称量瓶中，在真空干燥箱中干燥。

［思考题］

（1）看产品性状判断实验成功与否，并分析其原因。

（2）格氏试剂能引发苯乙烯聚合吗？

（3）阴离子聚合为什么可以得到相对分子质量分布很窄的产品？

参 考 文 献

［1］刘喜军，杨秀英，王慧敏. 高分子实验教程［M］. 哈尔滨：东北林业大学出版社，2000.

［2］吴莉莉，贾玉玺，孙胜，等. 苯乙烯阴离子聚合反应挤出过程的数值模拟［J］. 材料研究学报.
2007，21（1）：51～56.

［3］张兴英，李齐方. 高分子科学实验（第二版）［M］. 北京：化学工业出版社，2007.

实验 17 异丁烯的阳离子聚合

[实验目的]

（1）加深对阳离子聚合原理的理解，掌握阳离子聚合的特点。

（2）掌握异丁烯阳离子聚合的实验技术。

（3）了解异丁烯阳离子聚合引发体系的组成。

（4）学习低温聚合的操作技术。

[实验原理]

可以进行阳离子聚合的单体主要有三种：（1）含有供电子基团的单体，如异丁烯和烷乙烯基；（2）共轭二烯烃，如苯乙烯、丁二烯和异戊二烯等；（3）环状单体，如四氢呋喃。其中，异丁烯是最典型的阳离子聚合单体。

阳离子聚合反应包括链引发、链增长、链终止三个基元反应。以四氯化钛引发异丁烯为例，各步基元反应如下。

链引发：

链增长：

$$TiCl_4 + H_2O \longrightarrow H^+(TiCl_4OH)^-$$

链终止：阳离子聚合反应中的链终止反应主要是终止增长链，而不终止动力学链，也就是链转移反应。

$$\sim\!\!\sim\!\!CH_2-\overset{\overset{\displaystyle CH_3}{|}}{\underset{\underset{\displaystyle CH_3}{|}}{C^+}}(TiCl_4OH)^- + H_2C = \overset{\overset{\displaystyle CH_3}{|}}{\underset{\underset{\displaystyle CH_3}{|}}{C}} \longrightarrow$$

$$\sim\!\!\sim\!\!\overset{\overset{\displaystyle CH_3}{|}}{\underset{\underset{\displaystyle CH_3}{|}}{CH}} = C + H_3C - \overset{\overset{\displaystyle CH_3}{|}}{\underset{\underset{\displaystyle CH_3}{|}}{C^+}}(TiCl_4OH)^- \quad 或 \quad \sim\!\!\sim\!\!CH_2 - \overset{\overset{\displaystyle CH_2}{\|}}{\underset{\underset{\displaystyle CH_3}{|}}{C}} + H_3C - \overset{\overset{\displaystyle CH_3}{|}}{\underset{\underset{\displaystyle CH_3}{|}}{C^+}}(TiCl_4OH)^-$$

　　阳离子的链转移反应形式多样，影响因素复杂，而且链转移反应十分容易发生，如向单体、引发剂、溶剂的链转移及链的重排等。链转移反应严重地影响了聚合物的相对分子质量。降低温度是控制链转移反应、提高聚合物相对分子质量的有效方法。聚合温度在室温，只能得到相对分子质量几百到几千的产物；随着聚合反应温度降低，所得产物的相对分子质量升高；在100℃左右，聚异丁烯的相对分子质量可以达到几百万。

　　阳离子聚合中的引发体系分为两部分：主引发剂和共引发剂。其中，主引发剂是体系中提供阳离子活性中心的材料，如体系中所含的微量水和其他杂质如氯化氢等，也可以是外加的活泼的卤化物、醇等。共引发剂为路易斯（Lewis）酸，如三氯化铝、四氯化钛、三氟化硼等。两者经反应形成阳离子活性中心：

$$BF_3 + H_2O \longrightarrow H^+ + (BF_3OH)^-$$

　　水既可以是聚合反应的引发剂，也可以是聚合反应的终止剂，这完全取决于体系中水的含量。当体系中仅含有微量的水时，它是引发剂。所以异丁烯阳离子聚合所用的材料必须经过干燥处理，经过处理后的单体在溶剂中依然会含有微量的水分，这就足够用于引发聚合反应。当体系中水的含量过多时，水就会破坏Lewis酸而成为一种终止剂。调节聚合反应速度的方法是控制共引发剂的加入速度。聚合方法常采用溶液聚合或淤浆聚合。

[**实验试剂和仪器**]

（1）主要实验试剂：异丁烯；四氯化钛；二氯甲烷；甲醇；干冰＋甲醇。

（2）主要实验仪器：700mL耐油加料管一套（见图2-9）；100mL管式聚合瓶一套（见图2-10）；0.5mL、5mL注射器各一支；700mL烧杯一个；1000mL保温瓶一个；净化体系一套。

[**实验步骤**]

（1）实验准备。二氯甲烷在氢化钙存在下，用氮气保护回流8h，使用前蒸出，储存于吸收瓶中备用。将管式聚合瓶接入净化体系抽真空、烘烤、充氮气，反复三次，备用。

用氮气将二氯甲烷压入加料管中，放入冰水中冷却，将异丁烯气体从钢瓶中慢慢放

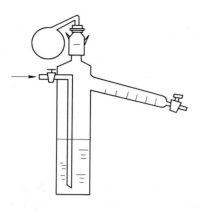

图2-9 异丁烯加料管

图2-10 管式聚合瓶及辅助装置

出，经过氧化铝、氧化钡、氧化钙干燥塔后，通入耐油加料管中。配制成异丁烯的二氯甲烷溶液，质量浓度为 0.05g/mL。

（2）聚合。用管式聚合瓶取配制好的异丁烯溶液 20mL。将聚合瓶放入盛有干冰和甲醇的保温瓶中，在 40℃ 的冷浴内恒温。用干净的注射器抽取 0.2mL 四氯化钛注入反应瓶中，剧烈摇动反应瓶，然后在冷浴中反应 15min。用注射器抽取甲醇 2mL，加入反应瓶中，摇动，终止反应。

（3）后处理。将终止反应后的溶液倒入烧杯中，不断向烧杯中加入甲醇直至白色的聚合物沉淀出来。倒出上层的溶液，将所剩的聚合物在 60℃ 的真空烘箱中干燥至恒重，测定产率。

[思考题]

（1）本实验所用的引发体系属于何种引发体系？

（2）如果将聚合单体改为苯乙烯，聚合反应条件会有什么不同？

（3）在实验过程中，冷浴是如何实现的？在操作中应注意些什么？

参 考 文 献

[1] 王佩璋，李树新. 高分子科学实验[M]. 北京：中国石化出版社，2008.

实验 18 三聚甲醛开环聚合

[实验目的]

(1) 加深对开环聚合原理的理解。

(2) 掌握三聚甲醛开环聚合的实验技术。

[实验原理]

环状单体的开环聚合是除了链式聚合与逐步聚合以外的又一重要的聚合反应类型。开环聚合兼有链式聚合与逐步聚合的某些特性，比如开环聚合过程常常包含有链引发、链增长和链终止几个阶段，而且分子链的生长是由单体分子或者活化了的单体分子一个一个地加到生长着的分子链末端的，这种情形与链式反应十分类似。但是开环聚合中相对分子质量的增长又往往是逐步的，相对分子质量随转化率或单体反应程度的增高而增大，这又很类似于逐步聚合。此外，开环聚合中没有双键向单键的转变，因此，除了少数几个大张力环单体外，环状单体的开环聚合热效应比较小。开环聚合产物在结构上与缩聚高分子很一致，但聚合过程中却没有低分子副产物生成。

能够发生开环聚合的单体很多，主要有环醚类、环缩醛类、环内酯、环内酰胺、环硅氧烷、环状磷氮化合物以及环亚胺、环硫醚等。本实验进行三聚甲醛的开环聚合。

三聚甲醛可以进行正离子或负离子开环聚合，但最常用的方法是正离子聚合。最常用的正离子聚合催化剂有 BF_3 等 Lewis 酸。三聚甲醛的正离子聚合过程是单体与引发剂产生的氧正离子转变为碳正离子，其推动力在于碳正离子的稳定性较高，比如：

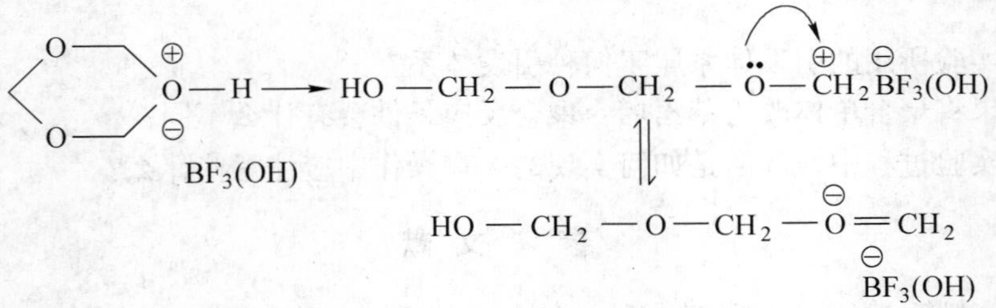

三聚甲醛聚合的另一个特点是诱导期较长，其原因是体系中存在如下平衡：

$$\sim\sim O-CH_2-O-CH_2-\overset{\oplus}{O}CH_2 \rightleftharpoons \sim\sim OCH_2-O-\overset{\oplus}{C}H_2+CH_2=O$$

[实验试剂和仪器]

(1) 主要实验试剂：三聚甲醛；二氯乙烷；三氟化硼乙醚络合物；丙酮。

(2) 主要实验仪器：圆底烧瓶；注射器；翻口橡皮塞；水浴。

[实验步骤]

(1) 在干燥的圆底烧瓶中加入 45g（0.5mol）无水三聚甲醛及 105g 二氯乙烷。用翻口橡皮塞塞好，用注射器在橡皮塞注入溶有 35mg（0.25mol）$BF_3 \cdot O(C_2H_5)_2$ 的 3.5mL 二氯乙烷。一边激烈摇荡一边注入引发剂。将反应瓶放入 45℃ 水浴中数分钟后应有聚甲醛沉淀生成。

（2）如果 15min 后仍无沉淀，可能是体系不纯所致，可补加少量引发剂，并记录补加的引发剂量。整个反应体系约十几分钟凝固。反应 1h 后加入丙酮调成糊状，用玻璃砂漏斗抽干，再用丙酮将聚合物洗几次，抽干。将聚合物放入真空烘箱中于 50℃ 干燥。

[思考题]

（1）称重计算产率。

（2）工业上用什么方法提高聚甲醛的稳定性？

参 考 文 献

[1] 朱秀林，路建美，朱健. 三聚甲醛的等离子体引发固相开环聚合［J］. 化学研究与应用，1999，11（1）：56～58.

实验 19　己内酰胺的开环聚合

［实验目的］

（1）加深对开环聚合原理的理解。

（2）掌握己内酰胺开环聚合的实验技术。

［实验原理］

开环聚合是环状化合物单体经过开环反应转变成线型聚合物的反应。其最大特点是聚合前后化学键的性质不发生变化，而仅仅是键的空间位置有了改变。因此，就其化学结构来说，开环聚合的产物与单体的组成相同。开环聚合不像加成反应时释放出那么多能量，其聚合过程的热效应是环张力的变化造成的，因此，反应条件较为温和，副反应比缩聚反应少，易于得到高相对分子质量聚合物，也不存在等当量配比问题。

开环聚合的机理按单体不同而异。大多数环状单体开环聚合的机理与离子聚合机理类似，为阴离子开环聚合、阳离子开环聚合或配位聚合，少数环状单体开环聚合的机理与缩聚反应或自由基聚合相类似。

环酰胺又称内酰胺，它可以在不同引发剂或催化剂作用下产生不同电荷性质的活性中心，从而既可以阳离子开环聚合，又可以阴离子开环聚合，还可以水解逐步聚合，反应通式为：

$$(CH_2)_x - NH \underset{\underset{O}{\overset{\|}{C}}}{} \longrightarrow \underset{\underset{O}{\overset{\|}{}}}{\left[C - (CH_2)_x NH \right]}_n$$

内酰胺在无水条件下的阳离子聚合比较复杂，引发和增长反应涉及与质子酸、质子酸盐、氨或 Lewis 酸形成的内酰胺阳离子。链增长经由氨解或酰化发生。链终止经由脒键化合物生成，内环化，歧化反应和各种其他反应。这种聚合化学还没有在工业中得到应用。内酰胺的阴离子聚合机理如下。

阴离子形成：

$$HN(CH_2)_5 C = O + MB \longrightarrow M^+ N^- (CH_2)_5 C = O + HB$$

引发：

$$N^- (CH_2)_5 C = O + RCONH(CH_2)_5 C = O \rightleftharpoons RCON(CH_2)_5 \overset{O^-}{\underset{\|}{C}} - N(CH_2)_5 C = O$$

$$RCON(CH_2)_5 \overset{O^-}{\underset{\|}{C}} - N(CH_2)_5 C = O \rightleftharpoons RCON(CH_2)_5 CON(CH_2)_5 = O$$

增长：

$$HN(CH_2)_5C\!\!=\!\!O + RCON^-(CH_2)_5CON(CH_2)_5C\!\!=\!\!O \Longrightarrow$$
$$N^-(CH_2)_5C\!\!=\!\!O + RCONH(CH_2)_5CON(CH_2)_5C\!\!=\!\!O$$

阴离子再生：

$$N^-(CH_2)_5C\!\!=\!\!O + RCONH(CH_2)_5CON(CH_2)_5C\!\!=\!\!O \Longrightarrow$$
$$RCONH(CH_2)_5CON^-(CH_2)_5CON(CH_2)_5C\!\!=\!\!O$$

反应式中，M 代表金属，B 代表碱，R 代表烷基或芳香基。

己内酰胺的阴离子聚合反应速率非常快，可在几分钟内以 90% ~ 95% 的转化率生成聚合度达 10 万以上的聚己内酰胺。由于聚合引发后可直接浇入模具内聚合，因此产物称为浇铸尼龙。要使己内酰胺阴离子聚合在工业上有实用价值，必须有碱性催化剂和助催化剂的存在。

在环酰胺的开环聚合产物中，聚己内酰胺具有重要地位。早在 1941 年，聚己内酰胺就已正式投产，产品称为尼龙 6。工业生产中，己内酰胺聚合为聚己内酰胺以及其他内酰胺聚合为相应的聚合物所采用的方法，是把内酰胺和水的混合物加热到约 270℃，保持达到平衡条件。加入微量链终止添加剂和其他助剂、开环催化剂如氨基己酸或羧酸铵，以控制反应速率、相对分子质量和端基平衡。涉及的三个主要反应是：

（1）开环反应。内酰胺由水水解为氨基酸：

$$\overline{CORNH} + H_2O \Longrightarrow H_2NRCOOH$$

（2）缩合反应。羧端基和胺端基反应消去水：

$$2H_2NRCOON \Longrightarrow H_2NRCONHRCOOH + H_2O$$

（3）加成聚合。内酰胺分子直接加到增长的高分子链末端：

$$\overline{CORNH} + H_2NRCOOH \Longrightarrow H_2NRCONHRCOOH$$

本实验用阴离子为引发剂，将 ε-己内酰胺通过开环聚合制成聚己内酰胺。

[**实验试剂和仪器**]

（1）主要实验试剂：己内酰胺；二甲苯；金属钠；氮气；间甲酚。
（2）主要实验仪器：尖底烧瓶；砂浴；玻璃毛细管；烧杯。

[**实验步骤**]

（1）在一个 100mL 尖底烧瓶上装一个接头，然后抽空，充氮。加入 50g 纯己内酰胺后，把烧瓶加热到 80 ~ 100℃。

（2）向熔融的己内酰胺加入 0.04% ~ 0.08%（质量分数）的分散在二甲苯中的金属钠（ε-己内酰胺与其生成的钠盐的混合物在 80 ~ 100℃ 下在几个小时内是稳定的）。用一个玻璃毛细管直插瓶底，慢慢通入氮气，同时在砂浴中把烧瓶加热到 255 ~ 265℃。聚合过程可通过估计氮气泡经黏稠的溶液的上升速率来进行观察。随着反应进行，黏度增大，气泡上升速度变缓。

（3）把聚酰胺 6 熔体迅速倒入烧杯中。在间甲酚中测定其黏度值。

［思考题］

（1）把聚合物熔体在 255～265℃下保持 6min 以上，聚酰胺 6 熔体黏度值会发生什么变化？为什么？

（2）如果用阳离子为引发剂，选择什么试剂为引发剂比较合适？

参 考 文 献

［1］余木火. 高分子化学［M］. 北京：中国纺织出版社，2000.

［2］李青山，王雅珍，周怀宁. 微型高分子化学实验［M］. 北京：化学工业出版社，2003.

［3］沈新元. 化学纤维手册［M］. 北京：中国纺织出版社，2008.

第三章

高分子化学反应实验

实验 20　聚乙烯醇缩甲醛的制备

[实验目的]

（1）进一步了解高分子化学反应的原理。

（2）本实验将通过聚乙烯醇（PVA）的缩醛化制备胶水，了解聚乙烯醇缩醛化的反应原理。

[实验原理]

早在 1931 年，人们就已经研制出聚乙烯醇（PVA）的纤维，但由于聚乙烯醇具有水溶性，因而无法实际应用。利用"缩醛化"减少其水溶性，就使得聚乙烯醇有了较大的实际应用价值。用甲醛进行缩醛化反应就可得到聚乙烯醇缩甲醛（PVF）。聚乙烯醇缩甲醛随缩醛化程度不同，性质和用途有所不同。控制缩醛在 35% 左右，就得到人们称为"维纶"的纤维（vinylon）。维纶的强度是棉花的 1.5～2.0 倍，吸湿性为 5%，接近天然纤维，又称为"合成棉花"。

在聚乙烯醇缩甲醛分子中，如果控制其缩醛度在较低水平，由于聚乙烯醇缩甲醛分子中含有羟基、乙酰基和醛基，因此有较强的黏结性能，可作胶水使用，用来黏结金属、木材、皮革、玻璃、陶瓷、橡胶等。

聚乙烯醇缩甲醛是利用聚乙烯醇与甲醛在盐酸催化的作用下而制得的。其反应式为：

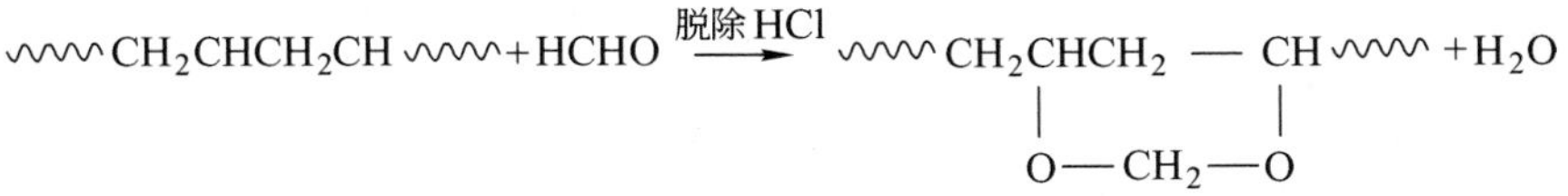

$$\sim\!\!\sim\!\!\sim CH_2CHCH_2CH \sim\!\!\sim\!\!\sim + HCHO \xrightarrow{\text{脱除 HCl}} \sim\!\!\sim\!\!\sim CH_2CHCH_2 \!-\! CH \sim\!\!\sim\!\!\sim + H_2O$$
$$\underset{O-CH_2-O}{\overset{\mid\qquad\qquad\mid}{}}$$

高分子链上的羟基并不能全部进行缩醛化反应，会有一部分羟基残留下来。本实验是合成水溶性聚乙烯醇缩甲醛胶水，反应过程中需控制较低的缩醛度，使产物保持水溶性。如若反应过于猛烈，则会造成局部缩醛度高，导致不溶性物质存在于胶水中，影响胶水质量。因此，在反应过程中，要特别注意严格控制催化剂用量、反应温度、反应时间及反应物比例等因素。

[实验试剂和仪器]

（1）主要实验试剂：聚乙烯醇（PVA）；甲醛水溶液（40%（质量分数）工业甲醛）；盐酸；NaOH；去离子水。

（2）主要实验仪器：恒温水浴一套；机械搅拌器一台；温度计一支；250mL 三颈瓶一个；球形冷凝管一支；10mL、100mL 量筒各一个；培养皿一个。

[实验步骤]

（1）按要求搭好反应装置（见图 2-7）。

（2）在 250mL 三颈瓶中加入 90mL 去离子水和 17g 聚乙烯醇，在搅拌条件下升温溶解。

（3）升温到 90℃，待聚乙烯醇全部溶解后，降温至 85℃左右，加入 3mL 甲醛搅拌15min，滴加 1∶4（盐酸∶水）的盐酸溶液，控制反应体系 pH 值为 1～3，保持反应温度在 90℃左右。

（4）继续搅拌，反应体系逐渐变稠。当体系中出现气泡或有絮状物产生时，立即迅速加入 1.5mL 质量浓度为 80g/L 的 NaOH 溶液，调节 pH 值为 8～9，冷却，出料，所获得无色透明黏稠液体即为胶水。

[思考题]

（1）计算制得的产物的缩醛度。

（2）为什么体系反应时要在酸性条件下进行？

参 考 文 献

[1] 栗翠翠，王斌，付兴伟，等. 超细聚乙烯醇缩甲醛纤维结构与性能的研究[J]. 合成纤维工业，2010（6）：36～39.

[2] 沈新元，李青山，刘喜军. 高分子材料与工程专业实验教程[M]. 北京：中国纺织出版社，2010.

实验21 线型聚苯乙烯的磺化

[实验目的]

（1）加深对聚合物化学反应原理的理解。

（2）了解聚苯乙烯的磺化反应历程。

（3）掌握聚苯乙烯磺化反应的实验技术及磺化度的测定方法。

[实验原理]

聚苯乙烯的侧基为苯基，其对应的叔碳氢原子仍具有较高的反应活性，在亲电试剂的作用下可发生亲电取代反应，即首先由亲电试剂进攻苯环，生成活性中间体碳正离子，然后失去一个质子，生成苯基磺酸。但聚苯乙烯大分子不同于苯类小分子，由于受磺化剂扩散速度、局部浓度等物理因素和几率效应、邻近基团效应等化学因素的影响，聚合物或聚苯乙烯磺化速率要低一些，磺化度也不可能达100%。

本实验利用乙酰基磺酸（CH_3COOSO_3H）对聚苯乙烯进行磺化。与常用的磺化剂浓硫酸相比，乙酰基磺酸的反应性能比较温和，磺化所需温度比较低，而浓硫酸所需温度较高，易导致交联或降解等副反应。一般来说，聚苯乙烯的磺化反应由于磺酸基的引入使聚苯乙烯侧基更庞大，而且磺酸基之间有缔合作用，因此，其玻璃化温度随磺化度的增加而提高。

[实验试剂和仪器]

（1）主要实验试剂：线形聚苯乙烯；二氯乙烷；乙酸酐；浓硫酸；苯；氢氧化钠；酚酞。

（2）主要实验仪器：四颈磨口瓶；滴液漏斗；温度计；冷凝管；磁力搅拌器；恒温加热装置；碱式滴定管；烧杯；锥形瓶；布氏漏斗；研钵；真空烘箱。

[实验步骤]

（1）乙酰基磺酸的配制。在150mL烧杯中，加入39.5mL二氯乙烷，再加入8.2g（0.08mol）乙酸酐，将溶液冷却至10℃以下，在搅拌条件下逐步加入95%（质量分数）的浓硫酸4.9g(0.05mol)，即可得到透明的乙酰基磺酸磺化剂。

（2）磺化。在500mL四颈瓶中加入20g聚苯乙烯和100mL二氯乙烷，加热使其溶解，将温度升至65℃，慢慢滴加磺化剂，滴加速度控制在0.5～1.0mL/min，滴加完以后，在65℃下搅拌反应90～120min，得浅棕色液体。然后将此反应液在搅拌条件下慢慢滴加入盛有700mL沸水的烧杯中，则磺化聚苯乙烯以小颗粒形态析出，用热的去离子水反复洗涤至反应液呈中性后过滤，干燥，研细后在真空烘箱中干燥至恒重。

（3）称取1～2g干燥的磺化聚苯乙烯样品，溶于苯-甲醇（体积比为80∶20）混合液中，配成5%（质量分数）的溶液。用约0.1mol/L的NaOH-甲醇标准溶液滴定，酚酞为指示剂，直到溶液呈微红色。滴定过程中不能有聚合物自溶液中析出。如出现此情况，应配制更稀的聚合物溶液滴定。

[实验结果分析和讨论]

（1）根据测得的耗用 NaOH-甲醇标准溶液体积计算磺化度。磺化度（%）是指 100 个苯乙烯链节单元中所含的磺酸基个数，其计算公式为：

$$磺化度 = \frac{V \times c \times 0.001}{(m - V \times c \times 81/1000)/104} \times 100\% \qquad (3-1)$$

式中 V——标准 NaOH-甲醇溶液的体积；

　　　　c——标准 NaOH-甲醇溶液的体积浓度；

　　　　m——磺化聚苯乙烯质量；

　　　104——聚苯乙烯链节相对分子质量；

　　　　81——磺酸基化学式量。

（2）由测得的磺化度分析聚合物的化学反应的特点。

（3）采用哪些物理和化学方法可判定聚苯乙烯已被磺化？为什么？

参 考 文 献

［1］陆威，王姗姗，鲁德平，等. 苯乙烯的悬浮聚合及聚苯乙烯磺化［J］. 现代塑料加工应用，2005，17(4)：8～10.

［2］陈毅峰，钟宏. 聚苯乙烯的磺化反应方法与过程［J］. 湖南化工，1997，27(4)：20～27.

实验22　乙酸纤维素的制备

[**实验目的**]

（1）了解纤维素酰化的磺化反应历程。

（2）掌握制备乙酸纤维素的实验技术。

[**实验原理**]

纤维素是由葡萄糖分子缩合而成的高分子化合物。葡萄糖是一个六碳糖，其第五个碳原子上的羟基与醛基形成半缩醛，产生两种构型：

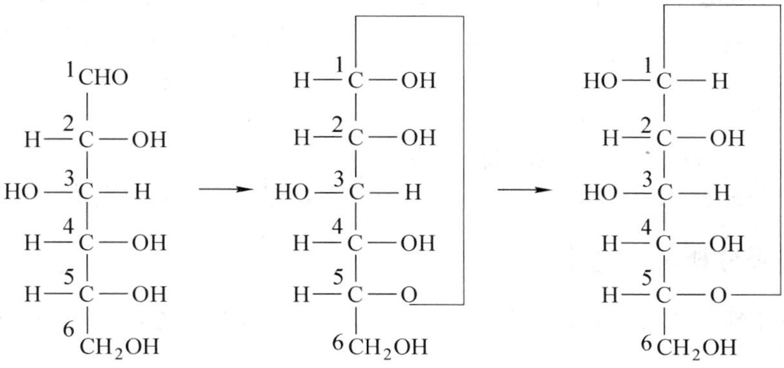

α-葡萄糖　　　　β-葡萄糖

纤维素分子间由于有众多羟基，因氢键使大分子链间有很强作用力，从而不溶于有机溶剂，加热也不能使它熔化，从而限制了它多方面的应用。若将纤维素分子上的羟基乙酰化，减少大分子间氢键作用，根据酰化的程度，使它可溶于丙酮或其他有机溶剂，从而可使纤维素的应用范围大大扩展。

构成纤维素的每个葡萄糖分子上有 3 个羟基，若都被酰化，就是三乙酸纤维素，它溶于二氯甲烷和甲醇混合溶剂，不溶于丙酮，若 2.5 个羟基被酰化，则溶于丙酮，用处最大，就是通常所称的乙酸纤维素。

本实验将脱脂棉用乙酸酐进行乙酰化制备乙酸纤维素。

[**实验试剂和仪器**]

（1）主要实验试剂：脱脂棉；冰乙酸；乙酸酐；浓硫酸；丙酮；苯；甲醇。

（2）主要实验仪器：烧杯；吸滤瓶；瓷漏斗；铜水浴锅。

[**实验步骤**]

（1）棉纤维素的酰化。

在 400mL 烧杯中加入 10g 脱脂棉、70mL 冰乙酸、0.3mL（6～10 滴）浓硫酸、50mL

乙酸酐，盖上培养皿（或表面皿），于50℃水浴加热。每隔一段时间用玻璃棒搅拌，使纤维素酰化。约1.2~2h后，反应物成糊状物，棉纤维素的全部羟基均被乙酸酐酰化，用它分离出三乙酸纤维素和制备2.5乙酸纤维素。

（2）三乙酸纤维素的分离。

取上面制得的糊状物的一半倒入另一个400mL烧杯中，加热至60℃，搅拌条件下慢慢加入25mL质量分数为80%的乙酸（已预热至60℃），以破坏过量的乙酸酐。60℃维持15min后，搅拌条件下慢慢加入25mL水，再以较快速度加入200mL水，白色、松散的三乙酸纤维素即沉淀出来。将沉淀出来的三乙酸纤维素在瓷漏斗中吸滤后分散，倾去上层水并反复洗至中性。再滤出三乙酸纤维素，用瓶盖将水压干，于105℃干燥，产量约7g。

（3）2.5乙酸纤维素的制备。

将另一半糊状物于60℃在搅拌条件下慢慢倒入50mL质量分数为70%的乙酸（已预热至60℃）及0.14mL（3~5滴）浓硫酸的混合物中，于80℃水浴加热2h，使三乙酸纤维素部分皂化，得2.5乙酸纤维素。之后加水、洗涤、吸滤等操作与三乙酸纤维素的制备相同。产量约6g。

注意事项：

（1）加入浓硫酸时不得直接加到脱脂棉上；

（2）质量分数为80%的乙酸加入盛有糊状物的烧杯时不能加得太快。

［实验结果分析和讨论］

（1）计算本实验中纤维素羟基与乙酸酐的摩尔比。乙酸酐过量多少？破坏这些乙酸酐需用多少水？

（2）计算本实验中乙酸纤维素的产率。

（3）将三乙酸纤维素用9∶1（体积）的二氯甲烷与甲醇混合溶剂、丙酮及沸腾的1∶1（体积）的苯与甲醇混合物进行溶解实验。

（4）将2.5乙酸纤维素用丙酮及1∶1苯与甲醇混合溶剂溶解实验。

（5）浓硫酸为什么不得直接加到脱脂棉上？

（6）质量分数为80%的乙酸加入盛有糊状物的烧杯时为什么不能太快？

参 考 文 献

[1] 刘喜军，杨秀英，王慧敏. 高分子实验教程[M]. 哈尔滨：东北林业大学出版社，2000.

实验 23　聚乙酸乙烯酯的醇解

［实验目的］

（1）加深对聚合物化学反应原理的理解。

（2）掌握通过聚乙酸乙烯酯醇解制备聚乙烯醇实验技术。

（3）了解聚乙酸乙烯酯醇解反应的特点以及影响醇解程度的因素。

［实验原理］

由于乙烯醇极不稳定，极易异构化而生成乙醛或环氧乙烷，所以聚乙烯醇不能由乙烯醇来聚合制备，通常都是通过将聚乙酸乙烯酯（PVAc）醇解（或水解）后得到聚乙烯醇（PVA）。由于聚合物的相对分子质量很高，而且具有多分散性、结构多层次变化以及聚合物的凝聚态结构及溶液行为与小分子的差异很大的特点，因此聚合物的化学反应具有本身的特征。一般来说，聚合物中官能团的活性较低，化学反应不完全，官能团全部转化不完全，主副产物又无法分离，因此，常用基团的转化程度来表示反应进行的程度。

聚乙酸乙烯酯的醇解可以在酸性或碱性条件下进行。酸性醇解时，由于痕量级的酸很难从聚乙烯醇中除去，而残留的酸可加速聚乙烯醇的脱水作用，使产物变黄或不溶于水，因此，目前工业上都采用碱性醇解法。本实验用甲醇为醇解剂制备聚乙烯醇，其反应式为：

$$\begin{array}{c} +CH_2-CH\frac{}{}_n +CH_3OH \xrightarrow{\ NaOH\ } +CH_2-CH\frac{}{}_n +CH_3COOCH_3 \\ \qquad\quad | \qquad\qquad\qquad\qquad\qquad\qquad\qquad\quad | \\ \qquad\quad OCOCH_3 \qquad\qquad\qquad\qquad\qquad\qquad\quad OH \end{array}$$

从反应式可以看出，醇解反应实际上是甲醇和聚乙酸乙烯酯之间的酯交换反应。这种使聚合物结构发生变化的化学反应在高分子化学中称为高分子化学反应。

影响聚乙酸乙烯酯醇解的主要因素有以下几点：

（1）聚合物浓度。在其他条件不变时，随聚合物浓度提高，醇解度下降。但浓度太低，溶剂损失量大，一般为 22%，回收工作量太大。

（2）NaOH 用量。加大 NaOH 用量对醇解速度、醇解率影响不大，但会增加体系中乙酸钠含量，影响反应质量。一般 NaOH 与聚乙酸乙烯酯的摩尔比为 0.12。

（3）反应温度。提高温度会加快醇解速度，但副反应也相应提高。工业上一般选择反应温度为 45～48℃。

（4）相变。由于聚乙酸乙烯酯可溶于甲醇而聚乙烯醇不溶于甲醇，因此，在反应过程中会发生相变。在实验室中，醇解进行好坏的关键在于，体系中刚出现胶冻时，必须强烈搅拌将其打碎，这样才能保证醇解较完全地进行。

［实验试剂和仪器］

（1）主要实验试剂：聚乙酸乙烯酯；NaOH；甲醇。

（2）主要实验仪器：三颈瓶；表面皿；回流冷凝管；布氏漏斗；温度计；加热装置；移液管；搅拌器。

[实验步骤]

（1）按图 2-7 搭建反应装置。

（2）在 250mL 三颈瓶中加入 90mL 甲醇，在搅拌条件下缓慢加入剪碎的聚乙酸乙烯酯 15g，加热回流并搅拌使之溶解。将溶液冷却至 30℃，加入 3mL 质量浓度为 50g/L 的 NaOH-甲醇溶液，控制反应在 45℃ 进行。当醇解度达 60% 左右时，大分子从溶解状态变为不溶状态，出现胶团。因此，醇解过程中要注意观察，当体系中出现胶冻时要立即强烈搅拌将其打碎，否则会因胶体内部包住的聚乙酸乙烯酯无法醇解而导致实验失败。

（3）出现胶冻后再继续搅拌 0.5h，打碎胶冻，再加入 4.5mL 的 NaOH-甲醇溶液，反应温度仍控制在 45℃，反应 0.5h。然后升温至 65℃，继续反应 1h。

（4）冷却，将反应液倒出，用布氏漏斗抽滤，用 10mL 甲醇洗涤 3 次。将所得聚乙烯醇置于 50～60℃ 的真空烘箱中干燥。

[思考题]

（1）在酯交换反应中，碱起什么作用？
（2）聚乙酸乙烯酯的醇解过程中发生什么副反应？

参 考 文 献

[1] 罗小砚，张巧铃，程原. 高相对分子质量聚醋酸乙烯酯的醇解研究[J]. 胶体与聚合物，2006，24（2）：22～23.

[2] 许东颖，李月凤，苏涛. 聚醋酸乙烯酯的醇解研究[J]. 广西师范学院学报，2003，20（4）：57～60.

[3] 王佩璋，李树新. 高分子科学实验[M]. 北京：中国石化出版社，2008.

实验 24　聚甲基丙烯酸甲酯的解聚

[实验目的]

（1）加深对聚合物解聚原理的理解。

（2）了解聚甲基丙烯酸甲酯的自由基解聚反应历程。

（3）掌握由聚甲基丙烯酸甲酯通过解聚回收单体的实验技术。

[实验原理]

解聚反应是聚合反应的逆反应。聚合物在受热时，主链发生均裂，形成自由基，之后聚合物的链节以单体形式逐一从自由基端脱除，进行解聚。解聚反应在聚合上限温度时尤其容易进行。聚甲基丙烯酸甲酯的主链上带有季碳原子，无叔氢原子，受热时难以发生链转移，而且聚甲基丙烯酸甲酯的聚合热（-56.5kJ/mol）和聚合上限温度（164℃）较低，因此，以单体脱除形式进行如下解聚反应：

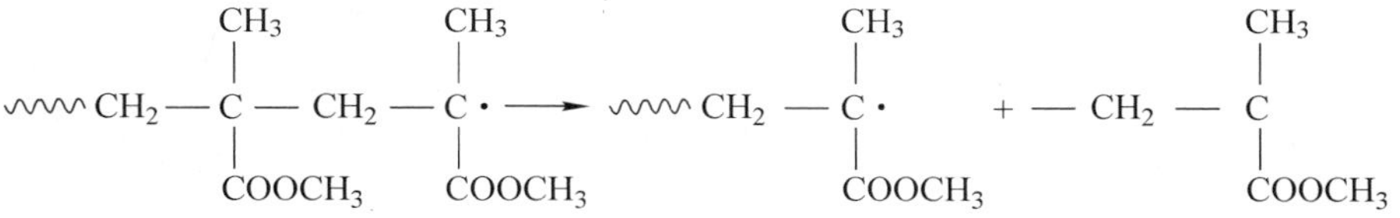

在 270℃以上，聚甲基丙烯酸甲酯可以完全解聚为单体，330℃时其解聚半衰期为 30min，温度较高时则伴有无规断链。利用热解聚原理，可由废有机玻璃回收单体。但聚甲基丙烯酸甲酯不同于聚缩醛，聚缩醛不经稳定化处理就没有使用价值，而聚甲基丙烯酸甲酯在不含任何稳定剂或加入稳定用的共聚单体时，仍具有足够的稳定性。

[实验试剂和仪器]

（1）主要实验试剂：聚甲基丙烯酸甲酯；干冰；甲醇。

（2）主要实验仪器：蒸馏瓶；硅油浴；直角弯管；冷阱；真空装置。

[实验步骤]

（1）将 60g 聚甲基丙烯酸甲酯树脂放入 250mL 蒸馏瓶中，然后将蒸馏瓶用直角弯管与两个冷阱相连，用干冰-甲醇作冷浴使冷阱维持在 -8℃。

（2）将装置抽真空到 13.33Pa，把蒸馏瓶放在硅油浴上加热，快速升温至 330℃，维持此温度进行降解反应，直至蒸馏瓶内仅存少量残余物为止。

（3）待冷阱中单体全部液化后撤去油浴，关闭真空，收集单体。产物若不立即使用，可置于冰箱中或加入 0.2g 对苯二酚放置待用。

[思考题]

（1）将收集的单体称量，计算聚甲基丙烯酸甲酯解聚反应的产率。

（2）测定产物折射率（文献值 = 1. 414）。

（3）既然解聚反应是聚合反应的逆反应，可否加入引发剂使聚甲基丙烯酸甲酯反增长，从而在较低的温度下得到单体？

（4）此解聚反应过程中有哪些可能的副反应？

参 考 文 献

[1] 单国荣. 甲基丙烯酸甲酯聚合动力学和分子量及分布的开放控制[J]. 高分子学报，2003（1）：109 ~ 114.

[2] 刘喜军，杨秀英，王慧敏. 高分子实验教程[M]. 哈尔滨：东北林业大学出版社，2000.

[3] 王佩璋，李树新. 高分子科学实验[M]. 北京：中国石化出版社，2008.

实验 25　高抗冲聚苯乙烯的制备

[**实验目的**]

（1）掌握本体-悬浮法制备高抗冲聚苯乙烯的原理和实验操作。

（2）了解高抗冲聚苯乙烯的结构特征。

[**实验原理**]

聚苯乙烯具有许多优异的性能，但是它的脆性较大，限制了它的使用。在刚性的聚苯乙烯链上接枝柔性的橡胶链，由于聚苯乙烯和橡胶相溶性较差，两者无法完全均匀混合而形成微相分离结构，其中，橡胶相为分散相，如同孤岛一样为聚苯乙烯的连续相所包围。采用适当的合成条件，可使橡胶相均匀地分散在聚苯乙烯基质中，并可控制橡胶相的颗粒大小。这种分散的橡胶相起到了应力集中体的作用。当材料受冲击时，橡胶粒子吸收能量，并阻碍裂纹进一步扩张，从而避免了脆性聚苯乙烯的破坏，因此称之为高抗冲聚苯乙烯（High Impact Polystyrene，HIPS）。

高抗冲聚苯乙烯是采用接枝聚合的方法制备的。橡胶溶解在苯乙烯单体中，形成均相溶液。在聚合反应发生以后，苯乙烯进行均聚，与此同时，在橡胶链双键的 α 位置上还进行接枝聚合反应。当单体转化率达到 1%～2% 时，聚苯乙烯从橡胶溶液中析出，同时可以观察到体系逐渐转变成浑浊状。此时，聚苯乙烯量少，是分散相。随着聚合的进行，苯乙烯转化率不断增加，体系越来越浑浊，体系的黏度也越来越大，导致"爬杆"现象出现。当聚苯乙烯相的体积分数接近橡胶相的体积分数时，给予剧烈搅拌使剪切力大于临界值，则发生相反转，即原来为分散相的聚苯乙烯转变成连续相，而原本为连续相的橡胶相转变成分散相。由于聚苯乙烯的苯乙烯溶液黏度小于相应橡胶的苯乙烯溶液黏度，因而在相转变同时，体系黏度下降，"爬杆"现象消失。相转变开始时，橡胶相颗粒大且不规整，存在聚集的倾向，在适当剪切力作用下，随着聚合反应的继续进行，体系黏度增加，橡胶颗粒逐渐变小，形态也越趋于完善。

下面的化学反应式是橡胶大分子链上的双键在自由基的作用下，产生活性大分子链自由基，引发苯乙烯单体聚合，得到橡胶大分子接枝聚苯乙烯共聚物。体系中也有苯乙烯均聚物。

（接枝共聚物）

（均聚物）

此时，苯乙烯的转化率达到20%～25%，聚合反应为本体聚合。为了散热方便，需将反应转变成悬浮聚合，直至苯乙烯全部聚合为止，因此，这种制备高抗冲聚苯乙烯的方法称为本体-悬浮法。

本实验采用两步法制备高抗冲聚苯乙烯，需时较长。

[实验试剂和仪器]

（1）主要实验试剂：苯乙烯；顺丁橡胶；过氧化苯甲酰；聚乙烯醇；叔丁硫醇；硬脂酸。

（2）主要实验仪器：机械搅拌器；恒温水浴锅；250mL、500mL三颈瓶各一个；回流冷凝管；通氮装置。

[实验步骤]

（1）本体聚合。

取8g剪碎的顺丁橡胶和85g苯乙烯加入到装有机械搅拌器和回流冷凝管的250mL三颈瓶中，开动搅拌器使橡胶充分溶胀。调节水浴锅温度至70℃，通氮气，继续缓慢搅拌使橡胶完全溶解。升温至75℃，调节搅拌速度为120转/min，加入90mg过氧化苯甲酰（溶于2.5mL苯乙烯）和50mg叔丁硫醇。半小时后，体系由透明变得浑浊；继续集合，体系黏度逐渐增加，并出现"爬杆"现象。待该现象消失时，发生相转变。继续聚合至体系为白色黏糊状。

（2）悬浮聚合。

向装有机械搅拌器、冷凝管和通氮管的500mL三颈瓶中加入250mL蒸馏水、4g聚乙烯醇和1.6g硬脂酸，通氮气，升温至85℃，继续通氮气10min。向上述预聚合液中加入0.3g过氧化苯甲酰（溶于4.5g苯乙烯中），均匀混合后在搅拌条件下加入到三颈瓶中，调节搅拌速率使预聚液分散成珠状。聚合4～5h，粒子开始沉降后再升温熟化；95℃保持1h，100℃保持2h。停止反应，冷却，产物用60～70℃去离子水洗涤三次，冷水洗涤两次，滤干。

实验时应正确判断相反转是否发生，在相反转前后一段时间内要特别控制好搅拌速度。

[思考题]

（1）为什么在本体聚合阶段结束反应体系呈现白色？

（2）如何将接枝共聚物从聚苯乙烯均聚物中分离出来？

（3）为什么高抗冲聚苯乙烯具有良好的抗冲击性能？

参 考 文 献

[1] 孙伯平，赵伟，张振亮. 高抗水聚苯乙烯的合成[J]. 炼油与化工，2004，15(2)：47～48.

[2] 沈新元，李青山，刘喜军. 高分子材料专业实验教程[M]. 北京：中国纺织出版社，2010.

实验 26　淀粉接枝聚丙烯腈的制备及其水解

[实验目的]

(1) 学习使用铈盐引发接枝聚合反应的方法。

(2) 了解淀粉接枝聚丙烯腈的水解反应及其产物的吸水特性。

[实验原理]

淀粉与丙烯腈或丙烯酸的接枝共聚产物能够吸收自身重量数百倍乃至数千倍的水分，是一种高吸水性树脂，广泛应用于沙漠治理、石油钻井和医疗卫生领域。

下面的化学反应式是淀粉大分子在四价铈盐离子作用下，产生淀粉大分子自由基活性中心，进一步引发丙烯腈聚合反应。聚丙烯腈在水解时产生丙烯酰胺、丙烯酸结构单元，可以看成是丙烯腈-丙烯酰胺-丙烯酸三元共聚物。

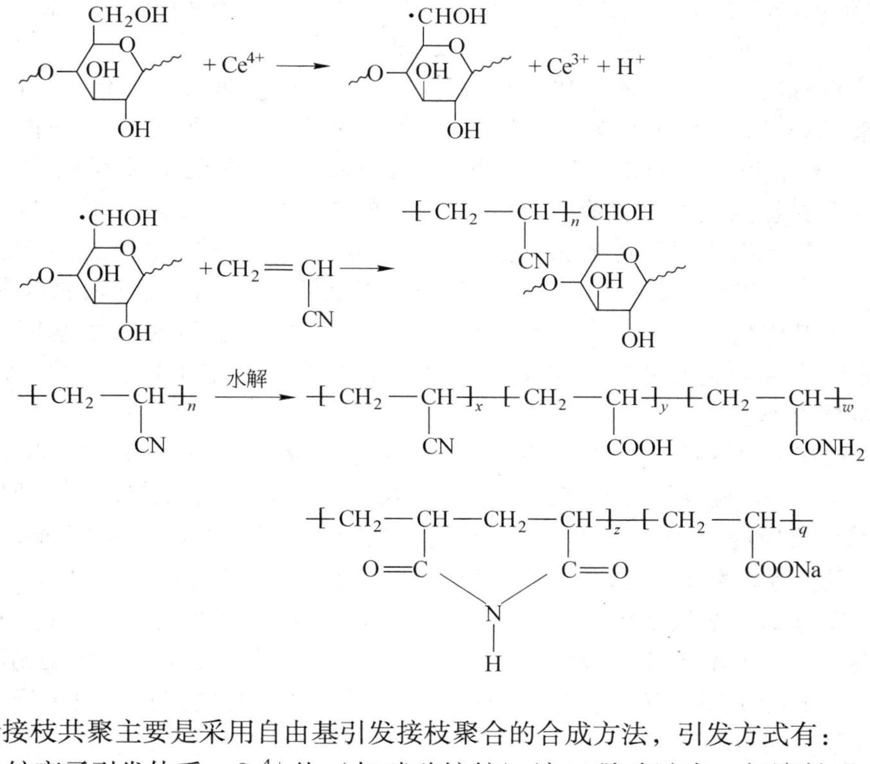

淀粉接枝共聚主要是采用自由基引发接枝聚合的合成方法，引发方式有：

(1) 铈离子引发体系。Ce^{4+} 盐（如硝酸铈铵）溶于稀硝酸中，与淀粉形成络合物，并与葡萄糖单元的羟基反应生成自由基，自身还原成 Ce^{3+}。

(2) Fenton's 试剂引发。由 Fe^{2+} 和 H_2O_2 组成的溶液，两者之间发生氧化还原反应生成羟基自由基，进一步与淀粉中葡萄糖单元的羟基反应生成大分子自由基。

(3) 辐射法。紫外线和 γ 射线可使淀粉中葡萄糖单元的羟基脱氢生成大分子自由基。

使用 Ce^{4+} 盐作为引发剂，单体的接枝效率最高。

淀粉接枝聚丙烯腈本身没有高吸水性，将聚丙烯腈接枝链的氰基转变成亲水性更高的酰胺基和羧基后，淀粉接枝共聚物的吸水性会显著提高。

本实验采用铈离子引发体系引发丙烯腈进行接枝共聚，生成淀粉接枝聚丙烯腈，然后使氰基水解，从而形成高吸水性树脂。

[实验试剂和仪器]

(1) 主要实验试剂：淀粉；硝酸铈铵；丙烯腈；二甲基甲酰胺；质量浓度为 80g/L 的 NaOH 溶液；pH 试纸；乙醇。

(2) 主要实验仪器：机械搅拌器；恒温水浴；250mL 三颈瓶；回流冷凝管；中速离心机；脂肪抽提器；红外灯；研钵。

[实验步骤]

(1) 淀粉的熟化。在装有机械搅拌器、回流冷凝管和氮气导管的 250mL 三颈瓶中，加入 5g 淀粉和 80mL 蒸馏水。通氮气 5min 后开始加热升温，同时开动搅拌器，在 90℃ 下继续搅拌 1h 使淀粉熟化，熟化的典范溶液呈透明黏糊状。

(2) 淀粉的接枝。将上述熟化淀粉溶液冷却至室温，加入 2.1mL 0.1mol/L 的硝酸铈铵溶液（13.9g 硝酸铈铵溶于 250mL 1mol/L 的 HNO_3 溶液中），在通氮气情况下搅拌 10min，然后加入 9.4mL（7.5g）新蒸的丙烯腈，升温至 35℃ 反应 3h，得到乳白色悬浊液。将悬浊液倒入盛有 800mL 蒸馏水的烧杯中，静止数小时，倾去上层乳液，过滤，蒸馏水洗涤沉淀物至滤液呈中性，真空干燥，称重。将上述沉淀物置于脂肪抽提器中，用 100mL 二甲基甲酰胺（DMF）抽提 5~7h，除去均聚物（某些情况下，可用二甲基甲酰胺浸泡洗涤 2~3 次，无需进行抽提）。取出二甲基甲酰胺不溶物，再用水洗涤以除去残留的二甲基甲酰胺，于 70℃ 下真空干燥，称重，计算接枝率和单体接枝效率。

(3) 淀粉接枝聚丙烯腈的水解。在装有机械搅拌器和回流冷凝管的 250mL 三颈瓶中，加入干燥后的淀粉接枝聚丙烯腈 4.2g 和 80g/L 的 NaOH 溶液 166mL。开始搅拌并升温至 95℃，反应约 5min 后，溶液呈橘红色，表明生成了亚胺。反应 20min 后，溶液黏度增加，颜色逐渐变浅，红色消失。用 pH 试纸检测回流冷凝管上方的气体，显示有氨气放出。反应 2h，溶液变为淡黄色透明胶体。将产物置于冰盐浴中，在不断搅拌的条件下缓慢滴加浓盐酸至 pH 值为 3~4，用中速离心机分出上层清液，沉淀物用乙醇与水（体积比为 1∶1）混合溶剂洗涤至中性，最后用无水乙醇洗涤。真空干燥至恒重后便得到高吸水性树脂。

(4) 吸水率的测定。取 2g 吸水性树脂置于 500mL 烧杯中，加入 400mL 蒸馏水，于室温放置 24h。倾去可流动的水分，并计量其体积，可大致估计吸水性树脂的吸水率。

[思考题]

(1) 铈盐引发的接枝聚合反应有何特点？

（2）淀粉接枝聚丙烯腈的水解产物为什么具有高吸水性？

（3）如何准确测定吸水性树脂的吸水率？

参 考 文 献

［1］田桂芝，张颖，王东军，等．淀粉接枝丙烯腈合成高吸水树脂的工艺研究［J］．应用化工，2007，36（4）：380～382．

［2］乌兰．玉米淀粉接枝丙烯腈制备高吸水性树脂［J］．化工新型材料，2006，34（3）：58～60．

第四章

高分子结构实验

实验 27　偏光显微镜法观察聚合物的结晶特性

[**实验目的**]

（1）加深对外界条件对聚合物的结晶形态影响的理解。

（2）掌握用熔融法制备聚合物球晶、观察聚合物的结晶形态、测定球晶半径及生长速度的操作技能。

（3）熟悉偏光显微镜的构造，掌握偏光显微镜的使用及目镜分度尺的标定方法。

[**实验原理**]

结晶聚合物材料的使用性能，如光学透明性、抗冲击强度等与材料内部的结晶形态、晶粒大小及完善程度有着密切的联系。因此，聚合物结晶特性的研究具有重要的理论和实际意义。

聚合物的结晶受外界条件影响很大，聚合物在不同条件下形成不同的结晶，如单晶、球晶、纤维晶及伸直链晶体等。

熔体冷却结晶或浓溶液中析出结晶体时，聚合物倾向于生成球状多晶聚集体，通常呈球形，因此称为球晶。球晶的基本结构单元是具有折叠链结构的片晶，球晶是从一个晶核在三维方向上一齐向外生长而形成的径向对称结构，即一个球状聚集体，具有各向异性而产生双折射现象。因此，普通的偏光显微镜就可以对球晶在偏光显微镜的正交偏振片之间呈现出特有的黑十字（称为 Maltase 十字）消光图形，如图 4-1 所示。球晶在正交偏光显微镜下出现黑十字的现象可以通过图 4-2 来解释，图中起偏镜的方向垂直于检偏镜的方向（正交），设通过起偏镜进入球晶的偏振光的电矢量 OR 即偏振光的振动方向沿 OR 方向。图 4-2 所示为任意两个方向上偏振光的折射情况，偏振光 OR 通过与分子链发生作用分解为平行于分子链的 η 和垂直于分子链的 ε 两部分，由于折射率不同，两个分塑之间有一定的相差，显然 ε 和 η 不能全都通过检偏镜，只有振动方向平行于检偏镜方向的分量 OF 和 OE 能够通过检偏镜。由此可见，在起偏镜的方向上，η 为零，$OR = \varepsilon$；在检偏镜方向上，ε 为零，$OR = \eta$；在这些方向上分子链的取向使偏振光不能透过检偏镜，视野呈黑暗，形成 Maltase 十字。此外，在有的情况下，晶片会周期性地扭转，从一个中心向四周生长。这样，在偏光显微镜中就会看到由此产生的一系列消光同心圆环。

图 4-1 球晶特有的黑十字消光图案

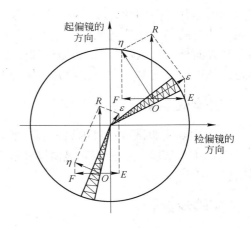

图 4-2 球晶中双折射示意图

球晶的基本结构单元是具有折叠链结构的晶片，厚度为 10nm 左右。许多这样的晶片从一个中心（晶核）向四面八方生长，发展成为一个球状聚集体。电子衍射实验证明了球晶分子链总是垂直于球晶半径方向排列的，如图 4-3 所示。分子链的取向排列使球晶在光学性质上是各向异性的，即在平行于分子链和垂直于分子链的方向上有不同的折射率。在正交偏光显

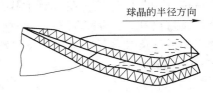

图 4-3 球晶内晶片的排列与分子链取向

微镜下观察时，在分子链平行于起偏镜或检偏镜的方向上将产生消光现象，呈现出球晶特有的黑十字消光图案。

大多数情况下，偏光显微镜下观察到的球晶形态不是球状，而是一些不规则的多边形。这是由于许多球晶以各自任意位置的晶核为中心，不断向外生长，当增长的球晶和周围相邻球晶相碰时，则形成任意形状的多面体。体系中晶核越少，球晶碰撞的机会越小，球晶可以长得很大；反之，则球晶长不大。

球晶可以长得很大，其直径甚至可达厘米数量级。对于几微米以上的球晶，用普通的偏光显微镜研究其形态和尺寸是一种简便而实用的方法。对于小于几微米的球晶，则用电子显微镜或小角激光散射法进行研究。

光是电磁波，也就是横波，它的传播方向与振动方向垂直。对自然光来说，它的振动方向均匀分布，没有占优势的方向。但自然光通过反射、折射或选择吸收后，可以转变为只在一个方向上振动的偏振光。

一束自然光经过两片偏振片，如果两个偏振轴相互垂直，光线就无法通过了。光波在各向异性介质中传播时，其传播速度随振动方向不同而变化，折射率也随之改变，一般都发生双折射，分解成振动方向相互垂直、传播速度不同、折射率不同的两条偏振光。而这两条偏振光通过第二偏振片时，只有与第二偏振轴平行的方向的光线可以通过，而通过的两束光由于光程差会发生干涉现象。

偏光显微镜的最佳分辨率为 200nm，有效放大倍数超过 500~1000 倍，与电子显微镜和 X 射线衍射法结合可提供较全面的晶体结构信息。在正交偏振光显微镜下观察，非晶体

聚合物因为其各向同性，没有双折射现象，光线被正交的偏振镜阻碍，视场黑暗。球晶会呈现出特有的黑十字消光现象，黑十字的两臂分别平行于两偏振轴的方向。而除了偏振片的振动方向外，其余部分出现了因折射而产生的光亮。在偏振光条件下，可以观察晶体的形态，还可以测定晶粒大小和研究晶体的多色性等。

[实验试剂和仪器]

(1) 主要实验试剂：聚丙烯薄膜；照相和印相试剂。

(2) 主要实验仪器：偏光显微镜；加热板；电炉热台；控温仪；盖玻片；载玻片；摄影装置和印相设备。

[实验步骤]

(1) 显微镜调整。

开启显微镜光源，调节好显微镜目镜（眼间距）。将物镜显微尺置于载物台上，取出检偏镜，调节好焦距，在视野中找到非常清晰的显微尺，显微尺长 1.00mm，等分为 100 个格，每格 0.01mm。取下一目镜换上带有分度尺的目镜（目镜分划尺），调整目镜让显微尺与分度尺基本重合。显微尺倍数记为 n，分度尺格数记为 N，则目镜分度尺每格为 $n/N \times 0.01$mm。记下标定关系。

(2) 试样制备。

切一小块聚丙烯薄膜，放于干净的载玻片上，在试样上盖上一块盖玻片。

将加热板预热到 200℃，将聚丙烯样品在电热板上熔融，然后迅速转移到 50℃ 的热台，使之结晶。

(3) 观察结晶形态。

将熔融结晶的试样在偏光显微镜下进行观察，可见黑十字消光及干涉色环，并照相。把同样的样品在熔融后于 100℃ 和 0℃ 条件下结晶，分别摄下结晶形态，底片经冲洗、放大，得到清晰的图案。

(4) 测量球晶半径。

重新装好检偏镜，不改变显微镜的粗动旋钮，换下样品显微尺，测量任意一个球晶晶核到边缘的长度——被测球晶半径对应分度尺的格数，即可得到被测球晶半径的大小。

(5) 测定球晶生长速度。

每隔 10min 测量 1 次球晶半径，直到观察不到球晶大小的变化。用球晶半径对时间作图，即得到球晶生长速度。

实验完毕关掉热台电源，从显微镜上取下热台，关闭光源。

[实验结果分析和讨论]

(1) 简绘实验所观察到的球晶状态图。

(2) 写出显微尺标定与目镜分度尺的标定关系及所测球晶半径分度尺的格数，计算所测球晶半径的具体尺寸。

(3) 结晶温度对聚合物结晶形态有何影响？

(4) 解释球晶呈现黑十字消光图案的原因。

（5）结合实验讨论影响球晶生长的主要因素和实验中应注意的问题。

参 考 文 献

［1］何平笙，朱平平，杨海洋. 谈谈聚合物的结晶形态问题［J］. 化学通报，2003：210～212.

［2］刘喜军，杨秀英，王慧敏. 高分子实验教程［M］. 哈尔滨：东北林业大学出版社，2000.

［3］张兴英，李齐方. 高分子科学实验［M］. 2 版. 北京：化学工业出版社，2007.

［4］李树新，王佩璋. 高分子科学实验［M］. 北京：中国石化出版社，2008.

实验 28   溶胀平衡法测交联聚合物的交联度

〔实验目的〕

（1）加深对聚合物统计理论的理解。
（2）了解溶胀平衡法测定交联聚合物的基本原理。
（3）掌握质量法测交联聚合物溶胀度的实验技术。

〔实验原理〕

溶剂进入单位体积"干"胶中，使其各边长度变为 λ_0。然后，将溶胀后的试样进行单轴拉伸，其各边长度变为 λ_1、λ_2、λ_3，如图 4-4 所示。

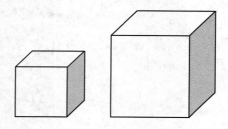

图 4-4　溶胀后"干"胶单轴拉伸示意图

由于溶胀体系中"干"胶的体积分数为 $\varphi = 1/\lambda_0^3$，因此网链密度为 $N_1\varphi_2$，网链均方末端距为 $\overline{h^2}\varphi_2^{-2/3}$，状态方程为：

$$\sigma_s = N_1 kT \varphi_2^{1/3} \left(\frac{\overline{h^2}}{h_0^2} \right) \left(\lambda_s - \frac{1}{\lambda_s^2} \right) \tag{4-1}$$

式中　　σ_s——溶胀试样的拉伸应力；

λ_s——溶胀试样的拉伸比；

N_1，$\overline{h^2}$——分别为"干"胶的网链密度和均方末端距。

式（4-1）说明，溶胀橡胶的模量是"干"胶模量 $N_1 kT \left(\frac{\overline{h^2}}{h_0^2} \right)$ 的 $\varphi_2^{1/3}$ 倍，比"干"胶模量低。如果应力按"干"胶的原始截面积 A_{0d} 来计算，由于 $A_{0d} = A_{0s}/\lambda_0^2 = A_{0s}\varphi_2^{2/3}$，则：

$$\sigma_d = N_1 kT \varphi_2^{-1/3} \left(\frac{\overline{h^2}}{h_0^2} \right) \left(\lambda_s - \frac{1}{\lambda_s^2} \right) = G_d \varphi_2^{-1/3} \left(\lambda_s - \frac{1}{\lambda_s^2} \right) \tag{4-2}$$

如果统计理论成立，则 $G_d = \sigma_d \varphi_2^{1/3} / (\lambda_s - \lambda_s^{-2})$。对于同一"干"胶试样，溶胀程度不同时，$G_d$ 应为一常数。

交联橡胶的溶胀过程包括两个部分：一方面，溶剂力图渗入聚合物内部使其体积膨胀；另一方面，由于交联聚合物体积膨胀导致网状分子能够向三度空间伸展，使分子网受到应力产生弹性收缩能，力图使分子网收缩。当这两种相反倾向相互抵消时，达到了溶胀平衡。溶胀过程，自由能变化应由两部分组成：一部分是高分子与溶剂的混合自由能 ΔG_{M}，另一部分是分子网的弹性自由能 ΔG_{el}。

$$\Delta G = \Delta G_{\mathrm{M}} + \Delta G_{\mathrm{el}} < 0 \tag{4-3}$$

达到平衡时：

$$\Delta G = \Delta G_{\mathrm{M}} + \Delta G_{\mathrm{el}} = 0 \tag{4-4}$$

溶胀体内部溶剂的化学位与溶胀体外部纯溶剂的化学位相等，则式（4-4）两侧偏微分，得：

$$\Delta \mu_1 = \Delta \mu_{1,\mathrm{M}} + \Delta \mu_{1,\mathrm{el}} = 0 \tag{4-5}$$

根据 Flory-Huggins 晶格模型理论：

$$\Delta G_{\mathrm{M}} = RT\left[n_1 \ln\varphi_1 + n_2 \ln\varphi_2 + \chi_1 n_1 \varphi_2 \right] \tag{4-6}$$

则：

$$
\begin{aligned}
\Delta \mu_{1,\mathrm{M}} &= \left(\frac{\partial \Delta G_{\mathrm{M}}}{\partial n_1} \right) \\
&= RT\left[\ln\varphi_1 + \left(1 - \frac{1}{x} \right)\varphi_2 + \chi_1 \varphi_2^2 \right] \\
&= RT\left[\ln\varphi_1 + \varphi_2 + \chi_1 \varphi_2^2 \right] \quad (x \to \infty)
\end{aligned} \tag{4-7}
$$

又由高弹统计理论得知：

$$\Delta F_{\mathrm{el}} = \frac{1}{2} NkT(\lambda_1^2 + \lambda_2^2 + \lambda_3^2 - 3) \tag{4-8}$$

式中　λ_1，λ_2，λ_3——分别为溶胀后和溶胀前各边长度之比；
　　　　N——交联网络的网链总数。

考虑理想交联网络等温等压拉伸过程内能不变，体积不变，则：

$$\Delta G_{\mathrm{el}} = \Delta F_{\mathrm{el}} = \frac{1}{2} NkT(\lambda_1^2 + \lambda_2^2 + \lambda_3^2 - 3) \tag{4-9}$$

进一步考虑橡胶交联网络溶胀是各向同性的，且溶胀前为单位立方体，溶胀后各边长为 λ，则溶胀后凝胶体积为：

$$\lambda^3 = 1 + n_1 V_{\mathrm{m},1} = \frac{1}{\dfrac{1}{\lambda^3}} = \frac{1}{\varphi_2} \tag{4-10}$$

式中　n_1——溶质物质的量；
　　　$V_{\mathrm{m},1}$——溶剂的摩尔体积；
　　　φ_2——试样在凝胶中所占的体积分数。

式（4-10）可改写为：

$$
\begin{aligned}
\Delta G_{\mathrm{el}} &= \frac{1}{2} N_1 kT(\lambda_1^2 + \lambda_2^2 + \lambda_3^2 - 3) \\
&= \frac{1}{2} \frac{\rho_2 RT}{\overline{M_{\mathrm{c}}}} (\lambda_1^2 + \lambda_2^2 + \lambda_3^2 - 3) \\
&= \frac{3}{2} \frac{\rho_2 RT}{\overline{M_{\mathrm{c}}}} (\lambda^2 - 1)
\end{aligned} \tag{4-11}
$$

式中 N_1——单位体积的网链数；

ρ_2——聚合物的密度；

$\overline{M}_c$——网链的平均相对分子质量。

则：

$$\Delta\mu_{1,el} = \frac{\partial\Delta G_{el}}{\partial n_1} = \frac{\partial\Delta G_{el}}{\partial\lambda}\frac{\partial\lambda}{\partial n_1} = \frac{\rho_2 RTV_{m,1}}{\overline{M}_c}\varphi_2^{1/3} \tag{4-12}$$

将式(4-7)和式(4-12)代入式(4-5)，得：

$$\ln\varphi_1 + \varphi_2 + \chi_1\varphi_2^2 + \frac{\rho_2 V_{m,1}}{\overline{M}_c}\varphi_2^{1/3} = 0 \tag{4-13}$$

设试样溶胀前后体积比为 Q，那么：

$$Q = \frac{1}{\varphi_2} \tag{4-14}$$

溶胀平衡时，Q 达一极值。当橡胶交联度不高，即 $\overline{M}_c$ 较大时，在良溶剂体系中，Q 值可以超过 10，此时 φ_2 很小，可将 $\ln\varphi_1 = \ln(1 - \varphi_2)$ 展开，略去高次项，得：

$$\frac{\overline{M}_c}{\rho V_{m,1}}\left(\frac{1}{2} - \chi_1\right) = Q^{\frac{5}{3}} \tag{4-15}$$

所以，利用溶胀平衡关系式（4-13）和式（4-15），只要知道 $V_{m,1}$、ρ、χ_1，测得 Q 就可以求得交联橡胶或其他交联聚合物两交联点之间的平均相对分子质量 $\overline{M}_c$。显然，$\overline{M}_c$ 大小表明了交联聚合物交联度的高低。

可采用两种方法测量溶胀度：一种是体积法，即用溶胀计直接测定样品的体积，隔一段时间测一次，直至所测样品的体积不再增加。另一种是质量法，即跟踪溶胀过程，对溶胀体称重，直至两次溶胀体质量之差不超过 0.01g。

溶胀度按式(4-16)计算：

$$Q = \frac{w_1/\rho_1 + w_2/\rho_2}{w_2/\rho_2} \tag{4-16}$$

式中 w_1——溶剂的质量；

w_2——聚合物的质量；

ρ_1——溶剂的密度；

ρ_2——聚合物的密度。

同时，式(4-13)又将溶胀平衡时的 φ_2 与橡皮的弹性模量（正比于 $\overline{M}_c^{-1}$）定量地联系起来。将平衡溶胀天然橡胶试样的 $2C_1$（相当于 G_d）实验值以及由上述平衡溶胀关系式计算的 $2C_1$ 与 φ_2 作图，结果表明，当 $\chi_1 = 0.413$ 时，理论与实验相吻合。

［实验试剂和仪器］

（1）主要实验试剂：交联天然橡胶；苯。

（2）主要实验仪器：膨胀计一个；恒温装置一套；带塞大试管两个；烧杯、镊子各一个。

［实验步骤］

（1）体积法。

1）确定膨胀计体积换算因子，方法是加入一个定体积 V 的金属球，读出毛细管内液面所走距离 L，则换算因子 $A = V/L$。测量液选用蒸馏水。

2）将待测样品放入试样筐内，赶尽毛细管内气泡，放入溶胀管内，读取液面所走距离。

3）将已测出体积的样品放入大试管内，倒入试管体积 1/3 的苯，用塞子塞紧放入恒温槽内进行溶胀。

4）每隔一定时间测量一次样品体积，开始间隔时间可以为 2h，后来可适当加长至 2 天，直至体积不再增加。测试时，先用滤纸尽快将多余溶剂吸干，然后用相同的方法测出溶胀样品的体积。

（2）质量法。

在分析天平上先将空称量瓶称重，然后放入待测样品再称重，求出样品重。将已称重的样品放入大试管内，倒入试管体积 1/3 的苯，用塞子塞紧放入恒温槽内进行溶胀。

每隔一定时间测量一次样品质量，测试时，先轻轻取出溶胀体，用滤纸尽快将多余溶剂吸干，立即放入称量瓶中，盖紧瓶塞后称重，然后再放回溶胀管中继续溶胀。直至两次所称量的质量之差不超过 0.01g，即认为溶胀平衡。

［实验结果分析和讨论］

（1）将体积法的实验结果记录于下表。计算聚合物在溶胀体中的体积分数 φ_2 和溶胀度 Q 及平均相对分子质量（已知，天然橡胶-苯体系在 25℃时，$V_{m,1} = 89.4\text{cm}^3/\text{mol}$，聚合物密度 $\rho = 0.9734\text{g/cm}^3$，$\chi_1 = 0.437$）。

体积换算因子 $A =$

参　数	溶胀前	溶　胀　后				
						平衡时
L						
V						
ΔV						

（2）将质量法的实验结果记录于下表。计算聚合物的溶胀度 Q 及平均相对分子质量（已知，天然橡胶-苯体系在 25℃时，苯的密度 $\rho = 0.88\text{g/cm}^3$，聚合物密度 $\rho = 0.9734\text{g/cm}^3$）。

空瓶重：　　　　原始样品重：

参　　数	溶胀前	溶　胀　后					
							平衡时
空瓶 + 样品/g							
样品/g							
溶胀体中的溶剂/g							

（3）选择膨胀计的测量液时应该满足什么要求？

（4）采用这种方法来测聚合物的溶胀度时，样品交联度对结果会有什么影响？

（5）如果采用此法测聚合物的溶参数 δ，应该怎么测量？

参 考 文 献

［1］王佩璋，李树新. 高分子科学实验［M］. 北京：中国石化出版社，2008.

［2］孙志斌，郑延欣，李明远，等. 交联聚合物溶液突破性能［J］. 高校化学工程学报，2005，19（5）：608 ~ 612.

［3］罗宪波，蒲万芬，武海燕，等. 交联聚合物溶液的微观形态结构研究［J］. 大庆地质石油与开发，2003，22（5）：60 ~ 63.

实验 29　相差显微镜法观察共混物的相区形态

[**实验目的**]

（1）加深对聚合物共混体系相容性及其判别原理的理解。

（2）学会用熔融法制备聚合物共混物样品。

（3）了解相差显微镜的基本原理，熟悉显微镜的基本构造和使用方法。

（4）掌握用相差显微镜法观察聚合物共混物的形态的方法及操作技能。

[**实验原理**]

聚合物共混已成为高分子科学发展的前沿之一，也是高分子材料开发的主要途径之一。由于聚合物共混体一般为多相体系，因此其形成的形态和尺寸对高分子材料的使用性能有重要的影响。

从热力学上讲，绝大多数聚合物共混体系是不相容的，即各组分之间没有分子水平的化学反应发生，例如在聚合物熔融状态下进行共混，不同的组分受到应力场的作用，混合成宏观上均一的共混材料。而这种材料在亚微观上看（几微米至几十微米）则是分相的；由于共混体系的各组分在普通光学显微镜的条件下均为无色透明，所以用普通的光学显微镜不能分辨出这种分相结构。

因为共混体系中各组分的折射率不同，可以通过相差显微镜观察共混物的分相结构。其基本原理是：光波在进入同一厚度但折射率不同的共混物薄膜（透明）样品后，因光程不同而产生一定的相位差：

$$\delta = \frac{2\pi}{\lambda}(n_A - n_B)L$$

式中　　λ——光波波长；

n_A，n_B——分别为组分 A 和 B 的折射率；

L——光波在薄膜内所走的距离。

相位差既不能被眼睛所识别，也不能造成照相材料上的反差，而通过一定的光学装置可以把相位差转变为振幅差。利用光的干涉和衍射现象，相位差在相差显微镜中可以被转变为振幅差，因此能看到两种组分间有明暗的差别，从而可以考查共混物的形态。

共混聚合物的研究对于改善材料的性能，特别是力学性能，具有重要的实际意义。对于两相共混结构的聚合物，一般含量少的组分形成分散相，而含量较多的组分形成连续相。在共混体系中分散相与连续相的相容性如何，分散相的分散程度和颗粒大小以及分散相与连续相的比例都直接影响材料的性能。

相差显微镜是这方面研究的有效工具之一。相差显微镜的种类很多，用法也各不相同。很多普通光学显微镜带有相差附件（也称为相衬附件）。相差附件包括环状光栏和相板。环状光栏多与聚光镜装在一起而组成转盘聚光镜；相板多装在物镜中组成相差物镜。相差装置也有安装在专用镜座上的。相差镜检装置通常包括转助聚光镜（或聚光镜与手插入式环状光栏)。几个相差物镜和合轴调整用的望远镜绿色滤光镜,进行相差镜检测时,目镜可用普通的惠更斯目镜。

图 4-5 所示为相差显微镜原理图,其中实线表示通过光栏的两个光束,它们基本上会聚在 f 面上(因为 f 面为物镜的焦平面)。虚线表示被检物(样品)所衍射的光线,它们以很广的面通过相板,这些衍射光束包含全部的相位差信息,通过相板的作用,这种相位差通过光的干涉形成视场中的明暗差别。

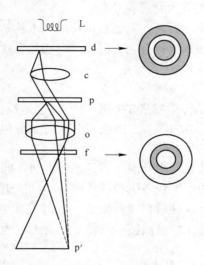

图 4-5　相差显微镜原理图
L—光源;d—环状光栏;c—聚光镜;p—样品;o—物镜;f—物镜后焦点
(此处放置有相板);p′—被检测物所呈现的像

[**实验试剂和仪器**]

(1)主要实验试剂:PP,折射率 1.49;SBS,折射率 1.533。

(2)主要实验仪器:相差显微镜,带有相差附件的普通倒置光学显微镜,XSZ-H7 型(照明条件:波长 $A = 0.55\mu m$,媒质:空气 $n = 1.000$,目镜放大倍数:10×,相差物镜:放大倍数 10×(40×),数值孔径:$\alpha = 0.4$,分辨率:$\delta = \lambda / \alpha$);热台;载玻片;盖玻片;镊子;刀片等。

[**实验步骤**]

(1)制样。

采用压片法。按共混配比 $A/B = 70/30$ 用刀片切下少许 PP(A 组分)和 SBS(B 组分),放在已于热台上恒温好的载玻片上,待样品熔融后,加上盖玻片,用镊子均匀用力压成适当厚度的薄膜(约 $10\mu m$ 左右),取下自然冷却至室温即可。

(2)调整好相差显微镜,注意光亮调节。将样品置于载物台上,准焦后观察共混物形态。

[实验结果分析和讨论]

（1）简绘所观察到的样品形态，标出各组分。

（2）为什么说绝大多数共混聚合物在热力学上是不相容的？

（3）常用的制样方法除了切片法外还有什么方法？它们各有什么优缺点？

（4）结合实验讨论为什么要求样品膜片厚度尽可能地一致？若样品较厚能否看到分相结构？

参 考 文 献

[1] 王颖，姜伟. 光学剪切仪在线研究高分子共混物的形态及其演化[J]. 高分子材料与科学，2006，22（2）：35～38.

[2] 李宏，黄晓天，李志. 相差显微镜在粉末材料结构研究中的应用[J]. 重庆工商大学学报，2004，21（6）：563～565.

[3] 吴德邦，邹利元. 相差显微镜与干涉显微镜的比较[J]. 泸州医学院学报，1999，22（2）：110～112.

[4] 张兴英，李齐方主编. 高分子科学实验[M]. 2 版. 北京：化学工业出版社，2007.

实验 30　激光小角散射法测聚合物球晶

[**实验目的**]

（1）了解激光小角散射的基本原理。

（2）学会激光小角散射仪的使用方法。

（3）用激光小角散射仪测定聚合物球晶的半径。

[**实验原理**]

激光小角散射法（Small Angle Linght Scattering，SALS）于 20 世纪 60 年代初问世。它适用于研究从几百纳米至几十微米大小的结构，这与聚合物球晶的大小范围相当。由于该方法实验装置简单，测定快速而又不破坏试样，能有效地测量光学显微镜难以辨认的小球晶，还能在动态条件下快速测量结构随时间的变化，所以它已经成为研究聚合物聚集态的有效方法之一。它与电子显微镜、X 射线衍射法以及光学显微镜等方法相结合可以提供较全面的关于晶体结构的信息，目前已广泛应用于研究聚合物的结晶过程接近形态以及聚合物的薄膜拉伸过程中形态结构的变化。图 4-6 所示为激光小角散射原理图。

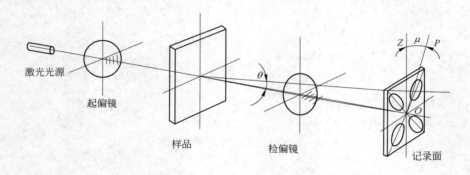

图 4-6　激光小角散射原理图

一束准直性和单色性很好的激光束，经过起偏镜射到样品上，由于样品内的密度和极化率不均匀而引起光的散射。散射光经过检偏镜后被照相底片记录下来，或供直接测量。图 4-6 中，θ 为散射角，它是某一束散射光与入射光方向之间的夹角；μ 为方位角，它是某一束散射光记录面的交点 P 和中心点 O 的连线 OP 与 Z 轴之间的夹角。

如果起偏镜和检偏镜的偏振方向平行，则称为 Vv 散射；如果起偏镜和检偏镜方向垂直，则称为 Hv 散射。在研究结晶性聚合物时，用得较多的是 Hv 图。

光散射理论有"模型法"和"统计法"两种，对于聚合物球晶，用模型法较为方便。

实验证实：球晶中聚合物分子链总是垂直于球镜径向，分子链的这种排列使得球晶光学上呈各向异性，即球晶的极化率在径向和切向不同。假设聚合物球晶是一个均匀而各向异性的球，考虑光与圆球体系的相互作用，推导出用模型参数表示的散射光强度公式为：

$$I_{Hv} = AV_0^2 \left(\frac{3}{U^3}\right)^2 \left[(\alpha_r - \alpha_t)\cos^2\left(\frac{\theta}{2}\right)\sin\mu\cos\mu(4\sin U - U\cos U - 3\sin U)\right]^2 \quad (4\text{-}17)$$

式中　I_{Hv}——Hv 散射光强度；

　　　A——比例系数；

　　　V_0——球晶体积；

　　$\alpha_r，\alpha_t$——分别为球晶的径向和切向极化率；

　　　θ——散射角；

　　　μ——方位角；

　　　U——形状因子，定义为：

$$U = \frac{4\pi R}{\lambda}\sin\left(\frac{\theta}{2}\right) \quad (4\text{-}18)$$

式中　R——半径；

　　　λ——光在介质中的波长。

将 sin 定义为下面的定积分：

$$\sin U = \int_0^U \frac{\sin x}{x}dx \quad (4\text{-}19)$$

从式(4-17)可以看出，Hv 散射强度与球晶的光学各向异性项 $(\alpha_r - \alpha_t)$ 有关，还与散射角 θ、方位角 μ 有关。

从公式可以看出，当 μ 为 0°、90°、180°、270°时，$\sin\mu\cos\mu = 0$，所以 $I_{Hv} = 0$，而当 μ 为 45°、135°、225°、315°时，$\sin\mu\cos\mu$ 有极值，因而散射光强度也出现极大值。这四强四弱相间排列一周就成了 Hv 散射图的四叶瓣形状。

当方位角 μ 固定时，散射角光强是散射角 θ 的函数，当取 $\mu = \frac{2n-1}{4}\pi$ 时（n 为整数），理论和实验证明，I_{Hv} 出现极大值时，U 值恒等于 4.09，即：

$$U_{max} = \frac{4\pi R}{\lambda}\sin\left(\frac{a_m}{2}\right) = 4.09 \quad (4\text{-}20)$$

所以

$$R = \frac{4.09\lambda}{4\pi\sin\left(\frac{\theta_m}{2}\right)} \quad (4\text{-}21)$$

本实验中所用光源为 He-Ne 激光器，其工作波长为 632.8nm，如果再考虑到测定聚合物球晶半径实际上是一种平均值，所以式(4-21)变为：

$$\overline{R} = \frac{0.206}{\sin\left(\frac{\theta_m}{2}\right)} \quad (4\text{-}22)$$

[实验试剂和仪器]

(1) 主要实验试剂：聚乙烯（PE）；粒料。

（2）主要实验仪器：SD4860 激光小角散射仪（主要组成部分如图 4-7 所示）；盖玻片；热台；镊子；刀片。

[**实验步骤**]

（1）制样。

1）热台升温至一定温度（160～200℃）。

2）将盖玻片置于热台上。

3）用刀片切上少许原料置于热台上的盖玻片上，待原料熔融后，盖上一片盖玻片稍用力压成薄膜。

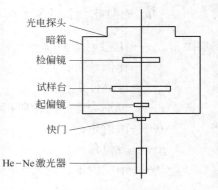

图 4-7　散射仪示意图

4）选择一种结晶条件（热结晶、自然冷却或快速冷却等）制成试样，以备观察和测定。

如图 4-8 所示，θ_m 为入射角光与最强散射光之间的夹角，L 为从样品到记录面之间的距离，d 为记录面上 HIV 图中心到最大散射光点的距离，实验测得 L 和 d 就可以计算出 θ_m：

$$\theta_m = a_r\cot\frac{d}{L} \tag{4-23}$$

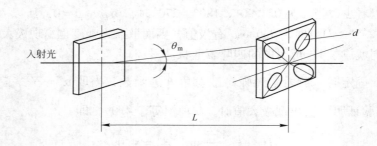

图 4-8　小角散射法示意图

（2）小角激光散射观测。

1）接通总电源开关及激光器电源和微电流放大器电源开关。

2）调节电流调节器旋钮、使毫安表电流指示为 5mA，这时激光器应发出稳定的红光。

3）把快门置"常开"位置，把试样放在试样台上，在毛玻璃上观察衍射图形。

4）起偏镜偏振方向是固定，检偏镜的偏振方向可以调节，调节检偏镜使散射光强或中心亮点达到最暗时，起、检偏镜的偏振方向垂直。

5）照相时根据散射光强，选择适当的曝光时间。

6）微电流放大计预热 30min，可用光探头（光电池）在亮叶瓣对称线方向上移动，读出中心点对称的两光强最大点位置 X1 和 X2。

7）记录载样台的位置 H。

8）把激光管电流调小后，关掉电源，关掉微电流放大计电源及总电源。

[**注意事项**]

（1）使用小角激光散射仪之前应检查接地是否良好。必须检查高压输出端是否接好及激光器是否完好方能接通激光器电源。必须在证实电流放大器的输出端与检测探头间连接确实可靠后才能接通电流放大器开关。

（2）电流放大器严禁在输出端开路下工作，它需要在预热 30min 后才能工作。

（3）照相时，调节曝光时间及按动快门时，注意手要尽量远离激光器电极，防止高压危险。

实验 31 密度梯度法测聚合物的密度和结晶度

[实验目的]

（1）掌握密度梯度法测定聚合物密度和结晶度的基本原理。
（2）学会以连续注入法制备密度梯度管及用精密比重小球法标定密度梯度管的技术。
（3）掌握利用密度梯度法测定纤维的密度并计算纤维结晶度的实验技术。

[实验原理]

　　密度是聚合物的一个重要物理参数，是聚合物内在结构特点的一种表征。测定高分子材料的密度不但可以了解其基本物理性能，而且可作为研究高分子材料的某些超分子结构和形态结构的一种有效手段。在纤维领域，测定纤维的密度还能鉴别纤维品种、定量分析二元混纺纱线和织物中某一纤维含量和混合均匀度、计算中空纤维的中空度和复合纤维的复合比等。因此对聚合物密度的研究具有较大的理论意义和实际意义。

　　测定聚合物密度的方法很多，密度梯度法由于具有设备简单、操作容易、应用灵活、准确快速，并能同时测定在一个相当密度范围内不同密度试样的特点，因而得到了广泛的应用，尤其是对于密度相差较小的试样更是一种有效的高灵敏度的测定方法。

　　密度梯度法是利用悬浮原理来测定固体密度的一种方法。密度梯度管是将两种密度不同而又能相互混合的液体在玻璃管中进行适当的混合，使混合的液体从上到下密度逐渐变大且连续分布形成梯度而成。管中混合液体形成梯度的原因是由于扩散速度与沉降速度相等时分散体系达到了平衡。

　　密度梯度管配制后需进行标定，做出密度-高度关系曲线（见图4-9）。然后向管中投入被测试样，根据悬浮原理，试样在液柱中静止时，此平衡位置的液层密度恰好等于试样密度。因此只要测出管中试样的体积中心高度，就可以从标准曲线上求出被测试样的密度值。

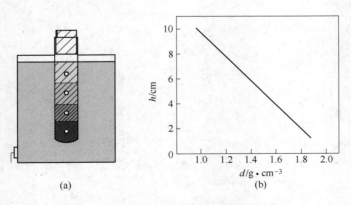

(a)　　　　　　(b)

图4-9 梯度管的密度-高度曲线
（正庚烷-四氯化碳混合液体系）

［实验试剂和仪器］

（1）主要实验试剂：涤纶；正庚烷（化学纯，25℃时密度 0.6837g/cm³）；四氯化碳（化学纯，25℃时密度 1.596g/cm³）；无水乙醚。

（2）主要实验仪器：水浴恒温槽（高度与梯度管高度相当）；恒温装置；晶体管继电器；导电表（0～5℃）；电动搅拌器；电热棒；精密温度计（0～50℃）；磨口塞玻璃管（梯度管）；磁力搅拌器；平底三角烧瓶及两通管；玻璃毛细管（孔径 0.1cm）；精密比重小球（标准玻璃小球）；韦氏天平；索氏萃取器；真空烘箱；电动离心机（转速 2000r/min）；测高仪。

［实验步骤］

（1）拟定密度梯度管的测定范围。

密度梯度管的可测范围在上限（液柱底部的密度 ρ_b）和下限（液柱顶部的密度 ρ_t）之间。实验前应先根据被测试样的密度范围确定梯度管的上限 ρ_b 和下限 ρ_t。通常，上限应比试样的最大密度略高，下限应比试样的最小密度略低。本实验 ρ_b 和 ρ_t 分别应比试样密度的上、下限增大和减小 0.005g/cm³。

（2）选择配制密度梯度管的液体。

许多液体都可用来配制密度梯度管，但在实际应用中要求所用的两种液体必须相互不起化学反应；黏度和挥发性较低；能相互混合并且在混合中有体积加和性；不被试样吸收且对试样是惰性的；对试样不发生溶剂诱导结晶；价廉、易得并且密度相差要适当（既能满足一定的测定密度的范围又要保证较高的灵敏度）。

具体选择何种溶液体系应根据试样的性质而定。一般纺织纤维通常选用二甲苯-四氯化碳体系；但丙纶溶于二甲苯，因此通常选用异丙醇-水体系（也可用乙醇-水体系，但它们会发生缔合而使混合液发热，使密度的测定值偏低）；由于二甲苯对涤纶的结晶度有影响，因此本实验选用正庚烷-四氯化碳体系。

（3）轻液和重液的配制。

在配制梯度管之前先根据所需密度梯度管上、下限的密度要求配制两份密度均匀的溶液，分别称为重液和轻液。按连续注入托起法配制梯度管，取轻液的密度 ρ_B^0 等于密度梯度管的下限 ρ_t，重液的密度 ρ_A^0 可按式（4-24）计算：

$$\rho_A^0 = \rho_B^0 + \frac{2V_B^0(\rho_b - \rho_B^0)}{V} = \rho_t + \frac{2V_B^0(\rho_b - \rho_t)}{V} \tag{4-24}$$

式中　V_B^0——轻液的体积；

　　　V——梯度管内液体的累积体积。

按连续注入堆叠法配制梯度管，取重液的密度 ρ_A^0 等于密度梯度管的上限 ρ_b，轻液的密度 ρ_B^0 可按式（4-25）计算：

$$\rho_B^0 = \rho_A^0 - \frac{2V_A^0(\rho_A^0 - \rho_t)}{V} = \rho_b - \frac{2V_A^0(\rho_b - \rho_t)}{V} \tag{4-25}$$

式中　V_A^0——重液的体积；

V——梯度管内液体的累积体积。

为了保证密度梯度管的高灵敏度，轻液和重液的密度差应小于 $0.08 \sim 0.12 \mathrm{g/cm^3}$。

若选用的配制梯度管的纯溶剂满足轻液和重液的密度要求，可以直接用做轻液和重液。但在多数情况下应把两种纯溶剂配成混合液才能满足要求。配成指定密度的混合液所需的两种溶剂量可由式(4-26)估算：

$$\rho_M = \frac{\rho_1 V_1 + \rho_2 V_2}{V_M} \tag{4-26}$$

式中　ρ_M——混合液的密度；

ρ_1，ρ_2——分别为溶剂 1 和溶剂 2 的密度；

V_M——混合液的体积；

V_1，V_2——分别为配制混合液所需的溶剂 1 和溶剂 2 的体积。

若所选溶剂的体积有加和性，可用式(4-27)和式(4-28)计算 V_1 和 V_2：

$$V_1 = \frac{V_M(\rho_M - \rho_2)}{\rho_1 - \rho_2} \tag{4-27}$$

或

$$V_2 = \frac{V_M(\rho_1 - \rho_M)}{\rho_1 - \rho_2} \tag{4-28}$$

根据计算结果分别量取两种溶剂混合并充分搅拌，即得轻液和重液，用韦氏天平秤定其密度。若混合液的密度偏低则滴加重的溶剂，反之则滴加轻的溶剂，反复调整至指定的密度为止。

（4）密度梯度管的配制及标定。

在配好轻液和重液以后即可进行密度梯度管的配制。其配制方法主要有两段扩散法、分段添加法、连续注入法等。本实验采用连续注入法（又分托起法和堆叠法）。采用连续注入托起法制备密度梯度管的装置如图 4-10 所示。

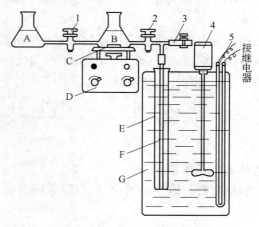

图 4-10　连续注入托起法制备密度梯度管的装置

A—重液容器；B—轻液容器；C—搅拌子；D—磁力搅拌器；E—梯度管；F—玻璃毛细管；G—恒温水浴；
1，2—旋塞；3—排气管；4—搅拌马达；5—电热棒配制梯度管时先把旋塞 1 和旋塞 2 关闭，把排气管 3 旋塞拧开，然后把重液和轻液分别倒入 A 瓶和 B 瓶。开启磁力搅拌器 D，同时拧开旋塞 1 和旋塞 2，调节 B 瓶中的溶液的流速低于 5 ~ 10mL/min，待体系中气泡除尽后关闭排气管 3。随着 B 瓶中的溶液通过毛细管 F 不断流向梯度管 E，B 瓶中的液面下降，A 瓶中的液体顺次流入 B 瓶中，使 B 瓶中液体密度不断增加。这样后流入梯度管较重的混合液把先流入梯度管的较轻的混合液向上托起，使管内液体形成连续的密度梯度。配制完毕后把毛细管 F 垂直地从梯度管 E 中提出，然后把梯度管盖上。

连续注入堆叠法配制梯度管的装置和操作方法与托起法基本相同，所不同的只是 A 瓶中放轻液、B 瓶中放重液，玻璃毛细管不通入梯度管底部而紧贴管口内壁，使溶液沿着管壁缓慢下流。从玻璃毛细管中流出的液体密度由重至轻一层一层堆叠上去。最终使管内液柱的密度自下而上地递减，形成连续分布的梯度。

梯度管可在配制时就置于恒温槽内，也可在配制完毕后再平稳地移入恒温槽。梯度管内液面应低于槽内液面，恒温控制在 (25 ± 1) ℃。

密度梯度管的标定方法有比色法、液滴法、精密比重小球法、折光指数法等。本实验采用精密比重小球法。

选择数粒（一般 5 粒）符合所配制的梯度管密度范围的标准玻璃小球（最好其密度间隔相等），按密度由大至小依次轻轻地投入玻璃管内，平衡 2h 后用测高仪测出每一小球的体积中心高度（若梯度管上有刻度，可直接读出）。然后在坐标纸上由小球密度对小球高度作图，即得密度梯度的标定曲线。要求此曲线必须是直线，没有间隔和拐点，此图的精度是 ±1mm，±0.001g/cm³。若发现个别小球的位置偏离直线，则需加入接近该点密度的轻液或重液进行补正，使小球移动以位于直线上，再经平衡即可使用。若有数个小球偏离直线较远，则应重新配制梯度管。

标定以后，标准小球留在梯度管内作为参考点，以便复验和计算。

（5）试样的准备。

为了精确测定纤维的密度，纤维试样必须经过一系列处理：

1）脱油。把纤维整理成束，用过滤纸包好置于索氏萃取器中，用乙醚循环脱油 1.5 ~ 3h（回流 10 ~ 15 次）。操作时应严格控制温度（水浴温度不超过 45℃），以免乙醚大量逸出造成事故（也可把纤维束在乙醚或四氯化碳中浸泡 2h 进行脱油）。

经脱油的纤维需用打结扣的方法使它成为直径 2 ~ 3mm 的小球。打结时必须轻柔，不能使试样有任何拉伸行为，特别对未拉伸纤维更应注意。

2）干燥。将脱油的纤维小球置于真空烘箱内，在一定温度（对涤纶一般为 45℃）及不大于 133.3Pa（1mmHg）的真空度下干燥 2h，取出后放在干燥器内平衡 30min。

3）脱泡。将纤维小球从干燥器取出后立刻置于盛有 1 ~ 2mL 轻液的离心管中，在 2000r/min 的离心机中脱泡 2min（或于真空干燥器内用真空泵抽气脱泡 20min）后迅速投入梯度管中。一种试样投 5 ~ 10 个球，化学纤维一般 4h 内即可读数（本实验取 2h），天然纤维 24h 后方可读数。

（6）测定和计算。

1）用测高仪测定数个试样小球在梯度管中的高度（读数精确到 0.01mm），取其平均值，然后在已做出的标准曲线上找出该试样对应的平均密度值。

测试完毕，从梯度管内取出小球时切勿搅乱梯度管。如梯度管重复使用时间过长，密度梯度管线性关系被破坏，则应重新配制梯度管。

若在梯度管的某一区域内，密度的变化与高度的变化呈线性关系，则试样的密度可以用内插法计算：

$$\rho = \frac{\rho_2(h_1 - h) + \rho_1(h - h_2)}{h_1 - h_2} \tag{4-29}$$

式中 ρ——被测试样密度；

ρ_1——位于试样小球上方标准小球的密度；

ρ_2——位于试样小球下方标准小球的密度；

h_1—— ρ_1 对应的标准小球的高度；

h_2—— ρ_2 对应的标准小球的高度；

h——被测试样的平均高度。

2）用密度求结晶度。由于结晶聚合物具有晶相和非晶相共存的结构状态，因而假定纤维的比容（密度的倒数）是晶相的比容与非晶相的比容的线性加和，则可由式（4-30）计算其结晶度：

$$f_c = \frac{\rho_c(\rho - \rho_a)}{\rho(\rho_c - \rho_a)} \times 100\% \tag{4-30}$$

式中 f_c——试样的结晶度，以质量分数表示；

ρ_c——试样全结晶时的密度，可以从文献上查得；

ρ_a——试样全无定形时的密度，可以从文献上查得；

ρ——实测试样的密度。

[实验结果分析和讨论]

（1）记录标准小球的测定结果于下表，标定密度梯度。

序　号	1	2	3	4	5
标准小球密度 $\rho/\text{g} \cdot \text{cm}^{-3}$					
标准小球高度/cm					

绘制密度梯度管的 ρ 对 h 的标定曲线。

（2）记录试样的测定结果于下表，求其密度。

试样名称＿＿＿＿＿

序　号	1	2	3	4	5
试样高度读数/cm					
试样平均高度/cm					

1）在 ρ-h 曲线上查得试样的密度（g/cm^3）＿＿＿＿＿＿。

2）用内插法计算得试样的密度（g/cm^3）＿＿＿＿＿＿。

（3）根据试样的密度求其结晶度。

（4）密度梯度管的稳定性和持久性与哪些因素有关？

（5）列举测定聚合物密度和结晶度的其他方法，并比较其优缺点。

参 考 文 献

[1] 陈稀，黄象安. 化学纤维实验教程[M]. 保定：纺织工业出版社，1988.

第五章

高分子性能实验

实验 32　DSC 法测聚合物的热性能

［**实验目的**］

（1）加深对聚合物玻璃化转变温度概念的理解。

（2）了解 DSC（示差扫描量热）仪的工作原理及其在聚合物研究中的应用。

（3）掌握测聚合物常规热性能的实验技术。

［**实验原理**］

示差扫描量热法是在差热分析基础上发展起来的一种热分析技术。DSC 仪主要有热流型和功率补偿型两种。热流型的测试仪是在同一个炉中或相同的热源下加热样品和参比物。当炉子按程序升降温时，测温热电偶测得参比物的温度 T_r，并输入计算机，由计算机控制。差值热电偶测得试样和参比物之间的温差 ΔT 或热流差。功率补偿型的测试仪则有两个相对独立的测量池，其加热炉中分别装有测试样品和参比物。这两个加热炉具有相同的热容及导热系数，并按相同的温度程序扫描。参比物在所选的扫描温度范围内不具有任何热效应。因此，在测试过程中记录下来的热效应就是样品的变化引起的。当样品发生放热或吸热变化时，系统将自动调整两个加热炉的加热功率，以补偿样品发生的热量改变，使样品和参比物的温度始终保持相同，使系统始终处于热零位状态。

功率补偿型示差扫描量热仪的热分析系统可以分为两个控制回路：初始温度按预定的速率升高或降低的平均温度控制回路和维持两个测量池总是处于等温度的示差温度控制回路。平均温度控制回路中，样品和参比物的温度由固定在各测量池上的铂电阻温度计测定，温度信号经平均温度计算网络平均后输入到平均温度放大器，在此与程控仪所提供的程序温度信号进行比较，有比较结果反馈回两个独立的装载测量池上的电加热器，以控制两个测量池的温度。

示差温度控制回路中，分别接在样品池和参比池上的铂电阻温度计测量样品和参比物的温度差，控制装在样品和参比物上的另一组电加热器来维持两个测量池的温度相等。同时有一个示差温度放大器将与两个测量池的功率成正比的信号-热流率送到记录仪进行记录，同时记录仪还记录了两个测量池的平均温度，作 $dH/dt\text{-}T$ 图，即得 DSC 谱图。

在聚合物研究领域，DSC 技术可以用来研究玻璃化转变过程、等温或不等温结晶过程、熔融过程、共混体系的相容性、固化反应过程等。图 5-1 为一个典型的半结晶型聚合物的 DSC 图，可以看出，玻璃化转变一般表现为热容跃变台阶，以结晶放热峰和熔融吸热峰的定点所对应的温度作为结晶温度和熔点，两峰的积分面积分别为相应的结晶热焓和熔融热焓。

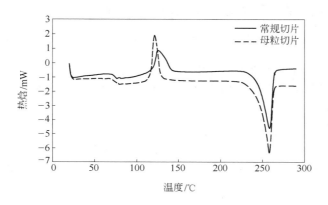

图 5-1　PET 切片及加入电气石粉体的 PET 切片的 DSC 图

DSC 测量结果的精度与下列因素有关：

（1）试样的形状及数量。试样一般为粉末状，研究金属时，也常用与坩埚尺寸相近的圆片试样。试样质量一般为几毫克到几百毫克。而且，试样和参比试样的质量要匹配。

（2）参比试样的选择。参比试样必须采用在试验的湿度范围内不发生相变的材料，它的热容及热导率和试样材料应尽可能相近。

（3）升温速度的影响。一般情况下升温速度变化会引起峰温移动和峰高及峰的面积变化。

（4）气氛控制。本仪器可以在空气和 N_2、He、Ar 等保护气氛下进行加热。

［实验试剂和仪器］

（1）主要实验试剂：PET 切片；高纯氮气。
（2）主要实验仪器：STA449C 型综合热分析仪；分析天平。

［实验步骤］

（1）将试样和参比试样分别放于坩埚内。
（2）将"差热"、"差动"选择开关置于"差动"位置，微伏放大器和量程开关置于 ±100kV 处。
（3）选择升温速度，按下温度程序控制单元的"工作"按钮，然后通过"加热炉电源"，炉温设置预定加热速度升温。
（4）升温开始，DSC 曲线往往偏离基线，当偏差过大，加热又未出现峰温前，可旋动差热放大器单元的"移位"旋钮，把 DSC 曲线移到中间的位置。相变开始，曲线即偏离正常走向，相变温度可以根据要求选择切点或峰值，峰的面积即代表相变的热效应。玻璃化转变温度 T_g 的确定，一般采取台阶前后两基线和台阶切线交点的中点。

[实验结果分析和讨论]

（1）记录试样和参比试样质量、量程、气氛、升温速度等试验条件。

（2）确定试样的玻璃化转变温度 T_g、结晶放热峰 T_c 和熔点 T_m 以及相应的热熔。

（3）如果没有明显的结晶放热峰 T_c，会是什么原因？

参 考 文 献

［1］麦卡弗里 E L. 高分子化学实验室制备［M］. 北京：科学出版社，1981.

［2］李健，张立德，曾汉民. 非晶聚合物玻璃化转变温度 T_g 附近的转变过程［J］. 材料研究学报，1997，11（1）：52～56.

实验 33　TGA 法测聚合物的热稳定性

［实验目的］

（1）加深对聚合物的热稳定性和热分解作用的理解。

（2）掌握通过热重分析测定聚合物热分解温度及利用热谱图研究热分解动力学的实验技术。

（3）掌握热天平的结构和原理。

［实验原理］

热重分析（TGA）是在程序控温下测量物质的质量随温度（或时间）变化而发生改变的一种动态技术。应用热重分析可以研究各种气氛下聚合物的热稳定性和热分解作用；可以测定材料的水分、挥发物、残渣、水解和吸湿、吸附和解吸、气化速度和汽化热、升华速度和升华热以及增塑剂的挥发性、缩聚聚合物的固化程度、有填料的聚合物或掺和物的组成，还可以研究反应动力学。

热重分析具有分析速度快、样品用量少的特点，特别是计算机的应用，将热重分析技术的水平提高到了一个更高的高度，大大提高了实验数据的测试精度和仪器控制的自动化程度，热重分析已成为研究耐高温聚合物不可缺少的手段。

热重分析原始记录得到的谱图是以样品的质量 m 对温度 T（或时间）作图得到的曲线，称为 TG 曲线，即 $m\text{-}T$（或 t）曲线，如图 5-2 所示。

热重分析有升温法和等温法两种，本实验采用升温法。

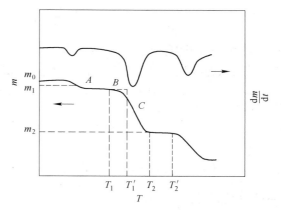

图 5-2　热重分析谱图

为了更好地分析热重分析数据，有时希望得到微商热重曲线（DTG 曲线）。DTG 曲线是 TG 曲线对温度或时间的一阶导数。TG 曲线和 DTG 曲线比较，DTG 曲线在分析时有更重要的作用，它能精确反映出样品的起始反应温度、达到最大反应速率的温度（峰值）以及反应终止的温度，而 TG 曲线很难做到；而且 DTG 曲线的峰面积与样品对应的质量变化成正比，可精确地进行定量分析；又能够消除 TG 曲线存在整个变化过程，各阶段变化互相衔接而不易分开的不足，以 DTG 峰的最大值为界把热失重阶段分成两部分，区分各个反应阶段，这是 DTG 曲线的最大可取之处。

在图 5-2 中，开始阶段，样品有少量的质量损失（$m_0 - m_1$），这是由于聚合物中溶剂的解吸所致。如果发生在 100℃ 附近，则可能是失水所致。样品大量地分解是从 T_1 开始的，质量分数的减少是 $m_1 - m_2$，在 T_2 到 T_1 阶段存在着其他的稳定相，然后再进一步分解。图 5-2 中 T_1 称为分解温度，有时取 AB 与 BC 的切线焦点对应的温度 T'_1 作为分解温度，后者数值偏高。

TGA 曲线形状与样品分解反应的动力学有关，例如反应级数 n，活化能 z，Arrhenius 公式中的速度常数 K 和频率因子 A 等动力学参数都可以从 TGA 曲线中计算求得，而这些参数在说明聚合物的降解机理、评价聚合物的热稳定性上都是很有用的。根据 TGA 曲线计算动力学参数的方法很多，下面只介绍其中的两种。

第一种方法是采用恒定升温速度。

聚合物热解过程可概括为两种情况，如下所示：

$$A_{固} \longrightarrow B_{固} + C_{气}$$

$$A_{固} \text{ 或 } A_{液} \longrightarrow A_{气} + B_{气}$$

质量为 m_0 的样品在程序升温（一般为恒速）下发生裂解反应，在某一时间 t，质量变为 m，质量分数为 w（$w = m/m_0 \times 100\%$），则热解过程的分解速度为：

$$-\frac{\mathrm{d}w}{\mathrm{d}t} = Kw^n \tag{5-1}$$

式中

$$K = Ae^{-ERT}$$

$$-\frac{\mathrm{d}w}{\mathrm{d}T} = \frac{A}{\beta}e^{-E/RT}w^n \tag{5-2}$$

若炉子的升温速度是一常数，用 β 表示，$\beta = \mathrm{d}T/\mathrm{d}t$，式（5-2）表示用升温法测得样品的质量分数随温度的变化与分解动力学参数之间的定量关系。

将式（5-2）的两边取对数，并且用两个不同温度下得到的对数式相减，得：

$$\Delta\lg\left(-\frac{\mathrm{d}w}{\mathrm{d}T}\right) = n\Delta\lg w - \frac{E}{2.303R}\Delta\left(\frac{1}{T}\right) \tag{5-3}$$

从式（5-3）可以看出，当 $\Delta\left(\dfrac{1}{T}\right)$ 是一常数时，$\Delta\lg\left(\dfrac{\mathrm{d}w}{\mathrm{d}T}\right)$ 对 $\Delta\lg w$ 作图得一直线，从斜率可得反应级数 n，从截距可求出 E。

此法仅需一个微分热重谱图便可求得反应动力学的 3 个参数（n、E、A），而且可以反映出反应过程中不同温度范围内动力学参数的变化情况。但是，该法最大的缺点是必须求出 TG 曲线最陡部位的斜率，其结果会使作图时数据点分散，给精确计算动力学参数带来困难。

另一种方法是采用多种加热速度，从几条 TG 曲线中求出动力学参数。每一条曲线都可由式（5-4）表示：

$$\ln\frac{\mathrm{d}w}{\mathrm{d}T} = n\ln w + \ln A - \frac{E}{RT} \tag{5-4}$$

根据式（5-4），当 w 为常数时（不同的升温速率 TG 曲线取相同的质量分数），应用不同的 TG 曲线中的 $\mathrm{d}w/\mathrm{d}t$ 和 T 的数值作 $\ln(\mathrm{d}w/\mathrm{d}t)$ 对 $1/T$ 的图，通过求出直线的斜率可得到 E，求出截距可得 A，各种不同的 w 值就可作出一系列的直线。在一定的转化范围内，可以得到 E 和 A 的平均值。

　　这种方法虽然需要多做几条 TG 曲线，然而计算结果比较可靠，即使动力学机理有点改变，此法也能鉴别出来。

[实验试剂和仪器]

（1）主要实验试剂：聚乙烯；聚苯乙烯。
（2）主要实验仪器：电磁式微量热天平，其示意图如图 5-3 所示。

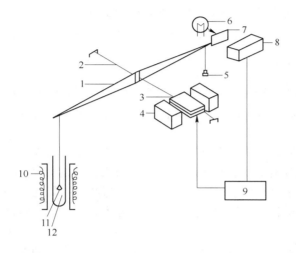

图 5-3　电磁式微量热天平示意图

1—梁；2—支架；3—感应线圈；4—磁铁；5—平衡砝码盘；6—光源；7—挡板；
8—电极管；9—微电流放大器；10—加热器；11—样品盘；12—热电偶

[实验步骤]

（1）精确称取 2~5mg 样品，盛放在样品盘内。
（2）将炉子的升温速度调节到 5℃/min，直至样品分解完毕。

[实验结果分析和讨论]

（1）根据实验得到的 TG 曲线，确定样品的分解温度。
（2）从热谱图求热分解动力学数据，并作出 DTG 曲线。
（3）影响聚合物热重分析实验结果的因素有哪些？（不考虑仪器因素）
（4）研究聚合物的 TG 曲线有什么实际意义？如何才具有可比性？

参 考 文 献

[1] 张兴英，李齐方. 高分子科学实验[M]. 2 版. 北京：化学工业出版社，2007.
[2] 王佩璋，李树新. 高分子科学实验[M]. 北京：中国石化出版社，2008.
[3] 唐道文，李军旗，储永浩，等. 废旧塑料热失重特性实验研究[J]. 贵州工业大学学报，2004，33
　　（6）：83~102.
[4] 郑学刚，唐黎华，俞丰，等. PVC 的热失重和热解动力学[J]. 华东理工大学学报，2003，29（4）：
　　346~350.

实验34 毛细管流变仪法测定聚合物熔体的流变性

[实验目的]

（1）加深对聚合物熔体黏弹性和流变性的理解。
（2）了解毛细管流变仪的结构与测定聚熔体流变性的原理。
（3）掌握通过毛细管流变仪测定熔体流变性的实验技术。

[实验原理]

高分子材料的成型过程，许多都是在聚合物处于熔体状态下进行的。熔体受力的作用，表现出流动和变形，这种流动和变形行为强烈地依赖于聚合物结构和加工条件，聚合物的这种性质称为流变行为或流变性。

按照流体力学的观点，流体可分为理想流体和实际流体两大类。理想流体在流动时无阻力，因此称为非黏性流体。实际流体流动时有阻力，即内摩擦力（或称剪切应力），因此又称为黏性流体。根据作用于流体上的剪切应力与产生的剪切速率之间的关系，黏性流体又可分为牛顿流体和非牛顿流体。研究聚合物流体的流变行为对聚合物的加工工艺方面具有很强的指导意义。

测定聚合物熔体流变行为的仪器称为流变仪，有时又称为勃度计。按仪器施力方式不同，流变仪有许多种，如落球式、转动式和毛细管挤出式等。这些不同类型的仪器，适用于不同黏性流体在不同剪切速率范围的测定。各种流变仪的剪切速率和黏度范围见表5-1。

表5-1 各种流变仪的剪切速率和黏度范围

流变仪	剪切速率/s^{-1}	黏度范围/Pa·s	流变仪	剪切速率/s^{-1}	黏度范围/Pa·s
毛细管挤出式	$10^{-1} \sim 10^{6}$	$10^{1} \sim 10^{7}$	平行平板式	极低	$10^{2} \sim 10^{3}$
旋转圆筒式	$10^{-3} \sim 10^{1}$	$10^{-1} \sim 10^{11}$	落球式	极低	$10^{-5} \sim 10^{3}$
旋转锥板式	$10^{-3} \sim 10^{1}$	$10^{2} \sim 10^{11}$			

在测定和研究聚合物熔体流变性的各种仪器中，毛细管流变仪是一种常用的、较为合适的主要实验仪器，它具有功能多和剪切速率范围广的优点。毛细管流变仪既可以测定聚合物熔体在毛细管中的剪切应力和剪切速率的关系，又可以根据挤出物的直径和外观，在恒定应力下通过改变毛细管的长径比来研究熔体的弹性和不稳定流动（包括熔体破裂）现象，从而预测其加工行为，作为选择复合物配方，寻求最佳成型工艺条件和控制产品质量的依据；或者为高分子加工机械和成型模具的辅助设计提供基本数据。

假设聚合物熔体为牛顿流体，在一个无限长的毛细管中流动，可推导得到管壁处的剪切应力（σ_{12}）, 和剪切速率（$\dot{\gamma}_N$）$_w$ 的数学表示式：

$$(\sigma_{12})_r = \frac{r\Delta p}{2L} \tag{5-5}$$

式中 r——毛细管的半径，cm；

L——毛细管的长度，cm；

Δp——毛细管两端的压力差，Pa。

$$(\dot{\gamma}_N)_w = \frac{4Q}{\pi R^3} \tag{5-6}$$

式中 Q——熔体体积流动速率，cm^3/s。

由此，在温度和毛细管长径比（L/D）一定的条件下，测定在不同的压力下聚合物熔体通过毛细管的流动速率（Q），由流动速率和毛细管两端的压力差 Δp，可计算出相应的 $(\sigma_{12})_r$ 和 $(\dot{\gamma}_N)_w$ 值。计算公式如下：

（1）熔体体积流动速率 Q(cm^3/s)。

$$Q = hs/t \tag{5-7}$$

式中 s——柱塞的横截面积，cm^2；

t——熔体挤出的时间，s；

h——在时间 t 内柱塞下降的距离，cm。

（2）熔体的表观黏度 η_a(Pa·s)。

$$\eta_a = (\sigma_{12})_r/(\dot{\gamma}_N)_w \tag{5-8}$$

式中 $(\sigma_{12})_r$——管壁处的表观剪切应力，Pa；

$(\dot{\gamma}_N)_w$——管壁处的表观剪切速率，s^{-1}。

（3）熔体黏流活化能 E_η(J/mol)。

$$\ln\eta_a = \frac{E_\eta}{RT} + \ln A \tag{5-9}$$

式中 T——绝对温度，K；

R——气体常数，8.31J/(mol·K)；

A——常数。

（4）离模膨胀比 B。

$$B = \frac{D_0}{D} \tag{5-10}$$

式中 D_0——挤出物直径，cm；

D——毛细管直径，cm。

将一组对应的 $(\sigma_{12})_r$ 和 $(\dot{\gamma}_N)_w$ 在双对数坐标上绘制流动曲线图，即可求得非牛顿指数（n）和熔体的表观黏度（η_a）。改变温度或改变毛细管长径比，则可得到对温度依赖性的黏流活化能（E_η）以及离模（孔口）膨胀比（B）等表征流变特性的物理参数。

但是多数聚合物熔体都属于非牛顿液体，它们在管中流动时具有弹性效应、壁面滑移和入口处流动过程的压力降等特征。况且，在实验中毛细管的长度都是有限的，由上述假设推导测得的实验结果将产生一定的偏差。为此，对假设熔体为牛顿流体推导的剪切速率 $(\dot{\gamma}_N)_w$ 和适用于无限长毛细管的 $(\sigma_{12})_r$ 必须分别进行"非牛顿修正"和"入口修正"方能得到毛细管管壁上的真实剪切速率 $\dot{\gamma}_w$ 和真实剪切应力 σ_{12}：

$$\dot{\gamma}_w = \frac{3n+1}{4n}\left(\frac{4Q}{\pi R^3}\right) \tag{5-11}$$

式中　$\dot{\gamma}_w$——管壁处的真实剪切速率，s^{-1}；

$\qquad n$——非牛顿指数。

$$\sigma_{12} = \eta_a \dot{\gamma}_w \qquad\qquad (5\text{-}12)$$

式中　$\dot{\gamma}_w$——管壁处的真实剪切应力，Pa；

$\qquad \eta_a$——表观黏度。

但修正的手续较繁复，工作量大，因此当毛细管的 $L/D > 40$ 或该测试数据仅用于实验对比时，也可不做修正。

［实验试剂和仪器］

（1）主要实验试剂：热塑性聚合物及其复合物粉料、粒料；条状薄片或模压块料等。

（2）主要实验仪器：毛细管流变仪一台；天平（精度 0.1g）一台；秒表一块；液状石蜡；清洁绸布；套筒扳手；手套等。

本实验采用 XLY-1 型流变仪，该仪器为恒压式毛细管流变仪，由加压系统、加热系统、控制系统和记录仪组成。其主要结构（即物料挤出系统）如图 5-4 所示，由一个套有电热元件、工作表面粗糙度较低的柱塞料筒和一个可换式毛细管（口模）组成，毛细管镶装在加热料筒的下端，料管内装预测样品口通过加压系统的杠杆结构，可获得较大的工作压力并控制导向杆下降的速度，与此同时电子记录仪自动记录下熔体温度和挤出速度。

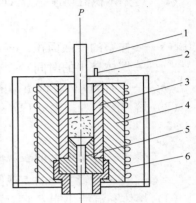

图 5-4　XLY-1 型流变仪结构示意图
1—柱塞；2—温度计；3—料筒；
4，6—加热装置；5—毛细管

［实验步骤］

（1）将加热系统、压力系统、记录仪与控制仪的接线分别与控制仪后面板上的接插连接好。打开电源开关，把测温热电偶插入加热炉测温孔并与记录仪接上。

（2）根据测试目的及原料特性选择控温方式（恒温或等速升温）、测试温度及升温进度，利用控制台设定出相应的数字。

（3）在天平上称取 1.5～2.0g 样品（其量随样品的不同而异）。当温度达到要求后，取出柱塞用漏斗将样品尽快加入料筒内，随即把柱塞插回料筒，将加热炉体移至压头正下方。

（4）左旋松动油把手使压头下压，再右旋拧紧放油把手并扳动压油杆使压头上升，反复两次将物料压实。然后调节调整螺母，使压头与柱塞压紧，预热样品 10min，同时选好记录速度。

（5）左旋松动油把手，使压杆下压到最低限位。同时开启记录仪，此时受压熔体自毛细管挤出并在记录仪上描绘出熔体温度与柱塞下降速度。

（6）待熔体全部挤出后，右旋拧紧放油把手，上下扳动压油杆，抬起压头，移出加热炉，取出柱塞和毛细管。趁热用绸布蘸少许溶剂反复擦洗柱塞、毛细管以及料筒内表面。清洗完毕，立即组装好各元件，以备再用。

（7）收集挤出物，观察其外形变化；测量挤出物直径；注明挤出物、记录图线测试条件。

（8）在同一温度下改变负荷，相应地调整记录速度，重复上述实验操作过程，即可测得一组流动速率图线。

通过换算和数据处理，可得到不同的熔体体积流动速率（Q）相对应的剪切速率$(\dot{\gamma}_N)_w$以及其他流变学参数。

［实验结果分析和讨论］

（1）将聚合物熔体流变实验数据记录于下表，根据数据计算出各Q值对应的表观剪切应力$(\dot{\gamma}_N)_w$、适用于无限长毛细管的和表观剪切速率$(\sigma_{12})_r$、表观黏度η_a后，将Q，$(\sigma_{12})_r$、$(\dot{\gamma}_N)_w$、η_a的计算值列入记录表中：

编号	L/D	$T/℃$	$\Delta P/Pa$	h/cm	t/s	$Q/cm^3 \cdot s^{-1}$	$(\sigma_{12})_r/Pa$	$(\dot{\gamma}_N)_w /s^{-1}$	$\eta_a/Pa \cdot s$	n	B
1											
2											
3											
4											

同时在双对数坐标纸上绘制$(\sigma_{12})_r$对$(\dot{\gamma}_N)_w$的流动曲线，在$(\dot{\gamma}_N)_w$不大的范围内可得一条直线，该直线的斜率则为非牛顿指数n。

（2）将n代入式（5-11），进行非牛顿改正求毛细管壁上的真实剪切速率$\dot{\gamma}_w$。

（3）用恒定温度下测得的不同的长径比L/D、毛细管的一系列压力降（Δp）对表观剪切速率$(\dot{\gamma}_N)_w$作图，再在恒定$(\dot{\gamma}_N)_w$下绘制Δp-L/D关系图，将其所得直线外推与轴相交，该轴上的截距（e）即为 Bagley 修正因子。把e代入式（5-12）求毛细管处的真实剪切应力σ_{12}。

（4）利用不同温度下测得的聚合物熔体表观黏度绘制$\ln\eta_a$-$1/T$关系图，在一定的温度范围内图形是一直线。通过该直线的斜率可求熔体的黏流活化能E_η。

（5）将挤出物（单丝）冷却后用测微器测量其直径（D_0）（为减少挤出物自重所引起的单丝变细，测量应靠单丝端部进行，最好选用溶液接托法取样）。由式（5-12）可计算出膨胀比（B）；另外还可用放大镜观察挤出物的外观。

（6）为保证实验结果的可靠性，操作及数据处理时应特别注意哪些问题？

参 考 文 献

[1] 张星，李兆敏，孙仁远，等. 聚合物流变性实验研究[J]. 新疆石油地质，2006，27（2）：197～199.

[2] 陈稀，黄象安. 化学纤维实验教程[M]. 保定：纺织工业出版社，1988.

实验 35　旋转黏度计法测定聚合物浓溶液的流变性

[实验目的]

（1）加深对聚合物浓溶液黏弹性和流变性的理解。

（2）掌握旋转黏度计测定聚合物浓溶液流动曲线的实验技术。

（3）学会使用 NDJ-79 型旋转黏度计。

[实验原理]

在稳态下，施于运动面上的力 F，必然与聚合物流体内产生的内摩擦力相平衡。根据牛顿黏性定律，施于运动面上的剪切应力 σ 与速度梯度 $\dfrac{\mathrm{d}u}{\mathrm{d}y}$ 成正比。即：

$$\sigma = F/A = \eta\,\frac{\mathrm{d}u}{\mathrm{d}y} \tag{5-13}$$

式中　$\dfrac{\mathrm{d}u}{\mathrm{d}y}$——剪切速率，用 $\dot{\gamma}$ 表示；

　　　η——比例常数，称为黏度系数，简称黏度。

式（5-13）可改写为：

$$\sigma = \eta\dot{\gamma} \tag{5-14}$$

以剪切应力 σ 对剪切速率 $\dot{\gamma}$ 作图，所得的曲线称为剪切流动曲线，简称流动曲线。牛顿流体的流动曲线是通过坐标原点的一直线，其斜率即为黏度，即牛顿流体的剪切应力与剪切速率之间的关系完全服从于牛顿黏性定律：$\sigma/\dot{\gamma} = \eta$，水、酒精、醇类、酯类、油类等均属于牛顿流体。凡是流动曲线不是直线或虽为直线但不通过坐标轴原点的流体，都称之为非牛顿流体。此时强度随剪切速率的改变而改变，这时将黏度称为表观黏度，用 η_{a} 来表示。聚合物浓溶液、熔融体、悬浮体、浆状浓液等大多属于此类。

聚合物流体多数属于非牛顿流体，它们与牛顿流体具有不同的流动特性，两者的动量传递特性也有所差别，进而影响到热量传递、质量传递及反应结果。对于某些聚合物的浓溶液，通常用 ostwald 幂律定律来描述它的数弹性，即：

$$\sigma = k\gamma^{n} \tag{5-15}$$

式中　n——流动幂律指数；

　　　k——稠度系数（常数）。

对比式（5-14）、式（5-15），表观黏度 η_{a} 可以用 $k\dot{\gamma}^{n-1}$ 来表示，即：

$$\eta_{\mathrm{a}} = k\dot{\gamma}^{n-1} \tag{5-16}$$

幂律定律在表征流体的熟弹性上的优点是通过 n 值的大小能判定流体的性质。$n > 1$，为胀塑性流体；$n < 1$，为假塑性流体；$n = 1$，为牛顿流体。胀塑性流体和假塑性流体都属于非牛顿流体，可用图 5-5 来表示。

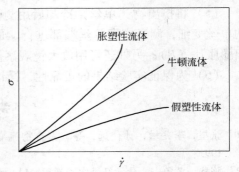

图 5-5　几种典型的流变曲线

将式(5-16)两边取对数，得：

$$\lg\sigma = \lg k + n\lg\dot\gamma$$

用 $\lg\sigma$ 对 $\lg\dot\gamma$ 作图得一直线，n 值及 k 值即可定量求出。

[实验试剂和仪器]

（1）主要实验试剂：聚乙烯醇；无离子水。

（2）主要实验仪器：NDJ-79 型旋转强度计，如图 5-6 和图 5-7 所示。

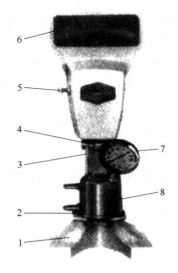

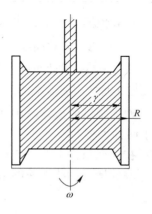

图 5-6　NDJ-79 型旋转黏度计

1—底座；2—托架；3—立柱；4—玻璃瓶架；5—调零螺丝；
6—刻度盘；7—双金属温度计；8—第Ⅱ单元测定器

图 5-7　转筒示意图

[实验步骤]

（1）聚乙烯醇溶液的配制。

先将一定量的聚乙烯醇放入适量水中，使其溶胀 1~2 天，然后加热至 60℃，使聚乙烯醇溶于水中，直到全部溶解成糊状为止。

（2）将 NDJ-79 型旋转黏度计从仪器箱中取出，放置平稳后接通电源，看电机是否运转正常。

（3）将被测溶液小心地注入测试容器，直到液面达到锥形面下部边缘。

（4）将转筒浸入液体直到完全浸没为止，将测试器放在仪器托架上并将转筒悬于仪器联轴器上。

（5）接通电源，待指针稳定后，读数。读数时视线应保持指针与其镜像重合。

（6）读数后关闭电源，取下测试容器，放在转筒正下方，让转筒上的溶液尽量滴回容器中。

（7）取下转筒，换上另一个，重复以上操作。

测试完毕后，先切断电源，洗净转筒，清洗容器，清理实验台，将黏度计放入箱中，妥善保管。

[实验结果分析和讨论]

（1）准确完整记录实验数据，并列入下表中：

项　目	1号转筒	2号转筒	3号转筒	项　目	1号转筒	2号转筒	3号转筒
剪切速率/s^{-1}				σ			
黏度计常数				$\lg\sigma$			
黏度计读数				$\lg\dot\gamma$			
η/Pa·s							

（2）计算恒温条件下，当剪切速率变化时被测流体的黏度值，并计算相应剪切速率下的 σ 值，作 $\lg\sigma$-$\lg\dot\gamma$ 流动曲线。

（3）从 $\lg\sigma$-$\lg\dot\gamma$ 流动曲线上求出流动幂律指数 n 和稠度系数 K，并根据 n 值判定所测流体的类型，评定其加工性能。

（4）如果测试的液体改用硅油，得到的 $\lg\sigma$-$\lg\dot\gamma$ 流动曲线有何特征？根据 n 值判定的流体属于何种类型？

（5）在什么条件下要考虑进行"非牛顿修正"和"入口修正"？怎样进行修正？

（6）改变聚合物浓溶液的浓度对测量结果有什么影响？

参 考 文 献

[1] 宋洁，孟淑燕，罗勇，等．影响旋转黏度计测量结果准确度的若干因素[J]．中国计量，2006：62～63.
[2] 虞莹莹．涂料黏度测定——旋转黏度计法[J]．现代涂料与涂装，2003：48～50.

实验 36　平板流变仪法测定聚合物熔体的动态流动特性

[**实验目的**]

（1）加深对聚合物流变特性与聚合物内部结构关系的认识。

（2）了解动态旋转流变仪的测试原理和基本测试方法。

（3）掌握储能模量、损耗模量、复数黏度、正切损耗角等动态流变数据的处理方法，理解各流变数据与聚合物黏弹性的关系。

（4）掌握旋转黏度计测定聚合物浓溶液流动曲线的实验技术。

[**实验原理**]

动态旋转流变仪是以连续旋转和振荡的形式作用于聚合物样品，在一定温度、频率、应力/应变条件下测试聚合物的储能模量、损耗模量、复数黏度、力学损耗角等动态流变数据。从测得的流变数据分析可得到聚合物黏弹性信息、相对分子质量、重均相对分子质量分布、长支链含量、聚合物松弛特性、聚合物共混物相分离、时温等效性等众多聚合物流变性质。聚合物的宏观流变特性反映了聚合物的内部微观结构，这对深入研究聚合物性质及应用加工有重要的指导意义。

（1）储能模量、损耗模量、复数黏度、力学损耗角的物理意义。

理想弹性体受到外力作用后，平衡形变瞬时达到，与时间无关；理想黏性体（牛顿流体）受外力作用后，形变随时间线性发展；聚合物受到外力作用后，材料形变与时间有关，介于理想弹性体和理想黏性体之间。

当聚合物受到一个交变应力 $\sigma = \sigma_0 \sin\omega t$ 作用时，由于聚合物链段运动受到内摩擦力的作用，链段的运动跟不上应力的变化，以致应变落后于应力，存在一个相位差 δ，因此应变为 $\varepsilon = \varepsilon_0 \sin(\omega t - \delta)$，也可以控制聚合物的应变来研究聚合物的应力变化情况：

$$\varepsilon = \varepsilon_0 \sin\omega t \tag{5-17}$$

因为应力变化比应变领先 δ，所以：

$$\sigma = \sigma_0 \sin(\omega t + \delta) \tag{5-18}$$

将式（5-18）展开得：

$$\sigma = \sigma_0 \sin\omega t \cos\delta + \sigma_0 \cos\omega t \sin\delta \tag{5-19}$$

由此可见，应力由两部分组成，一部分与应变同相位，幅值为 $\sigma_0 \cos\delta$，这是弹性形变的主动力；另一部分与应变相位差 90°，该力所对应的形变是黏性形变，将消耗于克服摩擦阻力上。幅值为 $\sigma_0 \sin\delta$，如图 5-8 所示。

令：

$$G' = \left(\frac{\sigma_0}{\varepsilon_0}\right)\cos\delta \tag{5-20}$$

$$G'' = \left(\frac{\sigma_0}{\varepsilon_0}\right)\sin\delta \tag{5-21}$$

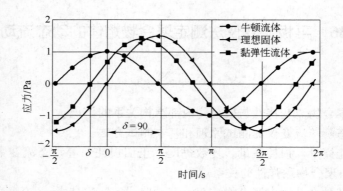

图 5-8 黏弹性流体、牛顿流体和理想固体的动态流变特性示意图

$$\sigma = \varepsilon_0 G' \sin\omega t + \varepsilon_0 G'' \sigma_0 \cos\omega t \tag{5-22}$$

将 G'、G'' 写成复数的形式:

$$G^* = G' + iG'' \tag{5-23}$$

式中　G^*——剪切复数模量;

　　　G'——储能模量或"实数"部分模量,它反映材料形变时能量储存的大小,即回弹能力;

　　　G''——损耗模量或"虚数"部分模量,它反映材料形变时能量损耗的大小,与黏性有关。

力学损耗角(正切损耗角)为:

$$\tan\delta = \frac{G''}{G'} \tag{5-24}$$

式中　δ——力学损耗角,它反映了力学损耗的大小,与聚合物分子链的链段运动紧密相关。

复合黏度为:

$$\eta^* = \frac{G^*}{i\omega} \tag{5-25}$$

$$\eta^* = \frac{G'}{i\omega} + \frac{iG''}{i\omega} = \frac{G''}{\omega} + \frac{G'}{i\omega} = \eta' - i\eta'' \tag{5-26}$$

式中　η^*——表述物质对动态剪切的总阻抗;

　　　η'——动态黏度,它与损耗模量有关,表示了黏性的贡献,是复数黏度中的能量耗散部分;

　　　η''——虚数黏度,它与动态模量相关,表示弹性的贡献,是弹性和储能的量度。采用复数黏度可以表征聚合物流体的黏弹性质。

(2)旋转流变仪的测量模式。

在动态测试中,流变仪可以控制振动频率、振动幅度、测试温度和测试时间。典型的测试中,将其中两项固定,而系统地变化第三项。应变扫描、频率扫描、温度扫描和时间扫描是基本的测试模式,扫描就是在所选择的步骤中,连续地变化某个参数。

1）应变扫描：实验中确定频率、温度和应变扫描模式等参数。在恒定的频率、温度下，改变应变幅度进行测试。其主要作用为确定线性黏弹性的范围等。

2）频率扫描：在实验中确定应变幅度或应力幅度、频率扫描方式及实验温度。在一定的应变振幅和温度下，施加不同频率的正弦形变，在每个频率下进行一次测试。

3）温度扫描：在实验中确定频率、应变幅度，以不同的温度扫描方式（初始温度、最终温度和温度扫描速率）进行测试。其主要作用包括大分子的各个转变温度、大分子缠结结构的破坏和重建等。

4）时间扫描：在实验中确定频率、应变、实验温度，测量时间间隔，测量总时间。在恒定的温度下，给样品施加恒定频率的正弦形变，并在选择的时间范围内进行连续测量。时间扫描可以用来监视网络结构的破坏和重建，即研究测量的化学、热以及力学稳定性。

［实验试剂和仪器］

（1）主要实验试剂：聚丙烯，熔融指数 $2 \sim 20 \mathrm{g/min}$。

（2）主要实验仪器：平板硫化机；TA 公司的 ARES-RFS 流变仪。

［实验步骤］

（1）原料的干燥：将 PP 置于阔口的铁盘子中放入真空烘箱内，关好烘箱门。开启抽真空机和加热器，先在 90℃ 下干燥 $2 \sim 3 \mathrm{h}$。

（2）样品的制备：将干燥好的 PP 放入圆形模具中，采用热压法（220℃，5MPa），在平板硫化机中将 PP 粉末压成直径 25mm、厚度 2.0mm 的圆形试样。

（3）流变性能测试操作步骤：

1）开机。

① 启动空气压缩机，压力达到 0.6MPa 后方可开机，低于 0.6MPa 不可开机。

② 启动循环冷却和加热系统、电源。如果使用 CTD600 高温系统，还需启动控温仪。

③ 启动计算机，双击 US200 图标，开启程序，打开 MCR300。

2）实验部分。

① 卸下空气轴承保护套，点击 Initiation 进行仪器初始化。

② 安装所选的锥板、板板或圆筒配件，安装过程不要用力过猛，以免损伤空气轴承。点击 Zero Gap 图标调零。

③ 设置实验参数，本实验主要是测试聚丙烯在不同温度下的频率扫描，首先进行应变扫描找出线性黏弹性范围内的应变幅度，频率：$0.1 \sim 100 \mathrm{Hz}$，温度点：170℃、180℃、190℃、200℃。抬起上夹具，装入样品，放下上夹具，除去多余样品后，拔开插销，温度平衡后，开始测试。

④ 开始实验，实验过程中操作人员不得离开。

⑤ 实验完毕后卸下所有配件，在拆卸过程中注意不要触碰空气轴承。仔细清洗配件，注意不要损伤配件表面。

3）关机。

① 关闭 ARES 电源。

② 锁住 ARES 的保险锁。

③ 关闭冷干机电源。

④ 关闭水浴循环装置。

⑤ 关闭空压机。

⑥ 排去空压机内的积水（必须）。

［实验结果分析和讨论］

（1）用 ORIGIN 程序处理流变数据，绘制 G'、G''、η^*、$\tan\delta$ 与 ω 关系曲线图，分析温度对聚丙烯熔体各流变特性的影响。

（2）对不同相对分子质量和相对分子质量分布的材料进行流变测试，看一下它们的流变学曲线有何不同，为什么？

参 考 文 献

［1］周持兴. 聚合物流变实验与应用［M］. 上海：上海交通大学出版社，2003.

［2］Gebhard Schramm. 实用流变测量学［M］. 朱怀江译. 北京：石油工业出版社，2009.

［3］徐佩弦. 聚合物流变学及其应用［M］. 北京：化学工业出版社，2003.

［4］吴其晔，等. 高分子材料流变学［M］. 北京：高等教育出版社，2002.

实验 37 高分子材料冲击强度的测定

[实验目的]

（1）加深对高分子材料在受到冲击而断裂机理的认识。

（2）熟悉 XCJ-50 型冲击试验机的使用。

（3）掌握测定聚丙烯、聚氯乙烯型材冲击强度的实验技术。

[实验原理]

抗冲强度（冲击强度）是指材料突然受到冲击而断裂时，每单位横截面上材料可吸收的能量。它反映材料抗冲击作用的能力，是一个衡量材料韧性的指标，冲击强度小，材料较脆。

国内对塑料冲击强度的测定一般采用简支梁式摆锤冲击实验机进行，试样可分为无缺口和有缺口两种，有缺口的抗冲击测定是模拟材料在恶劣环境下受冲击的情况。

冲击实验时，摆锤从垂直位置挂于机架扬臂上，把扬臂提升一扬角 α，摆锤就获得了一定的位能。释放摆锤，让其自由落下，将放于支架上的样条冲断，向反向回升时，推动指针，从刻度盘读出冲断试样所消耗的功 A，就可计算出冲击强度（kJ/m^2）：

$$\sigma = \frac{A}{bd} \tag{5-27}$$

式中 b，d——分别为试样宽和厚（对有缺口试样，d 为除去缺口部分剩余的厚度）。

从刻度盘上读出的数值是冲击试样所消耗的功，以关系式(5-28)表示为：

$$WL(1 - \cos\alpha) = WL(1 - \cos\beta) + A + A_\alpha + A_\beta + \frac{1}{2}mV^2 \tag{5-28}$$

式中 W——摆锤重；

L——摆锤摆长；

α，β——分别为摆锤冲击前后的扬角；

A——冲击试样所耗功；

A_α，A_β——分别为摆锤在 α、β 角度内克服空气阻力所消耗的功；

$\frac{1}{2}mV^2$——飞出功。

一般认为后三项可以忽略不计，因而可以简写成：

$$A = WL(\cos\beta - \cos\alpha) \tag{5-29}$$

对于一固定仪器，α、W、L 均为已知，因而可根据 β 大小，绘制出读数盘，直接读出冲击试样所耗功。实际上，飞出功部分因试样情况不同、试验仪器情况不同而有较大差别，有时甚至占读数 A 的 50%。脆性材料，飞出功往往很大，厚样品的飞出功也比薄样品大。

试样断裂所吸收的能量部分，表面上似乎是面积现象，实际上它涉及参加吸收冲击能的体积，是一种体积现象。若某种材料在某一负荷下（屈服强度）产生链段运动，因而使参与承受外力的链段数增加，即参加吸收冲击能的体积增加，则它的冲击强度就大。

脆性材料一般多为劈面式断裂，而韧性材料多为不规整断裂，断口附近会发白，涉及的体积较大。若冲击后韧性材料不断裂，但已破坏，则抗冲强度以"不断"表示。

因为测试在高速下进行，杂质、气泡、微小裂纹等影响极大，所以对测定前后的试样情况须进行认真观察。

［实验试剂和仪器］

（1）主要实验试剂：聚丙烯；聚氯乙烯。

（2）主要实验仪器：XCJ-50 型冲击试验机。

［实验步骤］

（1）根据材料及选定试验方法，装上适当的摆锤（50J、30J、15J、7J、5J）。

（2）检查和调整被动指针的位置，使摆锤在铅垂位置时主动指针与被动指针靠紧，指针指示的位置与最大指标值相重合。

（3）检查指针装配是否良好，空击值误差应在规定范围内。

（4）根据实际需要，调整支承刀刃的距离为 70mm 或 40mm。

（5）检查零点，且每做一组试样校准一次。

（6）试样放置在托板上，其侧面应与支承刀刃靠紧，若是带缺口的试样，应用 0.02mm 的游标卡尺找正缺口在两支承刀刃的中心。

（7）测量试样中间部位的宽和厚（精确至 0.05mm），缺口试样测量缺口的剩余厚度。

（8）冲击试验：上述操作完成后，可放摆试验，冲击后，从刻度盘上记录冲断功的数值。

［注意事项］

（1）试样长（120±2）mm，宽（15±0.2）mm，厚（10±0.2）mm。缺口试样：缺口深度为试样厚度的 1/3，缺口宽度为（2±0.2）mm，缺口处不应有裂纹。

（2）每个样品样条数不少于 5 个。

（3）单面加工的试样，加工面朝冲锤，缺口试样，缺口背向冲锤，缺口位置应与冲锤对准。

（4）热固性材料在（25±5）℃，热塑性塑料在（25±2）℃，相对湿度为（65±5）% 的条件下放置不少于 16h。

（5）凡试样不断或断裂处不在试样三等分中间部分或缺口部分，该试样作废，另补试样。

［**实验结果分析和讨论**］

（1）观察并记录材料断裂面情况。

（2）据冲断功计算冲击强度，算出各试样的平均值进行试样间比较。

参 考 文 献

［1］张兴英，李齐芳. 高分子科学实验［M］. 北京：化学工业出版社，2007.

［2］刘长维. 高分子材料与工程实验［M］. 北京：化学工业出版社，2004.

实验38 高分子材料拉伸性能的测试

[实验目的]

（1）加深对高分子材料在拉伸过程中应力-应变性质变化规律的认识。

（2）掌握用电子拉力试验机测定高分子材料拉伸应力-应变曲线的实验技术。

[实验原理]

高分子材料受到的外力又称载荷，是由其他物体的作用而产生的，这种外力使物体改变位置，发生尺寸和形状的变化内力是物体本身一部分对另一部分作用而产生的力。应力就是平均的内力表面密度，或称极限内力密度：

$$\lim_{\Delta\delta\to0}\frac{\Delta P}{\Delta S} = \frac{\mathrm{d}P}{\mathrm{d}S} = \sigma \tag{5-30}$$

式中 ΔP——在 ΔS 面积上与外力大小相等的内力总和；

ΔS——物体内部的一小块面积。

在工程上，由于内力实际上是无法直接测量的，因此把作用在物体上的外力看成附加内力，即弹性力，把物体单位面积上所承受的外力称为工程应力，这样就可以直接测量了。

物体在内力作用下所发生的形变称为应变。这种使物体形变的内力通常都是由于外力的作用而引起的。在这种外力作用下，物体的应变大致有拉伸、压缩、剪切、弯曲和扭转等，主要的是前三种。

对于理想弹性体，拉伸应力 σ 与拉伸应变 ε 之间的关系符合虎克定律：

$$\sigma = E\varepsilon \tag{5-31}$$

式中 E——杨氏模量或拉伸模量，它等于拉伸应力与拉伸应变之比，是一个重要的材料函数，表示物体反抗外力的刚度。

高分子材料由于本身长链分子的大分子结构特点，使其具有多重的运动单元，因此在外力作用下的力学行为是一个松弛过程，具有明显的黏弹性质。在拉伸试验时因试验条件的不同，其拉伸行为有很大差别。最典型的应力-应变曲线如图 5-9 所示。起始时，应力增大应变也增加，在 A 点之前应力与应变成正比关系，符合虎克定律，呈理想弹性体。

A 点称为比例极限点。在 OA 直线上可任选适当的 $\Delta\sigma$ 与 $\Delta\varepsilon$，求出材料的起始弹性模量：

$$E = \Delta\sigma/\Delta\varepsilon \tag{5-32}$$

超过 A 点后的一段，应力增大，应变仍增加，但二者不再成正比关系，比值逐渐减小，当到达 Y 点时，其比值为零，Y 点称为屈服点。此时弹性模

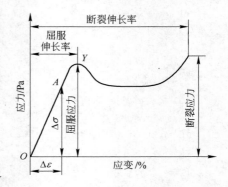

图 5-9 典型的应力-应变曲线

量近似为零，这是一个重要的材料特征点。对塑料来说，它是使用的极限点。如果再继续拉伸，应力保持不变甚至还会下降，应变可以在一个相当大的范围内增加，直至断裂。断裂点的应力可能比屈服点应力小，也可能比它大。断裂点的应力和应变称为断裂强度和断裂伸长率。

高分子材料拉伸试验中使用拉力试验机。根据负荷测定的方法不同，拉力试验机可以分为两类：一种是用杠杆和摆锤的组合测力系统测定负荷的试验机，称为摆锤式拉力试验机；另一种是用换能器将负荷转变为电信号的测力系统测定负荷的试验机，称为电子拉力试验机。无论哪种试验机更换夹具后，都可以进行拉伸、压缩、弯轴、剪切、撕裂、剥离等多项常规力学性能试验，如有高低温装置还可进行不同温度条件下的力学性能测试。

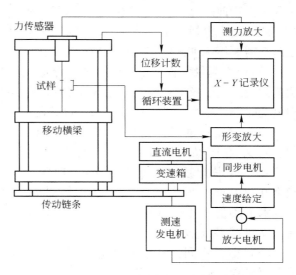

图 5-10　电子拉力实验机的原理

一般电子拉力试验机的原理如图5-10所示。试样形变所承受的力，通过力传感器中的电阻应变片转化为电讯号，经过放大传入 X-Y 函数记录仪的 Y 轴。小形变测量是用差动变压器进行的，讯号经放大后转入 X-Y 函数记录仪的 X 轴，这样就可以在记录仪上自动描绘出载荷-形变曲线。大形变是通过电位器或大形变测量器进行的。横梁移动速度的控制和调整是由同步电机、速度给定自整角机、相敏放大、直流电机、电机扩大机组、测速发电机组成的随动系统来完成的。循环装置是使用位移脉冲计数器和自动定位电子计数器、转向继电器来完成的。

[实验试剂和仪器]

（1）主要实验试剂：热塑性聚合物均可，本实验采用线形和支化聚乙烯。

（2）主要实验仪器：DL-1000B 型电子拉力试验机或 Instron 拉力试验机（对于纤维，可采用 AGS-500ND 拉伸仪或 YG001A 型电子强力仪）。

[实验步骤]

（1）试样制作：在拉伸试验中，应选择适当的试样形状和尺寸，使其拉伸时在有效部分断裂。对于塑料，一般都是采用哑铃形试样。对于纤维，可直接采用初生纤维和成品纤维。

（2）试样预处理：由于测试结果与温度、湿度有密切关系，因此在测试之前除了进行制作中必要的后处理（如退火、淬火等）之外，还需在与试验条件相同的条件下放置一定时间，使试样与试验条件的环境达到平衡。一般试样越硬厚，这段放置时间应越长一些。

（3）拉力试验机的准备工作：要保证测试的顺利进行和结果的准确，拉力试验机良好的工作状态是必不可少的。DL-1000B 型电子拉力试验机的设备前期调试工作包括：

1）调节工作室的温度和湿度使之符合国家标准的要求。

2）开启试验机的总电源和低压电源，预热电子放大器中的电子管灯丝 0.5h，然后开启高压电源，并通过电源监测表头，检查电压是否正常。

3）测力系统调节和校准：首先根据材料强度和试样大小选择一个合适量程的力传感器，把选定的传感器放到主机顶上传感器座上固定，用电缆把传感器与测力放大器相连，同时在传感器 L 上装好夹具。打开 $X\text{-}Y\text{-}T$ 函数记录仪，开启记录仪电源，把测力通道 Y 轴量程开关指向短路挡，用调零旋钮调好记录仪的零点，然后把量程开关调到最小量程一挡。调节测力电桥平衡，使测力电桥处于平衡状态。为了使测量结果正确可靠，每次试验之前都需要用标准砝码把力值读数校正一遍。

4）形变测量装置校正：根据试样形变大小选择一种测形变装置，安装好，使其初始位置固定。调节仪器面板上和记录仪上的调零电位器，使记录仪 X 轴指向零，并在形变量程改变时零点不变，然后用标准长度计控制记录仪形变读数值。

（4）确定测量试样的宽度和厚度：压制、压注、浇铸的样品，层压板和其他板材精确至 0.05mm，软片厚度精确至 0.01mm，薄膜厚度精确至 0.001mm。每个试样在有效部分测量三点，取算术平均值，并在试样上轻轻划上有效部分的标线（见图 5-11）。

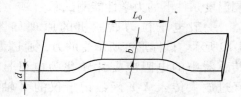

图 5-11　拉伸试样

（5）根据不同试样选择合适的夹具，把试样垂直地夹紧，不要太紧以免在夹持处造成伤痕影响拉伸强度，也不要太松以免拉伸时发生滑动影响测试，还要注意勿使试样横向受力，防止扭断试样，对脆性的小试样更需小心。如要测量形变时，把形变测量装置的夹持器夹在试样有效部分划线上。

（6）根据试样种类按国家标准试验方法中规定的试验速度范围，选择一个合适的拉伸速度，然后在面板上选好相应的速度给定值。

（7）检查一遍试验要求的温度、速度是否正确，记录仪、测力系统是否准备妥当。如装有测形变装置将记录仪接通 $Y\text{-}X$ 通路，无测形变装置记录仪接 $Y\text{-}T$ 通道，如只测一个最大抗拉强度可只用 Y 通道。

每个试样重复 5 次。

[实验结果分析和讨论]

（1）记录拉伸实验的数据：

1）试样的初始尺寸有效部分长度 L_0，试样厚度 d，试样有效部分宽度 b。

2）一张拉伸记录曲线图（$Y\text{-}X$、$Y\text{-}T$、Y 三者之一）。

（2）按式（5-33）计算试样抗拉强度 σ_t（Pa）：

$$\sigma_t = \frac{P}{bd} \qquad (5\text{-}33)$$

式中　P——最大破坏载荷，kg，即应力-应变曲线上最大应力点的载荷。

（3）按式（5-34）计算试样抗拉断裂伸长率 ε_t：

$$\varepsilon_t = \frac{L - L_0}{L_0} \times 100\% \qquad (5\text{-}34)$$

式中　L_0——试样初始有效长度；

　　　L——试样断裂时标线间的距离，$L = L - L_0$，它是试样拉伸至断裂时的总伸长值，可以从载荷-形变（$Y\text{-}X$）曲线上直接读出，也可以从载荷-时间（$Y\text{-}T$）曲线上近似计算出来。计算方法如下：

$$\Delta L = \frac{s}{v_1} v_2 = \frac{v_2}{v_1} s \qquad (5\text{-}35)$$

式中　s——开始拉伸到断裂时记录纸走过的长度（距离）；

　　　v_1——记录仪走纸速度；

　　　v_2——拉力机拉伸试样的速度。

注意，这样计算出来的形变值 ΔL 是上下夹具间的伸长值而不是试样有效部分的形变值，形变不太大时二者可以近似相等。

（4）按式（5-36）计算试样起始弹性模量 E_t（Pa）。

$$E_t = \frac{\Delta \sigma}{\Delta \varepsilon} \qquad (5\text{-}36)$$

式中　$\Delta \sigma$，$\Delta \varepsilon$——分别为比例极限点以内任一点的应力与应变，如图 5-11 所示。

直接从 $Y\text{-}X$ 曲线上求 E_t 更方便：

$$E_t = \frac{P}{\Delta L} \frac{L_0}{bd} = \frac{L_0}{\Delta L} \frac{P}{bd} \qquad (5\text{-}37)$$

（5）可以从哪些方面研究线形和支化聚乙烯的差别？

参 考 文 献

[1] 王佩璋，李树新. 高分子科学实验[M]. 北京：中国石化出版社，2008.
[2] 刘喜军，杨秀英，王慧敏. 高分子实验教程[M]. 哈尔滨：东北林业大学出版社，2000.

实验 39　高分子材料电阻率的测试

[**实验目的**]

（1）加深对高分子材料体积电阻率、表面电阻率的物理意义的理解。
（2）掌握通过超高电阻测试仪测定高分子材料体积电阻率、表面电阻率的实验技术。
（3）掌握超高电阻测试仪的使用方法。

[**实验原理**]

高分子材料的电学性能是指材料在外加电压或电场作用下的行为及其所表现出来的各种物理现象，包括在交变电场中的介电性质，在弱电场中的导电性质，在强电场中的击穿现象以及发生在材料表面的静电现象。在各种高分子材料的制造及使用中都必须了解其电学性能。因此研究测定高分子材料的电学性质，具有非常重要的理论和实际意义。

在直流电场中，对于一定长度的材料，电阻 R 与试样面积 A 成反比，与单位电位下流过每立方厘米材料的电流 I 成正比：

$$\rho = \frac{RA}{I} \tag{5-38}$$

式中　ρ——比例常数，称为电阻率。

电流由两部分组成：

$$I = I_v + I_s \tag{5-39}$$

式中　I_v——体积电流；
　　　I_s——表面电流。

因而，电阻率 ρ 有体积电阻率 ρ_v 和表面电阻率 ρ_s。体积电阻率 ρ_v 的单位为 $\Omega \cdot m$ 或 $\Omega \cdot cm$，表面电阻率 ρ_s 的单位为 Ω。ρ_s 和 ρ_v 一般用超高阻测试仪法和检流计法测定。

超高阻测试仪（ZC36 型）的原理如图 5-12 所示。测试时，被测试样 R_x 与高阻抗直流放大器的输入电阻 R_0 串联，并跨接于直流高压测试电源上。放大器将其输入电阻 R_0 上的分压信号经放大后输出给指示仪表 CB，由指示仪表可直接读出 R_x 值。

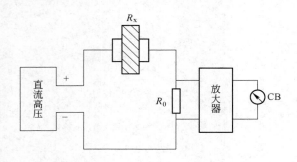

图 5-12　超高阻测试仪（ZC36 型）的原理

按式（5-40）计算体积电阻率 ρ_v：

$$\rho_V = R_V \times \frac{\pi r^2}{d} \tag{5-40}$$

式中　r——测量电极半径（由仪器本身给出）；

　　　d——试样的厚度，cm。

计算表面电阻率 ρ_S 的公式为：

$$\rho_S = R_S \times \frac{2\pi}{\ln \dfrac{D_2}{D_1}} \tag{5-41}$$

式中　D_1——测量电极直径（由仪器给出）；

　　　D_2——保护电极（环电极）内径（由仪器给出）。

因此，$\dfrac{2\pi}{\ln \dfrac{D_2}{D_1}} = 80$，为一定值。

[**实验试剂和仪器**]

（1）主要实验试剂：聚砜，标准圆片；聚碳酸酯，标准圆片。

（2）主要实验仪器：超高阻测试仪（高阻仪），ZC36 型。

[**实验步骤**]

（1）对照仪器面板，熟悉各开关、旋钮。

（2）将体积电阻-表面电阻转换开关指在所需位置：当指在 R_V 时，高压电极加上测试电压，保护电极接地；当指在 R_S 时，保护电极加上测试电压，高压电极接地，如图 5-13 所示。

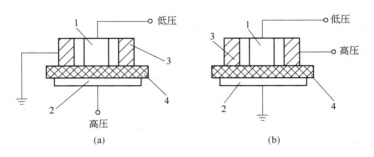

图 5-13　体积电阻-表面电阻开关的转换

（a）测 R_V；（b）测 R_S

1—测量电极；2—高压电极；3—保护电极；4—被测试样

（3）校正高阻仪的灵敏度。

（4）将被测试样用导线（屏蔽线）接至二测试端钮。

（5）将测试电压选择开关置于所需的测试电压位置上。在测试前须再注意一下仪表的指针所指的"∞"有无变动，如有变动，可再借"∞"及"0"校正器将其调至"∞"。

（6）把"放电-测试"转换开关自"放电"位置转至"测试"位置，进行充电。这时输入端短路按钮仍处于将放大器输入端短路,在试样经一定时间充电后(一般 15s 左右),即可将输入端短路按钮打开,进行读数。如发现指示仪表很快打出满度,则马上把输入端短路按钮回复到使放大器输入端短路的位置。"放电-测试"开关也转回"放电"位置,待查明情况后,再做试验。

(7) 当输入端短路按钮打开后,如发现仪表尚无读数,或指示很小,可将倍率开关升高一挡,并重复以上(3)和(4)的操作步骤,这样逐挡地升高倍率开关,直至试样的被测绝缘电阻读数能清晰读出为止(尽量读取在仪表刻度 1~10 间的读数)。一般情况下,可读取合上测试开关后的 1min 时的读数,作为试样的绝缘电阻。

(8) 将仪表上的读数(单位是 MΩ)乘以倍率开关所指示的倍率及测试电压开关所指的系数(10V 为 0.01,100V 为 0.1,250V 为 0.25,500V 为 0.5,1000V 为 1.0)即为被测试样的绝缘电阻值。

(9) 测试完毕,即将"放电-测试"开关退回至"放电"位置,输入端短路按钮也须恢复到使放大器输入端短路的位置,然后可卸下试样。

[注意事项]

(1) 高阻仪和电极箱的接地端必须妥善接地。

(2) 测试时人体不许触及 R_x 的高端压,以防电击。

(3) 不能让高端压碰地,以免引起高压短路。

[实验结果分析和讨论]

(1) 计算各试样的 ρ_V 和 ρ_S。

(2) 比较各试样的实验结果,并说明与聚合物结构的关系。

(3) 为什么在工程技术领域通常用 ρ_V 而不用 ρ_S 来表示介电材料的绝缘性质?

参 考 文 献

[1] 复旦大学化学系高分子教研组. 高分子实验技术[M]. 上海:复旦大学出版社,1983.
[2] 刘喜军,杨秀英,王慧敏. 高分子实验教程[M]. 哈尔滨:东北林业大学出版社,2000.

实验40　高分子材料介电常数、介电损耗的测试

[实验目的]

（1）加深对高分子材料介电常数、介电损耗的物理意义的理解。

（2）掌握通过优值计测定高分子材料介电常数、介电损耗的实验技术。

（3）掌握优值计的使用方法。

[实验原理]

电介质的一个重要性质指标是介电常数。在交变电场的作用下，电阻不能单独表征电学性能，必须引入电容的概念。电容 C_0 与所加电压的大小无关，而取决于电容器的几何尺寸，如果每个极板的面积为 $A(\mathrm{m}^2)$，而两极板间的距离为 $l(\mathrm{m})$，则有：

$$C_0 = \varepsilon_0 A/l \tag{5-42}$$

式中　ε_0——比例常数，称为真空电容率（或真空介电常数）。

如果电容器的两极板间充满电介质，这时极板上的电荷将增加到 Q，电容器的电容 C 比真空电容增加了 ε_r 倍：

$$C = Q/V = \varepsilon_r C_0 = \varepsilon A/l \tag{5-43}$$

$$\varepsilon_r = C/C_0 = \varepsilon/\varepsilon_0 \tag{5-44}$$

式中　ε_r——一个无因次的纯数，称为电介质的相对介电常数，表征电介质储存电能能力的大小，是介电材料的一个十分重要的性能指标；

　　　ε——介质的电容率（或介电常数），表示单位面积和单位厚度电介质的电容值，单位与 ε_0 相同。

材料作为电介质使用时，在交变电场作用下，除了由于纯电容作用引起的位相与电压正好差90°的电流 I_C 外，总有一部分与交变电压同位相的漏电电流 I_R，前者不消耗任何电功率，而后者则产生电功率损耗。总电流 $I = I_C + I_R$。定义损耗因子（或介电损耗角正切，简称介电损耗）为：

$$\tan\delta = I_R/I_C \tag{5-45}$$

式中　δ——损耗角，它是流过介质的总电流 I 与 I_C 之间的位相角。

材料的介电损耗即介电松弛与力学松弛在原则上是一样的，它是在交变电场刺激下的极化响应，取决于松弛时间与电场作用时间的相对值。当电场频率 ω 与某种分子极化运动单元松弛时间 τ 的倒数接近或相等时，相位差较大，产生共振吸收峰即介电损耗峰。从介电损耗峰位置和形状可推断所对应的偶极运动单元的归属。

测定介电常数和介电损耗的仪器常用优值计（Q 表）。优值计由高频信号发生器、LC 谐振回路、电子管电压表和稳压电源组成。图5-14所示为优值计原理图，图5-15所示为优值计面板图。在这个线路中，R 作为一个耦合元件，且设计成无感的。如果保持回路中电流不变，那么当回路发生谐振时，其谐振电压比输入电压高 Q 倍，即 $E_0 = QE$，因此，

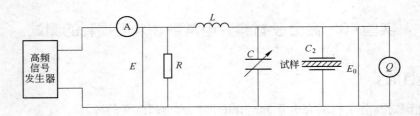

图 5-14   优值计原理图

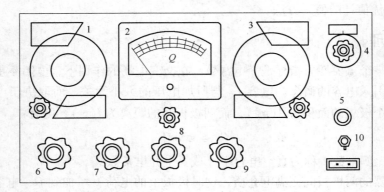

图 5-15   优值计面板图

1—频率度盘；2—电压表；3—电容度盘；4—电容微调；5—指示灯；6—波段开关；

7—零位校值；8—优值倍率；9—优值范围；10—电源开关

直接把电压指示刻成 Q 值，Q 又称为品质因数。

不加试样时，回路的能量损耗小，Q 值最高；加了试样后，Q 值降低。分别测定不加与加试样时的 Q 值（以 Q_1、Q_2 表示）以及相应的谐振电容 C_1、C_2，则介电常数、介电损耗的计算公式为：

$$\varepsilon = 14.4 \times \frac{b(C_1 - C_2)}{D^2} \tag{5-46}$$

式中 b——试样厚度，cm；

D——电极直径，cm。

$$\tan\sigma = \frac{Q_1 - Q_2}{Q_1 Q_2} \times \frac{C_1}{C_1 - C_2} \tag{5-47}$$

影响高分子材料的 ε 和 $\tan\sigma$ 的因素很多，如湿度、温度、施于试样上的电压、接触电极材料等。因此在测试时，必须在标准湿度、标准温度、一定的电压范围等条件下才能进行。

［实验试剂和仪器］

（1）主要实验试剂：聚砜，标准圆片；聚碳酸酯，标准圆片。

（2）主要实验仪器：优值计，615-A 型。

[**实验步骤**]

（1）选择适当电感量的线圈接在 Lx 接线柱上。本实验选用标准电感 LK-9（$L = 100\mu H$，$C_0 = 6\mu F$）。

（2）调整波段开关至频率度盘在所需频率 $10^6 Hz$。

（3）将"优值范围"开关显于"倍-率"处。

（4）将"优值倍率"旋钮减到零。

（5）调整"零位校值"，使表针指向零点。

（6）将"优值倍率"旋钮增大，使表针指在"X1"点上（若 Q 值超过 300，则指在"X2"点上）。

（7）根据被测试样的 Q 值，将"优值范围"开关置于 $10 \sim 100$ 或 $20 \sim 300$ 处。

（8）调整标准可变电容器，使之远离谐振点。

（9）检查表针是否还指在"0"点上，否则重复（5）的操作。

（10）再调整标准可变电容器，使回路谐振（表针指向最大点）。此时在电压表上测得 Q_1，在电容度盘上读得 C_1。

（11）将被测电容器（以试样为介质）并接在标准可变电容器的接线柱 Cx 上，重新调整标准可变电容器，使回路谐振。此时即可得 Q_2、C_2。

[**注意事项**]

（1）被测件和测试电路的接线柱间的接线应该尽量短和足够粗，并要接触良好可靠，以减少因接线的电阻和分布参数所带来的测量误差。

（2）被测件不要直接搁在面板顶部，必要时可用低耗损的绝缘材料作为衬垫物。

（3）不要把手靠近试件，以避免人体感应影响而造成测量误差。

（4）估计被测件的 Q 值，将"Q 值范围"开关放在适当的挡级上。

（5）使用仪器应安放在水平的工作台上，校正定位指示电流值指示电表的机械零件；开通电源后预热 20min 以上待仪器稳定后方可进行测试。仪器调整后勿随便乱动。电极和样品要经过擦拭。

[**实验结果分析和讨论**]

（1）将实验测得的 Q_2、C_2 代入公式计算 ε 和 $\tan\sigma$。

（2）聚合物产生介电损耗的原因是什么？

（3）说明造成各试样实验结果差异的原因。

参 考 文 献

[1] 复旦大学化学系高分子教研组. 高分子实验技术[M]. 上海：复旦大学出版社，1983.

[2] 顾宜. 材料科学与工程基础[M]. 北京：化学工业出版社，2002.

实验 41　塑料压缩性能的测试

[实验目的]

(1) 加深对塑料在压缩过程中应力-应变性质变化规律的认识。

(2) 掌握用电子拉力试验机测定塑料压缩性能的实验技术。

[实验原理]

工程上的压缩强度是指在试样上施加压缩载荷使其破坏时,单位面积上所能承受的载荷 σ_c(kPa):

$$\sigma_c = \frac{P}{S_0} \tag{5-48}$$

式中　P——试样压缩破坏载荷,对脆性材料是破裂时的载荷,对非脆性材料是屈服点载荷;

　　　S_0——试样初始横截面积。

与拉伸弹性模量相似,压缩弹性模量 E_c(kPa)是指在比例极限范围内,任一点的应力与应变之比:

$$E_c = \frac{\sigma_{c1}}{\varepsilon_{c1}} \tag{5-49}$$

式中　σ_{c1},ε_{c1}——分别为压缩应力-应变曲线上在比例极限范围内某一点的应力与应变。

试样的形状和尺寸、试样高度、平行度和实验速度等因素均影响实验的结果。试样形状一般以成型和加工方便、试验中不失稳为宜。一般板材多采用长方体,模制样品均采用圆柱体。试样高度在 1.75~3.0cm 之间对压缩强度影响不大。在 1.75cm 以下有显著影响,随试样高度增加其压缩强度下降,因此在国家标准方法中试样高度规定为 20mm。试样上下端面必须平行并与各侧面垂直,否则会影响测试结果。这是因为压缩载荷不能均匀作用在试样各部分,使试样某些局部应力集中造成破坏而影响测试结果。试验速度对压缩强度影响很大,为了便于相互比较,国家标准方法中规定压缩试验速度为(5±2)mm/min。

[实验试剂和仪器]

(1) 主要实验试剂:热塑性聚合物均可,本实验采用线形和支化聚乙烯。

(2) 主要实验仪器:拉力试验机(如果不能直接压缩,可以一个换向夹持器)。

[实验步骤]

(1) 实验准备。

(2) 试样制作:制成哑铃形。

(3) 试样预处理:在测试之前除了进行制作中必要的后处理(如退火、淬火等)之外,还须在与试验条件相同的条件下放置一定时间,使试样与试验条件的环境达到平衡。

一般试样越硬厚，这段放置时间应越长。

（4）测定试样尺寸（精确至 0.005cm），至少测量三点，取算术平均值（不测高度）。

（5）将试样放在压板中心，以规定试验速度施加压缩载荷，试样屈服或破裂后即停止加载，所得 $Y\text{-}T$（载荷-时间）曲线与拉伸曲线相似。每个试样重复 5 次。

［实验结果分析和讨论］

（1）从 $Y\text{-}T$ 曲线上读出最大破坏（屈服或破裂）载荷。

（2）求出压缩应力-应变曲线上，在比例极限范围内某一点的应力与应变。

参 考 文 献

［1］ 王佩璋，李树新 . 高分子科学实验［M］. 北京：中国石化出版社，2008.
［2］ 刘喜军，杨秀英，王慧敏 . 高分子实验教程［M］. 哈尔滨：东北林业大学出版社，2000.

实验 42　塑料静弯曲性能的测试

[实验目的]

（1）加深对塑料在弯曲过程中应力-应变性质变化规律的认识。

（2）掌握用电子拉力试验机测定塑料弯曲性能的实验技术。

[实验原理]

挠曲性是指高分子材料具有在不损坏情况下反复弯曲和恢复的能力，这对于多数高分子材料是至关重要的。

塑料的静弯曲强度是指用简支梁法将试样放在两个支点上，在两支点中间施加集中载荷，使试样变形直至破坏时的强度。对非脆性材料，当载荷达到一定值时会出现屈服现象，这时的载荷也称为破坏载荷，其强度也可称为静弯曲屈服强度 $\sigma_{\mathrm{c}}(\mathrm{kPa})$：

$$\sigma_{\mathrm{c}} = \frac{3P}{2b}\frac{L}{d^2} \tag{5-50}$$

式中　P——破坏载荷（破裂或屈服载荷）；

　　　L——试验跨度即两支点间的距离；

　　b，d——试样的宽度和厚度。

弯曲模量 $E_{\mathrm{f}}(\mathrm{kPa})$ 是指材料在比例极限内，弯曲应力与应变的比值：

$$E_{\mathrm{f}} = -\frac{P}{4b}\frac{L^3}{\delta d^3} \tag{5-51}$$

式中　δ——试样在施加载荷时所对应的形变（挠度）。

试样的厚度与宽度对实验的结果影响不大。试样的机械加工面对结果有影响，因此应尽量避免采用双面加工的办法来制作试样。试验时加工面朝上压头，即可基本消除加工影响。实验中规定上压头圆弧半径的目的是使试样在试验中不产生明显压痕。在小跨度试验时如上压头圆弧太大，会增加剪切力的影响。试样受力弯曲形变时，其横切面上部边缘处有最大的压缩变形，下部边缘处有最大的拉伸变形。所谓应变速率是指在单位时间内上下层相对形变的改变量，以每分钟形变百分率表示。弯曲与拉伸、压缩一样，其强度值与应变速率有关。试验中通过控制加载速度来控制应变速率。一般说来，硬质材料应选用较慢的试验速度，这样才能反映材料的不均匀性和它的松弛性能。

[实验试剂和仪器]

（1）主要实验试剂：热塑性聚合物均可，本实验采用线形和支化聚乙烯。

（2）主要实验仪器：拉力试验机（装上换向器和弯曲夹器、上压头，实验装置如图 5-16 所示）。

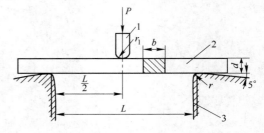

图 5-16　静弯曲压力实验

1—压头；2—试样；3—支撑底座支点

[实验步骤]

试样制作：在拉伸试验中，应选择适当的试样形状和尺寸，使其拉伸时在有效部分断裂。对于塑料，一般都是采用哑铃形试样。对于纤维，可直接采用初生纤维和成品纤维。

试样预处理：由于测试结果与温度、湿度有密切关系，因此在测试之前除了进行制作中必要的后处理（如退火、淬火等）之外，还须在与试验条件相同的条件下放置一定时间，使试样与试验条件的环境达到平衡。一般试样越硬厚，这段放置时间应越长一些。

（1）试样制作：压注、压制和浇铸试样尺寸 120mm×15mm×10mm，压注试样也可用 55mm×6mm×4mm，按国家标准方法进行预处理。

（2）确定实验条件。

1）弯曲上压头 $r_1 = 10$mm（或 2mm），$r = 2$mm。

2）试验跨度 $L = (100 \pm 0.5)$mm。

3）试验速度 $v = 1 \sim 30$mm/min。

（3）测量试样中间部位的宽度和厚度，宽度精确至 0.05mm，厚度精确至 0.01mm，各测量三点取其算术平均值。

（4）按选好的试验速度加载试验，在记录仪上记录 $Y\text{-}T$（载荷-时间）曲线，待试样断裂或屈服马上停车，防止换向器与弯曲夹持器行程到底。实验中要注意检查跨度是否改变，如果改变，此次试验作废。每个试样要重复测试 5 次。

[实验结果分析和讨论]

（1）在 $Y\text{-}T$ 曲线上读出破坏或屈服载荷（P）。

（2）计算试样在比例极限区某点的载荷与挠度（δ），计算静弯曲强度或静弯曲屈服强度 σ。

（3）计算试样的弯曲模量 E_f。

（4）材料的挠曲性与刚性有何关系？试比较金属材料、无机非金属材料和高分子材料的挠曲性。

（5）橡胶的挠曲性为什么一般比塑料和化学纤维好？纺织用的高模量纤维为什么必须纺得很细？

参 考 文 献

[1] 王佩璋，李树新．高分子科学实验[M]．北京：中国石化出版社，2008．
[2] 刘喜军，杨秀英，王慧敏．高分子实验教程[M]．哈尔滨：东北林业大学出版社，2000．

实验 43　塑料卡软化点的测定

[实验目的]

（1）加深对高分子材料在受到冲击而断裂机理的认识。

（2）掌握测定聚丙烯与有机玻璃的维卡软化点的实验技术。

[实验原理]

塑料的耐热性能，通常是指在温度升高时保持其物理机械性质的能力。塑料在使用时要承受外力的作用，其耐热温度是指在一定外力作用下达到某一形变值时的温度。

马丁耐热和维卡软化点是工业部门常用塑料耐热性能的测试方法。

维卡软化点的测试方法：塑料试样在液体传热介质中，在一定的负荷、一定的升温速度下，被 $1mm^2$ 的压针压入 $1mm$ 深度时的温度，它适用于大多数的热塑性塑料。

[实验试剂和仪器]

（1）主要实验试剂：聚丙烯；有机玻璃。

（2）主要实验仪器：维卡软化点测定仪。

[实验步骤]

（1）将试样放入支架，其中心位置约在压针头之下，经机械加工的试样，加工面应紧贴支座底座；再插入水银温度计，使温度计水银球与试样相距 $3mm$ 以内而不触及试样。

（2）将支架浸入浴槽内，试样应在液面 $35mm$ 以下，起始温度应至少低于试样的维卡软化点 $50℃$；再加砝码使试样承受负载（$1000 \pm {}^{50}_{0}$）g 或（$5000 \pm {}^{50}_{0}$）g，开始搅拌，5min 后调节变形测量装置使之为零。

（3）按（5 ± 0.5）℃/6min 或（12 ± 1.0）℃/6min 升温速度加热。

（4）当试样被压针头压入 $1mm$ 时，迅速记录温度，此温度即为试样的维卡软化点。

[注意事项]

（1）试样的尺寸为 $10mm \times 10mm \times (3 \sim 6)mm$。

（2）模塑试样厚度为 $3 \sim 4mm$；板材试样取原厚度，原厚度超过 6mm 可单面加工至 $3 \sim 4mm$；原厚度不足 3mm，由 $2 \sim 3$ 块叠合至规定厚度。

（3）每组试样两个，表面应平整光滑，无气泡、凹痕、飞边等缺陷，上下表面应平行。

（4）注明实验所采用的负荷及升温速度，若同组试样测定温差大于 2℃ 时，必须重做实验。

［实验结果分析和讨论］

（1）对聚丙烯和有机玻璃维卡软化点的测试结果进行比较，并探讨其原因。

（2）理论研究和工业应用上，塑料耐热性能的表征方法还有哪些?

参 考 文 献

［1］张兴英，李齐芳. 高分子科学实验［M］. 北京：化学工业出版社，2007.

［2］欧阳国恩，欧国荣. 复合材料实验技术［M］. 武汉：武汉工业大学出版社，1993.

实验 44　声速法测定纤维的取向度和模量

[**实验目的**]

（1）加深对纤维取向原理的理解。
（2）了解声速法测定纤维取向度的基本原理。
（3）了解声速仪装置的基本结构，学会声速测量仪的使用。
（4）掌握声速法测定纤维的取向度和模量的实验技术。

[**实验原理**]

纤维的取向度和模量是表征纤维材料超分子结构和力学性质的重要参数，测定取向度是生产控制和纤维结构研究的一个重要问题。测定取向度的方法有 X 射线衍射法、双折射法、二色性法和声速法等，这些方法分别有不同的含义。

声速法是通过对声波在材料中传播速度的测定来计算材料的取向度，其原理是基于在纤维材料中因大分子链的取向而导致声波传播的各向异性，即在理想的取向情况下，声波沿纤维轴方向传播时，其传播方向与纤维大分子链平行，此时声波是通过大分子内主价键的振动传播的，其声速最大；而当声波传播方向与纤维分子链垂直时，则是依靠大分子间次价键的振动传播的，此时声速最小。实际上大分子链不总是沿纤维轴成理想取向的状态，所以各种纤维的实际声速值总是小于理想的声速值，且随取向度的增高而增高。

当声波以纵波形式在试样中传播时，由于纤维中大分子链与纤维轴有一个交角（取向角）θ，如果假设声波作用在纤维轴上的作用力为 F，则 F 将分解为两个互相垂直的分力。一个平行于大分子链轴向，为 $F\cos\theta$，这个力使大分子内的主价键产生形变；另一个垂直于大分子链轴向，为 $F\sin\theta$，使分子间的次价键产生形变。

如以 d 表示形变，K 表示力常数，则 $K = \dfrac{F}{d}$；如以模量 E 代替常数 K，则基本意义不变。因此，由平行于分子链轴向的分力 $F\cos\theta$ 所产生的形变为 $\dfrac{F\cos\theta}{E_\mathrm{m}}$，由垂直于分子链轴向的分力 $F\sin\theta$ 所产生的形变为 $\dfrac{F\sin\theta}{E_\mathrm{t}}$。其中，$E_\mathrm{m}$ 为平行于分子轴向的声模量；E_t 为垂直于分子轴向的声模量。

根据莫斯莱（Moseley）理论，总形变 d_a 为：

$$d_\mathrm{a} = \frac{F}{E} = \frac{F\cos^2\theta}{E_\mathrm{m}} + \frac{F(1 - \overline{\cos^2\theta})}{E_\mathrm{t}} \tag{5-52}$$

根据声学理论，当一个纵波在介质中传播时，其传播速度 c 与材料介质的密度 ρ、模量 E 的关系如下：

$$c = \sqrt{\frac{E}{\rho}} \tag{5-53}$$

式（5-53）可改写为 $E = \rho c^2$（模量关系式）。将式（5-52）中各项的 E 值以 ρc^2 代入，并消去 F 和 ρ，则得：

$$\frac{1}{c^2} = \frac{\overline{\cos^2\theta}}{c_m^2} + \frac{1 - \overline{\cos^2\theta}}{c_t^2} \qquad (5\text{-}54)$$

式中 c——声波沿纤维轴向传播时的速度；

c_m——声波传播方向平行于纤维分子链轴时的声速；

c_t——声波传播方向垂直于纤维分子链轴时的声速。

在式(5-54)中，由于 $c_m \gg c_t$，因此右端第一项可看做为零，则式(5-54)变为：

$$\frac{1}{c^2} = \frac{1 - \overline{\cos^2\theta}}{c_t^2}$$

即：
$$\frac{c_t^2}{c^2} = 1 - \overline{\cos^2\theta} \qquad (5\text{-}55)$$

根据赫尔曼取向函数式：$f = \frac{1}{2}(3\overline{\cos^2\theta} - 1)$。当试样在无规取向的情况下，即当 $c = c_u$ 时，取向因子 $f = 0$，则此时 $\overline{\cos^2\theta} = \frac{1}{3}$，代入式(5-55)，得：

$$\frac{c_t^2}{c_u^2} = 1 - \frac{1}{3} = \frac{2}{3}$$

即：
$$c_t^2 = \frac{2}{3}c_u^2 \qquad (5\text{-}56)$$

式(5-56)给出了无规取向时的声速 c_u 与垂直于分子链轴传播时的声速 c_t 之间的关系。将 c_t 与 c 的关系转换成 c_u 与 c 的关系式，即以式(5-56)代入式(5-55)，得：

$$\overline{\cos^2\theta} = 1 - \frac{2}{3}\frac{c_u^2}{c^2} \qquad (5\text{-}57)$$

以式(5-57)代入取向函数式 $f = \frac{1}{2}(3\overline{\cos^2\theta} - 1)$，则得声速取向因子为：

$$f_a = 1 - \frac{c_u^2}{c^2} \qquad (5\text{-}58)$$

式中 f_a——纤维试样的声速取向因子；

c_u——纤维在无规取向时的声速值；

c——纤维试样的实测声速值。

式(5-58)称为莫斯莱公式。根据莫斯莱声速取向公式求取纤维的 f_a，只需要两个实验量，除了测定试样的声速外，还需要知道该种纤维在无规取向时声速值 c_u。

测定纤维的 c_u 值一般有两种方法：一种是将聚合物制成基本无取向的薄膜，然后测定其声速值；另一种是反推法，即先通过拉伸试验，绘出某种纤维在不同拉伸倍率下的声速曲线，然后将曲线反推到拉伸倍率为零处，该点的声速值即可看做该纤维的无规取向声速值 c_u（见图5-17）。

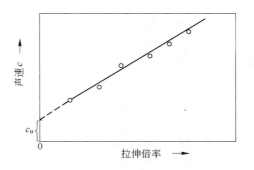

图 5-17 用反推法求取 c_u 值

表 5-2 列出了几个主要纤维品种的 c_u 值以供参考。

表 5-2   主要纤维品种的 c_u 值

聚 合 物	$c_u/\mathrm{km \cdot s^{-1}}$	
	薄 膜	纤 维
涤 纶	1.4	1.35
尼龙-66	1.3	1.3
粘胶纤维		2.0
腈 纶		2.1
丙 纶		1.45

［**实验试剂和仪器**］

（1）主要实验试剂：涤纶；锦纶；丙纶。

（2）主要实验仪器：声速取向测定仪，如图 5-18 所示。

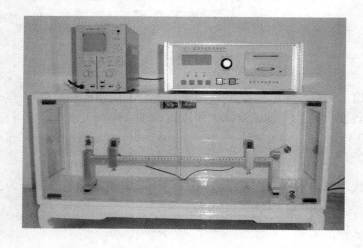

图 5-18   声速取向测定仪

［**实验步骤**］

（1）准备纤维试样：将纤维进行恒温恒湿处理，如实验室无恒温恒湿设备，则可将试样预先在 25℃ 及 RH60％ 左右的条件下放置 24h，以使含湿量保持平衡，然后取出放在塑料薄膜袋中备用。

（2）开启主机电源与示波器电源开关。

（3）取一定长度的纤维试样放至样品架上。

（4）根据纤维的总线密度施加张力。

（5）将标尺移至 20cm，观察示波器上的振动波形；待其稳定，将准备开关切入测量挡并按下 20 键，仪器将自动记录时间并送入单片机储存，记录结束再将标尺移至 40cm，重复以上程序，连续 5 次。

（6）打印机打印结果。

［实验结果分析和讨论］

（1）为保证测试的精确性，每个纤维试样至少取 3 根以上进行测定。实验结果与数据处理可参照下表格式填写。

试样号：1 号		试样名称：				纤度：					张力：		
试样号	长度/cm	读数/μs											
		1	2	3	4	5	6	7	8	9	10	平均	
1 号-(1)	40												
1 号-(2)	40												
1 号-(3)	40												
⋮	⋮												
	40												
1 号-( )	20												
$\Delta t/\mu s$			$C/\mathrm{km} \cdot \mathrm{s}^{-1}$			f_g			E_g（N/tex 或 gf/旦）					
1 号													

（2）影响实验数据精确性的关键问题是什么？实验中有何体会？

（3）声速法与双折射法比较各有什么特点？

参 考 文 献

［1］余序芬. 纺织材料实验技术［M］. 北京：中国纺织出版社，2004.

［2］陈稀，黄象安. 化学纤维实验教程［M］. 保定：纺织工业出版社，1988.

实验45　橡胶门尼黏度的测定

[实验目的]

（1）加深对门尼黏度的物理意义的理解。
（2）了解门尼黏度仪的结构及工作原理。
（3）掌握测定橡胶门尼黏度的试验技术。

[实验原理]

门尼黏度实验是用转动的方法来测定生胶、未硫化胶流动性的一种方法。

在橡胶加工过程中，从塑炼开始到硫化完毕，都与橡胶的流动性有密切关系，而门尼黏度值正是衡量此项性能大小的指标。近年来，门尼黏度计在国际上成为测试橡胶黏度或塑性的最广泛、最普及的一种仪器。

本实验采用门尼黏度仪。工作时转子转动，转子对腔料产生力矩的作用，推动贴近转子的胶料层流动，模腔内其他胶料将会产生阻止其流动的摩擦力，其方向与胶料层流动方向相反，此摩擦力即是阻止胶料流动的剪切力，单位面积上的剪切力即剪切应力。剪切应力 τ 与切变速率 $\dot{\gamma}$、表观黏度 η_a 存在下述关系：

$$\tau = \eta_a \dot{\gamma} \tag{5-59}$$

在模腔内阻碍转子转动的各点表观黏度 η_a 以及切变速率 $\dot{\gamma}$ 值随着转动半径不同而不同，因此须采用统计平均值的方法来描述 η_a、τ、$\dot{\gamma}$，由于转子的转速是定值，转子和模腔尺寸也是定值，因此 $\dot{\gamma}$ 的平均值对相同规格的门尼黏度计来说，就是一个常数，因此可知平均的表观黏度 η_a 和平均的剪应力 τ 成正比。

在平均的剪切应力 τ 作用下，将会产生阻碍转子转动的转矩，其关系式如下：

$$M = \tau SL \tag{5-60}$$

式中　M——转矩；

τ——平均剪应力；

S——转子表面积；

L——平均的力臂长。

转矩 M 通过蜗轮、蜗杆推动弹簧板，使它变形并与弹簧板产生的弯矩和刚度相平衡，从材料力学可知，存在以下关系：

$$M = Fe = \omega\sigma = \omega E\varepsilon \tag{5-61}$$

式中　F——弹簧板变形产生的反力；

e——弹簧板力臂长；

ω——抗变形断面系数；

σ——弯曲应力；

ε——弯曲变形量；

E——杨氏模量。

由式(5-61)可知，ω 和 E 都是常数，所以 M 与 ε 成正比。

综上所述，由于 $\eta_a \propto \tau \propto M \propto \varepsilon$，所以可利用差动变压器或百分表测量弹簧板变形量，来反映胶料的黏度大小。

［实验试剂和仪器］

（1）主要实验试剂：胶料。

（2）主要实验仪器：门尼黏度仪，EK-2000M 型（见图 5-19），优肯科技股份有限公司制造。工作时，电机→小齿轮→大齿轮→蜗杆→蜗轮→转子，使转子在充满橡胶试样的密闭室内旋转，密闭室由上、下模组成，在上、下模内装有电热丝，其温度可以自动控制。

图 5-19　EK-2000M 型门尼黏度仪

［实验步骤］

（1）试样准备。

1）胶料加工后在实验室条件下放置 2h 即可进行实验，但不准超过 10 天。

2）从无气泡的胶料上裁取两块直径约 45mm、厚度约 3mm 的橡胶试样，其中一个试样的中心打上直径约 8mm 的圆孔。

3）试样不应有杂质、灰尘等。

（2）门尼黏度测试。

1）将主机电源及马达电源开启，打开电脑，启动测试程式。

2）设定测试条件。

3）将实验胶料放入模腔内，压下合模按钮至上模下降，开始实验。

4）测试完毕，压下开模按钮，打开模腔取出试样，打印实验数据。

5）实验完毕，结束程式，关掉电源，清洁现场。

[实验结果分析和讨论]

（1）以转动 4min 的门尼黏度值表示试样的黏度，并用 ML1＋4100 表示。其中，M 为门尼黏度值；L 表示用大转子；1 表示预热 1min；4 表示转动 4min；100 表示实验温度为 100℃。

（2）读数精确到 0.5 个门尼黏度值，实验结果精确到整数位。

（3）用不少于两个试样实验结果的算术平均值表示样品的黏度（两个试样结果的差不得大于 2 个门尼黏度值，否则应重复实验）。

（4）记录曲线的分析。记录仪所记录的是门尼黏度与时间的关系曲线，如图 5-20 所示。

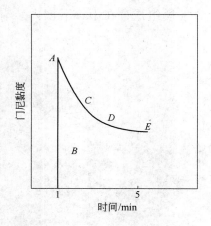

图 5-20   门尼黏度-时间曲线

实验 46 橡胶可塑度的测定

[实验目的]

（1）加深对胶料可塑度的物理意义的理解。
（2）了解威廉氏可塑计的结构及工作原理。
（3）掌握测定橡胶可塑度的试验技术。

[实验原理]

胶料的可塑性是指物体受外力作用而变形，当外力除去后，不能恢复原来形状的性质。橡胶胶料在进行混炼、压延、压出和成型时，必须具备适当的可塑性。因为胶料的可塑性直接关系到整个橡胶加工工艺过程和产品质量。可塑度过大时，胶料不易塑炼，压延时胶料黏辊，胶料黏着力降低；可塑度过小时，胶料混炼不均匀，且收缩力大，模压时制品表面粗糙，边角不整齐。因此，加料在加工前必须测定并控制胶料的黏度，以保证加工的顺利进行。

可塑性测定仪可分为压缩型、转动型和压出型三大类。威廉氏可塑计、快速塑性计和德弗塑性计属压缩型。这类塑性计结构简单，操作简易，适用于工厂控制生产。威廉氏可塑性是指试样在外力作用下产生压缩变形的大小和除去外力后保持变形的能力。

威廉氏可塑计是至今为止仍广泛应用的、较早期的可塑计。它可以测定生胶或胶料的可塑性，还可以在测定回复值的同时测出橡胶的弹性。威廉氏可塑计至今仍保持在美国的标准之中。

按标准规定，威廉氏可塑性测定采用直径为 $(16+0.5)$ mm、高为 $(10+0.3)$ mm 的圆柱形试样。为防止发黏，试样上下可各垫一层玻璃纸。实验时，先将试样预热 3min 测量在负荷作用下的高度，然后去掉负荷，取出试样在室温下放至 3min，测量恢复后的高度。

计算公式：

可塑性
$$P = S \times R = \frac{h_0 - h_2}{h_0 + h_1} \tag{5-62}$$

软性
$$S = \frac{h_0 - h_1}{h_0 + h_1} \tag{5-63}$$

还原性
$$R = \frac{h_0 - h_2}{h_0 - h_1} \tag{5-64}$$

弹性复原性
$$R' = h_2 - h_1 \tag{5-65}$$

式中　h_0——试样原高，mm；
　　　h_1——试样经负荷作用 3min 的试样高度，mm；
　　　h_2——除去负荷，在室温下恢复 3min 的试样高度，mm。

假设物质为绝对流体，则 $h_1 = h_2 = 0$，因此 $P = 1$；假设物质为绝对弹性体，则 $h_2 = h_0$，因此 $P = 0$。由此可知，用威廉氏可塑计测得的可塑性是 0 ~ 1 之间的无名数；从 0 到 1，则表示可塑性是增加的。数值越大，胶料越柔软。

可塑度的测定参照 GB/T 12828—1991。

[实验试剂和仪器]

（1）主要实验试剂：胶料。

（2）主要实验仪器：威廉氏可塑计，其结构如图 5-21 所示。

图 5-21   威廉氏可塑计

可塑计的负荷由上压板与重锤等组成，砝码可做上下移动，其总重为 $(49 + 0.0049)\mathrm{N}$ 或 $(5 + 0.005)\mathrm{kg}$，在支架上装有百分表，分度为 0.01mm，可塑计垂直装在恒温箱内的架子上，离箱底不少于 60mm，重锤温度可调节为 $(70 + 1)℃$ 和 $(100 + 1)℃$。重锤的温度由温度计读出。试样置于重锤与平板之间，压缩变形量由百分表指示。

[试验步骤]

（1）试样制备。

胶片加工后，在 24h 内用专用的裁片机裁出直径为 $(15.0 + 0.5)\mathrm{mm}$、高为 $(10.00 + 0.25)\mathrm{mm}$ 的圆柱样标准试样。试样不得有气孔、杂质及机械损伤等缺陷。

（2）可塑度测试。

1）调节恒温箱温度，保持在 $(70 + 1)℃$，用厚度计测量室温下试样的原始高度 h_0（精确至 0.01mm）。

2）将测过高度的试样放入恒温箱内仪器的底座上，在 $(70 + 1)℃$ 下预热 3min。

3）将预热好的试样放在上、下压板之间的中心位置上（为防止试样黏压板，可预先在试样两工作面上个贴一层玻璃纸。计算结果时应将玻璃纸厚除去）。轻轻放下负荷加压，同时预热第二个试样。

4）加压 3min 后，立即读出试样在负荷作用下的高度 h_1。

5）去掉负荷，取出试样，在室温下放置 3min，测量恢复后的高度 h_2（精确至

0.01mm)。

[实验结果分析和讨论]

（1）根据实验数据按式(5-62)计算可塑度，每个试样数量不少于两个，取算术平均值，允许偏差为 + 0.02，结果精确至 0.01。

（2）可塑度数值大小对胶料的加工性能有何影响？

（3）影响可塑度测定的因素有哪些？

实验47 橡胶硫化特性的测定

[实验目的]

（1）加深对橡胶硫化机理的理解和橡胶硫化特性曲线测定意义的认识。
（2）了解LH-90型橡胶硫化仪的结构原理及操作方法。
（3）掌握橡胶硫化特性曲线测定和正硫化时间确定的实验技术。

[实验原理]

硫化是橡胶制品生产中最重要的工艺过程。在硫化过程中，橡胶经历了一系列的物理和化学变化，其物理力学性能和化学性能得到了改善，使橡胶材料成为有用的材料，因此硫化对橡胶及其制品是十分重要的。

硫化是在一定温度、压力和时间条件下使橡胶大分子链发生化学交联反应的过程。

橡胶在硫化过程中，其各种性能随硫化时间增加而变化。橡胶的硫化历程可分为焦烧、预硫、正硫化和过硫4个阶段，如图5-22所示。

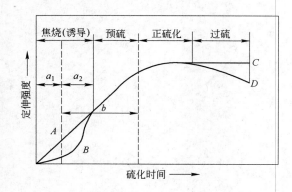

图5-22　橡胶硫化历程
A—起硫快速的胶料；B—有延迟特性的胶料；C—过硫后定伸强度继续
上升的胶料；D—具有返原性的胶料；a_1—操作焦烧时间；
a_2—剩余焦烧时间；b—模型硫化时间

焦烧阶段又称为硫化诱导期，是指橡胶在硫化开始前的延迟作用时间，在此阶段胶料尚未开始交联，胶料在模型内有良好的流动性。对于模型硫化制品，胶料的流动、充模必须在此阶段完成，否则就会发生焦烧。

预硫化阶段是焦烧期以后橡胶开始交联的阶段。随着交联反应的进行，橡胶的交联程度逐渐增加，并形成网状结构，橡胶的物理力学性能逐渐上升，但尚未达到预期的水平。正硫化阶段，橡胶的交联反应达到一定的程度，此时的各项物理力学性能均达到或接近最佳值，其综合性能最佳。过硫化阶段是正硫化以后继续硫化，此时往往氧化及热断键反应占主导地位，胶料会出现物理力学性能下降的现象。

由硫化历程可以看到，橡胶处在正硫化时，其物理力学性能或综合性能达到最佳值，预硫化或过硫化阶段胶料性能均不好。达到正硫化状态所需的最后时间为理论正硫化时间，也称正硫化点，而正硫化是一个阶段。在正硫化阶段中，胶料的各项物理力学性能保持最高位，但橡胶的各项性能指标往往不会在同一时间达到最佳值。因此，准确测定和选取正硫化点就成为确定硫化条件和获得产品最佳性能的决定因素。

从硫化反应动力学原理来说，正硫化应是胶料达到最大交联密度时的硫化状态，正硫化时间应由胶料达到最大交联密度所需的时间来确定比较合理。在实际应用中是根据某些主要性能指标（与交联密度成正比）来选择最佳点，确定正硫化时间。

目前，用转子旋转振荡式硫化仪来测定和选取正硫化点最为广泛。这类硫化仪能够连续地测定与加工性能和硫化性能有关的参数，包括韧黏度、最低黏度、焦烧时间、硫化速度、正硫化时间和活化能等。实际上，硫化仪测定记录的是转矩值，以转矩的大小来反映胶料的硫化程度，其测定的基本原理是根据弹性统计理论：

$$G = \rho RT \tag{5-66}$$

式中　　G——剪切模量，MPa；

　　　　ρ——交联密度，mol/mL；

　　　　R——气体常数，J/(mol·K)；

　　　　T——绝对温度，K。

式(5-66)表明，胶料的剪切模量 G 与交联密度 ρ 成正比，而 G 与转矩 M 存在一定的线性关系。

从胶料在硫化仪的模具中的受力分析可知，转子做 ±3° 摆动时，对胶料施加一定的作用力可使之产生形变。与此同时，胶料将产生剪切力、拉伸力、扭力等，这些合力对转子将产生转矩 M，阻碍转子的运动。随着胶料逐渐硫化，其 G 也逐渐增加，转子摆动在固定应变的情况下，所需转矩 M 也就成正比例地增加。因此，通过硫化仪测得胶料随时间的应力变化（硫化仪以转矩读数反映），即可表示剪切模量的变化，从而反映硫化交联过程的情况。

图 5-23 所示为硫化仪结构示意图。该仪器的工作室（模具）内有一转子不断地以一定的频率(1.7 + 0.1)Hz 做微小角度（±3°）的摆动。而包围在转子外面的胶料在一定的温度和风力下，其硫化程度逐步增加，模量则逐步增大，造成转子摆动转矩也成比例地增加。转矩值的变化通过仪器内部的传感器转换成信号送到记录仪上放大并记录下来。转矩随时间变化的曲线即为硫化特性曲线。

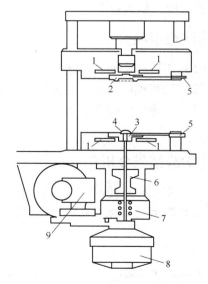

图 5-23　硫化仪结构示意图

1—加热器；2—上模；3—下模；4—转子；
5—温度计上、下加热模板；6—扭矩传感器；
7—轴承；8—气动夹持器；9—电动机和齿轮箱

[实验试剂和仪器]

（1）主要实验试剂：天然橡胶和合成橡胶胶料，为两个直径约为38mm、厚度约为5mm 的圆片，其中一个圆片中有一直径约为10mm 的孔（可用裁刀或剪刀加工而得），不含杂质、气孔及灰尘等。

（2）主要实验仪器：LH-90 型橡胶硫化仪为微机控制转子旋转振动硫化仪，其基本结构主要由主机传动部分、应力传感器与微机控制和数据处理系统等组成，主机包括开启模的风筒、上下加热模板、转子、主轴、偏心轴、传感器、蜗轮减速机和电机等部分。

[实验步骤]

（1）接通总开关，电源供电，指示灯亮。

（2）开动压缩机为模腔备压。

（3）设定仪器参数：温度、量程、测试时间等。待上、下模温度升至设定温度，稳定10min。

（4）开启模具，将转子插入下模腔的圆孔内，通过转子的槽楔与主轴连接好。闭合模具后，转子在模腔内预热1min，开模，将胶料试样置于模腔内，填充在转子的四周，然后闭模。装料闭模时间越短越好。

（5）模腔闭合后立即启动电机，仪器自动进行实验。

（6）达到预设的测试时间，转子停止摆动，上模自动上升，取出转子和胶样。

（7）清理模腔及转子。

（8）在其他条件不变的情况下，同一种胶料分别以几个不同的温度做硫化特性实验。对天然橡胶，依次以140℃、150℃、160℃、170℃和180℃等温度测定其硫化特性曲线。

[注意事项]

（1）不得使金属工具接触模具型腔，取出转子时注意不得擦伤模具型腔和转子。

（2）清理模腔时不能有废料流入下模腔孔内。

（3）在测试时间内若需终止实验，或实验已达到要求，可以通过微机控制系统停止测试。

[实验结果分析和讨论]

（1）根据转矩随时间变化的记录，分析试样的硫化特性曲线，确定其正硫化时间。

（2）温度对天然橡胶的硫化特性曲线有何影响？

参 考 文 献

[1] 方庆红，张凤鹏，黄宝宗. 不同温度条件下硫化橡胶拉伸特性的研究[J]. 建筑材料学报，2005，8（4）：383~386.

[2] 沈新元. 高分子材料加工原理[M]. 北京：中国纺织出版社，2000.

实验 48　漆膜附着力的测试

［实验目的］

（1）加深对漆膜附着力意义的理解。

（2）掌握通过划圈法测定漆膜附着力的操作技能。

［实验原理］

漆膜附着力是油漆涂膜最主要的性能之一。所谓附着力，是指漆膜与被涂物表面物理和化学力的作用结合在一起的牢固程度。

根据吸着学说，这种附着强度的产生是由于涂膜中聚合物的极性基团（如羟基或羧基）与被涂物表面极性基团相互结合所致，因此影响附着力大小的因素很多，比如表面污染、表面有水等。

目前测定附着力的方法可分为三类：切痕法、剥离法、划圈法。本实验中采用较为普遍使用的划圈法进行测定，此方法已列入漆膜检验标准（GB 1720—79），按螺纹线划痕范围中的漆膜完整程度评定，以级表示。

［实验试剂和仪器］

（1）主要实验试剂：漆膜，用丙苯涂料按 GB 1727—79 标准制备。

（2）主要实验仪器：漆膜附着力测定仪（见图 5-24）；马口铁块；4 倍放大镜。

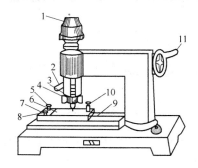

图 5-24　附着力测定仪

1—荷变盘；2—升降棒；3—卡盘针；4—回转半径调整螺栓；5，8—固定样板调整螺栓；
6—试验台；7—半截螺帽；9—试验台丝杠；10—调整螺栓；11—摇柄

［实验步骤］

（1）检查钢针是否锐利，针尖距工作台面约 3cm。

（2）将针尖的偏心位置即回转半径调至标准回转半径。方法：松开卡针盘后面的螺栓和回转半径调整螺栓，适当移动卡针盘后，依次紧固上述螺栓，划痕与标准圆划线图比较，直至与标准回转半径 5.25mm 的圆滚线相同，调整完毕。

（3）将样板正放在试验台上（漆膜朝上），用压板压紧。

（4）酌加砝码，使针尖接触到漆膜，按顺时针方向均匀摇动手轮，转速以 80～100 r/min为宜，圆滚线标准图长为(7.5±0.5)cm。

（5）向前移动升降棒，使卡针盘提起，松开固定样板的有关螺栓，取出样板，用漆刷除去划痕上的漆屑，以 4 倍放大镜检查划痕并评级。

［注意事项］

（1）一根钢针一般只使用 5 次。

（2）试验时针必须刺到涂料膜底，以所画的图形露出板面为准。

［实验结果分析和讨论］

（1）根据检测的内容画一张涂料性能检测报告表。

（2）根据实验数据对试样进行评级。

评级方法：附着力分为 7 个等级，如图 5-25 所示，以样板上划痕上侧为检查的目标，依次标出 1、2、3、4、5、6、7，按顺序检查各部位漆膜完整程度，如某一部位有 70% 以上完好，则认为该部位是完好的，否则应认为坏损。例如，凡第一部位内漆膜完好者，则此漆膜附着力最好，为一级；第二部位完好者，则为二级，余者类推，七级的附着力最差，漆膜几乎全部脱落。

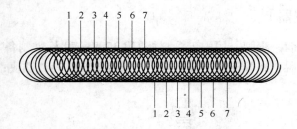

图 5-25　附着力的分级圆滚部

参 考 文 献

[1] 沈新元. 高分子材料加工原理[M]. 北京：中国纺织出版社，2000.

第六章

高分子表征实验

实验 49　黏度法测聚合物的相对分子质量

[实验目的]

(1) 加深对用黏度法表征聚合物相对分子质量原理的理解。

(2) 掌握测定聚合物稀溶液黏度的实验技术。

(3) 掌握通过测定聚乙二醇-水溶液的黏度表征聚乙二醇相对分子质量的实验技术。

[实验原理]

(1) 特性黏数与相对分子质量的关系。当聚合物、溶剂和温度确定以后，特性黏数 $[\eta]$ 的数值仅由试样的相对分子质量 M 决定，即：

$$[\eta] = KM_\eta^a$$

这是一个相对分子质量实际测定中常用的、含有两个参数的经验公式，称之为 Mark-Houwink 非线性方程。这样，只要知道参数 K 和 a 值，即可根据所测的 $[\eta]$ 值计算试样的黏均相对分子质量 M_η。K 值与体系性质有关，但关系不大，仅随聚合物相对分子质量的增大而有些减小（在一定的相对分子质量范围内可视为常数），随温度增加而略有下降；而 a 值却反映高分子在溶液中的形态，取决于温度、高分子和溶剂的性质。a 一般在 0.5 ~ 1 之间。线形柔性链大分子在良溶剂中，线团松懈，a 接近于 0.8。溶剂溶解能力减弱，a 值逐渐减小。在 θ 溶剂中，高分子线团紧缩，a 为 0.5。对于硬棒状的刚性高分子链，a 接近于 2。其次，温度升高，有利于高分子线团的松懈。在良溶剂中，线团本身已很松懈，因此温度上升对 a 的影响不大。在不良溶剂中，线团卷曲，温度升高使聚合物的内聚力减小，高分子线团松懈，a 值增大。最后，对于同一高分子-溶剂体系，高分子链越长，它在溶液中弯曲、缠结趋向越大，所以相对分子质量范围不同时，a 值不同，只是在一定的相对分子质量范围内，a 值可视为常数。总之，对于一定的高分子-溶剂体系，在一定的温度下，一定的相对分子质量范围内，K 和 a 值为常数。用黏度法测得的相对分子质量为黏均相对分子质量。

(2) $[\eta]$-M 方程中参数 K 和 a 的测定方法。首先，将聚合物试样进行分级，以获得相对分子质量从小到大且比较均一的级分。然后，测定各级分的平均相对分子质量及特性黏度。

因为 $[\eta] = KM_\eta^a$，

$$\lg[\eta] = \lg K + a\lg M_\eta$$

以 $[\eta]$ 对 $\lg M\eta$ 作图,其斜率即为 a,截距即为 $\lg K$。表 6-1 列出了某些聚合物-溶剂体系的 K 和 a 值。

表 6-1 某些聚合物-溶剂体系的 K 和 a 值

高聚物	溶剂	温度/℃	K	a	相对分子质量	测定方法
高压聚乙烯	十氢萘	70	3.873×10^{-2}	0.738	$(2 \sim 35) \times 10^3$	O
	对二甲苯	105	1.76×10^{-2}	0.83	$(11.2 \sim 180) \times 10^3$	O
低压聚乙烯	α-氯萘	125	4.3×10^{-2}	0.67	$(48 \sim 950) \times 10^3$	L
	十氢萘	135	6.77×10^{-2}	0.67	$(30 \sim 1000) \times 10^3$	L
聚丙烯	十氢萘	135	1.00×10^{-2}	0.80	$(100 \sim 1100) \times 10^3$	L
	四氢萘	135	0.80×10^{-2}	0.80	$(40 \sim 650) \times 10^3$	L
聚异丁烯	环己烷	30	2.76×10^{-2}	0.69	$(37.8 \sim 700) \times 10^3$	O
聚丁二烯	甲苯	30	3.05×10^{-2}	0.725	$(53 \sim 490) \times 10^3$	O
聚苯乙烯	苯	20	1.23×10^{-2}	0.72	$(1.2 \sim 540) \times 10^3$	L,S,D
聚氯乙烯	环己酮	25	0.204×10^{-2}	0.56	$(19 \sim 150) \times 10^3$	O
聚甲基丙烯酸甲酯	丙酮	20	0.55×10^{-2}	0.73	$(40 \sim 8000) \times 10^3$	S,D
聚丙烯腈	二甲基甲酰胺	25	3.92×10^{-2}	0.75	$(28 \sim 1000) \times 10^3$	O
尼龙-66	甲酸(90%)	25	11×10^{-2}	0.72	$(6.5 \sim 26) \times 10^3$	E
聚二甲基硅氧烷	苯	20	2.00×10^{-2}	0.78	$(33.9 \sim 114) \times 10^3$	L
聚甲醛	二甲基甲酰胺	150	4.4×10^{-2}	0.66	$(89 \sim 285) \times 10^3$	
聚碳酸酯	四氢呋喃	20	3.99×10^{-2}	0.70	$(8 \sim 270) \times 10^3$	S,D
天然橡胶	甲苯	25	5.02×10^{-2}	0.67		
丁苯橡胶(50℃聚合)	甲苯	30	1.65×10^{-2}	0.78	$(26 \sim 1740) \times 10^3$	O
聚对苯二甲酸乙二醇酯	苯酚-四氯乙烷(质量比1:1)	25	2.1×10^{-2}	0.82	$(5 \sim 25) \times 10^3$	E
双酚 A 型聚砜	氯仿	25	2.4×10^{-2}	0.72	$(20 \sim 100) \times 10^3$	L

注:1. 浓度单位:g/mL。

2. 测定方法:E—端基分析;O—渗透压;L—光散射;S,D—超速离心沉降和扩散。

(3)高分子溶液黏度测定。测定高分子溶液黏度时,以毛细管黏度计最为方便。常用的毛细管黏度计由三支管组成,称为 Ub-belobde 型,简称乌氏黏度计,如图 6-1 所示。

黏度计具有一根内径为 R、长度为 l 的毛细管,毛细管上端有一个体积为 V 的小球,小球上下有刻线 a 和 b。待测液体自 A 管加入,经 B 管将其吸至 a 线以上,再使 B 管通大气,任其自然流下,记录液面流经 a 及 b 线的时间 t。这样,外加的力就是高度为 h 的液体自身的重力 P。

假定液体流动时没有湍流发生,即外加力 P 全部用以克服液体对流动的黏滞阻力,则可将牛顿黏性流动定律应用于液体在毛细管中的流动,得到泊肃叶(Poiseuille)定律,又称为 R^4 定律。

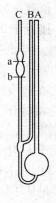

图 6-1 乌氏黏度计

$$\eta = \frac{\pi PR^4 t}{8lV} = \frac{\pi ghR^4 \rho t}{8lV} = A\rho t$$

$$\frac{\eta}{\rho} = At$$

$$A = \frac{\pi ghR^4}{8lV}$$

式中　η/ρ——比密黏度，cm^2/s；

　　　　A——仪器常数。

实验时，在恒定条件下，用同一支黏度计测定几种不同浓度的溶液和纯溶剂的流出时间 t 及 t_0，由于极稀溶液中溶液和溶剂的密度近似相等，$\rho \approx \rho_0$，所以：

$$\eta_r = \frac{A\rho t}{A\rho_0 t_0} = \frac{t}{t_0}$$

这样，由纯溶剂的流出时间 t_0 和溶液的流出时间 t 即可求出溶液的相对黏度 η_r。

一般，选用合适的黏度计使待测溶液和溶剂的流出时间大于 100s，则能满足没有湍流的假定。如果流速较大，外加力除了用以驱动液体流动以外，同时也使液体得到了动能。这部分能量的消耗须予以改正，称为动能改正。

求出了相对黏度之后，根据黏度对浓度的依赖关系：

$$\frac{\eta_{sp}}{c} = [\eta] + K'[\eta]^2 c$$

$$\frac{\ln\eta_r}{c} = [\eta] - \beta[\eta]^2 c$$

只要配制几个不同浓度的溶液，分别测定溶液及纯溶剂的黏度，然后计算出 η_{sp}/c 和 $\ln\eta_r/c$，在同一张图上以 η_{sp}/c、$\ln\eta_r/c$ 对 c 作图，两条直线外推至 $c \to 0$，其共同的截距即为 $[\eta]$。

以上通过浓度外推求出 $[\eta]$ 值的方法称为"稀释法"或"外推法"。第一次测定用浓度较大的少量溶液，然后依次将一定量的溶剂加入黏度计中，稀释成不同浓度的溶液。这样，可以减少洗涤黏度计的次数。

在实际工作中，由于试样量少，或者需要测定同一品种的大量试样，为了简化实验操作，可以在一个浓度下测定 η_{sp} 或 η_r，直接求 $[\eta]$，而不需要做浓度外推。这种方法俗称"一点法"。

表述溶液黏度和浓度关系的经验式很多，式中的参数 K'、β、K_1、n 等对给定的高分子-溶剂体系是一常数，与相对分子质量无关。所以，只要对每一体系定出参数数值，就可以从一个浓度的溶液黏度计算特性黏度。

[实验试剂和仪器]

（1）主要实验试剂：蒸馏水；聚乙二醇。

（2）主要实验仪器：乌式黏度计；熔砂漏斗；分析天平；恒温水槽一套；秒表；烧杯；移液管（5mL、10mL 各 1 支）；玻璃砂芯漏斗 2 个；容量瓶 2 个；乳胶管。

[**实验步骤**]

（1）洗涤玻璃仪器。

先用经熔砂漏斗滤过的水洗涤黏度计，倒挂干燥后，用新鲜温热的铬酸洗液（滤过）浸泡黏度计数小时后，再用（经熔砂漏斗滤过的）蒸馏水洗净，干燥后待用。

（2）高分子溶液配置。

准确称取聚乙二醇 0.25~0.35g，在烧杯中用少量水（10~15mL）使其全部溶解，移入 25mL 容量瓶中，用水洗涤烧杯 3~4 次，洗液一并转入容量瓶中，并稍稍摇晃做初步混匀，然后将容量瓶置于恒温水槽（30±0.05）℃中恒温、用水稀释至刻度，摇匀溶液，再用熔砂漏斗将溶液滤入另一只 25mL 的无尘干燥的容量瓶中，放入恒温水槽中待用。盛有纯溶剂的容量瓶也放入恒温水槽中待用。

（3）溶液流出时间测定。

在黏度计的 B 管上小心地接入乳胶管，用固定夹夹住黏度计的 A 管，并将黏度计垂直放入恒温水槽，使水面浸没 a 线上方的小球，用移液管从 A 管注入 10mL 溶液，恒温 10min 后，用乳胶管夹夹住 B 管上的乳胶管，在 C 管乳胶管上接上注射器，缓慢抽气，待液面升到 a 线上放的小球一半时停止抽气，先拔下注射器，而后放开 B 管的夹子，让空气进入 C 管下端的小球，使毛细管内溶液与 C 管下端的球分开，此时液面缓慢下降，用秒表记下液面从 a 线流到 b 线的时间，重复测三次，每次所测时间相差不超过 0.2s，取其平均值，作为 t_1。

（4）稀释法测一系列溶液的流出时间。

移取 5mL 溶剂注入黏度计，将它充分混合均匀，这时溶液浓度为原始溶液浓度的 2/3，再用同样方法测定 t_2。

用同样操作方法再分别加入 5mL、10mL 和 10mL 溶剂，使溶液浓度分别为原始浓度的 1/2、1/3、1/4，测定各自的流出时间 t_3、t_4 和 t_5。

（5）纯溶剂流出时间测定。

将黏度计中的溶液倒出，用无尘溶剂（本实验中溶剂是水）洗涤黏度计数遍，测定纯溶剂的流出时间 t_0。

[**实验结果分析和讨论**]

（1）记录数据。

恒温温度：　　　　　　　　　纯溶剂流出时间 $t_0(s)$：

纯溶剂：　　　　　　　　　　试样浓度 $c_0(g/mL)$：

试样名称：　　　　　　　　　溶质量 m：

溶液重 w_0：

由聚合物手册查得聚合物试样的 K 和 a 值：

填写下表：

序　号		1	2	3	4	5	6
加入溶剂量/mL							
相对浓度（c'）							
浓度/g·mL^{-1}							
流出时间/s	1						
	2						
	3						
平均流出时间/s							
$\eta_r = \dfrac{\bar{t}}{t_0}$							
η_r							
$\ln\eta_r/c$							
η_{sp}							
η_{sp}/c							

（2）在同一张图上，以 η_{sp}/c、$\ln\eta_r/c$ 对 c 作图，两条直线外推至 $c \rightarrow 0$，求 $[\eta]$。

（3）将 $[\eta]$ 带入 $[\eta] = KM_\eta^a$，求出 M_η。

（4）从手册上查 K、a 值要注意什么？

（5）由 Mark-Houwink 非线性方程计算出的相对分子质量为什么是黏均相对分子质量？

参 考 文 献

［1］麦卡弗里 E L. 高分子化学实验室制备［M］. 北京：科学出版社，1981.

［2］王佩璋，李树新. 高分子科学实验［M］. 北京：中国石化出版社，2008.

［3］张巍，杨凤华，张晓光. 水溶液中聚合物分子量测定方法［J］. 油气田地面工程，2006，25（2）：55.

［4］公茂利，林秀玲. 黏度法测定聚合物分子量实验数据的程序设计［J］. 计算机与应用化学，2006，23（11）：1121～1123.

［5］姜尔超，曹柳林. 聚合物分子量分布的多变量动态系统模型［J］. 控制工程，2005：55～57.

［6］陈稀，黄象安. 化学纤维实验教程［M］. 保定：纺织工业出版社，1988.

实验50   光散射法测定聚合物的相对分子质量及分子尺寸

[实验目的]

（1）加深对用光散射法测定聚合物相对分子质量原理的理解。

（2）掌握用光散射法测定聚合物重均相对分子质量、第二维利系数 A_2 及均方末端距的实验技术。

[实验原理]

一束光通过介质时，在入射光方向以外的各个方向也能观察到光强的现象称为光散射现象，其本质是光波的电磁场与介质分子相互作用的结果，因为分子是由带电的电子和原子核所组成，当光波射入介质时，光波的电场振动迫使电子产生强迫振动，光波的电场振动频率很高，约为每秒 10^{15} 数量级，而原子核的质量大，无法跟着电场进行，这样被迫振的电子就成为二次波源，向各个方向发射电磁波，也就是散射光。因此，散射光是一种二次发射光波。

若介质中散射质点的尺寸比光波波长小得多（小于 $1/20\lambda'$，λ' 为光波在介质里的波长），散射质点之间的距离又比较大，各个散射质点所产生的散射光波是不相干的，介质的散射光强是各个散射质点的散射光强的加和；但是当散射质点的浓度增大、分子间的距离缩小而表现出强烈的相互作用时，则各个散射质点散射光强就发生相干作用，此时介质的散射光强正比于各个散射质点的散射光叠加波幅的平方，这种现象称为散射光的外干涉。光散射法研究聚合物的溶液性质时，溶液浓度比较稀，分子间距离较大，一般情况下不产生外干涉，可不必考虑外干涉对散射光强度的影响，假如散射质点的尺寸与入射光在介质里的波长处于同一数量级时，那么质点中各部分所产生的散射光波就有相角差，使总的散射光强减弱，这称为分子散射的内干涉。由于在光散射实验中光源通常采用高压汞灯（波长取 435.8nm 或 546.1nm）、氦氖激光器（波长取 632.8nm）和氩离子激光器（波长取 488.0nm），在溶液中尺寸小于 $\lambda'/20$ 的高分子一般是蛋白质、糖和相对分子质量小于 10^5 的合成聚合物，这些分子的散射光无内干涉。而相对分子质量为 $10^5 \sim 10^7$ 的聚合物分子末端距 $(\overline{h})^{\frac{1}{2}}_2$ 约为 $200 \sim 300nm$，大于 $\lambda'/20$，必须考虑内干涉效应。在计算散射光强时，必须考虑内干涉对它的影响。另外，由于散射光波的内干涉现象与高分子链的形状和大小密切相关，所以可用以研究溶液中高分子链的尺寸和形态。

完全透明均匀的介质是完全不散射的，透明液体的光散射现象可以看做是分子热运动导致的体系光学不均一性即折光指数或介电常数的局部涨落所引起的。对于纯溶剂来说，光散射是由密度的局部涨落引起的，而对于高分子溶液来说，光散射的原因除了密度的局部涨落外，还有浓度的局部涨落。散射光强取决于涨落的大小。由于溶剂密度和溶液浓度的局部涨落互不相关，并且二者相比，溶剂密度的涨落可忽略，因此，高分子溶液的散射光强取决于溶液浓度局部涨落的大小。

定义 R_θ 为散射介质的瑞利比，可以推导得到：

$$R_\theta = Kc/(1/M + 2A_2c) \tag{6-1}$$

式中　M——溶质相对分子质量；

　　　A_2——第二维利系数；

　　　K——一个与溶液浓度、散射角以及溶质相对分子质量无关的常数，可以预先计算；

　　　c——溶液的浓度。

式(6-1)表明，若入射光的偏振方向垂直于测量平面，则小粒子所产生的散射光强与散射角无关（见图 6-2）。

假如入射光是非偏振光（自然光），则散射光强将随散射角的变化而变化，由式(6-2)表示：

$$R_\theta = Kc \frac{(1 + \cos^2\theta)/2}{1/M + 2A_2c} \tag{6-2}$$

散射光强的角分布如图 6-2 所示，由图可见，散射光在前后方向是对称的。

当散射角 $\theta = 90°$ 时，受杂散光的干扰最小，因此常常通过测定 90° 下的瑞利系数 R_{90} 来计算小粒子的相对分子质量，这时

$$Kc/2R_{90} = 1/M + 2A_2c \tag{6-3}$$

以 $Kc/2R_{90}$ 对 c 作图，即可求得相对分子质量和第二维利系数。

以上讨论的是散射质点小于 $1/20\lambda'$ 时的情况，当散射质点的尺寸大于 $1/20\lambda'$ 时，一个高分子链上各个链段的散射光波就存在相角差，因此，各链段所发射的散射光波有干涉作用，如图 6-3 所示。

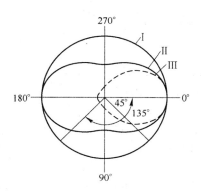

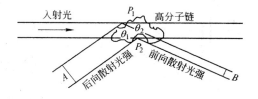

图 6-2　稀溶液的散射光强与散射角关系示意图

Ⅰ—垂直偏振入射光，小粒子；Ⅱ—非偏振入射光，小粒子；

Ⅲ—非偏振入射光，大粒子

图 6-3　高分子溶液散射光强内干涉

现象示意图

如果分子链上有两个单元 P_2 和 P_1，在与入射光成 θ_2 和 θ_1 角度处（$\theta_1 = 180° - \theta_2$）分别有 A 和 B 两个观察点。前向散射时，入射光波到达 P_2 的光程比 P_1 远，落后一个相位角，但在 P_1 和 P_2 处散射后，由 P_2 到达 B 点的光程比 P_1 近，超前一个相位角，两者抵消一部分，因而产生的内干涉少，散射光强大。后向散射时，由 P_2 到达 A 点的光程又比 P_1 远，两者叠加在一起，总的相位角差比前向大，内干涉加强，散射光强减弱。因此，前向

散射光强大于后向散射光强，前后向不对称。显然，当 $\theta = 0$ 时，就不存在内干涉现象。

对于聚合物等尺寸较大的溶质分子，必须考虑散射光的内干涉效应，通常在散射强度公式中引入不对称散射函数 $p(\theta)$ 来进行校正，$p(\theta) \leqslant 1$，式（6-2）可改写为：

$$R_\theta = Kc \frac{(1 + \cos^2\theta)/2}{1/Mp(\theta) + 2A_2c} \tag{6-4}$$

散射函数 $p(\theta)$ 与介质中散射质点的形状密切相关，以无规线团为例：

$$p(\theta) = 1 - 16\pi^2/3\lambda'^2\,\overline{S^2}\sin^2(\theta/2) + \cdots \tag{6-5}$$

$$\overline{S^2} = \overline{h^2}/6$$

$$\lambda' = \lambda/n_1$$

式中　$\overline{S^2}$——均方回转半径；

　　　$\overline{h^2}$——均方末端距；

　　　λ'——入射光在溶液中的波长；

　　　λ——入射光在真空中的波长；

　　　n_1——溶剂的折光指数。

由此可得无规线团的光散射公式为：

$$\frac{1 + \cos^2\theta}{2}\frac{Kc}{R_\theta} = \frac{1}{M}\left[1 + \frac{8\pi^2}{9}\frac{\overline{h^2}}{\lambda'^2}\sin^2(\theta/2) + \cdots\right] + 2A_2c \tag{6-6}$$

在散射光的测定中，由于散射角的改变将引起散射体积的改变，而散射体积与 $\sin\theta$ 成反比，因此实验测得的 R_θ 值应乘以 $\sin\theta$ 来改正，即式（6-6）应修正为：

$$\frac{1 + \cos^2\theta}{2\sin\theta}\frac{Kc}{R_\theta} = \frac{1}{M}\left[1 + \frac{8\pi^2}{9}\frac{\overline{h^2}}{\lambda'^2}\sin^2(\theta/2) + \cdots\right] + 2A_2c \tag{6-7}$$

为简化式（6-7），令

$$Y = \frac{1 + \cos^2\theta}{2\sin\theta}\frac{Kc}{R_\theta} \tag{6-8}$$

则：

$$Y = \frac{1}{M} + \frac{8\pi^2}{9}\frac{\overline{h^2}}{\lambda'^2}\sin^2(\theta/2) + 2A_2c \tag{6-9}$$

$$Y_{\theta\to0} = \frac{1}{M} + 2A_2c \tag{6-10}$$

$$Y_{c\to0} = \frac{1}{M} + \frac{8\pi^2}{9M}\frac{\overline{h^2}}{\lambda'^2}\sin^2(\theta/2) + \cdots \tag{6-11}$$

实验测定一系列不同浓度的溶液在各个不同散射角时的瑞利系数 R_θ 后，若以 Y 对 $\sin^2(\theta/2) + qc$ 作图，此即 Zimm 作图法，其中，q 值是一个可以任意取值的参数，只要所取的数值使实验点在 Zimm 双重外推图中有适当的分布即可，通常 q 值取 100 或 1000，视具体情况而定。当外推至 $c\to0$、$\theta\to0$，可以得到两条直线，这两条直线的共同截距为 $1/\overline{M_w}$，由此可求出重均相对分子质量 $\overline{M_w}$。此外，从 $\theta\to0$ 外推线的斜率可求出第二维利系数 A_2，从 $c\to0$ 外推线的斜率可以计算聚合物均方末端距 $\overline{h^2}$。图 6-4 所示为 Zimm 双重外推图。

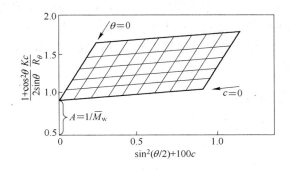

图 6-4 聚合物溶液光散射数据典型的 Zimm 双重外推图

[实验试剂和仪器]

（1）主要实验试剂：聚苯乙烯；苯。

（2）主要实验仪器：光散射仪；示差折光仪；压滤器；容量瓶；移液管；烧结砂芯漏斗。

[实验步骤]

（1）待测溶液的配制及除尘处理。

1）用 100mL 容量瓶在 25℃时准确配制 $1 \sim 1.5$ g/L 的聚苯乙烯溶液，浓度记为 c_0。

2）溶剂苯经洗涤、干燥后蒸馏两次。溶液用 5 号砂芯漏斗在特定的压滤器加压过滤以除尘净化。

（2）折射率和折射率增量的测定。

分别测定溶剂的折射率 n 及 5 个不同浓度待测聚合物溶液的折射率增量 n 和 $\partial n/\partial c$，分别用阿贝折光仪和示差折光仪测得。由示差折光仪的位移值 Δd 对浓度 c 作图，求出溶液的折射率增量 $\partial n/\partial c$，并与文献值进行比较（溶液的折射率在溶液很稀时可以溶剂折射率代替，苯的折射率和聚苯乙烯-苯溶液的 $\partial n/\partial c$ 的文献值分别为 1.4979 和 0.106）。

（3）参比标准、溶剂及溶液的散射光电流的测量。

通常液体在 90°下的瑞利比 R_{90} 值极小，约为 10^{-5} 的数量级，做绝对测定非常困难。因此，常用间接法测量，即选用一个参比标准，它的光散射性质稳定，其瑞利比 R_{90} 已精确测定，得到大家公认。本实验采用苯作为参比标准物，已知在 $\lambda = 546$nm 时，$R_{90}^{苯} = 1.63 \times 10^{-5}$，则有 $\phi^{苯} = R_{90}^{苯} G_0/G_{90}$，$G_0$、$G_{90}$ 是纯苯 0°、90°的检流计读数，ϕ 为仪器常数。

1）测定绝对标准液（苯）和工作标准玻璃块在 $\theta = 90°$ 时散射光电流的检流计读数 G_{90}。

2）用移液管吸取 10mL 溶剂苯放入散射池中，记录在 θ 为 0°、30°、45°、60°、75°、90°、105°、120°、135° 等不同角度时，散射光电流的检流计读数 G_θ^0。

3）在上述散射池中加入 2mL 聚苯乙烯-苯溶液（原始溶液 c_0），用电磁搅拌均匀，此时溶液的浓度为 c_1。待温度平衡后，依上述方法测量 30° ~ 150° 各个角度的散射光电流检流计读数 G_θ。

4）与 3）操作相同，依次向散射池中再加入聚苯乙烯-苯的原始溶液（c_0）3mL、5mL、10mL、10mL、10mL 等，使散射池中溶液的浓度分别变为 c_2、c_3、c_4、c_5、c_6 等，并分别测定 30°~150°各个角度的散射光电流，检流计读数 G_2、G_3、G_4、G_5、G_6 等。

测量完毕，关闭仪器，清洗散射池。

[实验结果分析和讨论]

（1）记录实验数据，做成图表。

（2）计算 R_θ。

$$R_\theta = \phi'(G_\theta^c - G_\theta^0)$$

（3）作 Zimm 图，从外推至 $c\to 0$、$\theta\to 0$ 得到的两条直线的共同截距求出重均相对分子质量 $\overline{M}_w$，从 $\theta\to 0$ 外推线的斜率求出第二维利系数 A_2，从 $c\to 0$ 外推线的斜率求出聚合物均方末端距 $\overline{h^2}$。

（4）为什么光散射法要特别强调除尘？

（5）光散射法适用的相对分子质量范围为多少？

参 考 文 献

[1] 梁伯润. 高分子物理[M]. 北京：中国纺织出版社，2000.

[2] 姜尔超，曹柳林. 聚合物相对分子质量分布的多变量动态系统模型[J]. 控制工程，2005：55~57.

[3] 王佩璋，李树新. 高分子科学实验[M]. 北京：中国石化出版社，2008.

[4] 张兴英，李齐方. 高分子科学实验[M]. 2版. 北京：化学工业出版社，2007.

实验51　GPC 测聚合物的相对分子质量分布

［实验目的］

（1）加深对 GPC 测定聚合物相对分子质量分布的原理的理解。

（2）学会使用 GPC 仪。

（3）掌握用 GPC 测定聚丙烯腈的相对分子质量分布的实验技术。

［实验原理］

（1）体积排除理论。体积排除理论是假定在分离过程中凝胶的孔洞内外处于扩散平衡状态。在所谓扩散平衡时，即溶质分子在此停留时间远大于溶质分子扩散入与扩散出凝胶孔洞所需要的时间。也就是说，每当溶质层流过一个凝胶颗粒这段距离时，溶质分子已多次进出于凝胶的孔洞并达到平衡。

凝胶渗透色谱（GPC）的分离过程是在装有多孔凝胶填料，如交联聚苯乙烯、多孔硅胶、多孔玻璃等的柱中进行的。由于大小不同的溶质分子在凝胶中可以占据的空间体积不同，多孔填料的内部和表面有着各种大小不同的孔洞或通道，当聚合物溶液随着流动相溶剂流经色谱柱后，按分子大小被分离。然而，这种分离并不是依赖于固定相、溶质和流动相三者之间的作用力，而是溶质分子从浓度中心向外扩散，并进入到已吸留了溶剂的凝胶孔中去，同时随着流动相的流动，这种扩散出入的过程不断交替进行且沿色谱柱向下，这个过程在整个凝胶渗透色谱柱内反复进行着。通过这个过程，能使溶质分子渗透进入与其自身尺寸相适应的凝胶孔内，大小不同的溶质分子渗透到凝胶孔内去的概率是不相同的，较大的分子可以进入较大的孔洞，中等大小的分子可以进入中等大小以上的孔洞，而较小的分子则不仅可以进入大、中孔洞，而且还可以进入较小的孔洞。而比最大孔还要大的分子就进入不了凝胶所有的孔内，只能留在凝胶颗粒之间的空隙中，随着流动相的移动而最先被冲洗出柱外。所以，溶质分子尺寸越小，则扩散进入孔的机会越多，因此小分子在孔内停留的概率越大，在柱中的保留时间也越长。换句话说，在柱内小分子流过的路径比大分子长。这样大分子先淋出，其淋洗体积就小；小分子后淋出，其淋洗体积就大。随着淋洗过程的进行，溶质分子就按由大到小的次序被分开，这就是体积排除理论对 GPC 分离机理的解释。

（2）填料及仪器装置。GPC 柱子所选用的填料（又称载体）要求分辨率高，有良好的化学稳定性和热稳定性，有一定的机械强度，不易变形，流动阻力小，对试样没有化学吸附作用。

从填料的材质可分为有机填料和无机填料，从用途可分为适用于水的填料以及适用于有机溶剂的填料。在有机填料中，适用于有机溶剂的有交联聚苯乙烯凝胶、交联聚乙酸乙烯酯等。适用于水溶液、电解质溶液体系的有网状结构的葡聚糖、聚丙烯酰胺等。而无机填料有多孔醚胶、多孔玻璃珠等，它们对水溶液体系和有机溶剂体系都适用。

凝胶色谱仪由输液系统（包括溶剂储存器、脱气装置、输液泵以及各种调节阀、压力

表等)、进样系统(进样器和六通进样阀)、温控系统(温度控制仪和柱温箱)、分离系统
(色谱柱)、检测系统(示差折光检测器、紫外检测器等)和数据处理系统六大系统组成。
其流程图如图 6-5 所示。

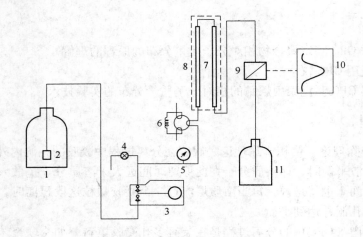

图 6-5　GPC 流程图

1—储液瓶；2—过滤器；3—输液泵；4—放液阀；5—压力指示器；6—六通进样阀；
7—色谱柱；8—温控系统；9—示差折光监测器；10—记录仪；11—废液瓶

(3)柱效、分辨率和宽展效应。谱柱的分离效率通常用单位柱长的理论塔板数 N 来
表示。若某单分散试样流经长度为 L 的色谱柱,其淋出体积为 V_e,峰宽为 W,则:

$$N = \frac{16}{L}\left(\frac{V_e}{W}\right)^2 \tag{6-12}$$

有时利用理论塔板数的倒数来表示色谱柱的效率,称为理论塔板当量高度(HETP):

$$HETP = \frac{1}{N} = \frac{L}{16}\left(\frac{W}{V_e}\right)^2 \tag{6-13}$$

对于一个柱子,不但要看其分离效率,还要看它的分辨能力。若将相对分子质量不同
的两个单分散试样流经色谱柱,得到谱图如图
6-6 所示,两试样的峰体积分别为 V_{e1} 和 V_{e2},峰
宽分别为 W_1 和 W_2,则柱子的分辨率为:

$$R = \frac{2(V_{e2} - V_{e1})}{W_1 + W_2} \tag{6-14}$$

$R \geqslant 1$ 时,两个峰完全分离;$R < 1$ 时,不完
全分离。

凝胶渗透色谱测定聚合物的相对分子质量分
布是以实验得到的色谱峰作为基础的。作为一种
色谱,不可避免地存在着峰形扩展,又称加宽,

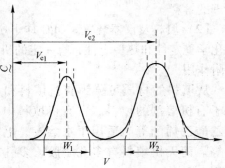

图 6-6　GPC 柱分辨测定率

这种加宽效应是由于区域分散作用形成的，不能代表聚合物实际的多分散性，必须加以改正，称为色谱峰的宽展校正。

在凝胶渗透色谱中，色谱峰的加宽作用通常在 5% ~ 20% 之间，对于宽分布的聚合物（$\overline{M_w}/\overline{M_n} > 1.5$）或者分离效率较离的色谱柱，可忽略宽展校正。但是，对于 $\overline{M_w}/\overline{M_n} \leqslant 1.5$ 的聚合物或理论塔板数较低的色谱柱，就要考虑色谱峰的宽展校正。

宽展校正方法有很多种。例如：特大相对分子质量样品的校正法、已知多分散系数样品的校正法、低分子有机化合物的校正法、逆流校正法等。

（4）色谱图的标定及数据处理。实验测定聚合物 GPC 谱图，纵坐标记录的是洗提液与纯溶液折光指数的差值 Δn，在极稀溶液中，就相当于 Δn（洗提液的相对浓度）。横坐标记录的是保留体积 V_r（也称淋出体积 V_e），它表征着分子尺寸的大小。保留体积小，分子尺寸大；保留体积大，分子尺寸小。所得各个级份的相对分子质量测定有直接法和间接法。直接法是指 GPC 仪和黏度计或光散射仪联用；而最常用的间接法则是用一系列相对分子质量已知的、单分散的（相对分子质量比较均一）标准样品，求得各自的淋出体积 V_e，做出 $\lg M$ 对 V_e 校准曲线（见图 6-7）。

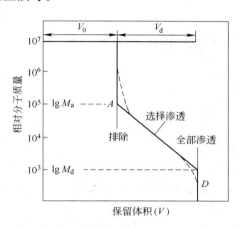

图 6-7   GPC 的分离范围

$$\lg M = A - B V_d \tag{6-15}$$

当 $\lg M > \lg M_a$ 时，曲线与纵轴平行，表明此时的流出体积（V_e）和样品的相对分子质量无关，V_0 即为柱中填料的粒间体积，M_a 就是这种填料的渗透极限。当 $\lg M < \lg M_d$ 时，V_e 对 M 的依赖变得非常迟钝，没有实用价值。在 $\lg M_a$ 点和 $\lg M_d$ 点之间为一直线，即式（6-12）表达的校准曲线。式中，A、B 为常数，与仪器参数、填料和实验温度、流速、溶剂等操作条件有关，B 是曲线斜率，是柱子性能的重要参数，B 数值越小，柱子的分辨率越高。

上述的校准曲线只能用于与标准物质化学结构相同的聚合物，若待分析样品的结构不同于标准物质，需用普适校准线。GPC 法是按分子尺寸大小分离的，即淋出体积与分子线团体积有关，利用 Flory 的黏度公式：

$$[\eta] = \phi' \frac{R^3}{M} \tag{6-16}$$

则

$$[\eta] M = \phi' R^3 \tag{6-17}$$

式中 R——分子线团等效球体半径；

$[\eta] M$——体积量纲，称为流体力学体积。

众多的实验中得出 $[\eta] M$ 的对数与 V_e 有线性关系。这种关系对绝大多数的聚合物具有普适性。普适校准曲线为：

$$\lg[\eta]M = A' - B'V_e \tag{6-18}$$

因为在相同的淋洗体积时，有：

$$[\eta]_1 M_1 = [\eta]_2 M_2 \tag{6-19}$$

式中，下标 1 和 2 分别代表标样和试样。它们的 Mark-Houwink 方程分别为：

$$[\eta]_1 = K_1 M_1^{\alpha_1}$$

$$[\eta]_2 = K_2 M_2^{\alpha_2} \tag{6-20}$$

因此可得：

$$M_2 = \left(\frac{K_1}{K_2}\right)^{\frac{1}{\alpha_2+1}} \times M_1^{\frac{\alpha_1+1}{\alpha_2+1}} \tag{6-21}$$

或

$$\lg M_2 = \frac{1}{\alpha_2+1}\lg\frac{K_1}{K_2} + \frac{\alpha_1+1}{\alpha_2+1}\lg M_1 \tag{6-22}$$

将式(6-15)代入式(6-22)，即得待测试样的标准曲线方程：

$$\lg M_2 = \frac{1}{1+\alpha_1}\lg\frac{K_1}{K_2} + \frac{1+\alpha_1}{1+\alpha_2}A - \frac{1+\alpha_1}{1+\alpha_2}BV_e = A' - B'V_e \tag{6-23}$$

[实验试剂和仪器]

（1）主要实验试剂：聚苯乙烯；聚丙烯腈。

（2）主要实验仪器：凝胶渗透色谱仪（GPC 仪）；超声波振荡器；过滤器；注射器（5mL）。

[实验步骤]

（1）开机。打开高压输液泵电源，设置最大压力（p_{max}），流速（Flow）1mL/min，设置完成后启动泵（Pump，注意管路中有无气泡，如有气泡应打开排气阀排气）；设置柱温箱温度为35℃；打开示差检测器电源，开始自动平衡过程（S-Seq）。

（2）试样预处理。过滤用 5mL 注射器吸入聚丙烯腈溶液（浓度约为 1mg/mL），过滤针头中装上滤膜（孔径为 45μm），挤压过滤到另一干净的瓶中。

（3）定义实验条件。首先，输入要定义的实验条件代码。这个地址可以是从 A 到 Z 的 26 个英文字母中的任意一个，最多能定义 26 个工作系统。键入工作系统地址后，按屏幕提示依次输入溶剂名称、温度、流速、检测器参数、校正曲线名称等。

（4）进样。当记录仪的基线显示为一条稳定的直线后，表明系统已达到平衡，即可进样。此时进样手柄在"Inject"位置，用微量进样器抽取 60～80μm 样品溶液，排出进样器中的气泡，使进样器中样品的体积在 40～60μm 之间，然后将长针头插入管口中直到针筒碰到阀体，把试样缓缓推入，注入六通进样阀。右旋（顺时针方向转动）进样器手柄，要稳、准、快地转至"Load"位置（进样器手柄转动时要稳、准、快地到位，过慢会使系统压力骤增），同时自动进入自动数据采集状态。

（5）收据采集。当计算机接收到采集的数据后，将数据存入文件中。在正常情况下，计算机自动对采到的数据存盘并等待下一个进样信号，进行下一个样品的采集。实验全部完成后自动回到菜单。

（6）关闭系统。数据采集完成以后，关闭示差监测器和柱温箱，高压输液泵继续以 1.0mL/min 的流速运行 1h 后关闭。

[实验结果分析和讨论]

（1）数据纪录处理。

1）建立校正曲线。选"光标输入校正曲线"时请按屏幕的要求依次填写下列内容校正曲线文件名、K、α、校正曲线方次、数据文件数目。全部输入完毕并确认后，计算机从磁盘中调出第一张标样的谱图并绘制在屏幕上。移动光标找到峰位并按［选取］键接收，完成一张谱图后按［下张谱图］对所有谱图输入完毕后，按［完成］，此时出现一张表格，在此表格中，计算机已对用光标输入的时间值进行了从小到大的排列。操作者只要在相应的时间值后面输入标样相对分子质量即可。输入完毕并确认后，计算机对所输入的数据进行计算并在屏幕上显示结果及校正曲线图，也可按照要求打印校正曲线报告。

2）普适校正。按要求依次输入样品校正曲线名、K、α、N 及标样校正曲线文件名，输入完毕后计算机对其进行计算、显示/打印、存盘。

3）相对分子质量计算。进入数据计算子菜单后，程序首先要求输入所要计算的数据文件名。计算机首先调出原始谱图，利用鼠标选取基线。屏幕出现所选的区间图，如需要进一步设定计算区间，可选取计算区间，选定后，屏幕上显示出计算结果及所要求的各类数据。选用样品的 K、α 值计算，软件会根据样品与标样的 K、α 值自动进行普适转换。在 K、α 处输入样品的 K、α（显示的 K、α 是标样的），按［确认］即可。

在计算结束后，系统自动将时间、峰值、微分、积分、相对分子质量的数据存盘，在其他的绘图软件中调出。

4）利用数据编辑功能可对数据文件进行多重微分、谱图叠加、分峰、求 K、α 等处理，并可进行理论塔板数的计算。双检测计算模型有组成及组成分布、相对含量计算。

（2）通过 GPC 实验可以获得哪些实验过结果？GPC 是相对法还是绝对法？

（3）普适校正曲线适用于多种聚合物的原理是什么？

（4）聚合物相对分子质量分布对制品性能和加工条件有什么影响？

参 考 文 献

[1] 陈稀，黄象安. 化学纤维实验教程[M]. 保定：纺织工业出版社，1988.
[2] 刘喜军，杨秀英，王慧敏. 高分子实验教程[M]. 哈尔滨：东北林业大学出版社，2000.

实验 52 铜乙二胺法测纤维素的聚合度

[实验目的]

(1) 加深对用黏度法表征聚合物相对分子质量原理的理解。
(2) 熟悉铜乙二胺溶液的配制与标定。
(3) 掌握用铜乙二胺法测量纤维素的平均聚合度的实验技术。

[实验原理]

测定纤维素聚合度的方法很多,其中最古老的是铜氨溶液黏度法,这个方法有很多缺点,如铜氨溶液不易制备、不稳定、空气和光会使溶于铜氨溶液中的纤维素发生降解等。因而,现在逐渐采用铜乙二胺做溶剂。

高分子溶液的相对黏度(η_{sp})为:

$$\eta_{sp} = \frac{t - t_0}{t_0} = \eta_r - 1 \tag{6-24}$$

式中 t——试样溶液流出时间,s;

t_0——空白铜乙二胺溶液流出时间,s;

η_r——相对黏度。

由相对黏度计算特性黏度时,一般均采用外推法,即分别制成不同浓度的试样溶液若干,各测定其相对黏度 η_{sp},以 η_{sp}/c 对浓度 c 作图,得到一直线,用外推法推算到浓度为零时的截距,即得特性黏度 $[\eta]$。此外,还有马丁公式(Martin's equation)、哈金斯公式(Huggin's equation)和舒兹-布拉施克公式(Schulz-Blaschke's equation)等三种常用公式可以得出特性黏度。

舒兹-布拉施克公式为:

$$\frac{\eta_{sp}}{c} = [\eta] + k'''[\eta]\eta_{sp} \tag{6-25}$$

即

$$[\eta] = \frac{\eta_{sp}}{c} \frac{1}{1 + k'''\eta_{sp}} \tag{6-26}$$

由文献可得纤维素铜氨溶液的 $k''' = 0.28$,铜乙二胺溶液的 $k''' = 0.29$,而酒石酸铁钠(EWNN)法的 $k''' = 0.30$。因此,只用一个浓度的试样溶液即可得到特性黏度的值。由此可见,选择舒兹-布拉施克公式可以直接快速地求得特性黏度,从而减少计算量和实验量。

由特性黏度通过式(6-27)和式(6-28)即可求得纤维素的平均聚合度:

$$M_\eta = ([\eta]/0.0116)^{1/0.83} \tag{6-27}$$

$$\overline{DP} = M_\eta/162 \tag{6-28}$$

[实验试剂和仪器]

(1) 主要实验试剂:蒸馏水;硫酸铜(化学纯);浓氨水;氢氧化钠;乙二胺;1%

酚酞；盐酸；甲基橙；碘化钾；硫代硫酸钠；纤维素。

（2）主要实验仪器：乌式黏度计；熔砂漏斗；分析天平；恒温水槽一套；秒表；烧杯；移液管（5mL、10mL各1支）；玻璃砂芯漏斗2个；容量瓶；乳胶管。

[**实验步骤**]

（1）铜乙二胺溶液的配制。

将250g硫酸铜溶于2L热蒸馏水中，加热至沸，慢慢加入浓氨水（约115mL），至溶液呈淡紫色，静置使沉淀下沉，用倾泻法洗涤沉淀，先用热蒸馏水洗4次，再用冷蒸馏水洗两次，每次用1000mL蒸馏水。将糊状沉淀冷却至20℃以下，在剧烈搅拌下慢慢加入800mL冷的约100g/L的氢氧化钠溶液，以倾泻法用蒸馏水洗涤沉淀出的氢氧化铜，至洗液用酚酞指示剂检验无色为止。在不断搅拌下，慢慢向糊状沉淀中加入110g乙二胺（100%），使之溶解。加入时注意保持温度低于20℃（最好低于10℃），然后用水稀释至800mL，摇匀，置于带塞的棕色瓶中。配好的溶液静置2~3天，使之成为铜乙二胺溶液，然后用虹吸法吸取上部清液置于棕色瓶中，必备标定。

（2）铜乙二胺溶液的标定。

用移液管吸取25mL配好的溶液于250mL容量瓶中，用水稀释至刻度。用移液管吸取25mL稀释液，置入500mL带磨口塞的锥形瓶中，加入25mL盐酸标准溶液$(c(HCl) = 1mol/L)$及30mL 10%的碘化钾溶液，摇匀后，立即用硫代硫酸钠标准溶液$(c(Na_2S_2O_3) = 0.10mol/L)$滴定至棕色几乎消失时，加入1g硫氰酸胺及淀粉指示剂，继续滴定至蓝色消失为止，记录所用硫代硫酸钠体积。

向上述溶液中各多加5滴硫代硫酸钠，再加入200mL水，摇匀加入甲基橙指示剂，用$(c(NaOH) = 1mol/L)$滴定至显黄色即为终点。

铜乙二胺浓度调整过程中的铜浓度、乙二胺浓度、铜与乙二胺的摩尔比的计算式如下：

铜浓度$y(mol/mL)$：

$$y = \frac{c(Na_2S_2O_3)V(Na_2S_2O_3)}{V(铜乙二胺) \times \frac{25}{250}}$$

乙二胺的浓度$x(mol/mL)$：

$$x = \frac{c(HCl)V(HCl) - 2c(Na_2S_2O_3)V(Na_2S_2O_3) - c(NaOH)V(NaOH)}{2V(铜乙二胺) \times \frac{25}{250}}$$

铜与乙二胺的摩尔比：

$$R = \frac{x}{y}$$

适宜的浓度应为：铜浓度为1mol/L，R值要求为2.00 ± 0.04。当$R < 2$，铜浓度大于1mol/L时，说明乙二胺和水的量不够。

添加的乙二胺的量（mL）：

$$V(En) = (2y - x) \times \frac{0.06 \times V}{w(En)}$$

添加的水的量（mL）：

$$V(H_2O) = yV - V(En) - V$$

式中　$c(Na_2S_2O_3)$——硫代硫酸钠溶液的浓度，mol/L；

$\quad\quad V(Na_2S_2O_3)$——标定时加入的硫代硫酸钠溶液的体积，L；

$\quad\quad w(En)$——乙二胺的质量分数，%；

$\quad\quad V$——铜乙二胺的体积，mL。

（3）纤维素黏度的测定。

1）洗涤玻璃仪器。

2）高分子溶液配置。

准确称取纤维素 0.05g 左右，用铜乙二胺溶液（20mL）使其全部溶解，溶解尽量隔绝空气，以防止溶液中纤维素发生降解作用。

3）溶液流出时间测定。

4）稀释法测一系列溶液的流出时间。

5）纯溶剂流出时间测定。

［实验结果分析和讨论］

（1）记录数据。

纯溶剂流出时间 $t_0(s)$：

试样浓度 $c_0(g/mL)$：

计算 $\overline{DP}$，填写下表：

序　号	1	2	3
溶液流出时间/s			
η_{sp}			
$[\eta]$			
M_η			
$\overline{DP}$			

（2）铜乙二胺法测纤维素的聚合度是相对法还是绝对法？

参 考 文 献

[1] 上海第五印染厂. 铜乙二胺法测定棉纤维的聚合度[J]. 测试方法与仪器，1976，6：28~32.

[2] 黄茂福. 对铜乙二胺法测试棉纤维素聚合度一文的补充[J]. 测试方法与仪器. 印染，1979，1：25~29.

[3] Barthel S, Heinze T. Acylation and carbanilation of cellulose in ionic liquids[J]. Green Chem. , 2006，8：301~306.

[4] Brandrup J, et al. Polymer Handbook[M]. New York：Wiley，1989.

实验 53　热塑性聚合物熔体流动速率和流动活化能的测定

[实验目的]

（1）了解热塑性塑料熔体流动速率的实质及其测定意义。

（2）学会使用熔体流动速率测试仪。

（3）掌握测定聚烯烃树脂熔体流动速率的实验技术。

[实验原理]

聚合物的流动性是成型加工时必须考虑的一个重要因素，不同的用途、不同的加工方法对聚合物的流动件有不同的要求，对选择加工温度、压力和加工时间等加工工艺参数都有实际意义。

衡量聚合物流动性的指标主要有熔体流动速率、表观黏度、流动长度、可塑度、门尼黏度等多种方式。大多数的热塑性树脂都可以用它的熔体流动速率来表示其黏流态时的流动性能。而热敏性聚氯乙烯树脂通常是通过测定其二氯乙烷溶液的绝对黏度来表示其流动性能。热固性树脂多数是含有反应活性官能团的低聚物，常用落球黏度或滴落温度来衡量其流动性。热固性塑料的流动性，通常是用拉西格流程法测量流动长度来表示其流动性的。橡胶的加工流动性常用威廉可塑度和门尼黏度等表示。

熔体流动速率（MFR），又称为熔融指数（MI），是指热塑性树脂在一定的温度、压力条件下，熔体每 10min 通过规定毛细管时的质量，其单位是 g/10min。对于一定结构的聚合物也可以用 MFR 来衡量其相对分子质量的高低，MFR 越小，其相对分子质量越大，成型工艺性能就越差；反之，MFR 越大，表明其相对分子质量越低，成型时的流动性能越好，即加工性能好，但成型后所得制品主要的物理力学性能和耐老化等性能是随 MFR 的增大而降低的。以聚乙烯为例，其相对分子质量、熔体流动速率与熔融黏度之间的关系见表 6-2。

表 6-2　聚乙烯相对分子质量、熔体流动速率与熔融黏度

数均相对分子质量（$\overline{M}_n$）	熔体流动速率/g·10min^{-1}	熔融黏度（190℃）/Pa·s
19000	170	45
21000	70	110
24000	21	360
28000	6.1	1200
32000	1.8	4200
48000	0.25	30000
53000	0.005	1500000

用熔体流动速率仪测定熔融高聚物的流动性，是在给定的剪切速率下测定其黏度参数

的一种简易方法。ASTM D12138 规定了常用聚合物的测试方法，测试条件包括：温度范围为 125~300℃，负荷范围为 0.325~21.6kg（相应的压力范围为 0.046~3.04MPa）。在这样的测试范围内，MFR 值在 0.15~25 之间的测量是可信的。

熔体流动速率 MFR 的计算公式为：

$$MFR = \frac{600 \times W}{t}$$

式中   MFR——熔体流动速率，g/10min；

W——样条段质量（算术平均值），g；

t——切割样条段所需时间，s。

测定不同结构的树脂熔体流动速率，所选择的测试温度、负荷压强、试样的用量以及实验时取样的时间等都有所不同。我国目前常用的标准见表 6-3。

表 6-3   我国目前常用的标准

树脂名称	标准口模内径/mm	实验温度/℃	压力/MPa	负荷/kg
PE	2.095	190	0.304	2.160
PP	2.095	230	0.304	2.160
PS	2.095	190	0.703	5.000
PC	2.095	300	0.169	1.200
POM	2.095	190	0.304	2.160
ABS	2.095	200	0.703	5.000
PA	2.095	230，275	0.304，0.046	2.160，0.325

MFR 与试样用量和实验取样时间的关系见表 6-4。

表 6-4   MFR 与试样用量和实验取样时间

MFR/g·10min^{-1}	试样用量/g	取样时间/s
0.1~0.5	3~4	240
0.5~1.0	3~4	120
1.0~3.5	4~5	60
3.5~10.0	6~8	30
10.0~25.0	6~8	10

熔体流动速率是在标准的仪器上测定的，该仪器实质是毛细管式塑性挤出器。MFR 值是在低剪切速率（2~50s^{-1}）下获得的，因此不存在广泛的应力-应变关系，仅能用来研究熔体黏度与温度、黏度与剪切速率的依赖关系，仅能作为比较同类结构的高聚物的相对分子质量或熔体黏度的相对数值。

聚合物的熔体流动速率对温度有依赖性。刚性链聚合物的流动活化能比较大，温度对熔体流动速率的影响比较明显。随温度升高，熔体流动速率大幅度增加。刚性链聚合物可称为"温敏性聚合物"。对柔性链聚合物，由于流动活化能比较低，所以温度对聚合物熔体流动速率的影响比较小。

根据聚合物熔体黏度与温度的关系式（Arrhenius 公式）：

$$\eta = A_0 e^{\frac{\Delta E_\eta}{RT}} \tag{6-29}$$

式中　ΔE_η——流动活化能；

A_0——与聚合物结构有关的常数。

同时，根据聚合物熔体在毛细管中流动的黏度与毛细管两端压差的关系式（Poiseuille公式）：

$$\eta = \frac{\pi R^4 \Delta p}{8 Q l} \tag{6-30}$$

式中　R，l——分别为毛细管的半径和长度；

Δp——毛细管两端的压差；

Q——熔体的体积流动速率。

由熔体流动速率与熔体密度 ρ 的关系，熔体的体积流动速度可以表示为（也可参考GB/T 3682—2000）：

$$Q = MFR/600\rho \tag{6-31}$$

综合式(6-29)、式(6-30)、式(6-31)，可以得到：

$$MFR \times e^{\frac{\Delta E_\eta}{RT}} = \frac{75\pi R^4 \Delta p \rho}{A_0 l} \tag{6-32}$$

将式(6-32)两边取自然对数：

$$\ln(MFR) = \ln B - \frac{\Delta E_\eta}{RT} \tag{6-33}$$

式中，$B = \dfrac{75\pi R^4 \Delta p \rho}{A_0 l}$。

由式（6-33）可见，测定聚合物在不同温度下的熔体流动速率 MFR，以 $\ln(MFR)$ 对 $1/T$ 作图可得到一条直线，由直线的斜率可求得聚合物的流动活化能 ΔE_η。

［实验试剂和仪器］

（1）主要实验试剂：PP，可以是颗粒或粉料等。

（2）主要实验仪器：SRSY1 熔体流动速率仪，其基本结构如图 6-8 所示，由主机和加热温控系统组成；红外线灯；天平。

［实验步骤］

（1）准备工作。

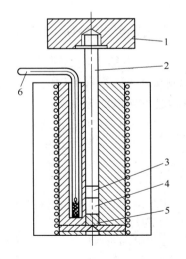

图 6-8　熔体流动速率仪的基本结构
1—砝码；2—活塞杆；3—活塞；4—料筒；
5—标准毛细管；6—温度计

1）熟悉熔体流动速率仪，检查仪器是否水平，料筒、活塞杆、毛细管口模是否清洁。

2）样品准备，干燥 PP 或 HDPE 树脂，常用红外线灯照烘。

3）样品称量，按被测样品的牌号确定称取试样的质量，用天平称量。

（2）熔体流动速率的测定。

1）开启电源，指示灯亮，表示仪器通电。

2）开启升温开关，设定控温值为220℃，直到达到所需的温度为止。

3）将料筒、毛细管口模装好和活塞杆一同置于炉体中，恒温 10～15min。

4）待温度平衡后，取出活塞杆，往料筒内倒入称量好的 PP 树脂。然后用活塞杆把树脂压实，尽可能减少空隙，去除样品中的空气，最后在活塞杆上固定好导套。

5）预热 5min 后，在活塞杆的顶部装上 2.160kg 负荷砝码，熔化的试样即从出料口小孔挤出。切去开始挤出的约 15cm 左右的料头（可能含有气泡的一段），然后开始计时，每隔 60s 取一个料段，连续切取 5 个料段（含有气泡的料段应弃去）。对每个样品应平行测定两次。

6）测试完毕，挤出料筒内余料，趁热将料筒、活塞杆和毛细管口模用软布清洗干净，不允许挤出系统各部件有树脂熔体的残余黏附现象。

7）清理后切断电源。

（3）改变温度，分别测量225℃、230℃、235℃、240℃的流动速率。

［注意事项］

（1）料筒、压料活塞杆和毛细管口模等部件尺寸精密、粗糙度低，因此实验时始终要小心谨慎，严禁落地及碰撞等导致弯曲变形；清洗时切忌强力，以防擦伤。

（2）实验和清洗时要戴手套，以防止烫伤。

（3）实验结束挤出余料时，动作要轻，切忌以强力施加在砝码之上，防止仪器的损坏。

［实验结果分析和讨论］

（1）将每次测试所取得的 5 个无气泡的切割段分别在精密天平上称重（精确至 0.0001g），取算术平均值。计算熔体流动速率（几个切割段质量的最大值和最小值之差不得超过平均值的 10%）。

（2）若两次测定之间或同一次的各段之间的质量差别较大，应找出原因。

（3）根据实验原理中的公式（6-33），计算流动活化能。

参 考 文 献

［1］尹华涛，江波. 共挤出机头中的聚合物熔体流动分析［J］. 现代塑料加工应用，2003，15（4）：44～47.

［2］张先明，陆永胜，贾毅. 片材机头内聚合物熔体流动的模拟分析［J］. 塑料科技，2003：17～21.

［3］王佩璋，李树新. 高分子科学实验［M］. 北京：中国石化出版社，2008.

实验 54　光学解偏振法测聚合物的结晶速率

[实验目的]

（1）加深对聚合物的结晶动力学特征的认识。
（2）了解光学解偏振法测定结晶速度的基本原理。
（3）熟悉 JJY-3 型结晶速度仪的操作。
（4）掌握光学解偏振法测定等规聚丙烯聚合物的结晶速率的实验技术。

[实验原理]

聚合物的结晶过程是聚合物分子链由无序的排列转变成在三度空间中有规则的排列。结晶的条件不同，晶体的形态及大小也不同，结晶过程是高分子材料加工成型过程中的一个重要环节，它直接影响制品的使用性能。因此，对聚合物结晶速度的研究和测定具有重要的意义。

测定聚合物等温结晶速度的方法很多，其原理都是基于对伴随结晶过程的热力学、物理或力学性质变化的测定，如比容、红外、X 射线衍射、广谱核磁共振、双折射法都是如此。本实验采用光学解偏振法，它具有制样简便、操作容易、结晶温度平衡快、实验重复性好等优点。

熔融态结晶的聚合物大多数都给出球晶结构。通过电子显微镜观察球晶长大的过程，起始晶核先转变成一个小的微纤维，在结晶的过程中，它又以一些匀称的空间角度向外支化出微纤束，当长得足够大时，这些微纤束就构成球状结晶。电子衍射实验证明了球晶中分子链（c 轴）总是垂直于球晶的半径方向，而 b 轴总是沿着球晶半径方向，如图 6-9 所示。

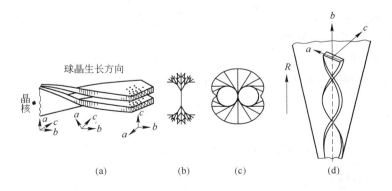

图 6-9　聚乙烯球晶生长示意图

（a）晶片的排列与分子链的取向（其中 a、b、c 轴表示单位晶胞在各方向上的取向）；
（b）球晶生长；（c）成长的球晶；（d）球晶中晶轴的取向

分子链的取向排列使球晶在光学性质上是各向异性的，都会发生双折射。光学解偏振法是根据聚合物结晶过程中伴随着双折射性质变化的原理，即由置于正交偏光镜之间的聚合物熔体结晶时产生的解偏振光强度变化来确定结晶速度。

实验测定等温结晶的解偏振光强-时间曲线（见图6-10），从图6-10中可以看出，在达到样品的热平衡时间后，首先是结晶速度很慢的诱导期，在此期间没有透过光的解偏振发生，而随着结晶开始，解偏振光强的增强越来越快，以指数函数形式增大到某一数值后又逐渐减小，直到趋近一个平衡值。对于聚合物而言，因链段松弛时间范围很宽，结晶终了往往需要很长时间，为了实验测量的方便，通常采用 $\dfrac{1}{t_{\frac{1}{2}}}$ 作为表征聚合物结晶速度的参数。$\dfrac{1}{t_{\frac{1}{2}}}$ 可从图中直接求得，即令 $(I_\infty - I_t)/(I_\infty - I_0) = 1/2$，则 t 称为半结晶期。

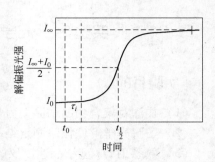

图 6-10 等温结晶曲线

t_0—热平衡时间；τ_i—诱导期；
I_0—结晶开始时的解偏振光强度；
I_∞—结晶终了时的解偏振光强度

根据过冷熔体本体结晶的球状对称生长理论，阿夫拉米（Avrami）指出，聚合物结晶过程可用下面的方程式描述：

$$1 - C = e^{-Kt^n} \tag{6-34}$$

式中　C——t 时刻的结晶度；

　　　K——与成核及核成长有关的结晶速度常数；

　　　n——Avrami 指数，为整数，它与成核机理和生长方式有关。

因为结晶速度与透射光的解偏振光强成正比，所以可将描述过冷聚合物熔体等温结晶过程的 Avrami 方程推广到光学解偏振法中来：

$$\frac{I_\infty - I_t}{I_\infty - I_0} = \exp(-Kt^n) \tag{6-35}$$

式中　I_0，I_t，I_∞——分别为结晶开始时刻 t_0、结晶进行到时刻 t 和结晶终了（时刻 t_∞）时的解偏振光强度。

式(6-35)等号左边的物理意义是在时刻 t 对未结晶相的质量分数。

把式(6-35)取两次对数，可用来估算结晶动力学数据：

$$\lg\left[-\ln\left(\frac{I_\infty - I_t}{I_\infty - I_0}\right)\right] = \lg K + n\lg t \tag{6-36}$$

若将式(6-36)左边对 $\lg t$ 做图得一条直线，其斜率为阿夫拉米指数 n，截距就是 $\lg K$。

[实验试剂与仪器]

（1）主要实验试剂：等规聚丙烯粒料。

（2）主要实验仪器：JJY-3 型结晶速度仪。

[实验步骤]

（1）接通记录仪电源，指示灯亮，将记录笔2（蓝笔，记录光强）的开关拨至工作位置，记录纸变速旋钮置于所需的速度挡。

（2）打开 JJY-3 型结晶速度仪顶盖上的小门，把上光路系统竖放在结晶炉上，使小门上的电源接头与上光路系统灯座保持良好的接触。

（3）打开结晶速度仪前面板右侧的小室门，取出保温瓶（0.225kg），放入碎冰块（约占总容积的 2/3），加入水（占容积的 4/5）后，把热电偶冷端插入瓶内，放回小室。

（4）把熔化炉控温表的上限指针调至 250℃ 位置。在控制结晶炉温度的 DWT-702 精密温度自动控制仪的毫伏盘上选定实验温度对应的毫伏数，本实验条件见表 6-5。

表 6-5　本实验条件

顺　序	结晶温度		记录纸速度		一次实验时间/min
	℃	mV	起始速度/mm·s^{-1}	光强增加减慢后的速度/mm·min^{-1}	
1	80	3.26	15	30	5
2	90	3.68	15	30	5
3	100	4.10	8	16	6
4	110	4.51	2	4	7
5	120	4.92	30mm/min		8

（5）总电源开关、熔化炉开关拨至"开"，控温表温度指针与上限指针相一致后就自动稳定在该温度（±5℃）。

（6）熔化炉温度达到 250℃ 后，在熔化炉顶部的制样台上制各实验样品。先放入一片盖玻片，在其正中位置放上半颗聚丙烯粒料，再覆盖一片盖玻片。待粒料熔融后，用软木塞压扁熔体成薄膜，厚度为 0.1～0.2mm，直径约 15mm，膜的厚薄均匀，两盖片边缘对齐。

（7）把"结晶炉"控制开关拨至"控温"（若温度在 150℃ 以上，则先拨至"升温"，待接近预定温度再拨至"控温"），"偏差"开关拨至"±50℃"，"手动-自动"开关选择"自动"。然后把控温仪电源开关至"开"位置。待结晶炉升至预定温度后，可将"偏差"开关拨至"±10℃"。当偏差只在"0"值附近微动，表明结晶炉温度达到平衡状态。（（6）、（7）可同时进行）

（8）开"光路电源"，此时光电倍增管的电压表指针在 800V 左右，光源电压表指针在 1.5V 左右、缓慢转动上光路系统，使记录笔 2 指向最小值，表明起偏镜和检偏镜处于正交位置。

（9）熔化时间由时间选择开关预先设定，本实验的熔化时间控制在 30s（若熔化时间处于范围之外，可将该开关放在"触发"位置，然后当样品进入熔化炉开始计时，达到指定熔化时间立即按下"手控按钮"，样品便进入结晶炉）。拉动"样品位置"控制装置的拉线，使导轨上的样品限位框恰好停留在熔化炉和结晶炉之间的通道上，用镊子轻轻放入制备好的样品，平贴在限位框底部，小心地将拉线回弹轻拉几次，试探样品能否畅通地出入结晶炉，最后再将样品拉入熔化炉内，此时，"熔化炉"位置指示灯亮，可将记录纸速度置于所需的位置上。

（10）达到熔化时间后，样品自动弹入结晶炉内，此时"结晶炉"位置指示灯亮。在样品进入结晶炉 2s（即假定试样温度与结晶炉温度基本平衡）时，标记电路发出脉冲信号使记录笔 2 在记录纸上划出标记，其与基线相交点定为时间零即 t_0，其后，在记录纸上自动给出等温结晶曲线（解偏振光强-时间曲线）。若整个结晶过程的解偏振光强信号过大或过小，可以通过光"粗调"旋钮和"细调"旋钮调节到在记录纸上的适当幅度后，再重新测定等温结晶曲线。

（11）在变换结晶炉温度和在较长时间内不需检测光强时，应随时关闭光路电源，以保护光电倍增管的使用寿命。接着先将"偏差"开关拨至"±50℃"位置，然后再拨动数字显示转轮至所需毫伏数。重复（7）、（8）、（9）、（10）操作步骤。

（12）实验完毕后，"样品位置"控制装置的拉线应让其缩回（即处于"结晶炉"位置）；关闭"光路电源"开关，控温仪"偏差"开关拨至"±50℃"位置后关闭其电源开关，再关闭结晶速度仪的"熔化炉"和"总电源"开关；记录纸变速开关应在"停"位置，关闭其电源开关，倒去瓶内的冰水。待炉子冷至室温后，取掉上光路系统装入箱内，结晶炉顶部盖上遮光板，合上仪器顶盖的小门。

［实验结果分析和讨论］

（1）从一系列温度下的解偏振光强-时间曲线上找出半结晶期$\left(即 \dfrac{I_0 + I_\infty}{2} 对应的时间或 \dfrac{I_\infty - I_t}{I_\infty - I_0} = \dfrac{1}{2} 对应的时间\right)$，并计算其倒数，填入下表：

结晶温度/℃	80	90	100	110	120
$t_{1/2}/s$					
$\dfrac{1}{t_{1/2}}/s^{-1}$					

（2）利用数据处理（1）中120℃的数据，做 $\lg\left[-\ln\left(\dfrac{I_\infty - I_t}{I_\infty - I_0}\right)\right]$ 对 $\lg t$ 的 Avrami 图，并由直线斜率求出 Avrami 指数 n。

（3）聚合物的结晶速度与哪些因素有关？

（4）根据实验图分析结晶温度对结晶速度的影响。

参 考 文 献

［1］复旦大学高分子科学系高分子科学研究所 . 高分子实验技术(修订版)［M］. 上海：复旦大学出版社，1998.

［2］陈稀，黄象安 . 化学纤维实验教程［M］. 保定：纺织工业出版社，1983.

实验 55　聚合物的蠕变曲线测定

[**实验目的**]

（1）加深对测定聚合物的蠕变曲线原理的理解，了解蠕变曲线各部分的含义。

（2）掌握用拉伸法测定聚合物蠕变曲线的实验技术。

[**实验原理**]

蠕变是指在一定的温度和较小的恒定应力作用下，材料的应变随时间的增加而增大的现象。例如，软质 PVC 丝钩着一定质量的砝码，就会慢慢地伸长；解下砝码后，PVC 丝会慢慢地回缩。这就是软质 PVC 丝的蠕变和回复现象。通常，蠕变曲线代表三部分贡献的叠加：

（1）理想的弹性即瞬时的响应，以 ε_1 表示，是可逆的。

（2）推迟弹性形变即滞弹部分，以 ε_2 表示，是可逆的。推迟弹性形变发展的时间函数具体形式可由实验确定或者理论推导得出。

（3）黏性流动，以 ε_3 表示，是不可逆的。其表达式可写成：

$$\varepsilon_3 = \frac{\sigma_0}{\eta} t$$

式中　η——本体黏度。

以上三种形变的相对比例依具体条件不同而不同。在非常短的时间内，仅有理想的弹性形变（虎克弹性）ε_1，形变很小。随着时间延长，蠕变速度开始增加很快，然后逐渐变慢，最后基本达到平衡。这一部分总的形变除了理想的弹性形变 ε_1 以外，主要是推迟弹性形变 ε_2，当然，也存在着随时间增加而增大的极少量的黏流形变 ε_3。加载时间很长，推迟弹性形变 ε_2 已充分发展，达到平衡值，最后是纯的黏流形变 ε_3。这一部分总的形变包括 ε_1、ε_2、ε_3 的贡献。

蠕变回复曲线中，理想弹性形变 ε_1 瞬时恢复，推迟弹性形变 ε_2 逐渐恢复，最后保留黏流形变 ε_3。

通过蠕变曲线最后一段直线的斜率，可以计算材料的本体黏度，或者由回复曲线得到 ε_0，然后按 $\eta = \dfrac{\sigma_0(t_2 - t_1)}{\varepsilon_3}$ 计算。

[**实验试剂和仪器**]

（1）主要实验试剂：聚乙烯薄膜（或聚氯乙烯薄膜）。

（2）主要实验仪器：拉伸蠕变仪。

[**实验步骤**]

（1）剪裁条状尺寸为 25cm×1cm 的样品，测定厚度。

（2）将薄膜固定在卡具上，用刻度尺在卡具之间取 20cm 作为测试长度，并做好标记。

（3）在下卡具上加载砝码，记录瞬时形变，并每隔 5min 读取一次形变值，直到形变变化率不变或形变变化曲线斜率稳定。

（4）取下砝码，记录瞬间恢复，并记录相应的时间，随后每隔 5min 读取一次形变值和时间。当形变不再变化，即可结束实验。

［实验结果分析和讨论］

（1）根据实验数据，作 $\varepsilon\text{-}t$ 曲线。

（2）用两种方法分别计算本体黏度。

（3）非晶聚合物、交联聚合物和晶态聚合物的蠕变行为有何不同？

（4）研究蠕变有什么实际意义？

参 考 文 献

［1］刘喜军，杨秀英，王慧敏. 高分子实验教程［M］. 哈尔滨：东北林业大学出版社，2000.

实验56 聚合物的温度-形变曲线测定

[**实验目的**]

（1）加深对线形非晶态聚合物具有三个力学状态和两个转变温度的理解。

（2）掌握测定非晶态聚合物温度-形变曲线的实验技术。

（3）掌握聚合物温度-形变曲线各区的划分及玻璃化转变温度 T_g、黏流温度 T_f 的确定方法。

[**实验原理**]

温度是影响聚合物理力学性能的重要参数。随着温度从低到高，聚合物的许多性能都发生了很大变化。在玻璃态向高弹态的转变温度区域，玻璃化转变温度 T_g 会发生突变。事实上，聚合物的三种力学状态——玻璃态、橡胶态和黏流态就是依据温度不同而呈现的。而性能敏感区域与人们日常生活中的温度范围大致吻合，因此了解聚合物性能对温度的依赖性对聚合物的实际使用也是极为重要的。

此外，聚合物的力学性能是分子运动的宏观表现，温度对分子运动的影响是众所周知的。通过研究温度对聚合物力学性能影响，可以了解聚合物力学性能的分子本质。

工业上常采用马丁耐热和维卡耐热来测定温度对聚合物力学性能的影响，并以此作为材料耐热指标。但这些方法没有明确的物理意义，不能全面反映聚合物的性能——温度依赖性。因此，通常采取形变-温度曲线、模量-温度曲线和动态力学性能来研究聚合物的力学性能——温度依赖性。

当线形非晶聚合物受到一定外载荷作用时，受载聚合物形变与温度的关系就是聚合物的形变-温度曲线。整个曲线分为4个区域，如图6-11所示。

聚合物的形变-温度曲线不但可以用来了解聚合物三种力学状态、玻璃化转变温度 T_g 和黏流温度 T_f，还可以用来定性地判断聚合物的相对分子质量大小、增塑剂含量以及链结构和超分子结构（是交联聚合物还是线形聚合物，是晶态聚合物还是非晶态聚合物，聚合物

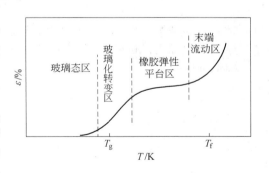

图6-11 聚合物的形变-温度曲线

是否发生热分解、热交联）。一般相对分子质量很小时，没有出现 T_g，其 T_f 随相对分子质量增大而上升。当相对分子质量达到一定程度时出现 T_g，呈现出了橡胶态，T_g 随相对分子质量变化就不明显了，但橡胶态平台区将随相对分子质量增大而变宽。对于晶态聚合物，当 $T_m < T_f$ 时（如相对分子质量很大时），在 T_m 以下都呈现出近似玻璃态的状态，直到 T_m 后，呈现出高弹态；否则，则 T_m 以上直接进入黏流态，而交联聚合物没有黏流态。对于含有增塑剂的聚合物，一般随增塑剂含量上升 T_g 下降。而当出现热分解或者交联时，都会导致形变曲线上的某种突变。

［实验试剂和仪器］

（1）主要实验试剂：聚甲基丙烯酸甲酯（PMMA）；聚氯乙烯（PVC）。
（2）主要实验仪器：温度-形变仪；砝码。

［实验步骤］

（1）确定测量条件：根据压杆接触的面积和砝码重量计算载荷；选择升温速度 2 ~ 5℃/min。
（2）检查仪器正常与否。
（3）称量砝码，装样品。
（4）调节记录系统使其正常工作。
（5）接通加热电源，并放下记录笔，开始记录。
（6）关闭电源，取出样品，观察变形情况。
（7）待炉子冷却后，重复实验。

［实验结果分析和讨论］

（1）记录实验数据（温度、形变高度、形变量），做形变-温度曲线。
（2）由形变-温度曲线计算玻璃化转变温度 T_g 和黏流温度 T_f。
（3）聚合物的形变温度曲线对加工工艺和实际应用有何意义？
（4）了解结构因素如相对分子质量、交联和结晶等对聚合物形变-温度曲线的影响。
（5）为何此法所测玻璃化转变温度 T_g 和黏流温度 T_f 只是一个相对参考值？

参 考 文 献

［1］刘喜军，杨秀英，王慧敏. 高分子实验教程［M］. 哈尔滨：东北林业大学出版社，2000.
［2］张爽男，李景庆，田晓明，等. 间歇加力聚合物温度形变曲线测定仪的研制［J］. 高分子通报，2004：103 ~ 108.

实验57 膨胀计法测聚合物的玻璃化转变温度

[实验目的]

(1) 加深对聚合物自由体积和玻璃化转变温度概念的理解。
(2) 掌握膨胀计法测定聚合物玻璃化转变温度的实验技术。
(3) 了解升温速度对玻璃化转变温度的影响。

[实验原理]

聚合物具有玻璃化转变现象,对非晶聚合物而言,其玻璃化转变是从玻璃态到高弹态的转变;对晶态聚合物而言,其玻璃化转变是指其中非晶部分的转变。

玻璃化转变温度 T_g 是聚合物的特征温度之一,可以作为聚合物的表征指标。对非晶态热塑性塑料来说,T_g 是其使用的上限的温度;而对橡胶来说,T_g 是其使用的下限温度。发生玻璃化转变时,除模量快速变化 $3\sim4$ 个数量级外,其他如体积、热力学性质、电磁性质等均会发生明显的变化。

聚合物玻璃化转变现象的本质主要有两种观点,一种观点认为玻璃化转变是一个松弛过程,另一种观点认为其本质是一个热力学二级相变,而实验观察到的 T_g 是需要无限长时间的热力学转变温度的一个表现。

实验表明,玻璃化转变与涉及约含 $20\sim50$ 个主链碳原子的链段运动有关。自由体积理论认为,在玻璃化态下,由于链段和自由体积均被冻结,聚合物随温度升高而发生的膨胀只是由于正常的分子膨胀过程造成的,而在 T_g 以上,除了正常的分子膨胀过程外,还有自由体积的膨胀,因此膨胀系数变大。

T_g 受升温速度等外界条件影响,同时也与本身结构有关,T_g 与相对分子质量关系如下:

$$T_g = T_g(\infty) - \frac{K}{M_n}$$

式中　$T_g(\infty)$——相对分子质量无穷大时的玻璃化转变温度;

　　　　K——常数。

膨胀计法是测定聚合物玻璃化转变温度最常用的方法,该法测定聚合物的比体积与温度的关系。聚合物在 T_g 以下时,链段运动被冻结,热膨胀机理主要是克服原子间的主价力和次价力,膨胀系数较小;在 T_g 以上时,链段开始运动,分子链本身也发生膨胀,膨胀系数较大,T_g 时比体积-温度曲线出现转折。

膨胀计如图 6-12 所示。在膨胀计中装入一定量的试样,然后抽真空,在负压下充入水银。将此装置放入恒温油浴中,以一定速率升温或降温(通常采用的速率标准是3℃/min),记录水银柱高度随温度的变化。

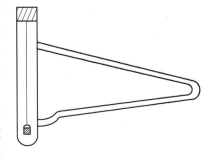

图 6-12　膨胀计示意图

因为在 T_g 前后试样的比体积发生突变，所以比体积-温度曲线将发生偏折，将曲线两端的直线部分外推，其交点即为 T_g。

[实验试剂和仪器]

（1）主要实验试剂：颗粒状尼龙6；丙三醇。

（2）主要实验仪器：膨胀计；水浴及加热器；温度计（250℃）。

[实验步骤]

（1）洗净膨胀计，烘干。装入待测样品至比重瓶的4/5体积。

（2）在膨胀管内加入丙三醇作为介质，用玻璃棒搅动使膨胀管内没有气泡。

（3）加入丙三醇至比重瓶口，插入毛细管。如果管内发现有气泡要重新装。

（4）将装好的膨胀计浸入水浴中，控制水浴升温速度为1℃/min。

（5）读取水浴温度 T 和毛细管内丙三醇液面高度 h。

（6）将膨胀计冷却后，再在升温速度为2℃/min的热水浴中读取温度和毛细管内液面的高度。

[实验结果分析和讨论]

（1）作 T-h 图，读取 T_g。

（2）为什么用不同的方法测得的玻璃化转变温度是不能相互比较的？

（3）测量聚合物的玻璃化转变温度还有什么方法？试述各方法的优缺点。

参 考 文 献

[1]　刘喜军，杨秀英，王慧敏．高分子实验教程[M]．哈尔滨：东北林业大学出版社，2000.

[2]　詹世平，陈淑花，刘华伟，等．用热膨胀法测量非晶态粉体的玻璃化转变温度[J]．食品科技，2005：102～104.

[3]　李健，张立德，曾汉民．非晶聚合物玻璃化转变温度 T_g 附近的转变过程[J]．材料研究学报，1997，11（1）：52～56.

实验58　高聚物熔融指数的测定

[**实验目的**]

（1）了解熔融指数仪的构造及使用方法。

（2）了解热塑性高聚物的流变性能在理论研究和生产实践上的意义。

[**实验原理**]

（1）熔融指数（MI）是指热塑性塑料在一定温度，一定压力下，熔体在10min时间内通过标准毛细管的质量，用g/10min来表示。它可用来区别各种热塑性高聚物在熔融态时的流动性。同一种高聚物是以熔融指数来比较高聚物相对分子质量大小，用来指导合成工作，一般来说，同一种类高聚物（结构一定），其熔融指数越小，相对分子质量就越高。反之，熔融指数越大，相对分子质量越小，加工时的流动性就好一些。但是从熔融指数仪中得到的流动性数据是在较低切变速率下获得的，而实际成型加工过程往往是在较高切变速率下进行的。因此，在实际加工工艺过程中，还要研究熔体黏度与温度切应力的依赖关系，对某一热塑性高聚物来讲，只有当熔融指数与加工条件、产品性能从经验上联系起来之后，才具有较多的实际意义。此外，由于结构不同的聚合物测定熔融指数时选择的温度、压力均不相同，黏度与相对分子质量之间的关系也不一样。因此，熔融指数只能表示同一结构聚合物在相对分子质量或流动性能方面的区别，而不能在结构不同的聚合物之间进行比较。

由于熔融指数仪及其测试方法的简易性，国内生产的热塑性树脂常附有熔融指数的指标。熔融指数测定已在国内外广泛应用。

（2）仪器构造（XRZ-400C型）。

熔融指数仪是一种简单的毛细管式的低切变速率下工作的仪器，熔融指数由主体和加热控制两个部分组成。

主体结构如图6-13所示，其中主要部分说明如下：

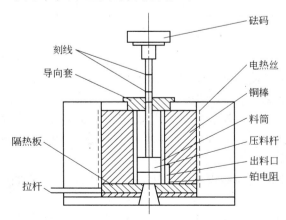

图6-13　熔融指数仪的主体结构

1）砝码：砝码质量应包括压料杆在内以便计算方便。

2）料筒：由不锈钢组成，长度为160mm，内径为(9.55±2.02)mm。

3）压料杆（压料活塞）：由不锈钢制成，长度为(210±0.1)mm，直径为9mm，杆上有相距30mm的刻线，为割取试样的起止线。

4）出料口：由钨钴合金制成，内径为(2.095±0.005)mm。

5）炉体：用导热快、热容量大的金属材料黄铜制成，中间长孔是放料筒的，铜体四周绕以电阻丝进行通电加热。筒体另开对称两长孔，一个长孔用来放置电阻做感温元件，提供控温讯号，另一长孔放置EA-2热电偶，与XCZ-101高温计连接，用来监视加热炉的温度。

6）控温系统由控温定值电桥、调制解调放大器、可控制及其触发电路组成。

7）温度数值由XCE-101高温计指示，也可利用测温插口外接电位差计或用温度计插入进行直接测温。后两种方法较精确。

（3）实验条件选择。

1）温度、负荷的选择：测试温度选择的依据，首先要考虑热塑性高聚物的流动温度。所选择温度必须高于所测材料的流动温度，但不能过高，否则易使材料在受热过程中分解。负荷选择要考虑到熔体黏度的大小（即熔融指数的大小），对黏度大的试样应取较大的负重，对黏度小的试样应取较小的负重。

根据美国ASTM（美国材料与试验协会标准）规定，对聚乙烯可用190℃/2160g或125℃/325g，对聚丙烯可用230℃/2160g。

2）试样量选择：试样是可以放入圆筒中的热塑性粉料、粒料、条状、条状薄片或模压块料。取样量和熔融指数（MI）关系见表6-6（供参考）。

表6-6　取样量和熔融指数的关系

熔融指数(MI)/g·(10min)$^{-1}$	试样量/g	毛细管孔径/mm	切取试条的间隔时间/min
0.1~1.0	2.5~3	2.095	6.00
1.0~3.5	3~5	2.095	3.00
3.5~10	5~8	2.095	1.00
10~20	4~8	2.095	0.50

[实验步骤]

（1）样品称取：样品使用前要恒温干燥除水，取聚乙烯4g选用190℃荷重2160g，聚丙烯4g选用230℃荷重2160g，分别进行测定。

（2）调整和恒温：接通电源，旋转"控温定值"旋钮到所选取的温度值（每一数码相当于50℃，每一小格相当于0.5℃），并注意温度校正，也可将水银温度计放入"测温孔"观察温度，调整旋钮到所需的温度值。

（3）装出料口：将活底板向里推进，然后由炉口将出料口垂直放下，如有阻力可用清料杆轻轻推到底。

（4）装料：温度稳定到定值后通过漏斗向料筒中装入称好的试样，用活塞杆将料压实，开始用秒表计时。

（5）取样：试样在料筒中经 5～6min 的熔融预热，装上导向套，在活塞顶部装上选定的负荷砝码，试样从出料口挤出。自柱塞第一道刻线与炉口平行时开始取样，到第二道刻线与炉口平行时取样截止。切取五个切割段：样品为聚乙烯，每隔 2min 切一段；样品为聚丙烯，每隔 3min 切一段。含有气泡的切割段应弃去。

（6）计算：取 5 个切割段，分别称其质量，并按下式计算熔融指数（MI，g/10min）：

$$MI = \frac{W \times 600}{t}$$

式中　W——五个切割段平均质量，g；

　　　t——取样间隔时间，s。

（7）清洗：测定完毕，挤出余料，拉出活底板。用清料杆由上推出出料口，将出料口各压料清洗干净。把清料杆安上手柄缠上棉纱清理料筒。

[实验结果分析和讨论]

（1）列出数据，并分别计算出聚乙烯、聚丙烯的 MI。

（2）讨论影响 MI 的主要因素。

第七章

高分子成型加工实验

实验 59　转矩流变仪实验

［实验目的］

（1）了解转矩流变仪的基本结构及其适应范围。
（2）熟悉转矩流变仪的工作原理及其使用方法。
（3）掌握聚氯乙烯（PVC）热稳定性的测试方法。

［实验原理］

物料被加入混炼室中，受到两个转子所施加的作用力，使物料在转子与室壁间进行混炼剪切，物料对转子凸棱施加反作用力，这个力由测力传感器测量，在经过机械分级的杠杆和臂转换成转矩值单位为 N·m 的读数，其转矩值的大小反映了物料黏度的大小。通过热电偶对转子温度的控制，可以得到不同温度下物料的黏度。

转矩数据与材料的黏度直接有关，但它不是绝对数据。绝对黏度只有在稳定的剪切速率下才能测得，在加工状态下材料是非牛顿流体，流动是非常复杂的湍流，有径向的流动也有轴向的流动，因此不可能将扭矩数据与绝对黏度对应起来。但这种相对数据能提供聚合物材料的有关加工性能的重要信息，这种信息是绝对法的流变仪得不到的。因此，实际上相对和绝对法的流变仪是互相协同的。从转矩流变仪可以得到在设定温度和转速（平均剪切速率）下扭矩随时间变化的曲线，这种曲线常称为"扭矩谱"，除此之外，还可同时得到温度曲线、压力曲线等。在不同温度和不同转速下进行测定，可以了解加工性能与温度、剪切速度的关系。转矩流变仪在共混物性能研究方面应用最为广泛。转矩流变仪可以用来研究热塑性材料的热稳定性、剪切稳定性、流动和固化行为。

［实验试剂和仪器］

（1）主要实验试剂：聚氯乙烯（PVC），45 份；邻苯二甲酸二辛酯（DOP），2 份；三盐基硫酸铅，2 份；硬脂酸钡（BaSt），0.7 份；硬脂酸钙（CaSt），0.5 份；石蜡，0.2 份。
（2）主要实验仪器：转矩流变仪，本实验使用密炼机式转矩流变仪，如图 7-1 所示。
1）转矩流变仪的组成：
① 密炼机。内部配备压力传感器、热电偶，测量测试过程中的压力和温度的变化。

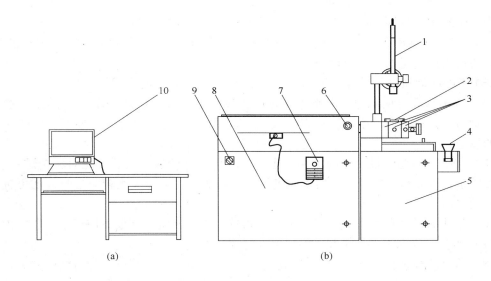

图 7-1 转矩流变仪

1—压杆；2—加料口；3—密炼室；4—漏料；5—密炼机；6—紧急制动开关；
7—手动面板；8—驱动及扭矩传感器；9—开关；10—计算机

② 驱动及转矩传感器。转矩传感器是关键设备，用它测定测试过程中转矩随时间的变化。转矩的大小反映了材料在加工过程中许多性能的变化。

③ 计算机控制装置。用计算机设定测试的条件如温度、转速时间等，并可记录各种参数（如温度、转矩和压力等）随时间的变化。

2）性能指标。

密炼机转速最大值为 200r/min；转矩最大值为 100N·m；熔体温度测量范围为室温至 300℃，温度控制精度为 ±1℃。

3）扭矩流变仪转子。

扭矩流变仪转子如图 7-2 所示，转子有不同的形状，以适应不同的材料加工。本密炼机配备的转子为西格玛（Σ）型转子。在密炼室内，不同部位的剪切速率是不同的，两个转子有一定的速比，一般为 3：2（左转

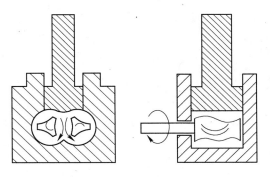

图 7-2 扭矩流变仪转子示意图

子：右转子），两转子相向而行，左转子为顺时针，右转子为逆时针。

[**实验步骤**]

（1）称量。按照上面所列配方准确称量，加入试样的质量 M 为：

$$M = (V - V_r) \times \rho \times 0.69$$

且
$$V - V_r = 70$$

式中　V——密炼室的容积，mL；

　　　V_r——转子的体积，mL；

　　　ρ——物料密度，g/mL。

为便于对试样的测试结果进行比较，每次应称取相同质量的试样。

（2）合上总电源开关，打开扭矩流变仪上的开关（这时手动面板上 STOP 和 PRO-GRAM 的指示灯变亮），开启计算机。

（3）10min 后按下手动面板上的 START，这时 START 上的指示灯变亮。

（4）双击计算机桌面的转矩流变仪应用软件图标，然后按照一系列的操作步骤（由实验教师对照计算机向学生讲解完成），通过这些操作，完成实验所需温度、转子转速及时间的设定。

（5）当达到实验所设定的温度并稳定 10min 后，开始进行实验。先对转矩进行校正，并观察转子是否旋转，转子不旋转不能进行下面的实验，当转子旋转正常时，才可进行下一步实验。

（6）点击开始实验快捷键，将原料加入密炼机中，并将压杆放下用双手将压杆锁紧。

（7）实验时仔细观察转矩和熔体温度随时间的变化。

（8）到达实验时间，密炼机会自动停止，点击结束实验快捷键可随时结束实验。

（9）提升压杆，依次打开密炼机两块动板，卸下两个转子，并分别进行清理，准备下一次实验使用。

（10）待仪器清理干净后，将已卸下的动板和转子安装好。

［实验结果分析和讨论］

（1）图 7-3 为 PVC 的典型转矩-时间流变曲线（PVC 干粉料密炼的扭矩谱），曲线上有三个峰，分别指出三个峰代表的意义。

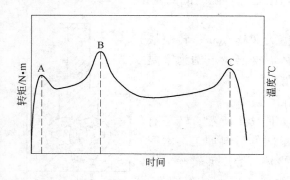

图 7-3　PVC 干粉料密炼的扭矩谱

（2）转矩流变仪在聚合物成型加工中有哪些方面的应用？

（3）加料量、转速、测试温度对实验结果有哪些影响？

参 考 文 献

[1] 欧国荣，张德震．高分子科学与工程实验[M]．上海：华东理工大学出版社，1998．
[2] 晋刚，赵新亮，雷玉才．转矩流变仪表征熔融聚合物的流变性能[J]．化工进展，2011（02）：371～375．

实验 60　熔体流动速率的测定

[实验目的]

（1）了解塑料熔体流动指数与相对分子质量大小及其分布的关系。

（2）掌握测定塑料熔体流动速率的原理及操作。

[实验原理]

塑料熔体流动速率（MFR）是指在一定温度和负荷下，塑料熔体每10min通过标准口模的质量。

在塑料成型加工过程中，熔体流动速率是用来衡量塑料熔体流动性的一个重要指标，其测试仪器通常称为塑料熔体流动速率测试仪（或熔体指数仪）。一定结构的塑料熔体，若所测得MFR越大，则表示该塑料熔体的平均相对分子质量越低，成型时流动性越好。但此种仪器测得的流动性能指标是在低剪切速率下获得的，不存在广泛的应力-应变速率关系，因而不能用来研究塑料熔体黏度与温度、黏度与剪切速率的依赖关系，仅能比较相同结构聚合物相对分子质量或熔体黏度的相对数值。

[实验试剂和仪器]

（1）主要实验试剂：聚丙烯（PP）（颗粒状、粉料、小块、薄片或其他形状）。

（2）主要实验仪器：

1）XRZ-400熔体流动速率仪。

该仪器由试料挤出系统和加热控温系统两部分组成。试料挤出系统包括料筒、压料杆、出料口和砝码等部件。加热控温系统由加热炉体、温控电路和温度显示等部分组成。其主要结构（挤出系统）示意图如图7-4所示。

主要技术特性：

① 负荷由砝码、托盘（0.231kg）、活塞（0.094kg）之和组成，分为 0.325kg、1.200kg、2.160kg、5.000kg 几个档次。

② 标准口模直径 $\phi(2.095 \pm 0.005)$ mm 和 $\phi(1.180 \pm 0.010)$ mm。

③ 料筒长度 160mm，料筒直径 $\phi(9.55 \pm 0.025)$ mm。

④ 温度范围：室温 ～400℃连续可调，出料口上端 12.7 ～50mm 间温差≤1℃。

2）天平1台（感量0.001g）。

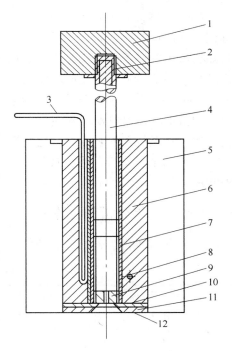

图7-4　熔体流动速率仪主要示意图

1—砝码；2—托盘；3—温度计；4—活塞；
5—隔热套；6—炉体；7—料筒；8—控温元件；
9—标准口模；10—隔热层；
11—隔热垫；12—托盘

3）装料漏斗；切割和放置切取样条的锋利刮刀；玻璃镜；液状石蜡；绸布和棉纱；镊子；清洗杆和铜丝等清洗用具。

[实验步骤]

（1）原料干燥：吸湿性塑料，测试前应按产品标准规定进行干燥处理。

（2）实验准备：熟悉熔体流动速率仪的主体结构和操作规程，根据塑料类型选择测试条件，安装好口模，在料筒内插入活塞。接通电源开始升温，调节加热控制系统使温度达到要求，恒温至少 15min。

（3）预计试料的 MFR 范围，按表 7-1 称取试料。

表 7-1　试样加入量与切样时间间隔

流动速率/g·(10min)⁻¹	试样加入/g	切样时间间隔/s	流动速率/g·(10min)⁻¹	试样加入量/g	切样时间间隔/s
0.1 ~ 0.5	3 ~ 4	120 ~ 240	>3.5 ~ 10	6 ~ 8	10 ~ 30
>0.5 ~ 1.0	3 ~ 4	60 ~ 120	>10 ~ 25	6 ~ 8	5 ~ 10
>1.0 ~ 3.5	4 ~ 5	30 ~ 60			

（4）取出活塞将试料加入料筒，随即把活塞再插入料筒并压紧试料，预热 4min 使炉温回复至要求温度。

（5）在活塞顶托盘上加上砝码，随即用手轻轻下压，促使活塞在 1min 内降至下环形标记距料筒口 5 ~ 10mm 处。待活塞（不用手）继续降至下环形标记与料筒口相平行时，切除已流出的样条，并按表 7-1 规定的切样时间间隔开始切样，保留连续切取的无气泡样条三个。当活塞下降至上环形标记和料筒口相平时，停止切样。

（6）停止切样后，趁热将余料全部压出，立即取出活塞和口模，除去表面的余料并用合适的黄铜丝顶出口模内的残料。然后取出料筒用绸布蘸少许溶剂伸入筒中边推边转地清洗几次，直至料筒内表面清洁光亮为止。

（7）所取样条冷却后，置于天平上分别称其质量（精确至 0.001g）。若其质量的最大值和最小值之差大于平均值的 10%，则实验重做。

[实验结果分析和讨论]

（1）实验条件。标准实验条件和塑料实验条件分别见表 7-2 和表 7-3。

表 7-2　标准实验条件

序　号	标准口模内径/mm	实验温度/℃	负荷/kg
1	1.180	190	2.160
2	2.095	190	0.325
3	2.095	190	2.160
4	2.095	190	5.000
5	2.095	190	10.000
6	2.095	190	21.600

序　号	标准口模内径/mm	实验温度/℃	负荷/kg
7	2.095	200	5.000
8	2.095	200	10.000
9	2.095	220	10.000
10	2.095	230	0.325
11	2.095	230	1.200
12	2.095	230	2.160
13	2.095	230	3.800
14	2.095	230	5.000
15	2.095	275	0.325
16	2.095	300	1.200

表 7-3　塑料实验条件

塑料种类	实验序号	塑料种类	实验序号	塑料种类	实验序号
聚乙烯	1、2、3、4、6	ABS	7、9	聚甲醛	3
聚苯乙烯	5、7、11、13	聚苯醚	12、14	聚丙烯酸酯	8、11、13
聚酰胺	10、15	聚碳酸酯	16	纤维素酯	2、3

（2）试料的熔体流动速率：

$$MFR = \frac{600 \times W}{t}$$

式中　MFR——熔体流动速率，g/（10min）；

　　　　W——切取样条质量的算术平均值，g；

　　　　t——切取时间间隔，min。

（3）为什么要分段取样？

（4）哪些因素影响实验结果？举例说明。

参 考 文 献

［1］欧国荣，张德震. 高分子科学与工程实验［M］. 上海：华东理工大学出版社，1998.

［2］晋刚，赵新亮，雷玉才. 转矩流变仪表征熔融聚合物的流变性能［J］. 化工进展，2011（02）：371～375.

实验 61   聚合物冲击性能测试——简支梁冲击试验

[实验目的]

（1）掌握高分子材料冲击性能测试的简支梁冲击试验方法、操作及其实验结果处理。

（2）了解测试条件对测定结果的影响。

[实验原理]

把摆锤从垂直位置挂于机架的扬臂上，此时扬角为 α（见图 7-5），它便获得了一定的位能，如任其自由落下，则此位能转化为动能，将试样冲断，冲断以后，摆锤以剩余能量升到某一高度，升角为 β。

根据摆锤冲断试样后升角 β 的大小，即可绘制出读数盘，由读数盘可以直接读出冲断试样时所消耗功的数值。将此功除以试样的横截面积，即为材料的冲击强度。

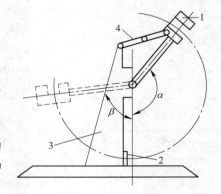

图 7-5   摆锤式冲击实验机工作原理
1—摆锤；2—试样；3—机架；4—扬臂

[实验试样和仪器]

（1）主要实验试样：

1）注塑标准试样。试样表面应平整、无气泡、无裂纹、无分层和明显杂质，缺口试样在缺口处应无毛刺。试样类型、尺寸及相对应的支撑线间距见表 7-4；试样缺口的类型和制品尺寸如图 7-6 和表 7-5 所示。优选试样类型为 1 型，优选项缺口类型为 A 型。

表 7-4   试样类型、尺寸及对应的支撑线间距

试样类型	长度 L/mm		宽度 b/mm		厚度 d/mm		支撑线间距 /mm
	基本尺寸	极限偏差	基本尺寸	极限偏差	基本尺寸	极限偏差	
1	80	±2	10	±0.5	4	±0.2	60
2	50	±1	6	±0.2	4	±0.2	40
3	120	±2	15	±0.5	10	±0.5	70
4	125	±2	13	±0.5	13	±0.5	95

表 7-5   缺口类型和制品尺寸

试样类型	缺口类型	缺口剩余厚度 d_k/mm	缺口底部圆弧半径 r/mm		缺口宽度 n/mm	
			基本尺寸	极限偏差	基本尺寸	极限偏差
1, 2, 3, 4	A	$0.8d$	0.25	±0.05		
	B	$0.8d$	1.0	±0.05		
1, 3	C	$\dfrac{2}{3}d$	≤0.1		2	±0.2
2	C		≤0.1		0.8	±0.1

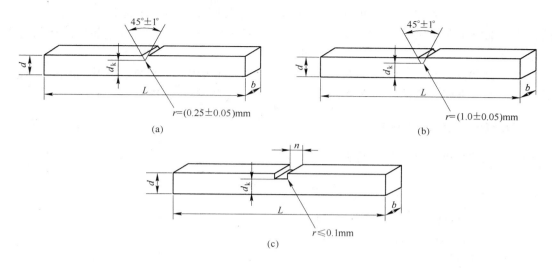

图7-6 缺口试样类型及尺寸

（a）A 型缺口试样；（b）B 型缺口试样；（c）C 型缺口试样

2）板材试样。板材试样厚度在 3～13mm 之间时取原厚度；大于 13mm 时应从两面均匀地进行机械加工到（10±0.5）mm。4 型试样的厚度必须加工到 13mm。

当使用非标准厚度试样时，缺口深度与试样厚度尺寸之比也应满足表 7-5 的要求，厚度小于 3mm 的试样不做冲击实验。

如果受试材料的产品标准有规定，可用带模塑缺口的试样，模塑缺口试样和机械加工缺口的试样实验结果不能相比。除受试材料的产品标准另有规定外，每组试样数应不少于10 个。各向异性材料应从垂直和平行于主轴的方向各切取一组试样。

（2）主要实验仪器：摆锤式简支梁冲击机。

[实验步骤]

（1）对于无缺口试样，分别测定试样中部边缘和试样端部中心位置的宽度和厚度，并取其平均值为试样的宽度和厚度（精确至 0.02mm）。缺口试样应测量缺口处的剩余厚度，测量时应在缺口两端各测一次，取其算术平均值。

（2）根据试样破坏时所需的能量选择摆锤，使消耗的能量在摆锤总能量的 10%～85% 范围内。

（3）调节能量刻度盘指针零点，使它在摆锤处于起始位置时与主动针接触。进行空白实验，保证总摩擦损失在规定的范围内。

（4）抬起并锁住摆锤，把试样按规定放置在两支撑块上，试样支撑面紧贴在支撑块上，使冲击刀刃对准试样中心，缺口试样使刀刃对准缺口背向的中心位置。冲击刀刃和支座尺寸如图 7-7 所示。

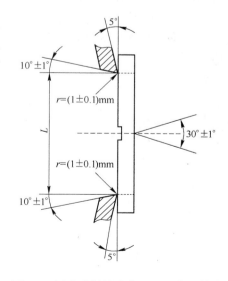

图7-7 标准试样的冲击刀刃和支座尺寸

（5）平稳释放摆锤，从刻度盘上读取试样破坏时所吸收的冲击能量值。试样无破坏的，吸收的能量应不做取值，实验记录为不破坏或 NB；试样完全破坏或部分破坏的可以取值。

（6）如果同种材料在实验中观察到一种以上的破坏类型时，须在报告中标明每种破坏类型的平均冲击值和试样破坏的百分数。不同破坏类型的结果不能进行比较。

［实验结果分析和讨论］

（1）无缺口试样简支梁冲击强度 $a(\mathrm{kJ/m^2})$ 为：

$$a = \frac{A}{bd} \times 10^3$$

式中　A——试样吸收的冲击能量值，J；

b——试样宽度，mm；

d——试样厚度，mm。

（2）缺口试样简支梁冲击强度 $a_k(\mathrm{kJ/m^2})$ 为：

$$a_k = \frac{A_k}{bd_k} \times 10^3$$

式中　A_k——试样吸收的冲击能量值，J；

b——试样宽度，mm；

d_k——缺口试样缺口处剩余厚度，mm。

（3）标准偏差 s 为：

$$s = \sqrt{\frac{\sum(x - \bar{x})^2}{n - 1}}$$

式中　x——单个试样测定值；

$\bar{x}$——组测定值的算术平均值；

n——测定值个数。

（4）如果试样上的缺口是机械加工而成的，加工缺口过程中，哪些因素会影响测定结果？

参 考 文 献

［1］刘喜军，杨秀英，王慧敏．高分子实验教程［M］．哈尔滨：东北林业大学出版社，2000．

［2］黄天滋，钟兆灯，盛勤等．高分子科学与工程实验［M］．上海：华东理工大学出版社，1998．

实验62　聚合物冲击性能测试——悬臂梁冲击实验

［实验目的］

（1）掌握高分子材料冲击性能测试的悬臂梁冲击试验方法、操作及其实验结果处理。

（2）了解测试条件对测定结果的影响。

［实验原理］

把摆锤从垂直位置挂于机架的扬臂上以后，它便获得了一定的位能，如任其自由落下，则此位能转化为动能，将试样冲断，冲断以后，摆锤以剩余能量升到某一高度。根据摆锤冲断试样后升到的高度，即可绘制出读数盘，由读数盘可以直接读出冲断试样时所消耗功的数值。将此功除以试样的横截面积，即为材料的冲击强度。

［实验试样和仪器］

（1）主要实验试样。

1）模塑和挤塑料。最佳试样为1型试样，长80mm，宽10.00mm；最佳缺口为A型，如图7-8所示。如果要获得材料对缺口敏感的信息，应使用A型和B型缺口。方法名称、试样类型、制品类型及尺寸见表7-6。

表7-6　方法名称、试样类型、制品类型及尺寸

方法名称	试样类型	缺口类型	缺口底部半径 r_N/mm	缺口底部的剩余宽度 b_N/mm
GB 1843/1U	1	无缺口		
GB 1843/1A	1	A	0.25 ± 0.05	8.0 ± 0.2
GB 1843/1B	1	B	1.0 ± 0.05	8.0 ± 0.2

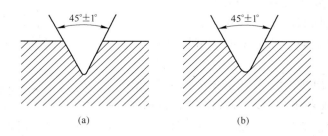

图7-8　缺口半径示意图

（a）A型缺口；（b）B型缺口

除受试材料标准另有规定，一组应测试10个试样，当变异系数小于5%时，测试5个试样。

2）试样制备。试样制备应按照GB 5471、GB 9352或材料有关规范进行制备，1型试样可按GB 11997方法制备的A型试样的中部切取；板材用机械加工制备试样时应尽可能采用A型缺口的1型试样，无缺口试样的机加工面不应朝向冲锤；各向异性的板材需从纵

横两个方向各取一组试样进行实验。

（2）主要实验仪器。悬臂梁摆锤冲击实验机的特性见表7-7。悬臂梁摆锤冲击机应具有刚性结构，能测量破坏试样所吸收的冲击能量值 W，其值为摆锤初始能量与摆锤在破坏试样之后剩余能量的差，应对该值进行摩擦和风阻校正。

表7-7　悬臂梁摆锤冲击实验机的特性

能量 E/J	冲击速度 v_S/m·s^{-1}	无试样时的最大摩擦损失/J	有试样经校正后的允许误差/J
1.0		0.02	0.01
2.75		0.03	0.01
5.5	3.5（±10%）	0.03	0.02
11.0		0.05	0.02
22.0		0.10	0.10

[**实验步骤**]

（1）除有关方面同意采用别的条件（如在高温或低温实验）外，都应在与状态调节相同的环境中进行实验。

（2）测量每个试样中部的厚度和宽度或缺口试样的剩余宽度 b_N，（精确至0.02mm）。

（3）检查实验机是否有规定的冲击速度和正确的能量范围，破坏试样吸收的能量在摆锤容量的10%~80%范围内，若表中所列的摆锤中有几个都能满足这些要求时，应选择其中能量最大的摆锤。

（4）进行空白实验，记录所测得的摩擦损失，该能量损失不能超过规定的值。

（5）抬起并锁住摆锤，正置试样冲击。测定缺口试样时，缺口应放在摆锤冲击刃的一边。释放摆锤，记录试样所吸收的冲击能，并对其摩擦损失等进行修正。试样冲击处、虎钳支座、试样及冲击刃位置如图7-9所示。

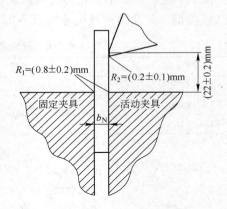

$R_1=(0.8\pm0.2)\text{mm}$　$R_2=(0.2\pm0.1)\text{mm}$　$(22\pm0.2)\text{mm}$

固定夹具　活动夹具　b_N

图7-9　无缺口试样冲击处、虎钳支座、试样及冲击刃位置

（6）试样可能出现四种破坏类型，即完全破坏（试样断开成两段或多段）、铰链破坏（断裂的试样由没有刚性的、很薄表皮连在一起的一种不完全破坏）、部分破坏（除铰链破坏外的不完全破坏）和不破坏。测得的完全破坏和铰链破坏的值用来计算平均值。在部分破坏时，如果要求部分破坏值，则以字母 P 表示。完全不破坏时用 NB 表示，不报告数值。

（7）在同一样品中，如果有部分破坏和完全破坏或铰链破坏时，应报告每种破坏类型的自述平均值。

[**实验结果分析和讨论**]

（1）无缺口试样悬臂梁冲击强度 a_{iu}（kJ/m^2）为：

$$a_{\mathrm{iu}} = \frac{W}{hb} \times 10^3$$

式中　　W——破坏试样吸收并修正后的能量值，J；

　　　　h——试样厚度，mm；

　　　　b——试样宽度，mm。

（2）缺口试样悬臂梁冲击强度 $a_{\mathrm{iN}}(\mathrm{kJ/m^2})$ 为：

$$a_{\mathrm{iN}} = \frac{W}{hb_{\mathrm{N}}} \times 10^3$$

式中　　W——破坏试样吸收并修正后的能量值，J；

　　　　h——试样厚度，mm；

　　　　b_{N}——缺口试样缺口底部的剩余宽度，mm。

　　计算一组实验结果的算术平均值，取两位有效数字，在同一样品中存在不同的破坏类型时，应注明各种破坏类型试样的数目和算术平均值。

（3）标准偏差 s 为：

$$s = \sqrt{\frac{\sum (x_i - \bar{x})^2}{n - 1}}$$

式中　　x_i——单个试样测定值；

　　　　$\bar{x}$——一组测定值的算术平均值；

　　　　n——测定值个数。

（4）如何从配方及工艺上提高高聚物材料的冲击强度？

参 考 文 献

[1] 吴智华. 高分子材料加工工程实验教程[M]. 北京：化学工业出版社，2004.

[2] 沈新元，李青山，刘喜军. 高分子材料与工程专业实验教程[M]. 北京：中国纺织出版社，2010.

[3] 刘建平，郑玉斌. 高分子科学与材料工程实验[M]. 北京：化学工业出版社，2005.

实验 63　热塑性塑料注射成型

［实验目的］

（1）了解螺杆式注塑机的基本结构，熟悉注射成型的基本原理；掌握热塑性塑料注射成型的操作过程以及注射成型工艺对注射制品质量的影响，学会注塑工艺条件设定的基本方法。

（2）实际操作通用和工程塑料的合模、开模及注射等过程，掌握热塑性塑料注射成型的操作过程以及注射成型工艺对注射制品质量的影响，学会注塑工艺条件设定的基本方法。

［实验原理］

注射成型适用于热塑性和热固性塑料，是高聚物的一种重要的成型方法。注射成型的设备是注塑机和注塑模具。它是使固体树脂在注塑机的料筒内通过外部加热、螺杆、料筒与树脂之间的剪切和摩擦力作用生热，使树脂塑化成黏流态，后经移动，螺杆以很高的压力和较快的速度，将塑化好的树脂从料筒中挤出，通过喷嘴注入闭合的模具中，经过一定的时间保压、冷却固化后，脱模取出制品。

热塑性塑料注射时，模具温度比注射料低，制品是通过冷却而定型的；热固性塑料注射时，其模具温度要比注射料高，制品是要在一定温度下发生交联固化而定型的。本实验主要介绍热塑性塑料的注射成型。

热塑性塑料的注射成型工艺原理如下：

（1）合模与开模。合模是动模前移，快速闭合。在与定模将要接触时，依靠合模系统自动切换成低压，提供低的合模速度、低的合模压力，最后切换成高压将模具合紧。

开模是注射完毕后，动模在液压油缸的作用下首先开始低速后撤，而后快速后撤到最大开模位置的动作过程。

（2）注塑阶段。模具闭合后，注塑机机身前移使喷嘴与模具贴合。油压推动与油缸活塞杆连接的螺杆前进，将螺杆头部前面已塑化均匀的物料以规定的压力和速度注射入模腔，直到熔体充满模腔为止。

螺杆作用于熔体的压力称为注射压力，螺杆移动的速度称为注射速度，熔体充模顺利与否取决于注射压力和速度、熔体的温度和模具的温度等。这些参数决定了熔体的黏度和流动特性。

注射压力可使熔体克服料筒、喷嘴、浇铸系统和模腔等处的阻力，以一定的速度注射入模腔内；一旦充满，模腔内压迅速达到最大值，充模速度则迅速下降。模腔内物料受压而密实，符合成型制品的密度要求。注射压力的过高或过低会造成充模的过量或不足，将影响制品的外观质量和材料的大分子取向程度。注射速度会影响熔体填充模腔时的流动状态：若注射速度快，充模时间短，熔体温差小，制品密度均匀，熔接强度高，尺寸稳定性好，外观质量好；反之，若注射速度慢，充模时间长，由于熔体流动过程的剪切作用使大分子取向程度大，制品各向异性。熔体充模的压力和速度的确定比较麻烦，要考虑原料、设备和模具等因素，要结合其他工艺条件，通过分析制品外观，与实践相结合而定。

（3）保压阶段。熔体充模完全后，螺杆施加一定的压力，保持一定的时间，是为了解决模腔内熔体因冷却收缩造成制品缺料时，能及时补塑，使制品饱满。保压时，螺杆将向前稍做移动。保压过程包括控制保压压力和保压时间，它们均会影响制品的质量。保压压力可以等于或低于充模压力，其大小以达到补塑增密为宜。保压时间以压力保持到浇口凝封时为好。若保压时间不足，模腔内的物料会倒流，制品缺料。若时间过长或压力过大，充模量过多，将使制品浇口附近的内应力增大，制品易开裂。

（4）冷却阶段。保压时间到达后，模腔内塑料熔体通过冷却系统调节冷却到玻璃化温度或热变形温度以下，使塑料制品定型的过程称为冷却。这期间需要控制冷却的温度和时间。

模具冷却温度的高低和塑料的结晶性、热性能、玻璃化温度、制品形状复杂与否及制品的使用要求等有关；此外，与其他的工艺条件也有关。模具的冷却温度不能高于高聚物的玻璃化温度或热变形温度。模温高，有利于熔体在模腔内流动，对充模有利，而且，能使塑料冷却速度均匀。模温高，利于大分子热运动，利于大分子的松弛，可以减少厚壁和形状复杂制品可能因为补塑不足、收缩不均和内应力大的缺陷。但模温高，生产周期长，脱模困难，这些都是其不利因素。对于结晶型塑料，模温直接影响结晶度和晶体的构型。采用适宜的模温，晶体生长良好，结晶速率也大，可以减少制品成型后的结晶现象，也能改善收缩不均、结晶不良的现象。

冷却时间的长短与塑料的结晶性、玻璃化温度、比体积、热导率和模具温度等有关，应以制品在开模顶出时既有足够的刚度而又不至于变形为宜。时间太长，生产率下降。

（5）原料预塑化。制品冷却时，螺杆转动并后退，同时螺杆将树脂向前输送、塑化，并且将塑化好的树脂输送到螺杆的前部并计量、储存，为下次注射做准备，此为塑料的预塑化。

预塑化时，螺杆的后移速度决定于后移的各种阻力，如机械摩擦力及注射油缸内液压油的回泄阻力。塑料随螺杆旋转，塑化后向前堆积在料筒的前部，此时塑料熔体的压力成为塑化压力。注射油缸内液压油回泄阻力成为螺杆的背压。这两种压力的增大，使塑料的塑化量都降低。

预塑化是要求得到定量的、均匀塑化的塑料熔体。塑化是靠料筒的外加热、摩擦热和剪切力等实现的，剪切作用与螺杆的背压和转速有关。

料筒温度高低与树脂种类、配合剂、注射量与制品大小比值、注塑机类型、模具结构、喷嘴及模具的温度、注射压力和速度、螺杆的背压和转速以及成型周期等很多因素都有关。料筒温度总是在材料的熔点或黏流温度与分解温度之间，而且通常是分段控制。各段之间的温差约为 10~50℃。

喷嘴加热在于维持充模的料流具有良好的流动性，喷嘴温度等于或略低于料筒的温度。过高的喷嘴温度，会出现流延现象；过低的喷嘴温度也不适宜，会造成喷嘴的堵塞。

螺杆的背压会影响预塑化效果。提高背压，物料受到剪切作用增加，熔体温度升高，塑化均匀性好，但塑化量降低。螺杆转速低则延长预塑化时间。

螺杆在较低背压和转速下塑化时，螺杆输送计量的精确度提高。对于热稳定性差或熔融黏度高的塑料应选择转速低些；对于热稳定性差或熔体黏度低的则选择较低的背压。螺杆的背压一般为注射压力的 5% ~ 20% 。

　　塑料的预塑化与模具内制品的冷却定型是同时进行的，但预塑化时间必定小于制品的冷却时间。

　　热塑性塑料的注射成型，主要是一个物理过程，但高聚物在热和力的作用下难免发生某些化学变化。注射成型应选择合理的设备和模具结构，制订合理的工艺条件，以使化学变化减少到最小的程度。

［实验试剂和仪器］

　　(1) 主要实验试剂：聚乙烯；聚丙烯；聚苯乙烯；聚酰胺；聚甲醛；聚碳酸酯；聚苯醚；ABS 等。

　　(2) 主要实验仪器：

　　1) SZ-63/400 注射成型机。它包括注射装置、锁模装置、液压传动系统和电路控制系统等，其结构示意图如图 7-10 所示。

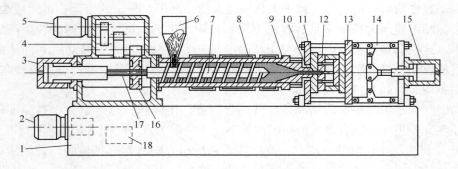

图 7-10　注塑机结构示意图

1—机座；2—电动机及油泵；3—注塑油缸；4—齿轮箱；5—齿轮传动电机；6—料斗；7—螺杆；
8—加热器；9—料筒；10—喷嘴；11—定模板；12—模具；13—动模板；14—锁模机构；
15—锁模油缸；16—螺杆传动齿轮；17—螺杆花键槽；18—油箱

　　注射装置可使塑料均匀塑化并以足够的压力和速度将一定量的塑料注射到模腔中。注射装置位于机器的右上部，由料筒、螺杆和喷嘴、加料斗、计量装置、驱动螺杆的液压电动机、螺杆和注射座的移动油缸及加热圈等组件构成。

　　锁模装置是实现模具的开启和闭合以及脱出制品的装置。它位于机器的左上部，是全液压式、充液直压锁模机构。它由前模板、移动模板、后模板连接锁模油缸、大活塞、拉杆和机械顶出杆等部件组成。

　　液压和电器控制系统能保证注塑机按照工艺过程设定的要求和动作程序准确而有效地工作。液压系统由各种液压元件和回路及其附属设备组成。电路控制系统由各种电器仪表组成。

　　SZ-63/400 注射成型机的技术特征为：螺杆直径 35mm；螺杆长径比 16；理论容量 96g；注射量 86g；注射速率 72g/s；塑化能力 8g/s；注射压力 120MPa；螺杆转速 0 ~ 140r/min；锁模力 400kN；移模行程 240mm；拉杆内距 265mm×265mm；最大模厚 240mm；最小模厚 90mm；顶出行程 60mm；顶出力 27kN；顶针根数 1；最大油泵压力 16MPa；油泵电

动机 7.5kW；电热功率 3.82kW；外形尺寸 2.8m×0.93m×1.52m；质量 1.5t；料斗容积 15kg；油箱容积 120L。

2）注射模具（力学性能测试模具）

[**实验步骤**]

具体准备工作为：

（1）详细观察注塑机的结构，了解其工作原理，安全操作等。

（2）了解聚丙烯的规格及成型工艺特点，拟定各项成型工艺条件，并对原料进行预热干燥备用。

（3）安装模具并进行试模。

1）闭模及低压闭模。由行程开关切换实现慢速→快速→低压慢速→充压的闭模过程。

2）注射机机座前进后退及高压闭紧。

3）注射。

4）保压。

5）加料预塑。可选择固定加料或前加料或后加料等不同方式。

6）开模。由行程开关切换实现慢速→快速→慢速→停止的启模过程。

7）螺杆退回。

上述操作程序重复几次，观察注射取得的样品情况，调整到工作正常。

根据实验的要求，可选用点动、手动、半自动、全自动和光电启动 5 种操作方式进行实验演示。选择开关设在操作箱内。

（4）点动。调整模具，适宜选用慢速点动操作，以保证校模操作的安全性（料筒必须设有塑化的冷料存在）。

（5）手动。将选择开关转至"手动"位置，调整注射和保压时间继电器，关上安全门。每按一个钮，就相当于完成一个动作，必须导一个动作做完才按另一个动作按钮。一般是在试车、试模、校模时选用手动操作。

（6）半自动。将选择开关转至"半自动"位置，关好安全门，则各种动作会按工艺程序自动进行。即依次完成闭模、稳压、注座前进、注射、保压、预塑（螺杆转动并后退）、注座后退、冷却、启模和顶出。开安全门，取出制品。

（7）全自动。将选择开关转至"全自动"位置，关上安全门，则各种动作会自行按照工艺程序工作，最后由顶出杆顶出制品。由于光电管的作用，各个动作周而复始，无须打开安全门，要求模具具有安全可靠的自动脱模装置。

（8）不论采用哪一种操作方式，主电动机的启动、停止及电子温度控制通电的按钮主令开关均须手动操作才能进行。

（9）除点动外，不论何种操作方式，均设有冷螺杆保护作用。在加热温度没有达到工艺要求的温度（即电子温度控制仪所调整的温度）之前，螺杆不能转动，防止机件内冷料启动，造成机筒或螺杆的损坏。但为了空车运行，自动循环时，可将温控仪的温度指示调到零位。

（10）在行驶操作时，须把限位开关及时间继电器调整到相应的位置上。

[注意事项]

（1）清理设备时，只能使用钢棒、铜制刀等工具，切忌损坏螺杆和口模等处的光滑表面。

（2）挤出过程中，要密切注意工艺条件的稳定，不得任意改动。如果发现不正常现象，应立即停车，进行检查处理再恢复实验。

[实验结果分析和讨论]

（1）注射成型时模具的运动速度有何特点？

（2）试分析注射壁薄、壁厚制品易出现哪些缺陷？工艺上如何进行调整？

（3）试分析 PE、PP、PS、PC、PA、ABS 等，哪些树脂注射时需要干燥？为什么？

参 考 文 献

［1］吴智华．高分子材料加工工程实验教程［M］．北京：化学工业出版社，2004．

［2］沈新元，李青山，刘喜军．高分子材料与工程专业实验教程［M］．北京：中国纺织出版社，2010．

实验64　挤出吹塑工艺实验

［实验目的］

（1）掌握挤出吹塑成型工艺并了解生产薄膜的各种方法。

（2）熟悉塑料薄膜生产的工艺、设备与操作方法。

（3）了解挤出吹塑机组的基本构成及过程原理。

［实验原理］

塑料薄膜可以用压延法、流延法、挤出吹塑以及平挤拉伸等方法制作。其中挤出吹塑法生产薄膜最经济，工艺和设备也较简单，操作方便，适应性强；所生产的薄膜幅宽、厚度范围大；强度较高。因此，吹塑法已广泛用于生产聚氯乙烯（PVC）、聚乙烯（PE）、聚丙烯（PP）及其复合薄膜等多种塑料薄膜。

根据吹塑时挤出物走向不同，吹塑薄膜的生产通常分为平挤上吹、平挤平吹和平挤下吹等3种方法（见表7-8）。其过程原理都一样：即将塑料加入挤出机料筒内，借助料筒外部的加热和料筒内螺杆旋转的剪切挤压作用，使固体物料熔融成流动状态的熔体；在螺杆的推动下，塑料熔体逐渐被压实前移，通过环隙口模挤成截面恒定的薄壁管状物；同时由芯棒中心引进压缩空气将其吹胀，被吹胀的泡管在冷却风环、牵弓装置的作用下，逐渐地引伸定型；最后导致卷取装置，叠卷成双折的塑料薄膜。

表7-8　吹塑工艺流程比较

工艺流程	优　点	缺　点
平挤上吹法	（1）泡管形状稳定，薄膜厚薄较均匀 （2）占地面积小 （3）易生产规格较大的薄膜	（1）不适宜加工黏度小的原料 （2）要求厂房较高 （3）不利于薄膜冷却
平挤下吹法	（1）有利于薄膜冷却，生产效率较高 （2）适应于加工黏度较小的原料	（1）不适宜于生产较薄的薄膜 （2）由于主机在高台上，操作不方便
平挤平吹法	（1）容易引膜，操作方便 （2）可利用低矮厂房	（1）薄膜厚薄不均，且不易生产大规格薄膜 （2）占地面积较大

吹塑成型过程中，物料沿螺槽前移至熔体被挤出吹胀成膜，经历着黏度变化、相态转变、拉伸取向、冷却定型等一系列热力学变化，促成这些变化的成型温度、螺杆转速、机头压力以及牵引冷却措施等的提供和配合是否协调，直接影响着薄膜性能的优劣和产量的高低。

吹塑过程中，泡管的纵横向都有伸长，因而纵横两向都会发生分子取向。要制得性能良好的薄膜，纵横两向上的拉伸取向最好取得平衡，也就是纵向上的牵引比（即牵引泡管的速度与挤出塑料熔体的速度之比）与横向上的吹胀比（即泡管的直径与口模直径之比）应尽可能相等。不过，实验时吹胀比因受冷却风环直径的限制，可调范围有限，且吹胀比也不宜过大，过大时会造成泡管的不稳定。由此可见，吹胀比和牵引比很难相等，吹塑薄膜的纵横两向强度总有差异。

为减少薄膜厚薄公差，提高生产效率，如何合理设计成型工艺和严格控制操作条件则是保证吹塑薄膜产量和质量的关键。

一般说来，在机头、口模一定的条件下，挤出机各段、机头、口模的温度拟定和冷却效果是重点考虑的工艺因素。实验时可采用沿料筒、机头、口模逐渐升高物料温度的控制方式，其梯度的大小对不同的塑料各不相同。通常是料筒中物料温度升高，熔体黏度降低，压力减少，挤出流动性增大，有利于提高产量；但物料温度过高或螺杆转速太快，会出现挤出泡管冷却不良，形成不稳定的"长颈"状态，致使泡管起皱黏结而影响使用和后加工。因此，控制较低的物料温度是十分重要的。

风环是最常用的冷却装置，它利用冷却空气通过风环间隙向泡管四周直接吹气而进行热交换，对薄膜起着冷却定型作用。操作上可利用调节风环中风量的大小、移动风环来控制"冷凝线"远近（即泡颈长短），这与稳定泡管、控制薄膜的质量有直接关系，尤其是对聚烯烃等结晶型塑料，当"冷凝线"离口模很近时，熔体快速冷却定型，使薄膜表观质量不佳；离"冷凝线"较远，熔体粗糙度降低，浑浊度下降；但若"冷凝线"控制太远，薄膜结晶度增大，不仅透明度降低且影响薄膜横向上的撕裂强度。近年来所提倡的双风口负压风环、芯棒内冷等技术是强化冷却的有效措施。

牵引是调节膜厚的重要装置，牵引辊与口模中心的位置必须对准，以消除薄膜的折皱现象。

除以上工艺设备因素外，要制得性能良好的薄膜，机头、口模的结构设计当然是极其重要的，流道必须通畅，尺寸要精确，不能发生"偏中"现象。

［实验试剂和仪器］

（1）主要实验试剂：低密度聚乙烯（LDPE），牌号为1F7B，熔体流动速率为2.5g/10min，北京燕山石油化工股份有限公司。

（2）主要实验仪器：见表7-9。

表7-9　主要实验仪器

单螺杆挤出机	1台	电子天平	感量0.01g
吹膜机头、口模	1套	测厚仪	1套
空气压缩机	1台	铜刀	1套
冷却风环	1套	剪刀	1把
吹膜辅机	1套	手套	2双

本实验采用SJ-30型挤出机，其装有加热温度控制表、螺杆转速表、电流计等，可对挤出吹塑过程进行系统地测定并提供各种数据记录；本实验采用平挤平吹法生产薄膜，生产工艺流程如图7-11所示。原料从料斗加入，进入挤出机，在挤出机中进行塑化熔融，熔体通过多孔板进一步均匀塑化，从挤出机口模挤出成管坯状引出，由管坯内芯棒中心孔引入压缩空气使管坯吹胀成膜管，后经风环空气冷却使其定型；膜泡经人字板压扁，由牵引装置夹紧牵引，并防止压缩空气漏掉，牵引装置由钢辊和橡胶辊组成，其功能是以大于

膜管挤出速度拉伸和牵引薄膜，保证薄膜在纵向所需要的强度，并将定型后的薄膜送至收卷装置；收卷装置的作用是将薄膜卷起成平整的膜卷。

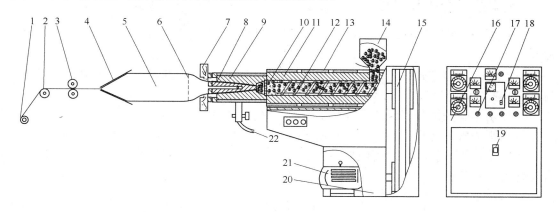

图 7-11　平挤平吹法示意图

1—收卷辊；2—均衡张紧辊；3—橡胶夹辊；4—人字板；5—膜泡；6—冷凝线；7—风环；8—芯模；
9—模头；10—多孔板；11—机筒；12—螺杆；13—加热器；14—料斗；15—传动装置；
16—控制箱；17—升温按钮；18—电动机关启按钮；19—控制箱开关；
20—机座；21—电动机；22—压缩空气入口

[**实验步骤**]

（1）了解原料特性，设定挤出机各段、机头和口模的温度，同时拟定螺杆转速、空气压力、风环位置、牵引速度等工艺条件。

（2）熟悉挤出机操作规程。接通电源，开始对需要加热的部位进行加热，同时开启料斗底部夹套水管。检查机器各部分的运转、加热、冷却、通气等是否良好，使挤出机组处于准备工作状态。待各区段预热到设定温度时，立即将口模环形缝隙调至基本均等，同时，对机头部分的衔接、螺栓等再次检查并趁热拧紧。

（3）保温一段时间后（半小时左右），启动主机，在慢速运转下先少量加入塑料，注意电流计、压力表、扭矩值以及出料状况。待挤出的泡管壁厚基本均匀时，戴上手套用手将管状物慢慢引向开动的冷却、牵引装置，随即通入压缩空气。观察泡管的外观质量，结合实验情况即时协调工艺、设备因素（如物料温度、螺杆转速、口模同心度、空气压力、风环位置、牵引卷取速度等），使整个操作控制处于正常状态。

（4）当泡管形状稳定、薄膜已经达到要求时，切忌任意变化操作控制。在无破裂泄漏的情况下，不再通入压缩空气，此后，管内储存气体足以维持泡管尺寸的稳定。

（5）切取一段外观质量良好的薄膜，并记下此时的工艺条件；称得单位时间的质量，同时测其折径和厚度公差。

（6）改变工艺条件（如提高料温、增大或降低螺杆转速、调整风量大小、加大压缩空气压力或流量、提高牵引卷取速度等），重复上述操作过程，分别观察和记录泡管外观质量的变化情况。

（7）实验完毕，逐渐减低螺杆转速，并将挤出机内残存的剩余塑料尽量挤完后停车。

趁热用铜刀等实验用具清除机头和衬套中残留的塑料。

［实验结果分析和讨论］

（1）写出实验用原料的工艺特性；记录挤出机、环隙口模以及冷却、牵引附机的主要技术参数。

（2）用表列出实验工艺条件、泡管外观质量和实验中所观察的现象，并分析薄膜质量与原料、工艺条件以及实验设备的关系。

（3）由实验数据分别计算出合格产品的产率、吹胀比和牵伸比。

（4）影响吹塑薄膜厚度均匀性的主要因素有哪些？吹塑法生产薄膜有何优缺点？

（5）聚乙烯吹膜时"冷凝线"的成因是什么？冷冻线的位置高低对所得薄膜的物理力学性能有何影响？

参 考 文 献

［1］吴智华.高分子材料加工工程实验教程［M］.北京：化学工业出版社，2004.

［2］沈新元，李青山，刘喜军.高分子材料与工程专业实验教程［M］.北京：中国纺织出版社，2010.

实验 65　PVC 硬板压制成型

［实验目的］

（1）掌握热塑性塑料聚氯乙烯塑料配方设计的基本知识，熟悉硬聚氯乙烯加工成型各个环节及其与制品质量的关系。

（2）了解高速混合机、双辊开放式炼塑机、平板压机等基本结构原理，学会这些设备的操作方法。

［实验原理］

PVC 是应用很广泛的一种通用树脂，单纯的 PVC 树脂是较刚硬的原料，其熔体黏度大，流动性差，虽具有一般非晶态线型聚合物的热力学状态，但 $T_g \sim T_f$ 范围窄，对热不稳定，在成型加工中会发生严重的降解，放出氯化氢气体、变色并黏附设备。因此，在成型加工之前必须加入热稳定剂、加工改性剂、抗冲改性剂等多种助剂。压制硬 PVC 板材的生产包括下列工序：（1）混合。按一定配方称量 PVC 及各种组分，按一定的加料顺序，将各组分加入到高速混合机中进行混合；（2）双辊塑炼拉片。用双辊炼塑机将混合物料熔融混合塑化，得到组成均匀的成型用 PVC 片材；（3）压制。把 PVC 片材放入压制模具中，将模具放入平板压机中，预热、加压使 PVC 熔融塑化，然后冷却定型成硬质 PVC 板材。

硬质 PVC 板材可以制成透明或不透明两种类型。配方设计中主体成分是树脂和稳定剂，另外加入适量的润滑剂和其他添加剂，不加入或加入少量增塑剂。

混合是利用对物料加热和搅拌作用，使树脂粒子在吸收液体组分时，同时受到反复撕捏、剪切，形成能自由流动的粉状掺混物。塑炼是使物料在黏流温度以上和较大的剪切作用下来回折叠、辊压，使各组分分散更趋均匀，同时驱出可能含有的水分等挥发气体。PVC 混合物经塑炼后，可塑性得到很大改善，配方中各组分的独特性能和它们之间的"协同作用"将会得到更好的发挥，这对下一步成型和制品的性能有着极其重要的影响。因此，塑炼过程中与料温和剪切作用有关的工艺参数、设备物性（如辊温、辊距、辊速、时间）以及操作的熟练程度都是影响塑炼效果的重要因素。

［实验试剂和仪器］

（1）主要实验试剂：

1）树脂及改性剂。为了配制透明和不透明两种类型的板材，按 PVC 树脂的加工性和硬板的一般用途，选用相对分子质量适当、颗粒度大小分布较窄的悬浮聚合疏松型树脂为宜。这类树脂含杂质少、流动性较好、有较为优良的热变形温度和耐化学稳定性，成本也较低廉。

由于硬质 PVC 塑料制品冲击强度低，在板配方中加入一定量的改性剂，如甲基丙烯酸甲酯-丁二烯-苯乙烯接枝共聚物（MBS）、丙烯腈-丁二烯-苯乙烯接枝共聚物（ABS）和氯化聚乙烯（CPE）等可弥补其不足。冲击改性剂的特点是：与 PVC 有较好的相容性，在 PVC 基质中分散均匀，形成似橡胶粒子相。

具有两相结构材料的透明性取决于两相的折射率是否接近。如两相折射率不相匹配，光、线会在两相的界面产生散射，所得制品不透明。当抗冲改性剂粒子足够小时，也能使PVC硬板显示出优良的透明性和冲击韧性。当然，PVC配方中其他添加剂（如润滑剂、稳定剂、着色剂等）的类型与含量对折射率的匹配也有明显的影响，需全面考查调配，才能实现最佳透明效果。

2）稳定剂。为了防止或延缓PVC树脂在成型加工和使用过程中受光、热、氧的作用而降解，配方中必须加入适当类型和用量的稳定剂。常用的有：铅盐化合物、有机锡化合物、金属盐及其复合物等类型和用量的稳定剂。各类稳定剂的稳定效果除本身特性外，还受其他组分、加工条件影响。

铅盐稳定剂成本低、光稳定作用与电性能良好，不存在被萃取、挥发或使硬板热变形温度下降等问题，但其密度大、有毒、透明性差，与含硫物质或大气接触易受污染，仅适用于透明性、毒性和污染性不是主要要求的通用板材。

从热稳定作用、初期色相性和加工性能来看，硫醇有机锡是最有效的，它不仅能提供优良的透明性，同时还具有很好的相容性。在加工中不会出现金属表面沉析现象，不会被硫化物污染，不过它的价格昂贵且有难闻的气味、耐候性较差的缺点。但与羧酸锡并用，可取长补短，是透明制品不可缺少的一类稳定剂。

单一的钡、钙金属盐（皂）稳定效果差，在长时间加热下会出现严重变色的现象，一般都不单独使用。若将它们与另一种金属盐（如锌、镉等）适当配合，混合的金属盐则发生"协同效应"，表现出明显的增效作用。此外，在钙、锌混合金属盐中加入环氧大豆油，可作为无毒稳定剂；钡、镉皂与环氧油并用，不仅能改善热稳定性，而且能显著地提高耐候性。

除此之外，在PVC硬板的配方中，为了降低熔体黏度，减少塑料对加工设备的黏附和硬质组分对设备的磨损，应加入适量润滑剂。选用润滑剂时，除考虑必要的相容性外，还应考虑热稳定性和化学惰性，在金属表面不残留分解物，能赋予制品以良好的外观，不影响制品的色泽和其他性能。

硬质PVC板材基本配方（质量份）见表7-10。

表7-10　硬质 PVC 板材基本配方（质量份）

品　种　原　料	普通板材	透明板材
聚氯乙烯树脂（PVC）（SG-5，SG-4）	100	100
邻苯二甲酸二辛酯（DOP）	4～6	5～7
甲基丙烯酸甲酯-丁二烯-苯乙烯接枝共聚物		2～4
三碱式硫酸铅	5～6	
硫醇有机锡		2～3
硬脂酸钡（BaSt）	1.5	
硬脂酸钙（CaSt）	1.0	0.2
硬脂酸锌（ZnSt）		0.1
环氧化大豆油（ESO）		2～3
硬脂酸（HSt）		0.3
碳酸钙（CaCO$_3$）	10	
液状石蜡	0.5～1.0	
色　料	0.005～0.01	

（2）主要实验仪器：见表 7-11。

表 7-11　主要实验仪器

SK-160B 型双辊开炼机	1 台
250kN 电热平板硫化机（ϕ350mm×350mm）	1 台
高速混合机	1 台
不锈钢模板	1 副
浅搪瓷盘	1 个
水银温度计（0~250℃）	2 支
表面温度计（0~250℃）	1 支
天平（感量 0.1g）	1 台
制样机	1 台
测厚仪或游标卡尺	1 件
小铜刀、棕刷、手套、剪刀等实验用具	

1）双辊开炼机主体结构如图 7-12 所示。

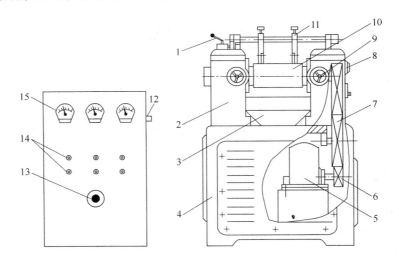

图 7-12　双辊开炼机主体结构

1—紧急制动开关；2—辊筒座；3—接料盘；4—支架；5—电机；6~8—齿轮；
9—辊间距调节轮；10—辊筒；11—加料间距调节板；12—控制箱开关；
13—加热旋钮；14—辊筒和加热开关；15—电压表

2）平板硫化机主体结构如图 7-13 所示。

3）高速混合机示意图如图 7-14 所示。

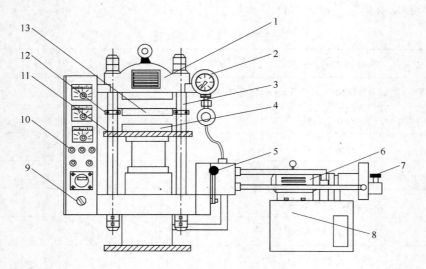

图 7-13　平板硫化机主体结构

1—上机座；2—压力表；3—柱轴；4—下平板；5—操作杆；6—油泵；7—调压阀；8—工作液缸；
9—开关；10—调温旋钮；11—升降平板；12—限位装置；13—活动平板

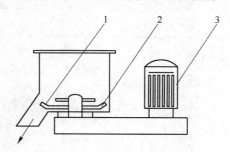

图 7-14　高速混合机示意图

1—刮刀；2—叶轮；3—电动机

[实验步骤]

（1）粉料配制。

1）以 PVC 树脂 100g 为基准，按表 7-10 配方在天平上称量各添加剂质量，经研磨、磁选后依次放入配料瓷盘中。

2）熟悉混合操作规程。先将 PVC 树脂稳定剂等干粉组分加入高速混合机中，盖上加料盖，并拧紧螺栓，开动搅拌 1~2min，停止搅拌，打开加料盖，缓慢加入增塑剂等液体组分，此时物料混合温度不超 60℃。然后加盖，继续搅拌 3min 左右，当物料混合温度自动升温至 90~100℃时，即添加剂已均匀分散吸附在 PVC 颗粒表面，固体润滑也基本熔化时，将转速换至低速，打开料闸门，将混合粉料放入浅搪瓷盘中待用，并将混合机中的残剩物料清除干净。

（2）塑炼拉片。

1）按照双辊炼塑机操作规程，利用加热、控温装置将辊筒预热至（165±5）℃，后辊约低 5~10℃，恒温 10min 后，开启开放式炼塑机，调节辊间距为 2~3mm。

2）在辊隙上部加上初混物料，操作开始后从两辊间隙掉下的物料立即再加往辊隙中，不要让物料在辊隙下方的搪瓷盘内停留时间过长，且注意经常保持一定的辊隙存料。待混合料已黏接成包辊的连续状带后，适当放宽辊隙以控制料温和料带的厚度。

3）塑炼过程中，用切割装置或铜刀不断地将从辊筒上拉下来折叠辊压，或者把物料翻过来沿辊筒轴向不同的料团折叠交叉再送入辊隙中，使各组分充分地分散，塑化均匀。

4）辊压 6~8min 后，再将辊距调至 2~3mm 进行薄通 1~2 次，若观察物料色泽已均匀，截面上不显毛粒、表面已有光泽且有一定强度时，结束辊压过程。迅速将塑炼好的料带成整片剥下，平整放置，按压模板框尺寸剪裁成片坯，也可以在出片后放置平整，冷却后上切粒机切削成(2×3×4)mm 左右的粒子，即为硬 PVC 塑料。

（3）压制成型。

1）按照平板压机操作规程，检查压机各部分的运转、加热和冷却情况并调节到工作状况，利用压机的加热和控温装置将压机上、下模板加热至（180±5）℃。由压模板尺寸、PVC 板材的模压压强（1.5~2.0MPa）和压力成型机的技术参数，按公式计算出油表压力 p（表压）。

2）把裁剪好的片坯重叠在不锈钢模板中间，放入压机平板中间。启动压机，使已加热的压机上、下模板与装有叠合板坯的模具相接触（此时模具处于未受压状态），预热板坯约 10min。然后闭模加压至所需表压，当物料温度稳定在（180±5）℃时，可适当降低一点压力以免塑料过多地溢出。

3）保温、保压约 30min，冷却，待模具温度降至 80℃以下直至板材充分固化后，方能解除压力，取出模具脱模修边得到 PVC 板材制品。

4）改变配方或改变配制成型工艺条件，重复上述操作过程进行下一轮实验，可制得不同性能的 PVC 板材。

（4）机械加工制备试样。将已制得的透明或不透明 PVC 板材在制样机上切取试样，试样数量纵、横方向上各不少于 4 个，以原厚为试样厚度，按将进行的性能测试标准制成试样。

［实验结果分析和讨论］

（1）实验结果表示。

平板压机表压 p 为：

$$p = \frac{p_0 A \times p_{max}}{N_{机} \times 10^3}$$

式中　p——压机油压机表读数，MPa；

　　　p_0——模压压强，MPa；

　　　A——模具投影面积，cm^2；

　　　p_{max}——压机最大公称吨位，t。

（2）配制、成型工艺参数和板材外观记录见表 7-12。

表 7-12 配制、成型工艺参数和板材外观记录

配方编号	粉料混合		辊压		压制			
	温度/℃	时间/min	温度/℃	时间/min	模板温度 (上,下)/℃	表压/MPa	时间/min	模板压强/MPa
1								
2								
3								
4								
5								

（3）PVC 配方中各组分的作用是什么？透明和不透明配方的区别是什么？

（4）试考虑除本实验所选工艺路线外，PVC 板材的制造还可采用哪些工艺路线？比较其优缺点。

参 考 文 献

［1］吴智华. 高分子材料加工工程实验教程［M］. 北京：化学工业出版社，2004.
［2］沈新元，李青山，刘喜军. 高分子材料与工程专业实验教程［M］. 北京：中国纺织出版社，2010.

实验 66   酚醛塑料的模压成型

［实验目的］

（1）了解热固性塑料加工成型的基本原理并掌握酚醛压塑粉的配合工艺及酚醛塑料和模压成型方法。

（2）实际操作酚醛压塑粉的配合工艺及酚醛塑料和模压成型方法，掌握热固性塑料加工成型的基本原理，掌握酚醛压塑粉的配合工艺，掌握酚醛塑料和模压成型方法。

［实验原理］

热固性塑料是以热固性树脂为主要原料，加上各种配合剂所组成的可塑性物料。常见的有酚醛、脲醛、蜜胺、环氧和不饱和聚酯等几大类。这些树脂的共同特点都是含有活性官能团的聚合物，在加工成型过程中能够继续发生化学反应，最终固化为制品。

热固性塑料也可以通过多种成型方法和工艺加工成型为各式各样的塑料制品。不同类型的热固性塑料的成型工艺有所不同，其中以酚醛塑料的压制成型最为重要。压制成型又分为模压和层压，模压又称为压缩模塑。本节就酚醛压塑粉模压实验为例，讨论热固性塑料的加工成型。

酚醛树脂是酚类化合物和甲醛缩聚反应的聚合物，其聚合方法又分为酸法和碱法，碱法树脂多为层压用料，酸法多为模压料。纯粹的酚醛树脂通常是不直接加工和应用的，大多数情况下，酚醛树脂都是与填料和其他配合剂通过一定的加工程序而成为热固性物料的。用得最多的是酚醛压塑粉，其加工方法主要是压制，其次是注塑和挤出等成型方法。酚醛塑料制品有良好的物理力学性能和电性能，其制品种类繁多，广泛应用于电工、电器和电子工业等部门。

酚醛压塑粉是多组分塑料，一般由酸法酚醛树脂、固化剂、添加剂等组成。酸法酚醛树脂是线形分子低聚物，相对分子质量通常是几百到几千。它是塑料的主体，六次甲基四胺是树脂的固化剂，它是碱性的，在受热或潮湿条件下分解出甲醛和氨气。

$$(CH_2)_6N_4 + 6H_2O \xrightarrow{\triangle} 6CH_2O + 4NH_3$$

酸法酚醛树脂与甲醛在碱性条件下，将进一步的缩合并且交联。

木粉是一种有机填料，实质是纤维素高分子化合物，使它分散于酚醛树脂的网状结构中，有增容、增韧及降低成本的作用。此外，纤维素中的羟基也可能参与树脂的交联，有利于改善制品的力学性能。

石灰（氧化钙）和氧化镁都是碱性物质，对树脂的固化起到促进作用，也可以中和酚醛树脂中可能残存的酸，使交联固化完善，有利于提高制品的耐热性和机械强度。

硬脂酸盐类作为润滑剂，不但能增加物料混合和成型时的流动性，也有利于成型时的脱模。

酚醛树脂色深，其制品多为黑色或棕色，常用苯胺黑作着色剂。

酚醛压塑粉是酚醛树脂和上述各种配合剂通过一定的加工程序而制成的。首先是树脂粉碎后和配合剂的捏合混合，然后再在130℃左右的温度下进行辊压塑炼，再经冷却、磨碎而成。压塑粉中的树脂已从原来的甲阶段到达乙阶段，具有适宜的流动性，也有一定的细度、均匀度及挥发物的含量，可以满足制品成型及使用的要求。

酚醛压塑粉的模压成型是一个物理-化学变化过程，压塑粉中的树脂在一定的温度和压力下，熔融、流动、充模而成型。树脂上的活性官能团发生了反应，分子间继续缩聚以致交联起来；在经过适宜的时间后，树脂从乙阶段推进到丙阶段，即从较难熔的状态逐步发展到不溶的三维网状结构，最终固化完全，保证了制品的性能。

模压成型工艺参数是温度、压力和时间。温度决定着压塑粉在模具中的流动状况和固化的速度。高温有利于缩短模压成型的周期，而且又能提高制品的表面粗糙度等物理力学性能。但若温度过高，树脂会因硬化太快而充模不完整，制品中的水分和挥发物来不及排除，存在于制品中使制品性能不良。反之，若温度过低，物料流程短，流量小，交联固化不完善，生产周期延长，也是不适宜的。通用型酚醛压塑粉的模压成型温度，一般控制在145~185℃之间为宜。不同种类和不同制品的模压温度须通过实验方法来确定。

模压压力是指完全闭模到脱模前这段时间的维持压力。压力的高低主要取决于压塑粉的性能，模压温度高低与压制品的结构和压塑粉是否经过预热预压等都有关，过高过低都不适宜。

酚醛压塑粉模压成型压强通常为10~40MPa，压机的油缸表压可考虑通过压制面积等参数换算来确定。

模压的时间即保压时间，主要取决于塑粉在乙阶段时的硬化速度，和压制品的厚度、压制温度等也有关。模具温度达到模压温度时，通用型压塑粉的固化速度约为45~60s/mm，压时间＝固化速度×制品厚度。

[实验试剂和仪器]

(1) 主要实验试剂：酚醛树脂（由学生制备）；木粉；固化剂；润滑剂；着色剂。

酚醛压塑粉的配方（通用型）：酸法酚醛树脂100（质量份，后同），木粉100，六次甲基四胺12.5，石灰或氧化镁3.0，硬脂酸钙2.0，苯胺黑1.0。

(2) 主要实验仪器：XLB350×350×2型平板硫化机（或Y71-100-I型电热油压机）；SK-160B开放式炼塑机；Z型捏合机；球磨机或粉碎机或研钵；模具（塑料弯曲强度标准试样模具）；XLL-2500拉力试验机；反向压缩和弯曲夹具；脱模装置；铜条；温度计。

［实验步骤］

（1）酚醛压塑粉的配置（干法）。

1）各组分的准备和捏合。

① 酚醛树脂首先要粉碎，木粉要求干燥。各种配合剂和树脂按配比分别称量，复核无误备用。

② 物料捏合。在Z型捏合机内加入树脂和除木粉以外的其他组分，开动混合机混合30min，然后加入木粉再混合30min～1h，停机出料备用。

2）混合物料的辊压塑化。

① 在SK-160B型双辊开炼机上进行，机器的加热和操作要点按设备使用说明书进行。两个辊筒的温度分别调整为100℃和130℃左右，辊间距约1～5mm。

② 加入混合物料辊压塑化。混合物料中的酚醛树脂因受辊筒的温度影响而熔化，并且浸渍其他组分，形成包辊层后拉前面热塑性塑料塑炼的操作进行切割、翻炼，促使物料混合均匀。由于混合塑化过程是一个物理和化学变化过程，应严格控制混炼时间。塑化期间要经常检验物料的流动性，通常是用拉西格流程法来衡量流动度，要求塑化物料的硬化速度控制在45～60s/mm的乙阶段。辊压后的物料成为均匀黑色片材，冷却后为硬而脆的物料。

3）塑料片的粉碎。可用锤击等方法把塑化片打碎成5cm以下的碎块，然后采用粉碎机或球磨机或研钵把碎块粉化。要求压塑粉有良好的松散性和均匀度。

（2）模压成型。

1）实验前的准备。模具预热是通过压机加热，严格控制上、下模板的温度一致，模压温度为180℃。向模具涂脱模剂，根据模型尺寸和压机参数计算模压成型的表压。从塑粉的硬化速度、制品厚度确定模压时间。

2）加料闭模压制。

① 按照塑件质量用天平称取一定量的酚醛压塑粉，迅速加入到压机上已预热的模具型腔内，使平整分布，中间略高，迅速合模。

② 加压闭模，放气。压机迅速施压到达成型所需的表压后。即泄压为0，这样的操作反复两次，完成放气。

③ 压机升压到所需的成型表压为止。

④ 保压固化。按工艺要求达到保压的时间（5～15min），使模具内塑料交联固化定型为酚醛塑料制品（抗弯试样），趁热脱模。

（3）注意事项。

1）要带干燥的手套操作，避免烫伤。

2）加料动作要快，物料在模腔内分布要均匀，中部略高。上下模具定位要准，防止闭模加压时损坏模具。

3）脱模时手工操作要注意安全，防止烫伤、砸伤及损坏模具。取出制品时用钢条帮助挖出来。脱出来的制品小心轻放，平整放置在工作台上冷却。压制品须冷却停放一天后才能进行性能测试。

（4）性能测试。对压制品进行抗弯曲强度测试。测试方法按 GB 1042—79 在 XLL-

2500 型拉力机上进行，在拉力机上安装反向抗弯曲试样夹具。

［实验结果分析和讨论］

（1）酚醛模塑制品的抗弯曲强度填入表 7-13。

表 7-13　实验测量结果

试 样 编 号	1	2	3	平　均
试样尺寸($l \times b \times d$)/mm				
试验跨距($L = 10d \pm 0.5$)/mm				
试验速度($V = 5d$)/mm				
弯曲挠度($D = rL^2/bd$)/mm				
破坏载荷 P/N				
应变值($r = 0.048$mm/min)				
弯曲强度($\sigma_f = 3PL/2bd^2$)/MPa				

（2）分析模压所得试样的表观质量和弯曲强度与模压成型工艺条件的关系。

（3）酚醛塑料的模压成型原理与硬 PVC 压制成型原理有何不同？

（4）酚醛压塑粉模压温度和时间对制品质量影响如何？两者之间关系如何协调？

（5）热固性塑料模压成型为什么要排气？

（6）热固性塑料能否回收再利用，为什么？

参 考 文 献

［1］吴智华. 高分子材料加工工程实验教程［M］. 北京：化学工业出版社，2004.

［2］沈新元，李青山，刘喜军. 高分子材料与工程专业实验教程［M］. 北京：中国纺织出版社，2010.

实验 67   天然橡胶硫化模压成型

［实验目的］

（1）掌握橡胶制品配方设计的基本知识和橡胶模塑硫化工艺。

（2）熟悉橡胶加工设备（如开炼机、平板硫化机等）及其基本结构，掌握这些设备的操作方法。

［实验原理］

生胶是橡胶弹性体，属线型高分子化合物。高弹性是它最宝贵的性能，但是过分的强韧高弹性会给成型加工带来很大的困难，而且即使成型的制品也没有实用的价值，因此，它必须通过一定的加工程序，才能使之成为有使用价值的材料。

塑炼和混炼是橡胶加工的两个重要的工艺过程，通称炼胶，其目的是要取得具有柔软可塑性，并赋予一定使用性能的、可用于成型的胶料。

生胶的相对分子质量通常都是很高的，从几十万到百万以上。过高的相对分子质量带来的强韧高弹性给加工带来很大的困难，必须使之处于柔软可塑性状态才能与其他配合剂均匀混合，这就需要进行塑炼。塑炼可以通过机械的、物理的或化学的方法来完成。机械法是依靠机械剪切力的作用借以空气中的氧化作用使生胶大分子降解到某种程度，从而使生胶弹性下降而可塑性得到提高，目前此法最为常用。物理法是在生胶中充入相容性好的软化剂，以削弱生胶大分子的分子间力而提高其可塑性，目前以充油丁苯橡胶用得比较多。化学塑炼则是加入某些塑解剂，促进生胶大分子的降解，通常是在机械塑炼的同时进行的。

本实验是天然橡胶的加工，选用开炼机进行机械法塑炼。天然生胶置于开炼机的两个相向转动的辊筒间隙中，在常温（小于50℃）下反复被机械作用，受力降解；与此同时降解后的大分子自由基在空气中受到氧化作用，发生了一系列力学与化学反应，最终可以控制其达到一定的可塑度，生胶从原先强韧高弹性变为柔软可塑性，满足混炼的要求。塑炼的程度和塑炼的效率主要与辊筒的间隙和温度有关，若间隙越小、温度越低，力化学作用越大，塑炼效率越高。此外，塑炼的时间、塑炼工艺操作方法及是否加入塑解剂也影响塑炼的效果。

生胶塑炼的程度是以塑炼胶的可塑度来衡量的，塑炼过程中可取样测量，不同的制品要求具有不同的可塑度，应该严格控制，过度塑炼是有害的。

混炼是在塑炼胶的基础上进行的又一个炼胶工序。本实验也是在开炼机上进行的。为了取得具有一定的可塑度且性能均匀的混炼胶，除了控制辊距的大小、适宜的辊温（小于90℃）之外，必须注意按一定的加料混合程序进行。即量小难分散的配合剂首先加到塑炼胶中，让它有较长的时间分散；量大的配合剂则后加。硫黄用量虽少，但应最后加入，因为硫黄一旦加入，便可能发生硫化效应，过长的混合时间将使胶料的工艺性能变坏，对其后的半成品成型及硫化工序都不利。不同的制品及不同的成型工艺要求混炼胶的可塑度、硬度等都是不同的。

　　本实验所列配方中的硫黄含量在 5 份之内，交联度不是很大，所得制品柔软；选用两种促进剂对天然胶的硫化都有促进作用，不同的促进剂协同使用，是因为它们的活性强弱及活性温度有所不同，在硫化时将促进交联作用更加协调、充分显示促进效果；助促进剂即活性剂在炼胶和硫化时起活化作用；防老剂多为抗氧剂，用来防止橡胶大分子因加工及其后的应用过程的氧化降解作用，以达到稳定的目的；石蜡与大多数橡胶的相容性不良，能集结于制品表面起到滤光阻氧等防老化效果，并且对于加工成型有润滑性能；碳酸钙作为填充剂有增容及降低成本作用，其用量多少将影响制品的硬度。

　　本实验要求制取一块天然软质硫化胶片，其成型方法采用模压法，通常又称为模型硫化。它是一定量的混炼胶置于模具的型腔内通过平板硫化机在一定的温度和压力下成型，同时经历一定的时间发生适当的交联反应，最终取得制品的过程。天然橡胶是异戊二烯的聚合物，硫化反应主要发生在大分子间的双键上。其机理为：在适当的温度，特别是达到了促进剂的活性温度下，由于活性剂的活化及促进剂分解成游离基，促使硫黄成为活性硫，同时聚异戊二烯主链上的双键打开形成橡胶大分子自由基，活性硫原子作为交联键桥使橡胶大分子间交联起来而形成立体网状结构。双键处的交联程度与交联剂硫黄的用量有关。硫化胶作为立体网状结构，并非橡胶大分子所有的双键处都发生了交联，交联度与硫黄的量基本上是成正比关系的，所得的硫化胶制品实际上是松散的、不完全的交联结构。成型时施加一定的压力既有利于活性点的接近和碰撞，促进交联反应的进行，也有利于胶料的流动。硫化过程须保持一定的时间，以保证交联反应达到配方设计所要求的程度。硫化过后，不必冷却即可脱模，模具内的胶料已交联定型为橡胶制品。

［实验试剂和仪器］

（1）主要实验试剂：见表 7-14。

表 7-14　主要实验试剂（质量份）

天然橡胶（NR）	100.0	氧化锌	5.0
硫　黄	2.5	轻质碳酸钙	40.0
促进剂 CZ	1.5	石　蜡	1.0
促进剂 DM	0.5	防老剂 4010-NA	1.0
硬脂酸	2.0	着色剂	0.1

　　（2）主要实验仪器：双辊开炼机（SK-160B 型）；平板硫化机（XLB-D350mm × 350mm ×2）；模板；浅搪瓷盘；温度计（0～300℃）；天平（感量 0.01g）；铜铲、手套、剪刀等实验用具。

［实验步骤］

（1）配料。

按上列的配方准备原材料，准确称量并复核备用。

（2）生胶塑炼。

1）按照机器的操作规程开动双辊开炼机，观察机器是否运转正常。

2）破胶：调节辊距为 2mm，在靠近大齿轮的一端操作以防损坏设备。生胶碎块依次连续投入两辊之间，不宜中断，以防胶块弹出伤人。

3）薄通：胶块破碎后，将辊距调至 1mm，辊温控制在 45℃左右。将破胶后的胶片在大齿轮的一端加入，使之通过辊筒的间隙，使胶片直接落到接料盘内。当辊筒上已无堆积胶时，将胶片折叠重新投入到辊筒的间隙中，继续薄通到规定的薄通次数为止。

4）捣胶：将辊距调至 1mm，使胶片包辊后，手握割刀从左向右割至近右边边缘（不要割断），再向下割，使胶料落在接料盘上，直到辊筒上的堆积胶将消失时才停止割刀。割落的胶随着辊筒上的余胶带入辊筒的右方，然后再从右向左方向同样割胶。这样的操作反复多次。

5）辊筒的冷却：由于辊筒受到摩擦生热，辊温要升高，应经常以手触摸辊筒，若感到烫手，则适当通入冷却水，使辊温下降，并保持不超过 50℃。

6）经塑炼的生胶称塑炼胶，塑炼过程要取样作可塑度试验，达到所需塑炼程度时为止。

（3）胶料混炼。

1）调节辊筒温度在 50~60℃之间，后辊较前辊略低些。

2）包辊：塑炼胶置于辊缝间，调整辊距使塑炼胶既包辊又能在辊缝上部有适当的堆积胶。经 2~3min 的辊压、翻炼后，使之均匀连续地包裹在前辊筒上，形成光滑无隙的包辊胶层。取下胶层，放宽辊距至 1.5mm，再把胶层投入辊缝使其包于后辊，然后准备加入配合剂。

3）吃粉：不同配合剂按如下顺序分别加入。

① 首先加入固体软化剂，这是为了进一步增加胶料的塑性以便混炼操作；同时因为分散困难，先加入是为了有较长时间混合，有利于分散。

② 加入促进剂、防老剂和硬脂酸。促进剂和防老剂用量少，分散均匀度要求高，也应较早加入便于分散。此外，有些促进剂如 DM 类对胶料有增塑效果，早些加入利于混炼。防老剂早些加入可以防止混炼时可能出现温升而导致的老化现象。硬脂酸是表面活性剂，它可以改善亲水性的配合剂和高分子之间的湿润性，当硬脂酸加入后，就能在胶料中得到良好的分散。

③ 加入氧化锌。氧化锌是亲水性的，在硬脂酸之后加入有利于其在橡胶中的分散。

④ 加入补强剂和填充剂。这两种助剂配比较大，如要求分散好本应早些加入，但由于混炼时间过长会造成粉料结聚，应采用分批、少量投入法，而且需要较长的时间才能逐步混入到胶料中。

⑤ 液体软化剂具有润滑性，又能使填充剂和补强剂等粉料结团，不宜过早加入，通常要在填充剂和补强剂混入之后再加入。

⑥ 硫黄是最后加入的，这是为了防止混炼过程出现焦烧现象，通常在混炼后期加入。吃粉过程每加入一种配合剂后都要捣胶两次。在加入填充剂和补强剂时要让粉料自然地进入胶料中，使之与橡胶均匀接触混合，而不必急于捣胶；同时还需逐步调宽辊距，堆积胶保持在适当的范围内。待粉料全部吃进后，由中央处割刀分往两端，进行捣胶操作促使混炼均匀。

（4）翻炼：全部配合剂加入后，将辊距调至 0.5~1.0mm，通常用打三角包、打卷或折叠及走刀法等进行翻炼至符合可塑度要求时为止。翻炼过程应取样测定可塑度。

　　1）打三角包法：将包辊胶割开用右手捏住割下的左上角，将胶片翻至右下角；用左手将右上角胶片翻至左下角，以此动作反复至胶料全部通过辊筒。

　　2）打卷法：将包辊胶割开，顺势向下翻卷成圆筒状至胶料全部卷起，然后将卷筒胶垂直插入辊筒间隙，这样反复至规定的次数，至混炼均匀为止。

　　3）走刀法：用割刀在包辊胶上交叉割刀，连续走刀，但不割断胶片，使胶料改变受剪切力的方向，更新堆积胶。翻炼操作通常是 3～4min，待胶料的颜色均匀一致，表面光滑即可终止。

　　(5) 混炼胶的称量：按配方的加入量，混后胶料的最大损耗为总量的 0.6% 以下，若超过这一数值，胶料应予报废，须重新配炼。

　　(6) 混炼时应注意的事项。

　　1）在开炼机上操作必须按操作规程进行，要求高度集中注意力。

　　2）割刀时必须在辊筒的水平中心线以下部位操作。

　　3）禁止戴手套操作。辊筒运转时，手不能接近辊缝处；双手尽量避免越过辊筒水平中心线上部，送料时手应作握拳状。

　　4）遇到危险时应立即触动安全刹车。

　　5）留长辫子的学生要求戴帽或结扎成短发后操作。

　　(7) 胶料模型硫化。模型硫化是在平板硫化机上进行的。所用模具是型腔尺寸为 160mm×120mm×2mm 的橡胶标准试片用平板模。

　　1）混炼胶试样的准备。将混炼胶裁剪成一定的尺寸备用。胶片裁剪的平面尺寸应略小于模腔面积，而胶片的体积要求略大于模腔的容积。

　　2）模具预热。模具经清洗干净后，可在模具内腔表面涂上少量脱模剂，然后置于硫化机的平板上，在硫化温度 145℃ 下预热约 30min。

　　3）加料模压硫化。将准备好的胶料放入已预热好的模腔内，并立即合模置于压机平板的中心位置，然后开动压机加压，胶料硫化压力为 2.0MPa。当压力表指针指示到达所需的工作压力时，开始记录硫化时间。本实验要求保压硫化时间为 10min，在硫化到达预定时间稍前时，去掉平板间的压力，立即趁热脱模。

　　4）试片制品的停放。脱模后的试片制品放在平整的台面上在室温下冷却并放置 6～12h 后，才能进行性能测试。

［实验结果分析和讨论］

　　(1) 天然生胶、塑炼胶、混炼胶和硫化胶，它们的力学性能和结构实质有何不同？

　　(2) 影响天然胶塑炼和混炼的主要因素有哪些？

　　(3) 胶料配方中的促进剂为何通常不只用一种？

参 考 文 献

[1] 刘喜军，杨秀英，王慧敏．高分子实验教程[M]．哈尔滨：东北林业大学出版社，2000．

[2] 刘长维．高分子材料与工程实验[M]．北京：化学工业出版社，2004．

实验 68　聚丙烯挤出造粒实验

[实验目的]

（1）熟悉挤出成型的原理。

（2）了解挤出机的基本结构及各部分的作用，掌握挤出成型基本操作。

[实验原理]

（1）塑料造粒：合成出来的树脂大多呈粉末状，粒径小成型加工不方便，而且合成树脂中又经常需要加入各种助剂才能满足制品的要求，为此就要将树脂与助剂混合，制成颗粒，这步工序称为"造粒"。树脂中加入功能性助剂可以造出功能性母粒。造出的颗粒是塑料成型加工的原料。

使用颗粒料成型加工的主要优点有：1）颗粒比粉料加料方便，无需强制加料器；2）颗粒料比粉料密度大，制品质量好；3）挥发物及空气含量较少，制品不容易产生气泡；4）使用功能性母料比直接添加功能性助剂更容易分散。

塑料造粒可以使用辊压法混炼，塑料出片后切粒，也可以使用挤出塑炼，塑化挤出料条后切粒。本实验采用挤出冷却后造粒的工艺。

（2）挤出成型原理及应用：热塑性塑料的挤出成型是主要的成型方法之一，塑料的挤出成型就是塑料在挤出机中，在一定的温度和压力下熔融塑化，并连续通过有固定截面的模型，得到具有特定断面形状连续型材的加工方法。不论挤出造粒还是挤出制品都分两个阶段，第一阶段，固体状树脂原料在机筒中，借助于料筒外部的加热和螺杆转动的剪切挤压作用而熔融，同时熔体在压力的推动下被连续挤出口模；第二阶段是被挤出的型材失去塑性变为固体即制品，制品可为条状、片状、棒状、管状。因此，应用挤出的方法既可以造粒也能够生产型材或异型材。

[实验试剂和仪器]

（1）主要实验试剂：聚丙烯（PP）；高密度聚乙烯（HDPE）；助剂。

（2）主要实验仪器：双螺杆挤出机；XRZ-400 型熔融流动速度仪；剪刀；手套；切粒机；冷却水槽。

双螺杆挤出机的主要技术性能为 ϕ34mm，螺杆长径比 32，螺杆转速 50Hz，加热温度小于 350℃。挤出机的主体结构及挤出造粒过程示意图，如图 7-15 所示。

挤出机各部分的作用为：

1）传动装置：由电动机、减速机构和轴承等组成，具有保证挤出过程中螺杆转速恒定、制品质量的稳定以及保证能够变速作用。

2）加料装置：无论原料是粒状、粉状和片状，加料装置都采用加料斗。加料斗内应有切断料流、标定料量和卸除余料等装置。

3）料筒：料筒是挤出机的主要部件之一，塑料的混合、塑化和加压过程都在其中进行。挤出时料筒的压力很高，工作温度一般为 180～250℃，因此料筒是受压和受热的容

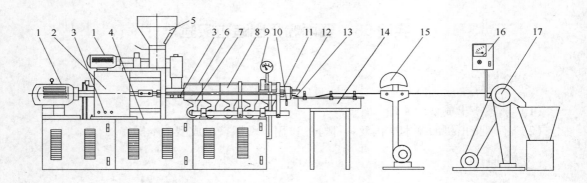

图 7-15 挤出机的主体结构及挤出造粒过程示意图

1—电动机；2—减速箱；3—冷却水；4—机座；5—料斗；6—加热器；7—鼓风机；8—机筒；
9—真空表；10—压力传感器；11—机头和口模；12—热电偶；13—条状挤出物；
14—水槽；15—风环；16—切粒机控制面板；17—切粒机

器，通常由高强度、坚韧耐磨和耐腐蚀的合金制成。料筒外部设有分区加热和冷却的装置，而且各自附有热电偶和自动仪表等。

4）螺杆：螺杆是挤出机的关键部件。根据螺杆的结构特性和工作原理分为如下几类：

① 非啮合与啮合型双螺杆。

② 啮合区与封闭型双螺杆。

③ 同向旋转和异向旋转双螺杆。

④ 平行和锥形双螺杆。

本实验采用的挤出机是啮合同向双螺杆挤出机，螺杆结构如图 7-16 所示。通过螺杆的移动，料筒内的塑料才能发生移动，得到增压和部分热量（摩擦热）。螺杆的几何参数，诸如直径、长径比、各段长度比例以及螺槽深度等，对螺杆的工作特性均有重大影响。

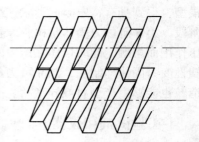

图 7-16 啮合同向双螺杆结构

5）口模和机头：机头是口模与料件之间的过渡部分，其长度和形状随所用塑料的种类、制品的形状、加热方法及挤出机的大小和类型而定。机头和口模结构的好坏，对制品的产量和质量影响很大，其尺寸根据流变学和实践经验确定。

[实验步骤]

（1）了解挤出塑料的熔融指数和熔点，初步设定挤出机各段、机头和口模的控温范围，同时拟定螺杆转速、加料速度、熔体压力、真空度、牵引速度及切粒速度等。

（2）检查挤出机各部分，确认设备正常，接通电源，加热，同时开启料座夹套水管。待各段预热到要求温度时，再次检查并趁热拧紧机头各部分螺栓等衔接处，保温 10min 以上。

（3）启动油泵，再开动主机。在转动下先加少量塑料，注意进料和电流计情况。待有熔料挤出后，将挤出物用手（戴上手套）慢慢引上冷却牵引装置，同时开动切粒机切粒并收集产物。

（4）挤出平稳，继续加料，调整各部分，控制温度等工艺条件，维持正常操作。

（5）观察挤出料条形状和外观质量，记录挤出物均匀、光滑时的各段温度等工艺条件，记录一定时间内的挤出量，计算产率，重复加料，维持操作 1h。

（6）实验完毕，按下列顺序停机：

1）将喂料机调至零位，按下喂料机停止按钮。

2）关闭真空管路阀门。

3）降低螺杆转速，尽量排除机筒内残留物料，将转速调至零位，按下主电机停止按钮。

4）依次按下电机冷却风机、油泵、真空泵、切粒机的停止按钮。断开加热器电源开关。

5）关闭各进水阀门。

6）对排气室、机头模面及整个机组表面清扫。

［实验结果分析和讨论］

（1）列出实验用挤出机的技术参数。

（2）计算挤出产率。

（3）影响挤出物均匀性的主要原因有哪些？怎样影响？如何控制？

（4）造粒工艺有几种造粒方式？各有何特点？

参 考 文 献

[1] 吴智华. 高分子材料加工工程实验教程[M]. 北京：化学工业出版社，2004.
[2] 沈新元，李青山，刘喜军. 高分子材料与工程专业实验教程[M]. 北京：中国纺织出版社，2010.
[3] 刘建平，郑玉斌. 高分子科学与材料工程实验[M]. 北京：化学工业出版社，2005.

第八章

综 合 型 实 验

实验 69　甲基丙烯酸甲酯聚合的综合实验

一、甲基丙烯酸甲酯的精制

[实验目的]

（1）了解甲基丙烯酸甲酯单体的储存方法。
（2）掌握甲基丙烯酸甲酯减压蒸馏精制的方法。

[实验原理]

纯净的甲基丙烯酸甲酯是无色透明的液体，其沸点为 $100.3℃$，密度为 $d_4^{20} = 0.937g/cm^3$，折射率 $n_D^{20} = 1.4138$。作为商品的甲基丙烯酸甲酯为了储存，要加入少量阻聚剂（如对苯二酚等），而呈现黄色，在聚合前需将其除去。对苯二酚可与氢氧化钠反应，生成溶于水的对苯二酚钠盐，再通过水洗即可除去大部分的阻聚剂。

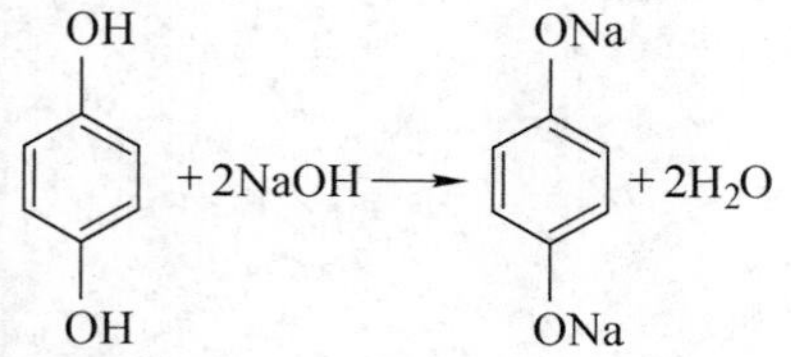

　　水洗后的甲基丙烯酸甲酯还需进一步蒸馏精制。由于甲基丙烯酸甲酯的沸点较高，加之本身活性较大，如采用常压蒸馏会因温度过高而发生聚合或其他副反应。减压蒸馏可以降低聚合物的沸点温度。单体精制通常采用减压蒸馏。具体的甲基丙烯酸甲酯沸点与压力的关系见表 8-1。

表 8-1　甲基丙烯酸甲酯沸点与压力关系

压力/kPa	3.19	4.66	7.05	10.77	16.49	25.14	37.11	50.80	72.75	101.08
压力/mmHg	24	35	53	81	124	189	279	397	547	760
沸点/℃	10	20	30	40	50	60	70	80	90	100.6

[实验试剂和仪器]

（1）主要实验试剂：甲基丙烯酸甲酯实验试剂；氢氧化钠（化学纯）。

（2）主要实验仪器：500mL三口瓶；500mL分液漏斗；毛细管（自制）；刺型分馏柱；100℃温度计；接收瓶；真空水泵等（见图8-1）。

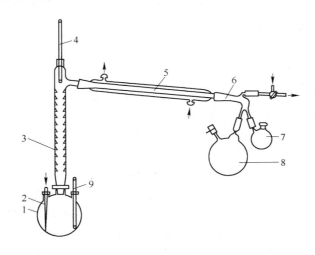

图 8-1　丙烯酸丁酯减压蒸馏装置
1—蒸馏瓶；2—毛细管；3—分流柱；4，9—温度计；5—冷凝器；
6—分馏头；7—前馏分接收头；8—接收瓶

[实验步骤]

（1）在500mL分液漏斗中加入250mL甲基丙烯酸甲酯单体，用事先配置好的10%氢氧化钠水溶液反复振荡洗涤数次至无色，每次用量为40~50mL，然后再用去离子水洗至中性，用pH试纸测试呈中性即可。再用无水硫酸钠或无水氯化钙进行干燥（每升单体加100g），干燥300min。

（2）按图8-1安装减压蒸馏装置，并与真空体系、高纯氮体系连接，要求整个体系密闭。开动真空水泵抽真空，并用煤气灯烘烤三口烧瓶、分馏柱、冷凝管、接收瓶等玻璃仪器，尽量除去系统中的空气，然后关闭抽真空活塞和压力计活塞，通高纯氮至正压。待冷却后，再抽真空、烘烤，反复3次。

（3）将干燥好的甲基丙烯酸甲酯加入减压蒸馏装置，加热并开始抽真空，控制体系压力为13.3kPa（100mmHg）进行减压蒸馏，收集46℃的馏分，测其折射率（精制后的单体成无色透明液体，其纯度可用色谱仪进行测定，也可通过折射率进行测定；在使用前往单体中加入一滴甲醇，若出现浑浊，表明仍有聚合物存在）。由于甲基丙烯酸甲酯沸点与真空度密切相关，所以对体系真空度的控制要仔细，使体系真空度在蒸馏过程中保持稳定，避免因真空度变化而形成暴沸，将杂质夹带进蒸好的甲基丙烯酸甲酯中。表8-2列出了甲基丙烯酸甲酯的密度和折射率。

表 8-2 甲基丙烯酸甲酯的密度和折射率

温度/℃	20	25
折射率	1.4118	1.4113
密度/g·cm⁻³	0.94	0.937

（4）为防止自聚，精制好的单体要在高纯氮的保护下密封后放入冰箱中保存待用。

二、过氧化苯甲酰的精制

[实验目的]

（1）了解过氧化苯甲酰的基本性质和保存方法。
（2）掌握过氧化苯甲酰的精制方法。

[实验原理]

过氧化苯甲酸（BPO）可由苯甲酰氯在碱性溶液内用过氧化氢氧化合成。它为白色结晶性粉末，熔点为 103～106℃（分解），溶于乙醚、丙酮、氯仿和苯中，易燃烧，受撞击、热、摩擦时会发生爆炸。过氧化苯甲酸在不同溶剂中的溶解度（20℃）见表 8-3。

表 8-3 过氧化苯甲酰在不同溶剂中的溶解度（20℃）

溶剂	溶解度/g·(100mL)⁻¹	溶剂	溶解度/g·(100mL)⁻¹	溶剂	溶解度/g·(100mL)⁻¹
石油醚	0.5	甲苯	11.0	苯	16.4
甲醇	1.0	丙酮	14.6	氯仿	31.6
乙醇	1.5				

常规试剂级 BPO 由于长期保存可能存在部分分解，且本身纯度不高，因此在用于聚合前需进行精制。BPO 的提纯常采用重结晶法。

重结晶时要注意溶解温度过高会发生爆炸，因此操作温度不宜过高。考虑到甲醇有毒，可用乙醇代替，但丙酮和乙醚对过氧化苯甲酸有诱发分解作用，因此不适合做重结晶的溶剂。

[实验试剂和仪器]

（1）主要实验试剂：过氧化苯甲酰（分析纯）；氯仿（分析纯）；甲醇（分析纯）。
（2）主要实验仪器：100mL 烧杯；恒温水浴；100℃温度计；布氏漏斗。

[实验步骤]

（1）室温下在 100mL 烧杯中加入 5gBPO 和 20mL 氯仿，慢慢搅拌，使之溶解。
（2）溶液过滤，滤液直接滴入 50mL 用冰盐冷却的甲醇中，则有白色针状结晶生成。
（3）含有白色针状结晶的溶液用布氏漏斗过滤，再用冷的甲醇洗涤 3 次，每次用甲醇5mL，抽干。反复重结晶 2 次后，将半固体结晶物置于真空干燥器中干燥。
（4）干燥好的产品称重，计算产率。
（5）产品放在棕色瓶中，保存于干燥器中备用。

三、甲基丙烯酸甲酯的本体聚合及有机玻璃板的制备

[实验目的]

（1）熟悉自由基本体聚合的特点和聚合方法。

（2）掌握有机玻璃板的制备方法，了解其工艺过程。

[实验原理]

本体聚合是指单体仅在少量的引发剂存在下进行的聚合反应，或者直接在热、光和辐照作用下进行的聚合反应。本体聚合具有产品纯度高和无需后处理等优点，可直接聚合成各种规格的型材。但是，由于体系黏度大，聚合热难以散去，反应控制困难，导致产品发黄，出现气泡，从而影响产品的质量。

本体聚合进行到一定程度，体系黏度大大增加，大分子链的移动困难，而单体分子的扩散受到的影响不大。链引发和链增长反应照常进行，而增长链自由基的终止受到限制，结果使得聚合反应速度增加，聚合物相对分子质量变大，出现所谓的自动加速效应。更高的聚合速率导致更多的热量生成，如果聚合热不能及时散去，会使局部反应"雪崩"式地加速进行而失去控制。因此，自由基本体聚合中控制聚合速率使聚合反应平稳进行是获取无瑕疵型材的关键。

有机玻璃是通过甲基丙烯酸甲酯的本体聚合制备的。甲基丙烯酸甲酯的密度（0.94g/cm³）小于聚合物的密度，在聚合过程中会出现较为明显的体积收缩。为了避免体积收缩并有利于散热，工业上往往采用二步法制备有机玻璃。在过氧化苯甲酰（BPO）引发下，甲基丙烯酸甲酯聚合初期平稳反应，当转化率超过20%之后，聚合体系黏度增加，聚合速率显著增加。此时应该停止第一阶段反应，将聚合浆液转移到模具中，低温反应较长时间。当转化率达到90%以上后，聚合物已经成型，可以升温使单体完全聚合。

[实验试剂和仪器]

（1）主要实验试剂：过氧化苯甲酰；甲基丙烯酸甲酯；硅油。

（2）主要实验仪器：三颈瓶；冷凝管；温度计；水浴锅；电动搅拌器；玻璃板。

[实验步骤]

（1）预聚物的制备。准确称取50mg过氧化苯甲酰、50g甲基丙烯酸甲酯，混合均匀，加入到配有冷凝管的三颈瓶中，开动电动搅拌器。然后水浴升温至80~90℃，反应约30~60min，体系达到一定黏度（相当于甘油黏度的两倍，转化率为7%~15%），停止加热，冷却至室温，使聚合反应缓慢进行。

（2）制模。取两块玻璃板洗净、烘干，在玻璃板的一面涂上一层硅油作为脱模剂。玻璃板外沿垫上适当厚度的垫片（涂硅油面朝内），并在四周糊上厚牛皮纸，并预留一注料口。

（3）成型。将上述预聚物浆液通过注料口缓缓注入模腔内，注意排净气泡。待模腔灌满后，用牛皮纸密封。将模子的注料口朝上垂直放入烘箱内，于40℃继续聚合20h，体系

固化失去流动性。再升温至 80℃，保温 1h，而后再升温至 100℃，保温 1h，打开烘箱，自然冷却至室温。除去牛皮纸，小心撬开玻璃板，可得到透明有机玻璃一块。

四、黏度法测定聚甲基丙烯酸甲酯的相对分子质量

[实验目的]

（1）掌握毛细管黏度计测定高分子溶液相对分子质量的原理。
（2）学会使用黏度法测定聚甲基丙烯酸甲酯的特性黏度。
（3）通过特性黏度计算聚甲基丙烯酸甲酯的相对分子质量。

[实验原理]

高分子稀溶液的黏度主要反映了液体分子之间因流动或相对运动所产生的内摩擦阻力。内摩擦阻力越大，表现出来的黏度就越大，且与高分子的结构、溶液浓度、溶剂的性质、温度以及压力等因素有关。用黏度法测定高分子溶液相对分子质量，关键在于 $[\eta]$ 的求得，最为方便的方法是用毛细管黏度计测定溶液的相对黏度。常用的黏度计为乌氏（Ub-belchde）毛细管黏度计，其特点是溶液的体积对测量没有影响，所以可在黏度计内采取逐步稀释的方法得到不同浓度的溶液。

[实验试剂和仪器]

（1）主要实验试剂：聚甲基丙烯酸甲酯；正丁醇（分析纯）；丙酮（分析纯）。
（2）主要实验仪器：乌氏毛细管黏度计；恒温装置（玻璃缸水槽、加热棒、控温仪、搅拌器）；秒表（最小单位 0.01s）；吸耳球；夹子；25mL 容量瓶；100mL 烧杯；砂芯漏斗。

[实验步骤]

（1）溶液配制。
（2）安装黏度计。
（3）纯溶剂流出时间 t_0 的测定。
（4）溶液流经时间 t 的测定。
（5）整理工作。

实验 70　苯乙烯聚合的综合实验

一、苯乙烯的精制

[实验目的]

（1）了解苯乙烯的储存和精制方法。
（2）掌握苯乙烯减压蒸馏的精制方法。

[实验原理]

苯乙烯为无色或淡黄色透明液体，沸点为 145.2℃。

阴离子聚合的活性中心能与微量的水、氧、二氧化碳、酸、醇等物质反应而导致活性中心失活，因此，用于阴离子聚合的苯乙烯其精制的要求较高。先是除去阻聚剂，再除去在前一过程中混入的微量水分，最后通过减压蒸馏除去其他杂质。

为了防止苯乙烯在储存或运输过程中发生自聚，通常在商品苯乙烯中加入阻聚剂，例如对苯二酚，使用前必须除去。可加入氢氧化钠与之反应，生成溶于水的对苯二酚钠盐，再通过水洗即可除去大部分的阻聚剂。

在离子型聚合中除去微量水分的方法主要包括物理吸附和化学方法两种。物理吸附是用多孔的物质与水接触，而把水分吸附在孔隙中。应选择孔径大小与水分子大小相当的物质。对于吸附水分来讲，通常选用 0.5nm 的分子筛。化学方法是加入某些物质与水反应，再除去生成物（或生成对反应无害的物质）。无水氯化钙、氢化钙等均是常用的干燥剂。氢化钙与水发生的化学反应为：

$$CaH_2 + H_2O \longrightarrow Ca(OH)_2 + H_2$$

也可将两种方法结合在一起使用，如将除去阻聚剂的苯乙烯先用 0.5nm 的分子筛浸泡一周，然后加入氢化钙，在高纯氮保护下进行减压蒸馏，收集所需的馏分。苯乙烯沸点与压力的关系见表 8-4。

表 8-4　苯乙烯沸点与压力的关系

温度/℃	30.8	44.6	59.8	69.5	82.1	101.4	122.6	145.2
压力/kPa	1.33	2.66	5.35	8.0	13.3	26.6	53.5	101.3
压力/mmHg	10	20	40	60	100	200	400	760

纯净苯乙烯是无色透明液体，苯乙烯含量一般在 99% 以上。可用色谱测定苯乙烯的纯度，也可通过它的某些物理常数（如折射率），来检验其纯度。这种方法更为简便，实验室常采用这种方法。苯乙烯的密度和折射率关系见表 8-5。

表 8-5　苯乙烯的密度和折射率关系

温度/℃	20	25	30	50
折射率	1.5465	1.5439	1.5431	—
密度/g·cm^{-3}	0.9063	0.9019	0.8975	0.8800

[实验试剂和仪器]

（1）主要实验试剂：苯乙烯（化学纯）；氢化钙（分析纯）。

（2）主要实验仪器：500mL 三口瓶；水浴锅；接收瓶；毛细管（自制）；氮气瓶；刺型分馏柱；冷凝管；100℃温度计。

[实验步骤]

（1）在 500mL 分液漏斗中加入 250mL 苯乙烯，用 5% 氢氧化钠溶液洗涤数次至无色（每次用量 40～50mL），然后用无离子水洗至中性，用无水硫酸钠干燥一周，再换为 0.5nm 分子筛浸泡一周，浸泡过程中用高纯氮吹扫数次。

（2）按图 8-1 安装减压蒸馏装置，并与真空体系、高纯氮体系连接。要求整个体系密闭。开动真空泵抽真空，并用煤气灯烘烤三口烧瓶、分馏柱、冷凝管、接收瓶等玻璃仪器，尽量除去系统中的空气，然后关闭抽真空活塞和压力计活塞，通入高纯氮至正压。待冷却后，再抽真空、烘烤，反复 3 次。

（3）在高纯氮保护下往减压蒸馏装置中加入氢化钙 1～2g，加入干燥好的苯乙烯，关闭氮气，开始抽真空，加热并回流 2h。控制体系压力为 2.93kPa（22mmHg）进行减压蒸馏，收集 44℃的馏分。由于苯乙烯沸点与真空度密切相关，所以对体系真空度的控制要仔细，使体系真空度在蒸馏过程中保证稳定，避免因真空度变化而形成暴沸，将杂质夹带进蒸好的苯乙烯中。

（4）为防止自聚，精制好的苯乙烯要在高纯氮的保护下密封后放入冰箱中保存待用。

二、正丁基锂的制备

[实验目的]

（1）掌握正丁基锂的合成方法。

（2）掌握正丁基锂的分析方法。

[实验原理]

正丁基锂作为引发剂，具有引发活性高、反应速度快、自身稳定等优点。此外，由于碳—锂键的半离子半共价键性质，使其可方便地溶于烃类溶剂中，因而在二烯烃的聚合中可形成更高的 1,4-结构。正是由于这些特点，使正丁基锂成为一种在工业上、科研中广泛使用的阴离子聚合引发剂。

正丁基锂常用的制备方法是用氯代正丁烷与金属锂在环己烷中反应得到，反应式为：

$$C_4H_9Cl + 2Li \longrightarrow C_4H_9Li + LiCl$$

[实验试剂和仪器]

（1）主要实验试剂：氯代正丁烷（分析纯）；金属锂（工业级）；环己烷（分析纯）；纯氮源（99.99%）。

（2）主要实验仪器：500mL 三口瓶；加料管（自制）；100℃温度计；电磁搅拌器。

[实验步骤]

（1）正丁基锂的合成。

1）环己烷先用 0.5nm 分子筛浸泡两周，再加入金属钠丝，以除去环己烷中微量的水，用前通入高纯氮鼓泡 15min，以除去微量的氢气。

2）用 0.5nm 分子筛浸泡氯代正丁烷一周，蒸馏，在高纯氮保护下加入氢化钙回流4～5h 后，收集 76～78℃馏分，在高纯氮保护下密封备用。

3）用环己烷洗去金属锂外面的保护油脂，在环己烷中用干净小刀刮去表面氧化层，然后切成小块薄片备用。

4）配方。一般锂过量，氯代正丁烷与金属锂的物理的量比为(1∶2.2)～(1∶2.3)，溶液浓度在 2mol/L 左右，聚合时稀释到 0.5～1mol/L。

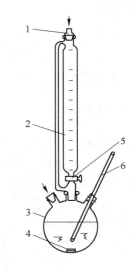

5）按图 8-2 装好合成装置，开动真空泵抽真空，并用煤气灯烘烤三口烧瓶、分馏柱、冷凝管、接收瓶等玻璃仪器，尽量除去系统中的空气，然后关闭抽真空活塞和压力计活塞，通入高纯氮至正压。待冷却后，再抽真空、烘烤，反复 3 次，由于金属锂可与氮反应，所以最后一次烘烤后往体系中充入高纯氩气。

6）在氩气保护下加入切好的金属锂，将环己烷加入加料管，将总量的 1/3 加入反应瓶。将处理好的氯代正丁烷加入加料管，与剩余的 2/3 环己烷混合。

7）开动搅拌，升温至 40℃，缓慢滴加环己烷-氯代正丁烷溶液，开始反应。由于此反应为放热反应，因此要通过调节滴加速度来控制反应速率，正常情况下，控制反应温度为 55～65℃，可以观察到溶液颜色由透明变为深紫色。

8）全部滴加完后，继续反应 2h。注意此阶段要缓慢搅拌，避免过量的锂及副产物形成细小粉末，给下一步过滤带来困难。

图 8-2　正丁基锂合成装置
1—加料口；2—加料管；3—反应瓶；
4—电磁搅拌子；5—旋塞阀；6—温度计

9）反应结束后，在高纯氮保护下，将反应液移到过滤装置上，滤去未反应的锂及副产物，得到无色透明的正丁基锂己烷溶液，在高纯氮保护下密封备用。

（2）正丁基锂的浓度分析。

合成的正丁基锂浓度一般约为理论值的 70% 左右，可用双滴定法测定正丁基锂浓度。

1）取两个 50mL 改装过的圆底烧瓶，抽排、烘烤、充氮，反复 3 次，高纯氮保压密封备用。

2）在 1 号圆底烧瓶中加 5mL 环己烷、2mL 二溴乙烷、2mL 正丁基锂，摇动 2min，使其充分反应。加水 10mL，充分摇动使介质全部水解。以酚酞为指示剂，用盐酸滴定杂质含量。

3）在 2 号圆底烧瓶中加 2mL 正丁基锂、10mL 环己烷、10mL 水，充分摇动水解后滴定杂质含量。

4）正丁基锂的浓度为：

$$c_{正丁基锂} = \frac{(V_总 - V_杂) \times c_{HCl}}{V_{正丁基锂}}$$

式中　c_{HCl}——标准盐酸溶液的浓度，mol/L；

$\quad V_{正丁基锂}$——滴定用正丁基锂的总量，mL；

$\quad\quad V_总$——2 号瓶消耗盐酸总量，mL；

$\quad\quad V_杂$——1 号瓶消耗盐酸总量，mL。

三、苯乙烯阴离子聚合

[实验目的]

（1）掌握阴离子聚合的机理。

（2）了解苯乙烯净化程度对聚合反应的影响。

（3）掌握实现阴离子计量聚合的实验操作技术。

[基本原理]

苯乙烯阴离子聚合是连锁式聚合反应的一种，包括链引发、链增长和链终止三个基元反应。在一定的条件下，苯乙烯阴离子聚合可以实现活性计量聚合。第一，苯乙烯是一种活性相对适中的单体，在高纯氮的保护下，活性中心自身可长时间稳定存在而不发生副反应。第二，正常阴离子活性中心非常容易与水、醇、酸等带有活泼氢和氧、二氧化碳等物质反应，而使负离子活性中心消失。第三，使终止反应的杂质可以通过净化原料、净化体系从聚合反应体系中除去，终止反应可以避免，因此阴离子聚合可以做到无终止、无链转移，即活性聚合。在这种情况下，聚合物的相对分子质量由单体加入量与引发剂加入量之比决定，且相对分子质量分布很窄。

[实验试剂和仪器]

（1）主要实验试剂：见表8-6。

表 8-6　实验所需主要试剂

试 剂	规 格	作 用	试 剂	规 格	作 用
苯乙烯	精 制	单 体	四氢呋喃	精 制	极性添加剂
环己烷	精 制	溶 剂	乙 醇	分析纯	沉淀剂
正丁基锂	自 制	引发剂			

（2）主要实验仪器：500mL 聚合釜；1000mL 吸收瓶；30mL、1mL 注射器各一个；0 号注射针头；厚壁乳胶管；440 称量瓶；止血钳；加料管等。聚合装置如图 8-3 所示。

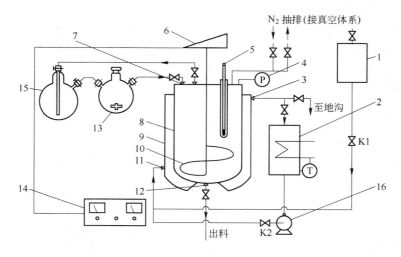

图 8-3　聚合装置

1—冷水箱；2—恒温水浴箱；3—出水口；4—压力表；5—温度计；6—搅拌电机；
7—进料口；8—反应釜；9—水浴夹套；10—搅拌桨；11—进水口；12—出料口；
13—引发剂进料口；14—控速箱；15—吸收瓶；16—水泵

[配方计算]

（1）单体浓度为 8%，相对分子质量为 40000，总投料量为 20g。

（2）活性中心 $= 20/4000 = 5 \times 10^{-4}$ mol $= 0.5$ mmol

（3）设正丁基锂浓度为 0.8mmol/mL（实验中可以不同），则正丁基锂加入的毫升数为：

$$V = 0.5/0.8 = 0.625 \text{mL}$$

（4）设 $\dfrac{[\text{THF}]}{\text{活性中心}} = 2$，则：

$$[\text{THF}] = 0.625 \times 2 = 1.25 \text{mmol}$$
$$m(\text{THF}) = 1.25 \text{mmol} \times 72.1 \text{g/mol} = 0.090 \text{g}$$
$$V(\text{THF}) = 0.090/0.833 = 0.102 \text{mL}$$

[实验步骤]

（1）开动聚合釜。在氮气保护下将聚合釜中的活性聚合物放出，开启加热泵，加热循环水至 60℃。

（2）净化。在高纯氮气的保护下将聚合釜中的活性聚合物放出，并充氮，保持体系正压。将加料管、吸收瓶接入真空体系，用检漏剂检查体系，保证体系不漏。然后抽真空、充氮，反复 3 次，待冷却后取下。

（3）加料。用加料管准确取环己烷加入聚合瓶，用注射器取计量苯乙烯和四氢呋喃迅速加入聚合瓶，并用止血钳夹住针孔下方，以防漏气。

（4）杀杂。用 1mL 注射器抽取正丁基锂，逐滴加入聚合瓶中，同时密切注意颜色的变化，直至出现淡茶色且不消失为止，将聚合液加入聚合釜。

（5）聚合。迅速加入计量的引发剂，反应30min。

（6）后处理。将少量聚合液、2,6,4-防老剂放入工业乙醇中，搅拌，将聚合物沉淀。倾去清液，将聚合物放入称量瓶中，在真空干燥箱中干燥。

四、聚合物的纯化

[实验目的]

（1）了解聚苯乙烯的良溶剂及沉淀剂。

（2）掌握沉淀法分离聚合物的方法。

[实验原理]

聚合物的纯化方法主要有洗涤法、萃取法、溶解沉淀法。溶解沉淀法是将聚合物溶于良溶剂中，然后加入对聚合物不溶而对溶剂能溶的沉淀剂使聚合物沉淀出来。这种方法是聚合物精制应用最广泛的方法。

溶剂的溶解度参数与聚合物的溶解度参数相近时，溶剂是聚合物的良溶剂，否则是聚合物的不良溶剂。聚苯乙烯的良溶剂有苯、甲苯、丁酮、氯仿，沉淀剂有甲醇和乙醇。

聚合物溶液的浓度、溶解速度、溶解方法、沉淀时的温度等对所分离的聚合物的外观影响很大，如果聚合物溶液浓度过高，则溶剂和沉淀剂的混合性较差，沉淀物成为橡胶状。如果浓度过低，聚合物成为细粉状。

在沉淀中，沉淀剂用量一般为溶剂的4～10倍，最后溶剂和沉淀剂可通过真空干燥除去。

[实验试剂和仪器]

（1）主要实验试剂：聚苯乙烯；工业酒精。

（2）主要实验仪器：500mL烧杯；玻璃棒；称量瓶。

[实验步骤]

（1）在500mL的烧杯中加入工业酒精300mL。

（2）将50mL苯乙烯的环己烷溶液倒入烧杯中，并不停搅拌。

（3）将上层清液倒入废液瓶中，将聚合物移至称量瓶中。

（4）将称量瓶中的聚合物在真空干燥箱中干燥至恒重。

五、聚苯乙烯相对分子质量及分布的测定

[实验目的]

（1）了解GPC法测定相对分子质量及分布的基本原理。

（2）掌握GPC仪器的基本操作，并测定聚苯乙烯的相对分子质量及分布。

[实验原理]

凝胶渗透色谱法（GPC），其主要的分离机理是体积排除理论。

GPC 分离部件是以多孔性凝胶作为载体的色谱柱，凝胶的表面与内部含有大量彼此贯穿的、大小不等的孔洞。GPC 法就是通过这些装有多孔性凝胶的分离柱，利用不同相对分子质量的高分子在溶液中的流体力学体积大小不同进行分离，再用检测器对分离物进行检测，最后用已知相对分子质量的标准物对分离物进行校正的一种方法。在聚合物溶液中，高分子链卷曲缠绕成无规线团状，在流动时，其分子链间总是裹挟着一定量的溶剂分子，表现出的体积称为"流体力学体积"。对于同一种聚合物而言，是一组同系物的混合物，在相同的测试条件下，相对分子质量大的聚合物，其溶液中的"流体力学体积"也就大。

色谱柱的总体积 V_t 由载体的骨架体积 V_g、载体内部的孔洞体积 V_i、载体的粒间体积 V_0 组成。当聚合物溶液流经多孔性凝胶粒子时，溶质分子即向凝胶内部的孔洞渗透，渗透的概率与分子尺寸有关，可分为以下 3 种情况：

（1）高分子的尺寸大于凝胶中所有孔洞的孔径，此时高分子只能在凝胶颗粒的空隙中存在，并首先被溶剂淋洗出来，其淋洗体积 V_e 等于凝胶的粒间体积 V_0，因此对于这些分子没有分离作用。

（2）对于相对分子质量很小的分子，由于能进入凝胶的所有孔洞，因此全都在最后被淋洗出来，其淋洗体积等于凝胶内部的孔洞体积 V_i 与凝胶的粒间体积 V_0 之和，对于这些分子，同样没有分离作用。

（3）对于相对分子质量介于以上两者之间的分子，其中较大的分子能进入较大的孔洞，较小的分子不但能进入较大、中等的孔洞，而且也可以进入较小的孔洞。这样，大分子能渗入的孔洞数目比小分子少，即渗入概率与渗入深度都比小分子少，换句话说，在柱内小分子流过的路径比大分子的长，因而在柱中的停留时间也较长，所以需要较长的时间才能被淋出，从而达到分离目的。

[实验试剂和仪器]

（1）主要实验试剂：聚苯乙烯；四氢呋喃（色谱纯）。

（2）主要实验仪器：Waters 公司的 1515 型凝胶色谱仪；烧杯；称量瓶；注射器。

[实验步骤]

（1）样品必须经过完全干燥，除掉水分、溶剂及其他杂质。

（2）必须给予充分的溶解时间使聚合物完全溶解在溶剂中，并使分子链尽量舒展。相对分子质量越大，溶解的时间应越长。

（3）配制浓度一般在 0.05% ~ 0.3% 质量分数之间，相对分子质量大的样品浓度低些，相对分子质量小的样品浓度稍微高些。

（4）冲洗泵。

完成仪器连接检测后，出现操作窗口，包括命令栏、工作区和采集栏。按操作说明工作。

（5）创建初始方法。在 Breeze 系统中，进行某项操作时，要预先设定各种参数的集合。它包括平衡方法、数据采集方法、数据处理（校正）方法和报告方法等。

（6）稳定系统。设定系统在较小的流量（0.1mL/min）下，稳定 7 ~ 8h。

（7）平衡系统。待系统平衡后，再次选择采集栏上的"平衡系统"按钮，选择合适的平衡方法，在较大的流量（1mL/min）下进行系统的平衡，直到 RI Detector 的基线稳定为止。

（8）首先用一系列已知相对分子质量的单分散标准样品，做一系列的 GPC 谱图，找出每一个相对分子质量 M 所对应的淋洗体积 V_e，然后以这些数据做出普适或者相对校正曲线，并将其保存成一种方法。

（9）进行聚苯乙烯样品的测试。

（10）进样完成后，在监视窗中即显示数据采集过程，测试完成后即得到 GPC 色谱图。

实验71　聚合物中部分基团的测定

在有机反应中常用薄层色谱法监控反应物是否完全反应。要了解一个聚合反应进行的程度，则需要测定不同反应时间单体的转化率或基团的反应程度。常用的测定方法有重量法、化学滴定法、膨胀计法、折光分析法、黏度法和光谱分析法。下面主要介绍重量法和化学滴定法。

（1）重量法。聚合反应进行到一定时间后，从反应体系中取出一定质量的反应混合液，采用适当方法分离出聚合物并称重。可以选用沉淀法快速分离出聚合物，但是低聚体难以沉淀出，并且在过滤和干燥过程中也会造成损失；也可以采用减压干燥的方法除去未反应的单体、溶剂和易挥发的成分，此法耗时较长，而且会有低相对分子质量物质残留在聚合物样品中。

（2）化学滴定法。缩聚反应中常采用化学滴定法测定残余基团的数目，由此还可以获得聚合物的平均相对分子质量。对于烯类单体的聚合反应，可以采用滴定 C=C 双键浓度的方法确定单体转化率。

一、聚合物中双键含量的测定

溴与 C=C 双键可以定量反应生成二溴化物，利用该反应可测定化合物中 C=C 双键的含量。一般是采用回滴定法，即用过量溴与化合物反应，剩余的溴与 KI 反应生成单质碘，析出的 I_2 再用 $Na_2S_2O_3$ 滴定，由此可得到 C=C 双键的摩尔数（$A_{C=C}$）。

$$A_{C=C} = (V_1 - V_2) \times M \tag{8-1}$$

式中　V_1，V_2——分别为空白样品滴定和样品滴定所消耗 $Na_2S_2O_3$ 标准溶液的体积，L；

M——$Na_2S_2O_3$ 标准溶液的浓度，mol/L。

二、羟基的测定

羟值是指滴定 1g 含羟基的样品所消耗的 KOH（或 NaOH）的毫克数，羟基能与酸酐发生酯化反应，反应式为：

$$ROH + \begin{matrix} R'C \\ \\ R'C \end{matrix} O \longrightarrow RCOR' + RCOOH$$

用 KOH 或 NaOH 溶液滴定在此反应过程中所消耗的酸酐的量即可求出羟值。常用的酸酐有乙酐和邻苯二甲酸酐。具体操作步骤如下：

在一洁净、干燥的棕色瓶中，加入 100mL 新蒸吡啶和 15mL 新蒸乙酸酐混合均匀后备用。

将样品真空干燥，称取约 2g 样品（精确至 1mg），放入 100mL 磨口锥形瓶中，用移液管准确移取 10mL 配好的乙酸酐-吡啶混合液，放入瓶中，并用 2mL 吡啶冲洗瓶口。放几粒沸石，接上磨口空气冷凝管，在平板电炉上加热回流 20min，冷却至室温，依次用 10mL 吡啶和 10mL 蒸馏水冲洗冷凝管内壁和磨口，加入 3 ~ 5 滴 1% 的酚酞-乙醇指示剂，用 1mol/L KOH 标准溶液滴定。在同样条件下做空白试验，计算羟值：

$$羟值 = \frac{(V - V_0)N \times 56.11}{m} \tag{8-2}$$

式中 V，V_0——分别为样品滴定和空白滴定所消耗的 KOH 的量，mL；

$\quad\quad$ N——NaOH 的摩尔浓度；

$\quad\quad$ m——样品质量，g。

对于端羟基聚合物，测得其羟值可用来计算其数均相对分子质量。对双端羟基的聚醚，其数均相对分子质量 M_n，可表示为：

$$M_n = \frac{2 \times 56.11 \times 100}{羟值} \tag{8-3}$$

注意事项：

（1）吡啶有毒，操作需在通风橱内进行。

（2）若用 NaOH 滴定，则计算时将式（8-3）中 56.11 改为 40。

三、环氧值的测定

环氧值是指每 100g 环氧树脂中含环氧基的摩尔数。它是环氧树脂质量的重要指标，是计算固化剂用量的依据。树脂的相对分子质量越高，环氧值相应降低，一般低相对分子质量环氧树脂的环氧值在 0.48 ~ 0.57 之间。另外，还可用环氧基质量分数（每 100g 树脂中含有的环氧基克数）和环氧摩尔数（用环氧基的环氧树脂克数）来表示，三者之间的互换关系如下：

$\quad\quad$ 环氧值 = 环氧基质量分数／环氧基相对分子质量 = 1／环氧摩尔数

因为环氧树脂中的环氧基在盐酸的有机溶液中能被 HCl 开环，所以测定所消耗的 HCl 的量，即可算出环氧值。其反应式为：

过量的 HCl 用标准氢氧化钠-乙醇液回滴。

对于相对分子质量小于 1500 的环氧树脂，其环氧值的测定用盐酸-丙酮法测定，相对分子质量高的用盐酸吡啶法。具体操作如下。

准确称取 1g 左右环氧树脂，放入 150mL 的磨口锥形瓶中，用移液管加入 25mL 盐酸-丙酮溶液，加塞摇动至树脂完全溶解，放置 1h，加入酚酞指示剂 3 滴，用氢氧化钠-乙醇溶液滴定至浅粉红色，同时按上述条件做空白试验两次。

$$环氧值\ Epv = \frac{(V_0 - V_1)N}{10m} \tag{8-4}$$

式中 V_0，V_1——分别为空白和样品滴定所消耗的 NaOH 的量，mL；

$\quad\quad$ N——NaOH 溶液的摩尔浓度；

$\quad\quad$ m——树脂质量，g。

注意事项：

（1）盐酸-丙酮溶液为 2mL 浓盐酸溶于 80mL 丙酮中，混合均匀。

（2）氢氧化钠-乙醇标准溶液为 4g NaOH 溶于 100mL 乙醇中，用标准邻苯二甲酸氢钾溶液标定，酚酞作指示剂。

四、异氰酸酯基的测定

异氰酸酯基可与过量的胺反应生成脲，用酸标准溶液回滴定剩余的胺，即可得到异氰酸酯基的含量，比较合适的胺为正丁胺和二正丁胺。由于水和醇都能和异氰酸酯基反应，所以选用的溶剂须经过严格的干燥处理，并且为非醇、酚类试剂，一般选用氯苯；二氧六环作为溶剂。

准确称量 1.000g 样品，放入 100mL 磨口锥形瓶中，用移液管加入 10mL 二氧六环，待样品完全溶解完毕后，用移液管加入 10mL 正丁胺-二氧六环溶液（浓度为 25g/100mL）。加塞，摇匀静置一段时间（芳香族异氰酸酯静置 15min，脂肪族异氰酸酯静置 45min）后，加入几滴甲基红溶液，用 0.1mol/L 的盐酸标准溶液滴定，至终点时颜色由黄色转变成红色。用相同方法进行空白滴定，由此得到 1g 聚合物中所含异氰酸酯基的摩尔数（A_{NCO}）。

$$A_{NCO} = (V - V_0) \times M/W \tag{8-5}$$

式中　V，V_0——分别为样品滴定和空白样品滴定所消耗酸标准溶液的体积，L；

　　　　M——酸标准溶液的浓度，mol/L；

　　　　W——聚合物样品的质量，g。

五、醇解度的测定

聚乙酸乙烯酯经过醇解后，大部分乙酸根醇解为羟基，但也有少部分乙酸根保存了下来，不同的条件下反应，醇解的程度是不同的。醇解度的大小是聚乙烯醇产品的一个重要的质量指标。所谓醇解度就是已醇解的乙酸根的物质的量与醇解前分子链上全部乙酸根的物质的量的百分比，其反应式为：

其测定方法如下：

在分析天平上称取 1g 左右的聚乙烯醇，置于 500mL 锥形瓶中，倒入 200mL 蒸馏水，装上回流冷凝管。用水浴加热，使样品全部溶解。冷却后用少量蒸馏水冲洗锥形瓶内壁。加入几滴酚酞指示剂。用滴管滴加 0.01mol/L NaOH-乙醇溶液中和至微红色。加入 25mL 0.5mol/L NaOH 水溶液，在水浴上回流 1h，冷却后用 0.5mol/L HCl 滴定至无色，同时做一空白试验。滴定出的乙酸物质的量为 $(V_2 - V_1)N$，其中 V_2 为空白试验所消耗的盐酸的体积（mL），V_1 为试样所消耗的盐酸体积（mL），N 为盐酸标准溶液的浓度。由此可求出滴定出的乙酸量在 mg 聚乙烯醇中的质量分数 Q：

$$Q = \frac{(V_2 - V_1)N \times 60}{1000 \times m} \times 100\% \tag{8-6}$$

根据醇解度的定义可以导出醇解度的公式：

$$醇解度 = \left(1 - \frac{44Q}{60 \times 100 - 42Q}\right) \times 100\% \tag{8-7}$$

六、缩醛度的测定

反应原理：

$$\text{+ CHCH}_2\text{CHCH}_2\text{+}_n + n\text{NH}_2\text{OH} \cdot \text{HCl} \longrightarrow$$

$$\text{OCHO}$$

$$\text{R}$$

$$\text{+ CHCH}_2\text{CHCH}_2\text{+}_n + n\text{RCH}=\text{NOH} + n\text{HCl}$$

$$\text{OH} \quad \text{OH}$$

$$\text{NaOH} + \text{HCl} \longrightarrow \text{NaCl} + \text{H}_2\text{O}$$

缩醛度：已参加缩醛反应的羟基占羟基总数的百分比（%）。

操作步骤：

准确称取干燥至恒重的聚乙醇缩丁醛（PVB）样品 1g 左右（精确至 1mg），置于 250mL 磨口锥形瓶中，加入 50mL 乙醇、25mL 17% 的盐酸羟胺溶液，安上回流冷凝管在水浴上回流 3h，冷至室温时用 20mL 乙醇仔细冲洗冷凝管。加入几滴溴百里酚蓝指示剂，用 0.5mol/L NaOH 标准溶液滴定，终点时溶液由黄变蓝。在同样条件下做空白实验，样品滴定与空白实验各做两次。

$$p = \frac{(V_1 - V_2)M \times 0.073}{m} \times 100 \tag{8-8}$$

$$缩醛度 = \frac{(V_1 - V_2)M[44A + 86(1 - A)]}{500Am} \times 100 \tag{8-9}$$

式中　p——在 PVB 大分子链上的丁醛含量，%；

　　V_1——样品滴定时消耗 NaOH 标准溶液的体积，mL；

　　V_2——空白滴定时消耗 NaOH 标准溶液的体积，mL；

　　A——聚乙烯醇的醇解度，%；

　　M——NaOH 标准溶液的浓度，mol/L；

　　m——样品质量，g。

注意事项：

（1）溴百里酚蓝用 20% 的乙醇配制成 0.05% 的溶液，在每 100mL 溶液中含 3.2mL 0.05mol/L 的 NaOH。

（2）NaOH 标准溶液用 1：1 的 $\text{H}_2\text{O-C}_2\text{H}_5\text{OH}$ 配成。

（3）这个测定方法只适合那些溶于水-乙醇体系的聚乙烯醇缩醛。对于不溶于水-乙醇体系的聚乙烯醇缩醛，如聚乙烯醇缩甲醛应先将其酸解，收集解离出的醛，然后用同样的方法测定。

（4）这里的缩醛度只是参加缩醛反应的羟基数占分子链的羟基总数的百分数，并非是分子链上的全部侧基（设 PVA 分子链上只有羟基（—OH）和乙酰基（$CH_3COO—$））。如果把缩醛度表示为参加缩醛反应的羟基数占分子链上全部侧基数的百分数，那么缩醛度（％）可用式（8-10）表示：

$$缩醛度 = \frac{(V_1 - V_2)M(43 - 21A)}{250m} \times 100 \qquad (8-10)$$

七、酸值的测定

酸值是指 1g 聚合物样品的溶液滴定时所消耗 KOH 或 NaOH 的毫克数，测定方法是将聚合物溶于一些惰性溶剂中（如甲醇、乙醇、丙酮、苯和氯仿等），以酚酞为指示剂，用 0.1mol/L 的 KOH 或 NaOH 溶液滴定。其具体操作如下：

准确称取适量样品，放入 100mL 锥形瓶中，用移液管加入 20mL 溶剂，轻轻摇动锥形瓶，使样品完全溶解。然后加入 2～3 滴 0.1% 的酚酞-乙醇溶液，用 KOH 或 NaOH 标准溶液滴定至溶液呈浅粉红色（颜色保持 15～30s 不褪色）。用同样的方法进行空白滴定，重复 2 次，结果按式（8-11）计算：

$$酸值 = \frac{(V - V_0)W \times 56.11}{m} \qquad (8-11)$$

式中　V，V_0——分别为样品滴定、空白滴定所消耗的 KOH 或 NaOH 的标准溶液体，mL；

　　　　W——样品质量，g；

　　　　m——KOH 或 NaOH 标准溶液的浓度，mol/L。

注意：若用 NaOH 滴定，则计算时将式(8-11)中的 56.11 改为 40。

实验 72　本体聚合生产透明有机玻璃板材

一、甲基丙烯酸甲酯的精制

[实验目的]

（1）了解甲基丙烯酸甲酯单体的储存方法。
（2）掌握甲基丙烯酸甲酯减压蒸馏精制的方法。

[实验原理]

纯净的甲基丙烯酸甲酯是无色透明的液体，其沸点为 100.3℃，密度 $d_4^{20} = 0.937g/cm^3$，折射率 $n_D^{20} = 1.4138$。作为商品的甲基丙烯酸甲酯为了储存需加入少量阻聚剂，如对苯二酚等，而呈现黄色，在聚合前需将其除去。对苯二酚可与氢氧化钠反应，生成溶于水的对苯二酚钠盐，再通过水洗即可除去大部分的阻聚剂。

水洗后的甲基丙烯酸甲酯还需进一步蒸馏精制。由于甲基丙烯酸甲酯的沸点较高，加之本身活性较大，如采用常压蒸馏会因温度过高而发生聚合或其他副反应。减压蒸馏可以降低聚合物的沸点温度。单体精制通常采用减压蒸馏。甲基丙烯酸甲酯与压力的关系见表8-7。

表 8-7　甲基丙烯酸甲酯沸点与压力的关系

压力/kPa	3.19	4.66	7.05	10.77	16.49	25.14	37.11	50.80	72.75	101.08
压力/mmHg	24	35	53	81	124	189	279	397	547	760
沸点/℃	10	20	30	40	50	60	70	80	90	100.6

[实验试剂和仪器]

（1）主要实验试剂：甲基丙烯酸甲酯；氢氧化钠；无水氯化钙；去离子水。

（2）主要实验仪器：500mL 单口瓶；250mL 单口烧瓶；500mL 分液漏斗；500mL 烧杯；200mL 烧杯；电子天平；恒温水浴加热磁力搅拌器；毛细管（自制）；分馏头；尾接管；直形冷凝器；100℃温度计；乳胶管；真空油泵等（见图8-4）。

[实验步骤]

（1）在 500mL 分液漏斗中加入 150mL 甲基丙烯酸甲酯单体，用事先配置好的 10% 氢氧化钠水溶液反复振荡洗涤数次至无色，每次用量

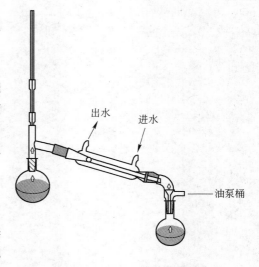

图 8-4　减压蒸馏装置

为 25~35mL，然后再用去离子水洗至中性，用 pH 试纸测试呈中性即可。再用无水氯化钙进行干燥（每升单体加 100g），干燥 30~60min。

（2）按图 8-4 安装减压蒸馏装置，并与真空体系连接，要求整个体系密闭。开动真空油泵抽真空，并用煤气灯烘烤单口烧瓶、冷凝管等玻璃仪器，尽量除去系统中的空气，然后关闭抽真空活塞和压力计活塞。

（3）将干燥好的甲基丙烯酸甲酯加入减压蒸馏装置，开始抽真空，控制体系压力为 13.3kPa（100mmHg）后开始加热，收集 40℃ 左右的馏分。

（4）为防止自聚，精制好的单体要在高纯氮的保护下密封后放入冰箱中保存待用。

二、过氧化苯甲酰的精制

[实验目的]

（1）了解过氧化苯甲酰的基本性质和保存方法。

（2）掌握过氧化苯甲酰的精制方法。

[实验原理]

过氧化苯甲酰（BPO）可由苯甲酰氯在碱性溶液内用过氧化氢氧化合成。它为白色结晶性粉末，熔点为 103~106℃（分解），溶于乙醚、丙酮、氯仿和苯，易燃烧，受撞击、热、摩擦时会爆炸。BPO 在不同溶剂中的溶解度见表 8-8。

表 8-8　过氧化苯甲酰的溶解度（20℃）

溶　剂	石油醚	甲　醇	乙　醇	甲　苯	丙　酮	苯	氯　仿
溶解度/g·(100mL)$^{-1}$	0.5	1.0	1.5	11.0	14.6	16.4	31.6

常规试剂级 BPO 由于长期保存可能存在部分分解，且本身纯度不高，因此在用于聚合前需进行精制。BPO 的提纯常采用重结晶法。

重结晶时要注意溶解温度过高会发生爆炸，因此操作温度不宜过高。如考虑甲醇有毒，可用乙醇代替，但丙酮和乙醚对过氧化苯甲酸有诱发分解作用，因此不适合做重结晶的溶剂。

[实验试剂和仪器]

（1）主要实验试剂：过氧化苯甲酰；氯仿；乙醇；冰块。

（2）主要实验仪器：电子天平；200mL 烧杯；100mL 烧杯；40mL 烧杯；布氏漏斗；玻璃棒。

[实验步骤]

（1）室温下在 40mL 烧杯中加入 2.5g BPO 和 10mL 氯仿，慢慢搅拌，使之溶解。

（2）溶液过滤，滤液直接滴入 25mL 用冰水冷却的乙醇中，则有白色针状结晶生成。

（3）含有白色针状结晶的溶液用布氏漏斗过滤，再用冷的乙醇洗涤 3 次，每次用乙醇 5mL，抽干。反复重结晶 2 次后，将半固体结晶物置于 60℃ 烘箱中干燥 1h 后放在棕色瓶中，置于真空干燥器中备用。

三、透明有机玻璃板材制备

[实验目的]

（1）熟悉自由基本体聚合的特点和聚合方法。

（2）掌握有机玻璃板的制备方法，了解其工艺过程。

[实验原理]

本体聚合是指单体仅在少量的引发剂存在下进行的聚合反应，或者直接在热、光和辐照作用下进行的聚合反应。本体聚合具有产品纯度高和无需后处理等优点，可直接聚合成各种规格的型材。但是由于体系黏度大，聚合热难以散去，反应控制困难，导致产品发黄，出现气泡，从而影响产品的质量。

本体聚合进行到一定程度，体系黏度大大增加，大分子链的移动困难，而单体分子扩散受到的影响不大。链引发和链增长反应照常进行，而增长链自由基的终止受止限制，结果使得聚合反应速度增加，聚合物相对分子质量变大，出现所谓的自动加速效应。更高的聚合速率导致更多的热量生成，如果聚合热不能及时散去，会使局部反应"雪崩"似的加速进行而失去控制。因此，自由基本体聚合中控制聚合速率使聚合反应平稳进行是获取无瑕疵型材的关键。

有机玻璃是通过甲基丙烯酸甲酯的本体聚合制备的。甲基丙烯酸甲酯的密度（$0.94g/cm^3$）小于聚合物的密度，在聚合过程中会出现较为明显的体积收缩。为了避免体积收缩和有利于散热，工业上往往采用二步法制备有机玻璃。在过氧化苯甲酰（BPO）引发下，甲基丙烯酸甲酯聚合初期平稳反应，当转化率超过20%之后，聚合体系黏度增加，聚合速率显著增加。此时应该停止第一阶段反应，将聚合浆液转移到模具中，低温反应较长时间。当转化率达到90%以上时，聚合物已经成型，可以升温使单体完全聚合。

[实验试剂和仪器]

（1）主要实验试剂：过氧化苯甲酰；甲基丙烯酸甲酯；硅油。

（2）主要实验仪器：恒温水浴磁力搅拌器；恒温水浴锅；电子天平；250mL三口烧瓶；100℃温度计；氮气袋；玻璃棒；玻璃板。

[实验步骤]

（1）预聚物的制备。准确称取 $0.15 \sim 0.30g$ 过氧化苯甲酰、50g 甲基丙烯酸甲酯，混合均匀，置于三口烧瓶中，开动磁力搅拌器，并通入氮气，然后水浴升温至 $80 \sim 90℃$，反应约 $20 \sim 40min$，体系达到一定黏度（相当于甘油黏度的两倍，转化率为 $7\% \sim 15\%$）后，停止加热，迅速冷却至室温，使聚合反应缓慢进行。

（2）制模。取两块玻璃板洗净、烘干，在玻璃板的一面涂上一层硅油作为脱模剂。玻璃板外沿垫上适当厚度的垫片（涂硅油面朝内），并在四周糊上厚牛皮纸，并预留一注料口。

（3）浇铸成型。将上述预聚物浆液通过注料口缓缓注入模腔内，注意排净气泡。待模腔灌满后，静置30min，用牛皮纸密封，再放在牛皮纸袋中。将模子的注料口朝上垂直放入恒温水浴锅内，分别在70～75℃、65～70℃、60～65℃、55～60℃、50～55℃聚合10～20min、20～30min、30～40min、40～60min、60～90min后，聚合度达90%以上，然后温度升至100～120℃处理60～120min，使聚合度达95%以上。

（4）脱模、修边、打磨、抛光。

四、有机玻璃板可见光透过测定

[实验目的]

（1）熟悉描绘有机玻璃透明度的技术指标。
（2）掌握有机玻璃板可见光透过率测试方法。
（3）了解有机玻璃可见光透过率测试原理。

[实验原理]

透光率是表征树脂透明程度的一个最重要的性能指标。一种树脂的透光率越高，其透明性就越好。塑料制品透明的条件有两个：一为制品是非结晶体；二为虽部分结晶但颗粒细小，小于可见光波长范围，不妨碍太阳光光谱中可见光和近红外光的透过。任何一种透明材料的透光率都达不到100%，即使是透明性最好的光学玻璃的透光率一般也难以超过95%。造成入射光通量在媒体中损失的主要原因有如下几个方面：

（1）光的反射。反射即入射光进入聚合物表面而返回的光通量。反射光通量占光在透过媒体时损失的大部分。衡量光的反射程度可用反射率 R 表征，反射率可通过折射率 n 进行计算。例如，PMMA 的折射率 $n=1.492$，则其 R 经计算为3.9%，这说明 PMMA 的反射光比较小，透光率大，透明性好。

（2）光的吸收。入射到聚合物上的光通量既没有透过也没有反射部分的光通量即为光的吸收。优良的透明塑料光的吸收很小。光线吸收的大小取决于聚合物本身的结构，主要指分子链上原子基团与化学键的性质。例如，含有双键（冗键）的聚合物易于吸收可见光而产生能级的转移。还以 PMMA 为例，其透光率一般为93%，反射率为3.9%，则其余3.1%即为光的吸收与光的散射两者之和。

（3）光的散射。光的散射即光线入射到聚合物表面，既没有透过也没有反射和吸收的那部分光通量，其所占比例较小。造成光散射的原因有：制品表面粗糙不平，聚合物内部结构不均匀，如相对分子质量分布不均匀、无序相与结晶相共存等。结晶聚合物的散射比较严重，只有结晶聚合物的晶体颗粒小于可见光波长时，才能像非晶聚合物那样不引起散射，光线全部透过，提高透明度。如 PE、PP 等结晶聚合物只有用快速冷却的方法才可得到低结晶度、晶体颗粒细的制品，取得一定的透明性；但对有些结晶塑料品种而言，要想控制太低的结晶度很困难，总有部分光被散射，造成薄膜的半透明。另外，通过拉伸的方法可使结晶颗粒变细，并使透明度迅速提高，如可使 BOPP 膜的透明性迅速提高。只有 TPX 塑料比较特殊，其结晶颗粒比较小，无论结晶度大小，制品都透明。

[实验仪器及材料]

cary 5000 紫外可见近红外分光光度计；有机玻璃板。

[实验步骤]

（1）样品准备。
（2）参数设定。
（3）测试。
（4）谱图分析。

[实验报告要求]

（1）实验报告无需撰写实验目的与实验原理。
（2）实验报告必须撰写实验设备名称及型号，原料名称及牌号，实验过程，实验现象，实验样品与谱图，实验结果分析，实验心得与建议。

[注意事项]

（1）甲基丙烯酸甲酯减压蒸馏时，应先抽真空达到要求压力后再升温，且温度不宜过高。
（2）过氧化苯甲酰重结晶时，冰乙醇的量不宜过大，防止震动。
（3）甲基丙烯酸甲酯预聚时，必须通入氮气，反应过程中需密切关注体系黏度的变化。
（4）灌模时，一定要慢慢将预聚浆料灌入，且要静置30min。
（5）后聚合时，模具一定要密封防水。

[思考题]

（1）甲基丙烯酸甲酯减压蒸馏时，应先抽真空达到要求压力后再升温，且温度不宜过高，为什么？
（2）过氧化苯甲酰重结晶时，冰乙醇的量不宜过大，防止震动，为什么？
（3）甲基丙烯酸甲酯预聚时，必须通入氮气，反应过程中密切关注体系黏度的变化，为什么？
（4）灌模时，一定要慢慢将预聚浆料灌入，且要静置30min，为什么？
（5）后聚合时，模具一定要密封防水，为什么？
（6）描述有机玻璃透明度的技术指标有哪些？

参 考 文 献

[1] 赵德仁，张慰盛．高聚物合成工艺学[M]．2版．北京：化学工业出版社，1996．
[2] 张兴英，李齐方．高分子科学实验[M]．北京：化学工业出版社，2004．
[3] 袁新强，冯小明，丁继勇，王岳云，赵凯斌，任金玲，付蕾．一种夜光有机玻璃内嵌工艺品的生产方法[P]．中国：CN 102161719A，2011-08-24．

实验 73　PVC 助剂对板材性能的影响

[实验目的]

（1）掌握 PVC 与改性试剂的混合与塑炼方法。
（2）掌握密炼机、高速混合器、挤出机等混合设备的使用。
（3）了解注塑机、挤出机以及平板硫化机等 PVC 共混料的成型设备的使用方法。
（4）认识 PVC 改性配方中各组分的作用。
（5）掌握 PVC 改性材料的检测方法。

[实验原理]

聚氯乙烯（PVC）是一种用途广泛的通用塑料，其产量仅次于聚乙烯而居于第二位。PVC 具有优良的电绝缘性、耐老化性、耐溶剂性，吸水性低等各种优良的性能，并且 PVC 还有价格低廉的优势。但 PVC 本身也具有许多缺点，比如：（1）耐热性差，高温易分解放出 HCl；（2）硬质聚氯乙烯（HPVC）为脆性；（3）HPVC 表观黏度高，加工流动性不好；（4）纯 PVC 为"硬材料"，抗冲击强度很低。因此，在 PVC 的实际应用中，通常要对 PVC 原材料进行共混改性处理，以改善和克服以上性能缺点，或赋予 PVC 新的性能，进一步拓宽 PVC 的应用范围或满足特殊需求。PVC 的改性通常有以下几种方法：

（1）共聚改性。在 PVC 主链中引入异种单体，有无规共聚和接枝共聚两种。

（2）化学改性。PVC 树脂的氯化反应、交联改性等。

（3）共混改性。通过熔融共混、乳液共混、溶液共混等方式均匀地混入异种高分子相，以改变 PVC 树脂固有特性。常用 NBR、CR、ABS、MBS、CPE、EVA、ACR、PU、PMMA、CPVC 等，通常还要在体系中加入各种稳定剂、增塑剂、改性剂、填料、增强剂、润滑剂、阻燃剂、发泡剂等。

本实验主要采用第三种方法——熔融共混改性。在 PVC 加工应用中，因添加增塑剂量的不同而分为"硬制品"与"软制品"，前者为采用不添加增塑剂或只添加很少量增塑剂的 PVC 制备的产品，可以用以制作各种板材；后者为采用添加大量增塑剂的 PVC 制备的产品，可作为结构件使用。

硬 PVC 共混改性主要是将 PVC 树脂与各种助剂经过混合、塑炼、压制的过程。另外，为了检验 PVC 共混改性的效果，通常还应将材料打制成样条，进行力学性能等材料性能的测试。

PVC 共混改性及性能检验一般分为以下几步：

（1）配方的设计。配方的设计是树脂成型过程的重要步骤，对于 PVC 树脂尤其重要，为了提高 PVC 塑料的成型性能，材料的稳定性和获得良好的制品性能并降低成本，必须在 PVC 树脂中配以各种助剂。硬 PVC 塑料配方通常包含以下组分。

1）树脂。树脂的性能应能满足各种加工成型和最终制品的性能要求，用于硬质 PVC 塑料的树脂通常为绝对黏度为 $1.5 \sim 1.8 \mathrm{mPa \cdot s}$ 的悬浮疏松型树脂。

2）稳定剂。稳定剂的加入可防止 PVC 树脂在高温加工过程中发生降解而使性能变坏，PVC 配方中所用稳定剂通常按化学组分分成六类：铅盐类、钡盐类、金属皂类、有机锡类、环氧脂类和稀土类。

3）润滑剂。润滑剂的主要作用是防止黏附金属，延迟 PVC 的凝胶作用和降低熔体黏度，润滑剂按其作用可分为外润滑剂和内润滑剂两大类，可以是 OP 蜡、PE 蜡等。

4）填充剂。在 PVC 塑料中添加填充剂，可达到大大降低产品成本和改进制品某些性能的目的，常用的填充剂有 $CaCO_3$、$BaSO_4$ 等。

5）改性剂。为改善 PVC 树脂作为硬质塑料应用所存在加工性、热稳定性、耐热性和冲击性差的缺点，常常按要求加入各种改性剂，改性剂主要有以下几类：①冲击改性剂。用以改进 PVC 的抗冲击性及低温脆性等，常用的有氯化聚乙烯（CPE）、乙烯-乙酸乙烯共聚物（EVA）、丙烯酸类共聚物（ACR）、丙烯腈-丁二烯-苯乙烯（ABS）及甲基丙烯酸甲酯-丁二烯-苯乙烯接支共聚物等。②加工改性剂。其作用只改进材料的加工性能而不会明显降低或损害其他物理性能，常用的加工改性剂有丙烯酸酯类、丙烯酸酯和苯乙烯共聚物等。③热变形性能改性剂。用以改进制品的负荷热变形温度，常用丙烯酸酯和苯乙烯类共聚物。

6）增塑剂。增塑剂可增加树脂的可塑性、流动性，使制品具有柔韧性，对于硬质PVC 制品，一般不加或少加（5% 以下）增塑剂，以避免其对某些性能（如耐热性和耐腐蚀性）的影响。

此外，根据需要加入颜料、阻燃剂及发泡剂等。

PVC 配方中各组分的作用是互相关联的，不能孤立地选配，在选择组分时，应全面考虑各方面的因素，按照不同制品的性能要求、原材料来源、价格及成型工艺进行设计。

（2）混合。混合过程是使多相不均态的各组分转变为多相均态的混合料，常用的混合设备有 Z 型捏合机和如图 8-5 所示的高速混合器。

高速混合器是密闭的高强力、非熔融的立式混合设备，由圆筒形混合室和设在混合室底部的高速转动的叶轮组成，在固定的圆筒形容器内，由于搅拌叶的高速旋转而促使物料混合均匀，除了使物料混合均匀外，还有可能使塑料预塑化，在圆筒形混合室内设有挡板，由于挡板的作用可使物料呈流化

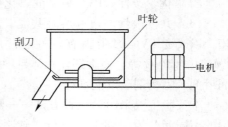

图 8-5　高速混合器

状，有利于物料的分散均匀，在混合时，物料沿容器壁急剧散开，造成旋涡状运动，由于粒子的相互碰撞和摩擦，导致物料升温，水分逃逸，增塑剂被吸收，物料与各组分助剂分散均匀。为提高生产效率，混合过程一般需要加热，并按需要顺序加料。

（3）塑炼。塑炼的目的是使受热的 PVC 塑料反复通过一对相向旋转着的水平辊筒的间隙而被塑化，并经过挤压和延展拉成薄片，在生产中也常通过密炼或挤出来完成塑化过程。密炼机的转子转速、转子速比、加料量、混炼温度以及混炼时间均影响塑化的效果。

（4）压制成型。压制是在一定温度、时间和压力条件下，将叠合的 PVC 薄片加热到黏流温度，并施加压力，加压到一定时间后，在压力下进行冷却的过程。该过程采用 XLB-DQ 平板硫化机来实现，如图 8-6 所示。

压制过程的影响因素有压制温度、压力及压制时间等。

（5）挤出造粒（不执行（3）、（4）两步操作）。将物料经过高速混合器混合过后，可以将共混物料通过挤出机来熔融塑炼和挤出造粒，可以达到相当好的塑炼效果，并可以通过挤出机口模以及切料机的加工制造出均匀的 PVC 共混物料，可供注塑机打制性能测试实验使用。

该过程中，螺杆的转速、料筒各段加热温度、挤出口模的尺寸都是主要的影响因素。

（6）注塑打制样条。用混合均匀的 PVC 塑料颗粒通过 SZ-100/40A 塑料成型机进行力学性能样条的打制，具体过程参见《热塑性塑料注塑成型实验》国家标准或者设备说明书。

图 8-6　XLB-DQ 平板硫化机

（7）性能测试。为了能够检验共混物料的使用性能，可以对改性后的物料进行拉伸、弯曲、冲击等力学性能实验，然后将测试结果与改性前的物料力学性能进行对比，判断其使用性能的改进效果，具体实施可参考《高分子材料拉伸强度与断裂伸长率的测定》、《高分子材料弯曲强度的测定》、《聚合物材料冲击强度的测定》国家标准。另外，未改性的 PVC 塑料加工流动性非常不好，可以采用改性前和改性后的物料进行塑料熔体流动速率的测定，以判断其加工性能的改进效果，具体实施可参考《热塑性塑料熔体流动速率测定》国家标准。

［实验试剂和仪器］

（1）主要实验试剂：PVC 树脂；硬脂酸铅；硬脂酸钡；复合钡镉稳定剂；复合锌钙稳定剂；邻苯二甲酸二丁酯（DBP）或邻苯二甲酸二辛酯（DOP）；磷酸三苯酯（TCP）；CPE 树脂；EVA 树脂；ACR 树脂；轻质 $CaCO_3$；重质 $CaCO_3$；金石红型钛白粉；OP 蜡；硬脂酸丁酯；聚乙烯蜡。

（2）主要实验仪器：样条模具；烘箱；高速混合器；电子天平；烧杯；密炼机；平板硫化机；挤出机；注塑机；熔体流动速率测定仪；扫描电镜；橡塑邵氏硬度计；计算机控制拉力试验机；机械式冲击试验机。

［实验步骤］

（1）配料。要求根据不同的使用环境选择各种添加助剂：稳定剂——硬脂酸铅、硬脂酸钡、复合钡镉稳定剂、复合锌钙稳定剂；增塑剂——邻苯二甲酸二丁酯（DBP）或邻苯二甲酸二辛酯（DOP）、磷酸三苯酯（TCP）；增韧剂——CPE 树脂、EVA 树脂、ACR 树脂；填充剂——轻质 $CaCO_3$、重质 $CaCO_3$；润滑剂——OP 蜡、硬脂酸丁酯、聚乙烯蜡等。

（2）混合。

1）准备。将混合器清扫干净后关闭釜盖和出料阀，在出料口接上接料用塑料袋。

2）调速。开机空转，在转动时将转速调至 1500r/min。

3）加料及混合。将已称量好的 PVC 树脂及辅料倒入混合器中，盖上釜盖，将时间继电器调到 8min，按启动按钮。

4）出料。到达所要求的混合时间后，马达停止转动，打开出料阀，点动按钮出料。

5）清理。待大部分物料排出后，静置 5min，打开釜盖，将混合器内的残料全部扫入袋内。

（3）塑炼。

1）准备。将密炼机的密炼室清扫干净，然后将密炼机开机空转，经检验无异常现象即可开始实验。

2）升温。打开升温系统，使密炼室温度稳定在 165℃左右。

3）塑炼。调节转子的速度、速比，将物料投入到密炼室，混炼 5～15min。

4）出料。到达所要求的混合时间后，马达停止转动，打开出料阀，排出物料。

5）清理。待大部分物料排出后，待密炼室清理干净。

（4）压制。

1）准备。将经过塑炼的 PVC 薄片按模框大小剪成多层片材。

2）烘箱预热。将称重后的样片在 100～120℃的烘箱内预热 10min。

3）热压。

① 升温。将平板硫化机加热，控制上下板温度为（170±1）℃。

② 调压。工作液压的大小可通过压力调节阀进行调节，要求压力表指示压力在 3～5MPa 的范围之内。

③ 模具预热。将所用模具在压制温度下预热 10min。

④ 料片预热。将烘箱中的料片取出置于模具框内，将模具置入主平板中央，在压机上预热 10min。

⑤ 加压。开动压机加压，使压力表指针指示到所需要的工作压力，经过 2～7 次卸压放气后，在工作压力下压制 3min。

4）冷压。迅速去掉平板间的压力，将模具取出，放在 450kN 压机上，在油压为 10MPa 条件下冷压。

5）出模。卸掉压机压力，取出模具用铜片开模具，取出制品。

（5）挤出造粒。

1）准备。检查挤出机无误后，接上电源，打开总电源。

2）预热。给螺杆各段设置一个比较合适的温度，加热 15～60min。

3）开启马达。待料筒内残余料塑化好后，打开马达电源，使螺杆转动起来。

4）挤出。通过螺杆挤出 PVC 共混物料。

5）造粒。将挤出的小尺寸料棒用切料机切成均匀的小颗粒。

（6）打制样条。用注塑机进行力学性能实验样条的打制。

（7）性能测试。可以开展的性能测试有：用扫描电镜观察微观结构变化、用橡塑邵氏硬度计测硬度、用计算机控制拉力试验机测拉伸强度和拉伸韧性、用机械式冲击试验机测冲击韧性、热老化性能测试、塑料熔体流动速率实验。

实例：

某一般用途的 PVC 薄膜，提出的要求是：采用热熔压延法生产，各项力学性能良好、半透明、阻燃、硬度值85。

考虑到以上各项性能，最后选择获得的配方为：PVC树脂100份，复合钡镉液体稳定剂2份，硬脂酸0.5份，DOP 32份，TCP 12.3份，轻质碳酸钙8~12份。

[实验报告要求]

（1）简述PVC共混改性的目的、意义和基本原理。

（2）叙述共混的基本过程。

（3）详细说明设计的配方组分、用量及其原因。

（4）详细说明共混工艺流程。

（5）试比较共混改性前后，PVC的力学性能、加工流动性的变化状况，并分析说明各种助剂对PVC共混体系性能的影响。

（6）说说你对PVC改性配方设计的意见和建议。

[注意事项]

（1）配料时称量必须准确。

（2）高速混合器必须在转动情况下调整。

（3）密炼机的转子转速、密炼室温度以及塑炼时间必须严格控制。

（4）在密炼机、挤出机和注塑机的操作过程中，要防止杂物掉入共混料中影响共混性能。

（5）对于注塑机、挤出机、拉力机以及熔体流动速率测定仪等设备，要遵从各设备的安全操作规范，防止人体受到伤害或机器受到损伤。

[思考题]

（1）分析PVC树脂相对分子质量大小与产品性能及加工性能的关系。

（2）分析配方中各个组分的作用。

（3）如果在配方中加入5~10份氯化聚乙烯（CPE），将会对硬质PVC的性能有什么影响？

（4）比较PVC板的压制与酚醛塑料的压制有什么不同。

（5）观察所压制硬板的表观质量，分析出现凹坑、气泡、开裂等现象的原因。

（6）观察注塑成型过程中出现的各种缺陷，分析在PVC共混体系中加入何种助剂可以改善这些缺陷。

（7）通过对性能测试结果的分析，说说还有哪些性能可以进一步改进，通过什么方式来实现。

参 考 文 献

[1] 王国全，王秀芬. 聚合物改性[M]. 2版. 北京：中国轻工业出版社，2009.

[2] 张克惠. 塑料材料学[M]. 西安：西北工业大学出版社，2000.

[3] 董金虎. 助剂对软质PVC性能的影响[J]. 广州化工，2011（22）：55~57.

第九章

创新、设计、探索性实验

实验74　苯乙烯-异戊二烯嵌段共聚物实验

一、苯乙烯、异戊二烯的精制

[实验目的]

（1）了解苯乙烯、异戊二烯单体的储存方法。
（2）掌握苯乙烯、异戊二烯单体的精制方法。

[实验原理]

纯净的苯乙烯为无色或浅黄色透明液体，沸点为 $145.2℃$ ，密度 $d_4^{20} = 0.9060\text{g/cm}^3$ ，折射率 $n_D^{20} = 1.5469$ 。商品苯乙烯为防止自聚一般会加入阻聚剂，同时在储存过程中苯乙烯还溶入了一些水分和空气，因而呈黄色，这些在聚合前必须除去，常用的阻聚剂有对苯二酚等。

阴离子聚合的活性中心能与微量的水、氧、二氧化碳、酸、醇等物质反应而导致活性中心失活，用于阴离子聚合的苯乙烯必须精制。

异戊二烯常温下为无色透明的液体，沸点为 $34℃$ ，密度 $d_4^{20} = 0.6710\text{g/cm}^3$ ，折射率 $n_D^{20} = 1.4216$ 。为防止自聚一般加入对苯二酚阻聚剂，聚合之前必须将阻聚剂除去。

[实验试剂和仪器]

（1）主要实验试剂：苯乙烯；异戊二烯；氢氧化钠；无水氯化钙；氢化钙。
（2）主要实验仪器：分液漏斗；三口烧瓶；刺型分馏柱；冷凝管；温度计；接收瓶。

[实验步骤]

（1）取一只500mL的分液漏斗，加入150mL苯乙烯或异戊二烯，用5%～10%氢氧化钠水溶液反复洗涤数次，每次用量约30mL，洗至无色再用去离子水洗涤，以除去残留的碱液，洗至中性（用pH试纸测试），然后用无水硫酸钠或无水氯化钙干燥。

（2）安装好减压装置，并与真空体系、高纯氮体系连接。要求整个体系密闭，开动抽真空系统，并用煤气灯烘烤三口烧瓶、分馏柱、冷凝管、接收瓶等玻璃仪器，尽量除去系统中的空气，然后关闭抽真空系统，通入高纯氮至正压。待冷却后，再抽真空、烘烤，反复三次。

（3）将干燥好的苯乙烯压入三口烧瓶内，加入 1～2g 的氢化钙在高纯氮保护下进行减压蒸馏。控制体系压力为 2.93kPa（22mmHg）时收集 44℃ 的馏分。由于苯乙烯沸点与真空度密切相关，为了避免体系暴沸，保证体系的真空度稳定，应严格控制体系的真空度。

（4）将干燥的异戊二烯进行常压蒸馏，收集 33～35℃ 的馏分。

（5）为防止自聚，将精制的苯乙烯或异戊二烯在高纯氮保护下装入棕色瓶中密封后放入冰箱中保存备用。

二、正丁基锂的制备

实验方法见实验 70 聚苯乙烯综合实验。

三、苯乙烯、异戊二烯嵌段聚合

[实验目的]

（1）了解阴离子聚合的机理。
（2）掌握苯乙烯、异戊二烯阴离子聚合的实验方法。

[实验原理]

阴离子聚合是连锁式聚合反应的一种，包括链引发、链增长和链终止三个基元反应。

（1）链引发：苯乙烯在引发剂作用下发生阴离子加成反应，形成负离子末端，称为活性中心。

以正丁基锂引发反应为例，其反应为：

$$n\text{-BuLi} + \text{HC}=\text{CH}_2 \longrightarrow n\text{-Bu}-\text{CH}_2-\text{CH}_2^-\text{Li}^+$$

（2）链增长：引发反应生成的活性中心继续与单体加成，逐渐形成聚合物链，当第一单体达到 100% 转化率时，可继续加入第二单体，增长反应可以继续进行。

$$n\text{-Bu}-\text{CH}_2-\text{CH}_2^-\text{Li}^+ + n\text{-HC}=\text{CH}_2 \longrightarrow n\text{-Bu}\left(\text{CH}_2-\text{CH}_2^-\right)_n\text{CH}_2-\text{CH}_2^-\text{Li}^+$$

$$n\text{-Bu}\left(\text{CH}_2-\text{CH}_2^-\right)_n\text{CH}_2-\text{CH}_2^-\text{Li}^+ + (m+1)\text{H}_2\text{C}=\overset{\overset{\text{CH}_3}{|}}{\text{C}}-\text{CH}=\text{CH}_2 \longrightarrow$$

$$n-\text{Bu}\left[\text{CH}_2-\underset{\underset{\text{C}_6\text{H}_5}{|}}{\text{CH}}\right]_{n+1}\left[\text{CH}_2-\underset{\underset{\text{CH}_3}{|}}{\text{C}}=\text{CH}-\text{CH}_2\right]_m\text{CH}_2-\underset{\underset{\text{CH}_3}{|}}{\text{C}}=\text{CH}-\text{CH}_2^-\text{Li}^+$$

（3）链终止：阴离子活性中心非常容易与水、醇、酸等带有活泼氢、氧和二氧化碳等物质反应，而使阴离子活性中心消失，聚合反应终止。

使反应终止的物质可以通过净化原料、净化体系从聚合反应体系中除去，终止反应可以避免，因此阴离子聚合可以做到无终止、无链转移，即活性聚合。

[实验试剂和仪器]

（1）主要实验试剂：见表9-1。

表9-1　苯乙烯-异戊二烯嵌段聚合试剂

试　剂	规　格	作　用	试　剂	规　格	作　用
苯乙烯	精　制	单　体	环己烷	分析纯	溶　剂
异戊二烯	精　制	单　体	四氢呋喃	分析纯	溶　剂
正丁基锂	分析纯	引发剂	甲　醇	化学纯	终止剂沉淀剂

（2）主要实验仪器：聚合瓶；注射器；$\phi 5\text{mm}\times10\text{mm}$ 厚壁乳胶管；止血钳；反口塞。

[配方计算]

（1）设计：单体浓度10%。

苯乙烯：异戊二烯为40：60（质量比）。

聚合物相对分子质量为40000。

总投料量为3g。

正丁基锂浓度为2.9mol/L。

（2）计算：二嵌段单体质量比。

苯乙烯：异戊二烯为40：60（质量比）。

第一段苯乙烯加料量为 $3\times40\%=1.2\text{g}/0.9060=1.32\text{mL}$。

相对分子质量为 $40\%\times40000=16000$。

第二段异戊二烯加料量为 $3\times60\%=1.8\text{g}/0.6211=2.90\text{mL}$。

相对分子质量为 $60\%\times40000=24000$。

活性中心为 $1.2/16000=1.8/24000=7.5\times10^{-5}\text{mol}$。

则正丁基锂加入的量为 $7.5\times10^{-5}/2.9=2.59\times10^{-2}\text{mL}$。

[实验步骤]

（1）净化：将聚合瓶、吸收瓶接入真空体系，用检漏剂检查体系，保证体系不漏。然后抽真空、充氮，反复三次，待冷却后取下。

（2）第一段加料：将精制的30mL环己烷溶液用氮气压入聚合瓶中，用注射器加入1mL精制的四氢呋喃，把1.2g苯乙烯加入聚合瓶中，溶液呈现红色。

（3）杀杂：用1mL注射器抽取正丁基锂，逐滴加入聚合瓶中，同时密切注意颜色的变化，直至出现淡黄色且不消失为止。

（4）第一段聚合：迅速加入计量的引发剂，室温下反应30min。

（5）第二段加料：用正丁基锂对聚合瓶中的异戊二烯溶液进行杀杂，然后将溶液加入到上述聚合瓶中。

（6）第二段聚合：室温下反应60min。

（7）后处理：将聚合液放入100mL甲醇中搅拌，将聚合物沉淀倾去上层清液，将聚合物放入称量瓶中，在真空干燥箱中干燥。

四、聚苯乙烯-聚异戊二烯共聚物嵌段率的测定

[实验目的]

（1）熟悉紫外分光光度法的基本原理。

（2）掌握使用紫外可见分光光度计测定聚（苯乙烯-异戊二烯）共聚组成的方法。

[实验原理]

由于一般具有紫外光谱的化合物 ε 值都很高和重复性好，紫外光谱法的仪器也比较简单，操作方便，所以紫外光谱法在定量分析上有优势。紫外光谱法可用于聚（苯乙烯-异戊二烯）共聚组成的分析。

经实验，选定三氯甲烷为溶剂，260nm为测定波长。在三氯甲烷溶液中，当 $\lambda = 260$ nm 时，异戊二烯吸收很弱，可以忽略。

将聚苯乙烯和聚异戊二烯两种均聚物以不同比例混合，以三氯甲烷为溶剂测得一系列已知苯乙烯含量所对应的吸光度 A 值，做出标准工作曲线见图9-1。于是，只要测得未知物的 A 值就可从曲线上查出苯乙烯含量。

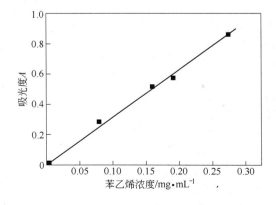

图9-1　聚（苯乙烯-异戊二烯）共聚物中
苯乙烯浓度与吸光度 A 的关系

[实验步骤]

（1）紫外可见分光光度计及软件的操作。

（2）将聚苯乙烯和聚异戊二烯两种均聚物以不同比例混合，然后以三氯甲烷为溶剂配制共混物的三氯甲烷溶液。

（3）以三氯甲烷为溶剂，配制聚（苯乙烯-异戊二烯）溶液。

（4）测定已配制好的一系列已知苯乙烯含量的聚合物共混物在 260nm 上的吸光度。

（5）以聚苯乙烯浓度为横坐标，对应的 A 值为纵坐标，作标准工作曲线。

（6）测定未知聚（苯乙烯-异戊二烯）的三氯甲烷溶液在 260nm 上的吸光度。

（7）根据聚（苯乙烯-异戊二烯）三氯甲烷溶液的 A 值，在工作曲线上查出聚苯乙烯浓度，并计算共聚物中苯乙烯的含量。

实验 75 双酚 A 型环氧树脂的合成及固化实验

一、双酚 A 型环氧树脂的合成

环氧树脂是指含有环氧基的聚合物。环氧树脂的品种有很多，常用的如环氧氯丙烷与酚醛缩合物反应生成的酚醛环氧树脂；环氧氯丙烷与甘油反应生成的甘油环氧树脂；环氧氯丙烷与二酚基丙烷（双酚 A）反应生成的二丙烷环氧树脂等。环氧氯丙烷是主要单体，它可以与各种多元酚类、多元醇类、多元胺类反应，生成各种类型的环氧树脂。

环氧树脂根据它的分子结构大体可以分为 5 种类型：缩水甘油醚类、缩水甘油酯类、缩水甘油胺类、线形脂肪族类、脂环族类。

环氧树脂为主链上含醚键和仲羟基、端基为环氧基的预聚体。其中的醚键和仲羟基为极性基团，可与多种表面之间形成较强的相互作用，而环氧基则可与介质表面的活性基，特别是无机材料或金属材料表面的活性基发生反应形成化学键，产生强力的黏结，因此环氧树脂具有许多优点：（1）黏附力强，在环氧树脂结构中有极性的羟基、醚基和极为活泼的环氧基存在，使环氧分子与相邻界面产生了较强的分子间作用力，而环氧基团则与介质表面，特别是金属表面上的游离键发生反应，形成化学键，因而环氧树脂具有很高的黏合力，用途很广，商业上称为"万能胶"；（2）收缩率低、尺寸稳定性好，环氧树脂和所用的固化剂的反应是通过直接合成来进行的，没有水或其他挥发性副产物放出，因而其固化收缩率很低，小于 2%，比酚醛、聚酯树脂还要小；（3）固化方便，固化后的环氧树脂体系具有优良的力学性能；（4）化学稳定性好，固化后的环氧树脂体系具有优良的耐碱性、耐酸性和耐溶剂性；（5）电绝缘性能好，固化后的环氧树脂体系在宽广的频率和温度范围内具有良好的电绝缘性能。所以环氧树脂用途较为广泛，它可以作为黏合剂、涂料、层压材料、浇铸、浸渍及模具材料等使用。

目前使用的环氧树脂 90% 以上是双酚 A 型环氧树脂，它是由双酚 A 与过量的环氧氯丙烷缩聚而成。

改变原料配比、聚合反应条件（如反应介质、温度及加料顺序等），可获得不同相对分子质量与软化点的产物。为使产物分子链两端都带环氧基，必须使用过量的环氧氯丙烷。树脂中环氧基的含量是反应控制和树脂应用的重要参考指标，根据环氧基的含量可计算产物相对分子质量，环氧基含量也是计算固化剂用量的依据。环氧基含量可用环氧值或环氧基的质量分数来描述。环氧基的质量分数是指每 100g 树脂中所含环氧基的质量。而环氧值是指每 100g 环氧树脂所含环氧基的摩尔数。环氧值可采用滴定的方法来获得。

环氧树脂未固化时为热塑性的线型结构，使用时必须加入固化剂。环氧树脂的固化剂种类很多，有多元的胺、羧酸、酸酐等。

［实验目的］

（1）掌握双酚 A 型环氧树脂的实验室制法。

（2）掌握环氧值的测定方法。

（3）了解环氧树脂的实用方法和性能。

[实验原理]

双酚 A 型环氧树脂产量最大，用途最广，有通用环氧树脂之称。它是环氧氯丙烷与酚基丙烷在氢氧化钠作用下聚合而得的。

其反应式为：

$$(n+2)CH_2\!-\!CHCH_2Cl + (n+1)HO\!-\!\!\bigcirc\!\!-\!\overset{\overset{CH_3}{|}}{\underset{\underset{CH_3}{|}}{C}}\!-\!\!\bigcirc\!\!-\!OH \xrightarrow{(n+2)NaOH}$$

$$CH_2\!-\!CHCH_2\!-\!O\!\!\left[\!-\!\!\bigcirc\!\!-\!\overset{\overset{CH_3}{|}}{\underset{\underset{CH_3}{|}}{C}}\!-\!\!\bigcirc\!\!-\!OCH_2\!-\!\underset{\underset{OH}{|}}{CH}\!-\!CH_2\!\right]_{\!n}$$

$$-OH\!\!\bigcirc\!\!-\!\overset{\overset{CH_3}{|}}{\underset{\underset{CH_3}{|}}{C}}\!-\!\!\bigcirc\!\!-\!OCH_2CH\!-\!CH_2 + (n+2)NaCl + (n+2)H_2O$$

根据不同的原料配比和操作条件（如反应介质、温度和加料顺序），可制得不同相对分子质量的环氧树脂。现生产上将双酚 A 型环氧树脂分为高相对分子质量、中相对分子质量及低相对分子质量 3 种。通常把软化点低于 50℃（平均聚合度 $n<2$）的称为低相对分子质量树脂或称软树脂；软化点在 50～90℃ 之间（$n=2\sim5$）称为中等相对分子质量树脂；软化点在 100℃ 以上（$n>5$）称为高相对分子质量树脂。环氧树脂的相对分子质量与单体的配料比有密切关系，当反应条件相同，环氧氯丙烷与双酚 A 的物质的量的比越接近于 1∶1 时，所得的树脂相对分子质量就越大；碱的用量越多或浓度越高，所得树脂的相对分子质量就越低。

由于环氧树脂在未固化前是热塑性的线形结构，使用时必须加入固化剂。固化剂与环氧树脂的环氧基反应，变成网状的热固性大分子成品。固化剂的种类很多，最常用的有多元胺、酸酐及羧酸等。

[实验试剂和仪器]

（1）主要实验试剂：双酚 A；环氧氯丙烷；甲苯；20% NaOH 溶液；25% 盐酸溶液。

（2）主要实验仪器：三口瓶；冷凝管；滴液漏斗；分液漏斗；蒸馏瓶。

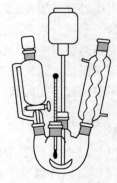

[实验步骤]

（1）树脂制备。实验装置如图 9-2 所示，将 22.5g 双酚 A（0.1mol）、28g 环氧氯丙烷（0.3mol）加入到 250mL 四口瓶

图 9-2　环氧树脂合成装置

中。在室温下搅拌，缓慢升温至 55℃，待双酚 A 全部溶解后，开始滴加 20% NaOH 溶液，在 40min 内滴加完 40mL 至四口瓶中，保持反应温度在 70℃ 以下，若反应温度过高，可减慢滴加速度，滴加完毕后在 90℃ 左右继续反应 2h 后停止，在搅拌下用 25% 稀盐酸中和反应液至中性（注意充分搅拌，使中和完全）。向瓶内加去离子水 30mL、甲苯 60mL。充分搅拌并倒入 250mL 分液漏斗中，静置片刻，分去水层，再用去离子水洗涤数次至水相中无 Cl⁻（用 AgNO₃ 溶液检验），分出有机层，减压蒸去甲苯及残余的水。蒸馏瓶留下浅黄色黏稠液体即为环氧树脂。

（2）环氧值测定。环氧值是指每 100g 环氧树脂中含环氧基的物质的量。它是环氧树脂质量的重要指标，是计算固化剂用量的依据。树脂的相对分子质量越高，环氧值相应降低，一般低相对分子质量环氧树脂的环氧值在 0.48～0.57 之间。另外，还可用环氧基质量分数（每 100g 树脂中含有的环氧基克数）和环氧物质的量（一个环氧基的环氧树脂克数）来表示，三者之间的互换关系如下：

$$环氧值 ＝（环氧基数目／环氧树脂相对分子质量）× 100 ＝ 1/ 环氧物质的量$$

因为环氧树脂中的环氧基在盐酸的有机溶液中能被 HCl 开环，所以测定所消耗的 HCl 的量，即可算出环氧值。其反应式为：

过量的 HCl 用标准 NaOH-乙醇液回滴。

对于相对分子质量小于 1500 的环氧树脂，其环氧值用盐酸-丙酮法测定，相对分子质量高的用盐酸-吡啶法。具体操作如下：准确称取 1g 左右环氧树脂，放入 150mL 的磨口锥形瓶中，用移液管加 125mL 盐酸-丙酮溶液❶，加塞摇晃至树脂完全溶解，放置 1h，加入酚酞指示剂 3 滴，用 NaOH-乙醇溶液❷滴定至浅粉红色，同时按上述条件做空白试验两次。

$$环氧值 ＝ (V_0 - V_1)N/m$$

式中　V_0，V_1——空白和样品滴定所消耗的 NaOH 的体积，L；

　　　　N——NaOH 溶液的浓度，mol/L；

　　　　m——称取树脂质量，g。

［实验结果和讨论］

线形环氧树脂外观为黄色至青铜色的黏稠液体或脆性固体，易溶于有机溶剂中。未加固化剂的环氧树脂有热塑性，可长期储存而不变质。其主要参数是环氧值，固化剂的用量与环氧值成正比，固化剂的用量对成品的力学性能影响很大，必须控制适当。

二、环氧树脂胺类固化剂改性合成实验

固化剂（curing agent）又称为硬化剂（hardene agent），是环氧树脂应用技术范畴中极

---

❶盐酸-丙酮溶液：2mL 浓盐酸溶于 80mL 丙酮中，混合均匀。

❷NaOH-乙醇标准溶液：将 4g NaOH 溶于 100mL 乙醇中，用标准邻苯二甲酸氢钾溶液标定，酚酞作指示剂。

为重要的材料，是决定产品工艺技术和特性的关键组分，环氧树脂应用技术的发展，与固化剂的结构、规格和质量密切相关。运用固化剂实现环氧树脂理想的应用效果，是环氧树脂配方设计的主要任务。

[实验目的]

（1）了解环氧树脂与胺固化剂反应原理。

（2）掌握环氧树脂与胺类固化剂配比计算方法。

（3）掌握胺类固化剂改性方法。

（4）掌握固化剂胺值测定方法。

[实验原理]

（1）固化剂的分类。环氧树脂固化剂按固化反应机理可分为加成型固化剂（多元胺、有机酸酐）催化型固化剂（阴离子聚合、阳离子聚合固化剂）、缩聚交联固化剂（合成树脂类）和自由基引发剂。按固化温度分类，可分为低温固化、常温固化、中温固化、高温固化。通常以化学反应机理和化学结构分类，可分为：多元胺（脂肪族胺、脂环族胺、芳香族胺），酸酐（芳香族酸酐、脂环族酸酐、长链脂肪酸酐），线型合成树脂低聚物（聚酰胺、酚醛树脂、氨基树脂、聚硫化合物），催化剂型（咪唑、BF_3 配合物）。

多元胺是一类品种最多、用量最大的固化剂，其分类如下：

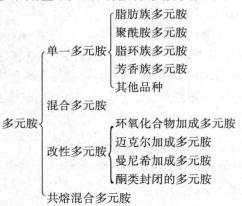

（2）固化剂的结构与特性。固化剂的固化温度和固化物的耐热性有很大关系。同样，在同一类固化剂中，虽然具有相同的官能基，但因化学结构不同，其性质和固化物特性也不同。因此，全面了解具有相同官能基而化学结构不同的多胺固化剂的性状、特点，对选择固化剂来说是很重要的。

在色相、黏度、适用期、反应性固化性等方面存在如下规律：

色相：（优）脂环族→脂肪族→酰胺→芳香胺（劣）

黏度：（低）脂环族→脂肪族→芳香族→酰胺（高）

适用期：（长）芳香族→酰胺→脂环族→脂肪族（短）

反应固化性：（快）脂肪族→脂环族→酰胺→芳香族（慢）

刺激性：（强）脂肪族→芳香族→脂环族→酰胺（弱）

另外，在光泽、柔软性、黏接性、耐酸性、耐水性方面，也呈一定规律性。

光泽：（优）芳香族→脂环族→聚酰胺→脂肪胺（劣）

柔软性：（软）聚酰胺→脂肪族→脂环族→芳香族（刚）

黏接性：（优）聚酰胺→脂环族→脂肪族→芳香族（良）

耐酸性：（优）芳香族→脂环族→脂肪族→聚酰胺（劣）

耐水性：（优）聚酰胺→脂肪胺→脂环胺→芳香胺（良）

对光泽来说，芳香族最好，脂肪族最差。此性质受固化温度的影响，随温度升高，光泽变好。至于柔软性，官能基间距离长的聚酰胺更好一些，而交联密度高的芳香胺则较差。耐热性与柔软性正好相反，而黏接性则与柔软性一致。耐酸性（耐药品性）受化学结构影响，芳香族比较优良，脂肪胺和聚酰胺则易受化学药品腐蚀。耐水性受官能基质量浓度的支配，官能基质量浓度低、疏水度高的聚酰胺类更耐水，而官能基质量浓度高的芳香族则差一些。

（3）胺固化剂的固化化学反应。

1）伯胺与环氧树脂中环氧基的反应。反应活性大的伯胺基首先与环氧基反应使之开环形成主链增长，生成仲胺基和一个羟基。

$$R-NH_2 + H_2C-CH \longrightarrow RN-CH_2-CH-$$
（环氧基O）（H OH）

仲胺基与另外的环氧基反应形成支链，生成叔胺基和一个羟基。

$$R-N-CH_2-CH- + H_2C-CH \longrightarrow R-N \begin{cases} CH_2-CH-OH \\ CH_2-CH_3-OH \end{cases}$$

仲胺和叔胺分子中的羟基可以和环氧基反应生成醚键化反应。

$$R-N-CH_2-CH- + H_2C-CH \longrightarrow RN-CH-CH- $$

最后生成网状结构分子。

胺的化学结构不同，与环氧基的反应速度也不同。当多胺与环氧树脂反应时，醇和酚的存在会促进反应进行，但不能改变最后的反应程度。

2）叔胺与环氧基的反应。叔胺是强碱性化合物，固化环氧树脂是按阴离子聚合机理进行的。它先作用于环氧基，使其开环，生成氧阴离子，氧阴离子攻击环氧基，开环加成，发生连锁反应，固化环氧树脂。

（4）胺固化剂的改性。胺类固化剂在环氧树脂中的应用非常普遍，除了未经改性的单一化合物（例如乙二胺、二乙烯三胺等脂肪族胺，间苯二胺等芳香族胺）外，实际上在很多场合都使用改性多胺固化剂。这是由于多胺经过化学改性处理后改变了原来的一些特

$$R_3N + H_2C\!\!-\!\!CH \longrightarrow R_3N^{\oplus}\!\!-\!\!CH_2\!\!-\!\!CH\!\!-\!\!$$
$$\underset{O}{\diagdown\diagup} \qquad\qquad \underset{O^{\ominus}}{}$$

$$R_3N^{\oplus}\!\!-\!\!CH_2\!\!-\!\!CH\!\!-\!\! + H_2C\!\!-\!\!CH \longrightarrow R_3N^{\oplus}\!\!-\!\!CH_2\!\!-\!\!CH\!\!-\!\!$$
$$\underset{O^{\ominus}}{} \qquad \underset{O}{\diagdown\diagup} \qquad\qquad \underset{O\,-\,CH_2\,-\,CH\,-\,}{}$$
$$\underset{O^{\ominus}}{}$$

性，例如：延长使用时间，改变固化速度；改善固化剂与环氧树脂的相容性，使固化剂由固态变为液态；降低固化剂的挥发性和毒性；降低固化温度；改善和提高环氧树脂固化物的力学、耐热性、电性能以满足工艺条件的要求。因此，固化剂的改性主要指胺类固化剂的化学改性。

（5）胺固化剂用量的计算。

$$w(胺固化剂) = 56100/(胺值 \times fn) \times 环氧值 \tag{9-1}$$

式中　fn——系数，$fn = (n+2)/(n+1)$，n 为多胺中乙基的重复数减去1，二乙烯三胺 fn = 1.5，己二胺 fn = 1.34。

所用环氧树脂为 DYD-128，环氧值为 0.54mol/100g。

[实验试剂]

主要实验试剂：乙二胺（分析纯）；二乙烯三胺（分析纯）；三乙烯四胺（分析纯）；乙醇（分析纯）；缩水甘油醚（工业级）；盐酸（分析纯）；溴酚蓝指示剂（分析纯）；环氧树脂为 DYD-128（工业级）。

[实验步骤]

（1）二乙烯三胺改性实验。

1）按配比称取 55g 二乙烯三胺放入 250mL 四口烧瓶中，水浴加热，通入氮气保护。

2）按比例滴加 98g 缩水甘油醚，控制滴加速率为 3~5mL/min，反应温度控制在 75~85℃之间。

3）缩水甘油醚环氧树脂滴加完毕后，恒温反应。

4）恒温反应 3h 后开始测定胺值（方法见附录），0.5h 测一次，当胺值不再减小时，反应结束。

（2）不同固化体系凝胶时间的测定。

环氧树脂凝胶时间测定方法采用热板拉丝法测量。即在电热板上插温度计，加热到一定温度后恒温，取环氧树脂 1~2g 与固化剂按比例混合，倒在电热板上，测定树脂从液体到开始拉丝所经历的时间，这一时间为该温度下的凝胶化时间，本实验采用 25℃下进行测量。

[附录]　环氧固化剂胺值测定

（1）盐酸滴定法测胺值。

1）定义：胺值是指每克胺类固化剂中和所需的酸（以氢氧化钾的毫克数表示）。

2）原理：分析的原理是用盐酸标准溶液滴定样品中的 NH 组分。一般以乙醇作溶剂，难以溶解的固化剂需用特定的混合溶剂。适用范围：总的胺值的测定（伯胺、仲胺和叔胺总和）。

3）仪器：万分之一分析天平；微量滴定管（10mL，分度 0.05mL）；25mL 带磨口塞三角烧瓶；50mL 量筒。

4）试剂和溶液：盐酸乙醇标准溶液 $c(\text{HCl}) = 0.1\text{mol/L}$；无水乙醇（分析纯）；0.1% 溴酚蓝-乙醇指示剂。

5）测定步骤：准确称取样品 0.1g（精确至 0.002g），置于三角烧瓶中，加 40mL 无水乙醇，待样品完全溶解后，加 2～3 滴 0.1% 溴酚蓝-乙醇指示剂，用 0.1mol/L 盐酸-乙醇标准溶液滴定至刚出现黄色为终点，记下盐酸消耗的毫升数。

6）计算：

$$X = (c \times V \times 0.0561 \times 1000)/m \tag{9-2}$$

式中　X——胺值，mg(NaOH)/g；

　　　c——盐酸-乙醇标准溶液的浓度，mol/L；

　　　V——盐酸-乙醇标准溶液的消耗量，mL；

　　　m——样品的质量，g。

（2）高氯酸法测定胺值。

采用 $c(\text{HCl}) = 0.1\text{mol/L}(0.1\text{N})$ 的盐酸乙醇溶液滴定只适用于脂肪胺，对于聚酰胺树脂测得的胺值偏低，终点不明确。采用高氯酸非水滴定，结果准确，测定方便快速。具体方法如下：

1）试剂。

指示剂：0.1% 甲基紫冰乙酸溶液。

高氯酸标准溶液：70% 高氯酸溶液 4.3mL，溶于 500mL 冰乙酸（分析纯）中，然后再取乙酸酐（分析纯）7.5mL，分数次加入，摇动至混合均匀，放置过夜，使之与高氯酸中的水反应，转化为乙酸，即得到 $c(\text{HClO}_4) = 0.1\text{mol/L}$ 的高氯酸标准溶液。

标准溶液的标定：分析纯邻苯二甲酸氢钾在 110～120℃ 温度下干燥至恒重。准确称取 0.2～0.3g，溶解于冰乙酸中，加入甲基紫指示剂 3～4 滴，用高氯酸标准溶液滴定至溶液由紫色变成纯蓝色，即到终点。

2）测定方法。准确称取适量的样品，置于 250mL 三角瓶中，加入约 25mL 冰乙酸-苯溶剂，摇动至完全溶解，加入甲基紫指示剂 3～4 滴，用高氯酸标准溶液滴定至由紫色变成纯蓝色，即到终点。

3）计算方法。

$$\text{AN(mg(KOH)/g)} = (c \times V \times 56.1)/m \tag{9-3}$$

式中　c——高氯酸标准溶液的浓度，mol/L；

　　　V——高氯酸标准溶液的消耗的体积，mL；

　　　m——样品的质量，g。

4）注意事项。

① 试样溶液中不可含水，以免终点判断困难，并使结果偏低。

② 冰乙酸体积随温度显著变化，最好在恒温室操作，若标定和分析不在同一温度，则胺值须乘以校正系数（F_1）。

温度每升高 1℃，×(1.000 − 0.001)；

温度每下降 1℃，×(1.000 + 0.001)。

③ 高氯酸非水滴定法较盐酸乙醇法准确，特别适用于聚酰胺的胺值测。

三、环氧树脂固化体系配制及力学性能测试

[实验目的]

（1）了解环氧树脂胺固化体系配比计算方法。

（2）掌握环氧树脂固化体系的黏接剪切性能测试方法。

（3）掌握环氧树脂固化物浇铸样体的物理力学性能测试方法。

[实验原理]

（1）环氧树脂固化体系的黏接剪切性能测试。

二乙烯三胺改性固化剂与双酚 A 环氧树脂体系应用于胶黏剂时的性能测试，根据国标 GB 7124—86，采用单搭接拉伸强度试验方法，测其拉伸剪切强度。

剪切试片采用铝合金试片，砂纸打磨后化学氧化处理，两金属片为单搭接结构，形状尺寸如图 9-3 所示。

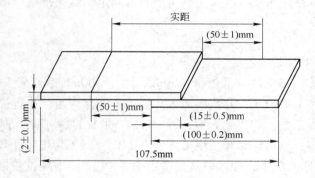

图 9-3　剪切试片示意图

胶黏剂的拉伸剪切强度按下式计算：

$$\tau = P/(B \times L)$$

式中　τ——胶黏剂的拉伸剪切强度，MPa；

　　　P——试样剪切破坏的最大负荷，N；

　　　B——试样搭接面宽度，mm；

　　　L——试样搭接面长度，mm。

由于聚合物胶黏剂对于温度较为敏感，按照标准，在进行常温试验时，温度应控制在 (25 ± 2)℃范围内。测试采用胶黏剂拉伸剪切试验机 NLW-20 型。

（2）环氧树脂固化物浇铸样体的物理力学性能测试。

环氧树脂浇铸样体有四种性能测试方法，分别为：环氧树脂浇铸体拉伸性能测试（GB/T 2568—1995）、环氧树脂浇铸体压缩性能测试（GB/T 2569—1995）、环氧树脂浇铸体弯曲性能测试（GB/T 2570—1995）、环氧树脂浇铸体冲击性能测试（GB/T 2571—1995），实验设备选用 CSS-2200 型万能试验机和 JJ-20 型冲击试验机。

[实验试剂和仪器]

（1）主要实验试剂：二乙烯三胺改性固化剂；乙二胺（分析纯）；二乙烯三胺（分析纯）；乙醇（分析纯）；环氧树脂为 DYD-128（工业级）。

（2）主要实验仪器：胶黏剂拉伸剪切试验机 NLW-20 型；CSS-2200 型万能试验机和 JJ-20 型冲击试验机。

[实验步骤]

（1）剪切片的制备：取大约 2g 环氧树脂，按照理论计算配比，选取（二乙烯三胺改性固化剂固化剂：环氧树脂）1:2.5、1:3、1:3.5、1:4、1:5 五种配比加入固化剂混合固化，放置 5min 左右，均匀涂在处理过的剪切片上，涂胶面积为 15mm×20mm，放置 24h、48h 后，利用胶黏剂拉伸剪切试验机测其抗拉伸剪切值。

（2）以乙二胺、二乙烯三胺为固化剂，计算与环氧树脂的配比，在计算结果的上下设置配比点，按照上述方法与环氧树脂配合，制作剪切片，测定抗拉伸剪切强度，确定最佳配比。

（3）环氧树脂浇铸体的制备：通过对环氧树脂固化物的测定抗拉伸剪切强度分析得出二乙烯三胺改性固化剂与环氧树脂的最佳配比（1:4），首先取约 36g 环氧树脂按照最佳配比加入 9g 固化剂混合固化后，放置约 5min 使树脂中的气泡消失，然后将配制好的树脂浇入处理好的模具中，室温放置 24h 后取出，标记备用。

（4）利用 CSS-2200 型万能试验机和 JJ-20 型冲击试验机测定环氧树脂浇铸体拉伸性能、压缩性能、弯曲性能、冲击性能。

（5）对所获得的实验数据进行分析，比较乙二胺、二乙烯三胺与二乙烯三胺改性固化剂的性能差别。

实验 76 窄相对分子质量分布聚苯乙烯的合成、相对分子质量及分布测定实验设计

一、窄相对分子质量分布的聚苯乙烯合成实验设计

[实验目的]

（1）掌握合成窄相对分子质量分布聚合物的各种聚合机理。
（2）进行聚合机理和聚合方法的选择及确定。
（3）设计聚合配方和聚合反应条件。
（4）了解聚合工艺条件，进一步掌握聚合温度、反应时间等因素的确定方法。

[实验原理]

苯乙烯是一种有 π-π 结构的共轭单体，因此可用多种聚合机理及多种聚合方法进行聚合。从传统的角度看，窄分布聚苯乙烯只能通过阴离子计量聚合合成，但从现在的角度看，则可通过诸如活性自由基聚合、活性阳离子聚合等机理进行合成。

[实验试剂]

苯乙烯是有芳香气味的无色易燃液体，相对密度为 $d_4^{20} = 0.909$，熔点为 $-33℃$，沸点为 $146℃$，溶度参数为 $8.7 \sim 9.1$。

[实验设计]

目标产物：相对分子质量分布指数小于 1.1，相对分子质量为 10000 的聚苯乙烯。
（1）阴离子活性聚合。
1）提示。
① 反应装置：100mL 聚合瓶，装料系数 60% ~ 70%。
② 聚合方法：溶液聚合。
③ 聚合配方：单体浓度 5%（质量分数）。
④ 聚合工艺：反应温度为 55℃，搅拌速率约为 120r/min，反应时间为 3h。
2）要求。
① 论述阴离子活性溶液聚合法合成窄相对分子质量分布聚苯乙烯的优点与不足，写出聚合反应的基元反应。
② 根据提示，计算设计出具体聚合配方。
③ 确定聚合装置及主要仪器，画出聚合装置简图。
④ 设计制定工艺流程，画出工艺流程框图。
⑤ 设计确定聚合工艺条件，给出简要解释。
（2）阳离子活性聚合。
1）提示。

① 反应装置：100mL 聚合瓶，装料系数 60% ~ 70% 。

② 聚合方法：溶液聚合。

③ 聚合配方：单体浓度 5% （质量分数）。

④ 聚合工艺：反应温度 60℃ ，反应时间为 3h。

2）要求。

① 论述阳离子活性溶液聚合法合成窄相对分子质量分布聚苯乙烯的优点与不足，写出聚合反应的基元反应。

② 根据提示，计算设计出具体聚合配方。

③ 确定聚合装置及主要仪器，画出聚合装置简图。

④ 设计制定工艺流程，画出工艺流程框图。

⑤ 设计确定聚合工艺条件，给出简要解释。

（3）自由基活性聚合。

1）提示。

① 反应装置：100mL 聚合瓶，装料系数 60% ~ 70% 。

② 聚合方法：溶液聚合。

③ 聚合配方：单体浓度 5% （质量分数）。

④ 聚合工艺：反应温度 55℃ ，反应时间 8h。

2）要求。

① 论述自由基活性溶液聚合法合成窄相对分子质量分布聚苯乙烯的优点与不足，写出聚合反应的基元反应。

② 根据提示，计算设计出具体聚合配方。

③ 确定聚合装置及主要仪器，画出聚合装置简图。

④ 设计制定工艺流程，画出工艺流程框图。

⑤ 设计确定聚合工艺条件，给出简要解释。

二、相对分子质量及分布测定实验设计

[实验目的]

（1）掌握测定相对分子质量的主要方法和原理。

（2）针对合成的特定聚合物选择合适的相对分子质量测定方法。

（3）根据选定的实验方法制定合理的实验步骤。

（4）测量出聚合物的相对分子质量及分布。

[实验原理]

针对所合成的聚苯乙烯，可用多种相对分子质量测定方法进行表征，可采用黏度法测定高分子溶液的相对分子质量，凝胶渗透色谱法测定聚合物的相对分子质量及分布，气相渗透法测定聚合物的相对分子质量，渗透压法测定聚合物的相对分子质量，光散射法测定聚合物的相对分子质量等。根据现有的实验条件和设备，灵活掌握。

[实验试剂]

聚苯乙烯；四氢呋喃；甲苯；氯仿等。

[实验设计]

测定黏均、数均、重均相对分子质量及分布。

实验 77　苯乙烯-丁二烯共聚合实验设计

[**实验目的**]

（1）掌握以苯乙烯、丁二烯为单体，针对目标产物进行聚合实验设计的基本原理。

（2）进行不同聚合机理、聚合方法的选择及确定。

（3）在体系组成原理、作用、配方设计、用量确定等方面得到初步锻炼。

（4）初步对聚合工艺条件的设置有所了解掌握。

（5）对课堂所学理论进一步深入理解，对实验室所做实验的理论依据有更清楚认识，达到理论与实际应用相结合。

[**实验原理**]

苯乙烯、丁二烯是两种来源广泛的廉价单体，目前都已实现工业化生产，均形成系列化产品。聚苯乙烯为典型的热塑性塑料，聚丁二烯为典型的弹性体，两者的结合则形成一系列不同于两者的新的聚合物。通过苯乙烯和丁二烯的共聚，至今已实现工业化生产的主要共聚物有：合成橡胶的第一大品种，采用自由基乳液聚合法生产的乳聚丁苯橡胶（E-SBR）；近年来兴起的有节能橡胶之称、采用阴离子溶液聚合法生产的溶聚丁苯橡胶（S-SBR）；有第三代橡胶之称的热塑性弹性体，采用阴离子溶液聚合法生产的苯乙烯-丁二烯-苯乙烯三嵌段共聚物（SBS）；通过以橡胶改性的、用途广泛的高抗冲聚苯乙烯，采用自由基本体-悬浮聚合法生产的丁二烯-苯乙烯接枝共聚物（HIPS）等。

苯乙烯-丁二烯共聚合试验设计是以共聚物目标产物的性能为出发点，进而推断出具有此种性能共聚物的大分子结构。由共聚物分子结构可确定所要采用的聚合机理和聚合方法，再确定聚合配方及聚合工艺条件，在此基础上进行聚合。最后对产物进行结构分析及性能测试，结果用于对所确定的合成路线进行修订。下面以星形热塑性弹性体 $(SB)_nR$ 为例，说明设计合成的具体实施。

（1）分子结构的确定。

1）目标产物为一种弹性体，因此大分子链结构应以聚丁二烯为主。作为橡胶的聚丁二烯要体现出弹性，需经硫化形成以化学键为连接点的三维网络结构，但聚丁二烯将因此失去热塑性。由于聚苯乙烯和聚丁二烯内聚能不同，两者混合时会出现"相分离"现象，如能利用聚苯乙烯的热塑性，在大分子聚集态中以"物理交联点"的形式代替化学键形成三维网络结构，则可实现具有塑料加工成型特色的弹性体。

2）考虑目标产物为星形结构，大分子链结构应设计为嵌段共聚物结构，且聚丁二烯处于中间，而聚苯乙烯处于外端。为保证弹性及一定的强度，设计苯乙烯：丁二烯＝30：70（质量比）。

（2）聚合机理及聚合方法的确定。

1）对于合成嵌段共聚合，最好的聚合机理是采用阴离子活性聚合，而丁二烯、苯乙烯均为有 π-π 结构的共轭单体，利于进行阴离子聚合。

2）具体聚合路线为以单锂引发剂引发，先合成出聚苯乙烯-丁二烯的活性链，再加入偶联剂，如四氯化硅，进行偶联反应，形成具有四臂结构的星形聚合物。

3）由于活性链与偶联剂的偶联反应为聚合物的化学反应，为保证反应完全，且有利于传热、传质等，采用溶液聚合。

（3）聚合配方及聚合工艺条件的确定。

1）聚合配方。

① 引发剂。根据要有较高的活性和适当的稳定性的原则，选用正丁基锂作引发剂。用量按阴离子计量聚合原理，以星形聚合物每臂相对分子质量为40000计。

② 单体。苯乙烯：丁二烯 = 30：70（质量比），考虑到要保证偶联反应完全及传热、传质等原因，聚合液单体浓度定为10%（质量分数）。

③ 溶剂。对溶剂的选择首先要求能对引发剂、单体、聚合物有好的溶解性；其次要求稳定，在聚合过程中不发生副反应；然后是无毒、价廉、易得、易回收精制、无三废等。对于阴离子聚合而言，一般可选用烷烃、环烷烃、芳烃等为溶剂，常用的有正己烷、环己烷、苯等。芳烃一般毒性较大，多不采用。从溶度参数看，聚苯乙烯为8.7～9.1，聚丁二烯为8.1～8.5，这样共聚合的溶度参数约为8.3～8.7，正己烷的溶度参数为7.3，环己烷的溶度参数为8.2，根据"相似相溶"的原理，选择环己烷为宜。

④ 偶联剂。四氯化硅，为保证偶联反应完全，以氯为标准，用量为活性中心总数的1.1倍。

⑤ 沉淀剂。乙醇。

以100mL聚合液为标准，按上述要求计算出具体聚合配方。

2）聚合工艺

① 反应装置。根据阴离子聚合机理，要求选用密闭反应体系，且丁二烯常温下为气态，因此选用耐压装置。可用250mL厚壁玻璃聚合瓶，反应前按阴离子聚合要求进行净化、充氮。

② 工艺路线。加入溶剂、苯乙烯、正丁基锂，先合成聚苯乙烯段；再加入丁二烯聚合，得到聚苯乙烯-丁二烯活性链；最后加入四氯化硅进行偶联反应；用乙醇沉淀、干燥，得到星形（SB）$_n$R。

③ 反应温度。考虑常温下丁二烯为气态，确定反应温度为50℃。为保证偶联反应完全，在偶联阶段，升温至60℃反应。

④ 反应时间。由于分子结构要求聚丁二烯段在中间，且为保证性能，要求为完全嵌段型结构，考虑到丁二烯比苯乙烯活泼，为保证各段聚合完全，每段聚合时间定为1h。如需加快反应，可加入少量极性试剂，如四氢呋喃。

（4）分析、测试。

1）用GPC分析相对分子质量及其分布。

2）用NMR分析共聚组成、序列结构和微观结构。

[实验试剂]

单体为苯乙烯和丁二烯，其基本物性参数见表9-2。

表 9-2　单体苯乙烯、丁二烯的基本物性参数

单　体	相对分子质量	相对密度	熔点/℃	沸点/℃
苯乙烯	104	0.91	-30	145
丁二烯	54	0.62	-108.9	-4.4

苯乙烯-丁二烯的竞聚率：自由基共聚 $r_1 = 0.64$，$r_2 = 1.38$；

阴离子共聚 $r_1 = 0.03$，$r_2 = 12.5$（己烷中）；

$r_1 = 4.00$，$r_2 = 0.30$（四氢呋喃中）。

[实验设计]

1. 丁苯橡胶的合成设计

（1）目标产物Ⅰ：线形通用丁苯橡胶。

1）提示。

① 聚合机理及聚合方法：自由基无规共聚，乳液聚合。

② 反应装置：1000mL 聚合釜，装料系数 60% ~70%。

③ 聚合配方：苯乙烯含量为 22% ~23%（质量分数），水：单体 =（70：30）~（60：40）（质量比），每 100g 单体中加入氧化剂 0.10 ~0.25g，还原剂 0.01 ~0.04g，乳化剂 2 ~3g，相对分子质量调节剂 0.10 ~0.20g，终止剂 0.05 ~0.15g。

对于苯乙烯-丁二烯自由基共聚，$r_1 = 0.64$，$r_2 = 1.38$。可根据 Mayer 公式的积分式求出要合成给定共聚组成且组成均匀的无规共聚物，原料配比应为多少？转化率应控制在多少？

2）要求。

① 根据目标产物性能，确定共聚物分子结构，给出简要解释。

② 确定聚合机理及聚合方法，给出简要解释，写出聚合反应的基元反应。

③ 根据提示，计算出具体聚合配方。

④ 确定聚合装置及主要仪器，画出聚合装置简图。

⑤ 制定工艺流程，画出工艺流程框图。

⑥ 确定聚合工艺条件，给出简要解释。

（2）目标产物Ⅱ：星形节能丁苯橡胶。

1）提示。

① 聚合机理及聚合方法：阴离子无规共聚，溶液聚合。

② 反应装置：1000mL 聚合釜，装料系数 60% ~70%。

③ 聚合配方：引发剂为正丁基锂；苯乙烯含量为 24% ~25%（质量分数）；溶剂为环己烷；聚合液浓度为 8%（质量分数）；每臂的相对分子质量为 40000；无规划剂为四氢呋喃，加入量为活性中心的 25 倍（物质的量比）；偶联剂为四氯化锡，以氯为标准，用量为活性中心总数的 1.1 倍（物质的量比）。

苯乙烯-丁二烯在非极性溶剂中进行阴离子共聚，存在 $r_2 > r_1$，如加入适量的极性试剂，则两单体趋于无规共聚。

2）要求。

① 根据目标产物性能，确定共聚物分子结构，给出简要解释。

② 确定聚合机理及聚合方法，给出简要解释，写出聚合反应的基元反应。

③ 根据提示，计算出具体聚合配方。

④ 确定聚合装置及主要仪器，画出聚合装置简图。

⑤ 制定工艺流程，画出工艺流程框图。

⑥ 确定聚合工艺条件，给出简要解释。

2. 高抗冲聚苯乙烯的设计合成

（1）目标产物Ⅰ：接枝型高抗冲聚苯乙烯。

1）提示。

① 聚合机理及聚合方法：自由基接枝共聚，第一步采用本体聚合，第二步采用悬浮聚合。

② 工艺路线。

第一步：将工业级高顺式-聚丁二烯溶于单体苯乙烯中，加入引发剂进行接枝本体聚合，控制苯乙烯转化率在20%左右。

第二步：以上述体系为基础，补加苯乙烯、引发剂，加入分散剂、悬浮剂进行苯乙烯自身的悬浮聚合。

③ 反应装置：1000mL聚合釜，装料系数60%～70%。

④ 聚合配方。

第一步：顺丁橡胶含量10%～14%（质量分数），引发剂用量是苯乙烯用量的1/2000（物质的量比），链转移剂用量是苯乙烯用量的1/3200（物质的量比）。

第二步：补加苯乙烯的量为第一步加入苯乙烯量的6%，补加引发剂的量为补加苯乙烯用量的1/40（物质的量比），水：苯乙烯总量为（75：25）～（70：30）（质量比），悬浮剂的量为苯乙烯总量的0.5%（质量分数）。

⑤ 聚合工艺

第一步：将橡胶剪碎置于苯乙烯中，70℃下搅拌至溶解。反应温度为70～75℃（以BPO为引发剂）。

搅拌速率约120r/min。

反应30min后，反应物由透明变为微浑，随之出现"爬杆"现象，继续反应至"爬杆"现象消失，取样分析转化率，继续反应直到转化率大于20%后停止反应。此时体系为乳白色细腻的糊状物。整个反应时间约5h。

第二步：通氮。

反应温度为85℃（以BPO为引发剂），反应到体系内粒子下沉时升温至95℃继续反应，最后升温至100℃，继续反应至反应结束。

搅拌速率约120r/min。

反应时间为95℃反应1h，100℃反应2h。

⑥ 转化率的测定

在10mL的小烧杯中放入5mg对苯二酚，称出总质量（m_1）。取第一步合成的产物约1g于烧杯中，称出总质量（m_2）。在烧杯中加入95mL乙醇，沉淀出聚合物，在红外灯下烘干，称出总质量（m_3）。则苯乙烯转化率（%）为：

$$苯乙烯转化率 = \frac{(m_3 - m_1) - (m_2 - m_1) \times R}{(m_2 - m_1) - (m_2 - m_1) \times R} \times 100\%$$

式中　R——投料中的橡胶含量，以苯乙烯加料总量计。

2）要求。

① 根据目标产物性能，确定共聚物分子结构，给出简要解释。

② 确定聚合机理及聚合方法，给出简要解释，写出聚合反应的基元反应。

③ 根据提示，计算出具体聚合配方。

④ 确定聚合装置及主要仪器，画出聚合装置简图。

⑤ 制定工艺流程，画出工艺流程框图。

⑥ 确定聚合工艺条件，给出简要解释。

（2）目标产物Ⅱ：嵌段型高抗冲聚苯乙烯。

1）提示。

① 适当控制嵌段共聚物中聚丁二烯的含量，可得到用于制备高透明度制品的高抗冲聚苯乙烯。大分子结构可为多嵌段型。

② 聚合机理及聚合方法：阴离子嵌段共聚，溶液聚合。

③ 反应装置：1000mL 聚合釜，装料系数 60%～70%。

④ 聚合配方：引发剂为正丁基锂，苯乙烯含量为 10%～15%（质量分数），溶剂为环己烷，聚合液浓度为 10%（质量分数），相对分子质量为 100000～150000。

2）要求。

① 根据目标产物性能，确定共聚物分子结构，给出简要解释。

② 确定聚合机理及聚合方法，给出简要解释，写出聚合反应的基元反应。

③ 根据提示，计算出具体聚合配方。

④ 确定聚合装置及主要仪器，画出聚合装置简图。

⑤ 制定工艺流程，画出工艺流程框图。

⑥ 确定聚合工艺条件，给出简要解释。

3. 热塑性弹性体的设计合成

（1）目标产物Ⅰ：苯乙烯-丁二烯-苯乙烯三嵌段共聚物。

1）提示。

① 本书中介绍了以正丁基锂为引发剂的聚合实验，此处请选择一种双锂引发剂。

② 苯乙烯含量为 30%（质量分数），相对分子质量为 150000，聚合液浓度为 10%（质量分数）。

③ 反应装置：1000mL 聚合釜，装料系数 60%～70%。

2）要求。

① 根据目标产物性能，确定共聚物分子结构，给出简要解释。

② 确定聚合机理及聚合方法，给出简要解释，写出聚合反应的基元反应。

③ 根据提示，计算出具体聚合配方。

④ 确定聚合装置及主要仪器，画出聚合装置简图。

⑤ 制定工艺流程，画出工艺流程框图。

⑥ 确定聚合工艺条件，给出简要解释。

（2）目标产物Ⅱ：五嵌段型热塑性弹性体。

1）提示。

① 苯乙烯含量为30%（质量分数），相对分子质量为150000，聚合液浓度为10%（质量分数）。

② 反应装置：1000mL 聚合釜，装料系数60%～70%。

2）要求

① 根据目标产物性能，确定共聚物分子结构，给出简要解释。

② 确定聚合机理及聚合方法，给出简要解释，写出聚合反应的基元反应。

③ 根据提示，计算出具体聚合配方。

④ 确定聚合装置及主要仪器，画出聚合装置简图。

⑤ 制定工艺流程，画出工艺流程框图。

⑥ 确定聚合工艺条件，给出简要解释。

（3）目标产物Ⅲ：星形丁二烯-苯乙烯嵌段共聚物。

1）提示。

① 以丁基锂为引发剂，先合成苯乙烯-丁二烯（聚合顺序是什么?），再用四氯化硅进行偶联。

② 苯乙烯含量为30%（质量分数），每臂的相对分子质量为60000，聚合液浓度为10%（质量分数）：

③ 反应装置：1000mL 聚合釜，装料系数60%～70%。

2）要求。

① 根据目标产物性能，确定共聚物分子结构，给出简要解释。

② 确定聚合机理及聚合方法，给出简要解释，写出聚合反应的基元反应。

③ 根据提示，计算出具体聚合配方。

④ 确定聚合装置及主要仪器，画出聚合装置简图。

⑤ 制定工艺流程，画出工艺流程框图。

⑥ 确定聚合工艺条件，给出简要解释。

实验78　苯丙乳液配方设计与合成

[实验目的]

（1）运用乳液聚合法进行苯丙乳液配方设计与合成，掌握影响乳液聚合的因素。

（2）熟悉乳液常规性能指标测试方法，掌握影响乳液稳定性的因素。

（3）了解种子乳液聚合、核-壳乳液聚合、微乳液聚合和无皂乳液聚合方法。

[实验原理]

乳液聚合是指单体在乳化剂的作用下分散在介质中，加入水溶性引发剂，在搅拌或振荡下进行的非均相聚合反应。它既不同于溶液聚合，也不同于悬浮聚合。乳化剂是乳液聚合的主要成分之一。乳液聚合的引发、增长、终止都在胶束的乳胶粒内进行。单体液滴只是储藏单体的仓库。反应速率主要决定于粒子数，具有快速，相对分子质量高的特点。

苯丙乳液是苯乙烯、丙烯酸酯、丙烯酸三元共聚乳液的简称。苯丙乳液作为一类重要的中间化工产品，有其非常广泛的用途，现已用做建筑涂料、金属表面胶乳涂料、地面涂料、纸张黏合剂、胶黏剂等，具有无毒、无味、不燃、污染少，耐受性好、耐光、耐腐蚀性优良等特点。

[实验试剂和仪器]

（1）主要实验试剂：丙烯酸丁酯；苯乙烯；丙烯酸；十二烷基硫酸钠；OP-10；十六醇；过硫酸铵；$NaHCO_3$；氨水；磷酸三丁酯；去离子水。

（2）主要实验仪器：恒温加热水浴锅；磁力搅拌器；电动搅拌器；电子天平；250mL四口烧瓶；100mL烧杯；40mL烧杯；普通漏斗；恒压滴液漏斗；二口接头；100℃温度计；冷凝管；乳胶管；橡皮塞；药勺。

[实验步骤]

（1）乳液合成配方设计。

要求：采用上述提供的实验试剂和仪器，可任选一种乳液聚合方法进行配方设计；玻璃化温度为30℃；固体含量45%；乳液稳定；乳胶粒粒径为10~20nm。

提示：玻璃化温度可以依据FOX方程进行理论计算；固体含量可以通过水油比来确定；乳液稳定可以通过机械稳定性、钙离子稳定性、冻融稳定性和稀释稳定性进行衡量；乳胶粒粒径可通过乳化剂用量、引发剂用量以及聚合温度和时间等来控制。

（2）乳液合成。

实例：

1）称取过硫酸铵0.20g溶于5mL去离子水中备用。

2）称取含乳化剂十二烷基硫酸钠0.20g、OP-10 3g、$NaHCO_3$ 0.1g的混合液15g，称取丙烯酸丁酯18g、苯乙烯15g、丙烯酸1.5g，混合在烧杯中备用。

3）在装有电动搅拌器、温度计、滴液漏斗、冷凝管的250mL四口烧瓶中加入50g去离子水，再加入乳化剂和混合原料的一半，同时加入一半引发剂，开动搅拌，在78～83℃下反应20min。

4）滴加剩余的原料和引发剂，在20～30min内滴完，然后在85～87℃条件下反应2h，降温至40℃以下，加入磷酸三丁酯、氨水等助剂后放料。

（3）乳液性能测试。

1）凝胶率测定：将制备的乳液用0.147mm（100目）筛子振动过滤，将残留物经去离子水洗涤干净后置于干燥箱中干燥至恒重，称重，则凝胶率为：

$$凝胶率 = \frac{凝胶物质量}{单体总质量} \times 100\%$$

2）固体含量测定：称取少量乳液（大约2g）于表面皿中，置于80℃干燥箱中干燥至恒重，称重，则固体含量为：

$$固体含量 = \frac{乳液质量}{干膜质量} \times 100\%$$

3）转化率测定：称取少量乳液（大约2g）于表面皿中，再加入少量的对苯二酚，摇匀后置于120℃干燥箱中干燥至恒重，称重，则转化率为：

$$转化率 = \frac{乳液质量 \times 固体含量 + 对苯二酚质量 - 干燥恒重质量}{乳液质量 \times 固体含量 + 乳液质量 \times \dfrac{凝胶率}{1 - 凝胶率}} \times 100\%$$

4）机械稳定性测定：先将乳液用0.147mm（100目）筛子过滤，然后用小型高速分散机以4000r/min的速度高速分散10min，然后用0.147mm（100目）筛子过滤，若不出现凝胶，则乳液的机械稳定性好。

5）钙离子稳定性测定：在20mL试管中，加入16mL乳液试样，再加入4mL 0.5%的$CaCl_2$溶液，摇匀，静置48h，若不出现凝胶且无分层现象，则钙离子稳定性合格。

6）冻融稳定性测定：将乳液10g装入20mL试管中，放入冰箱制冷，冷冻15h，再在30℃条件下熔化5h，这样反复冻融，每经过一次不破乳，冻融指数就增加1，冻融指数越高，冻融稳定性越好。

7）稀释稳定性测定：将乳液用去离子水稀释10倍，置于量筒中静置24h，观察有无明显的沉淀，这样可以粗略地估计乳液的稳定性。

8）玻璃化温度测定：将一定量乳液置于烧杯中，加入甲醇使聚合沉淀，经洗涤干燥后得到聚合物，用DSC仪测定。

9）乳胶粒粒径测试：由指导教师完成。

10）微观结构分析：由指导教师完成。

［实验报告要求］

（1）实验报告无需撰写实验目的与实验原理。

（2）实验报告必须撰写乳液合成配方设计思路；实验设备名称及型号；原料名称及牌号；实验配方表；实验步骤；实验测试与结果分析；实验方案优化；实验心得与建议。

［注意事项］

（1）丙烯酸的加入量不宜过大。

（2）保证反应体系的水油比恒定。

（3）控制好单体和引发剂溶液的滴加速度。

（4）控制好反应体系的搅拌速度。

（5）可以通过观察反应体系颜色变化初步判断反应结果。

[思考题]

（1）体系中加入丙烯酸的目的是什么，加入量过大会对反应体系造成什么样的影响？

（2）如何保证反应体系的水油比恒定，水油比变化对反应体系会造成什么样的影响？

（3）控制反应体系的搅拌速度、单体和引发剂溶液的滴加速度有什么意义？

（4）体系反应过程中，颜色发生什么样的变化，颜色变化说明了什么？

（5）影响乳液聚合的因素以及乳液稳定性的因素。

参 考 文 献

［1］赵德仁，张慰盛．高聚物合成工艺学［M］．2版．北京：化学工业出版社，1996．

［2］孔祥正，付仁军，李海洋．乳液聚合共聚物玻璃化转变温度及其理论计算［J］．高等学校化学学报，1993（4）：586～590．

［3］梁晖，卢江．高分子化学实验［M］．北京：化学工业出版社，2005．

实验79 水性环氧树脂乳液合成与表征

[**实验目的**]

（1）了解环氧树脂水性化技术及发展趋势。

（2）运用自乳化法合成水性环氧树脂乳液并进行稳定性评价。

（3）掌握环氧值、酸值的测定方法，运用傅里叶红外光谱分析反应机理。

[**实验原理**]

环氧树脂具有优良的物理力学性能、电绝缘性能、耐化学试剂性能和黏结性能等，作为涂料、浇铸料、模压料、胶黏剂、层压材料等被广泛应用于国民经济的各个领域。由于常用的环氧树脂大多数只溶于芳香烃及酮类等有机溶剂，然而有机溶剂具有易燃、易爆、有毒、污染环境等缺点，给储运和施工带来诸多不便。随着社会的进步和环保的要求，不含挥发有机化合物（VOC）和少含VOC的体系已经成为新型材料制备研究的重点。近年来，以水为溶剂或分散介质的水性环氧树脂的应用越来越受到重视，水性环氧树脂不仅是一种环保型材料，而且施工性较好，可以在潮湿面上施工，对施工环境要求不高，清洗方便，储运和使用安全，因而成为环氧树脂发展的方向。

水性环氧树脂通常是指环氧树脂以微粒、液滴或胶体形式分散于水相中所形成的乳液、水分散体或水溶液，三者之间的区别在于环氧树脂分散相的粒径不同。根据制备方法的不同，环氧树脂水性化有以下四种方法：机械法、化学改性法、相反转法和固化剂乳化法等。

（1）机械法。机械法即直接乳化法，可用球磨机、胶体磨、均质器等将固体环氧树脂预先磨成微米级的环氧树脂粉末，然后加入乳化剂水溶液，再通过机械搅拌将粒子分散于水中；或将环氧树脂和乳化剂混合，加热到适当的温度，在激烈的搅拌下逐渐加入水而形成乳液。用机械法制备水性环氧树脂乳液的优点是工艺简单，所需乳化剂用量较少，但乳液中环氧树脂分散相微粒尺寸较大，粒子形状不规则且尺寸分布较宽，所配得的乳液稳定性差，粒子之间容易相互碰撞而发生凝结现象，并且该乳液的成膜性能也欠佳。当然提高搅拌分散时的温度可以促进乳化剂分子在环氧树脂微粒表面更为有效地吸附，使得环氧树脂微粒能较为稳定地分散在水相中。

（2）化学改性法。化学改性法又称为自乳化法，即将一些亲水性的基团引入到环氧树脂分子链上，或嵌段或接枝，使环氧树脂获得自乳化的性质，当这种改性聚合物加水进行乳化时，疏水性高聚物分子链就会聚集成微粒，离子基团或极性基团分布在这些微粒的表面，由于带有同种电荷而相互排斥，只要满足一定的动力学条件，就可形成稳定的水性环氧树脂乳液，这是化学改性法制备水性环氧树脂的基本原理。根据引入的具有表面活性作用的亲水基团性质的不同，化学改性法制备的水性环氧树脂乳液可分为阴离子型、阳离子型和非离子型三种。

1）阴离子型。通过适当的方法在环氧树脂分子链中引入羧酸、磺酸等功能性基团，中和成盐后的环氧树脂就具备了水可分散的性质。常用的改性方法有功能性单体扩链法和自由基接枝改性法。功能性单体扩链法是利用环氧基与一些低分子扩链剂如氨基酸、氨基苯甲酸、氨基苯磺酸等化合物上的胺基反应，在环氧树脂分子链中引入羧酸、磺酸基团，中和成盐后就可分散在水相中。自由基接枝改性法是利用双酚 A 环氧树脂分子链中的亚甲基活性较大，在过氧化物作用下易于形成自由基，能与乙烯基单体共聚，可将丙烯酸、马来酸酐等单体接枝到环氧树脂分子链中，再中和成盐后就可制得能自乳化的环氧树脂。

2）阳离子型。含胺基的化合物与环氧树脂反应生成含叔胺或季胺碱的环氧树脂，再加入挥发性有机一元弱酸（如乙酸）中和得到阳离子型的水性环氧树脂。这类改性后的环氧树脂在实际中应用较少，这是因为水性环氧固化剂通常是含有胺基的碱性化合物，两个组分混合后，体系容易出现破乳和分层现象而影响该体系的使用性能。

3）非离子型。一般多在环氧树脂链上引入亲水性聚氧乙烯基团，同时保证每个改性环氧树脂分子中有两个或两个以上环氧基，所得的改性环氧树脂不用外加乳化剂即能自分散于水中形成乳液。如用相对分子质量为 4000～20000 的双环氧端基乳化剂与环氧当量为 190 的双酚 A 环氧树脂和双酚 A 混合，以三苯基膦化氢为催化剂进行反应，可制得含亲水性聚氧乙烯、聚氧丙烯链端的环氧树脂，该树脂不用外加乳化剂便可溶于水，且耐水性增强。另外，这种方法制得的粒子较细，通常为纳米级，前面两种方法制得的粒子较大，通常为微米级。从此意义上讲，化学法虽然制备步骤多、成本高，但在某些方面具有实际意义。

在环氧树脂链上引入亲水性聚氧乙烯基团，同时保证每个改性环氧树脂分子上有两个或两个以上环氧基，所得的改性环氧树脂不用外加乳化剂即能自分散于水中形成乳液。如先用聚氧乙烯二醇、聚氧丙烯二醇和环氧树脂反应，形成端基为环氧基的加成物，利用此加成物和环氧当量为 190 的双酚 A 环氧树脂和双酚 A 混合，以三苯基膦为催化剂进行反应，可得到含有亲水性聚氧乙烯、聚氧丙烯链段的环氧树脂。这种环氧树脂不用外加乳化剂即可溶于水中，且由于亲水链段包含在环氧树脂分子中，因而增强了涂膜的耐水性，并且在引入聚氧化乙烯、氧化丙烯链段后，交联固化的网链相对分子质量有所提高，交联密度下降，形成的涂膜有一定的增韧作用。

（3）相反转法。相反转是一种制备高相对分子质量环氧树脂乳液较为有效的方法，Ⅱ型水性环氧树脂涂料体系所用的乳液通常采用相反转方法制备。相反转原指多组分体系（如油/水/乳化剂）中的连续相在一定条件下相互转化的过程，如在油/水/乳化剂体系中，其连续相由水相向油相（或从油相向水相）的转变，在连续相转变区，体系的界面张力最低，因而分散相的尺寸最小。通常的制备方法是在高剪切力条件下先将乳化剂与环氧树脂均匀混合，随后在一定的剪切条件下缓慢地向体系中加入水，随着加水量的增加，整个体系逐步由油包水型转变为水包油型，形成均匀稳定的水可稀释体系。乳化过程通常在常温下进行，对于固态环氧树脂，往往需要借助于少量溶剂和加热使环氧树脂黏度降低后再进行乳化。

（4）固化剂乳化法。Ⅰ型水性环氧树脂体系通常采用固化剂乳化法来制备水性环氧树脂乳液。这类体系中的环氧树脂一般预先不乳化，而由水性环氧固化剂在使用前混合乳化，因而这类固化剂必须既是交联剂又是乳化剂。水性环氧固化剂是以多胺为基础，对多胺固化剂进行加成、接枝、扩链和封端，在其分子中引入具有表面活性作用的非离子型表面活性链段，对低相对分子质量的液体环氧树脂具有良好的乳化作用。用固化剂乳化法制备水性环氧树脂体系的优势是在使用前由固化剂直接乳化环氧树脂，不需考虑环氧树脂乳液的储存稳定性和冻融稳定性；缺点是配得的乳液适用期短。

[**实验试剂和仪器**]

（1）主要实验试剂：环氧树脂 E-51；甲基丙烯酸；苯乙烯；丙烯酸丁酯；乙二醇丁醚；正丁醇；过氧化苯甲酰；二甲基乙醇胺；去离子水。

（2）主要实验仪器：恒温加热油浴锅；磁力搅拌器；电动搅拌器；电子天平；250mL 四口烧瓶；100mL 烧杯；40mL 烧杯；普通漏斗；恒压滴液漏斗；200℃温度计；冷凝管；乳胶管；橡皮塞；药勺。

[**实验步骤**]

（1）环氧树脂水性化方法确定。根据提供的设备及材料确定环氧树脂具体的水性化方法。

（2）水性环氧树脂乳液配方及工艺确定。

要求：根据确定的环氧树脂水性化方法查阅相关文献，并设计配方及工艺。一是要保证合成出水性环氧树脂乳液；二是要改善水性环氧树脂乳液的亲水性，形成漆膜的韧性和硬度。

提示：水性环氧树脂乳液稳定可以通过机械稳定性、钙离子稳定性、冻融稳定性和稀释稳定性进行衡量；水性环氧树脂乳液的亲水性，形成漆膜的韧性和硬度可以通过丙烯酸单体种类及配比来调整。

（3）水性环氧树脂乳液合成。

1）在 100mL 烧杯中加入 8.4g 甲基丙烯酸、4.2g 丙烯酸丁酯和 4.2g 苯乙烯，搅拌均匀得到混合丙烯酸单体，然后向混合丙烯酸单体中加入 0.84g 过氧化苯甲酰，搅拌均匀后移至恒压滴液漏斗中备用。

2）在 250mL 四口烧瓶中加入 10g 乙二醇丁醚和 20g 正丁醇，搅拌均匀得到混合溶剂。

3）然后在搅拌作用下向混合溶剂中加入 35g 环氧树脂 E-51，组装合成装置，然后升温至 110℃，待环氧树脂 E-51 完全溶解后，以一定速度向体系中滴加（同步骤 1），2h 内滴完），同时升温至 120℃，保温反应 3~4h 后降温到 50℃。

4）向体系中加入适量的二甲基乙醇胺中和成盐，调节 pH 值至 7 左右，加去离子水稀释，保温反应 1h 后即得白色乳液。

5）将一定量乳液置于旋转蒸发仪中蒸发得到固体物质，再用去离子水洗涤数次后干燥得到纯净固体物质，研细后备用。

（4）乳液性能测试。

1）机械稳定性测定：根据乳液经 2500r/min 离心 30min 不出现破乳和分层进行评定。

2）钙离子稳定性测定：在 20mL 试管中，加入 16mL 乳液试样，再加入 4mL 0.5% 的 $CaCl_2$ 溶液，摇匀，静置 48h 后若不出现凝胶且无分层现象，则钙离子稳定性合格。

3）冻融稳定性测定：将乳液 10g 装入 20mL 试管中，放入冰箱制冷，冷冻 15h，再在 30℃条件下熔化 5h，这样反复冻融，每经过一次不破乳，冻融指数就增加 1，冻融指数越高，冻融稳定性越好。

4）稀释稳定性测定：将乳液用去离子水稀释10倍，置于量筒中静置24h，观察有无明显的沉淀，这样可以粗略地估计乳液的稳定性。

5）环氧值测定：采用盐酸-丙酮法进行测试。

6）酸值测定：按参考文献［2］中的方法进行测试。

7）玻璃化温度测定：用DSC仪测试。

8）乳胶粒粒径测试：先用去离子水将乳液稀释1000倍，再用粒度仪进行测试。

9）傅里叶红外光谱测试：采用KBr压片法制样，用傅里叶红外光谱仪进行测试。

［实验报告要求］

（1）实验报告无需撰写实验目的与实验原理。

（2）实验报告必须撰写乳液合成配方设计思路，实验设备名称及型号，原料名称及牌号，实验配方表，实验步骤，实验测试与结果分析，实验方案优化，实验心得与建议。

［注意事项］

（1）甲基丙烯酸的加入量要适当。

（2）反应终点的确定。

（3）控制好单体和引发剂溶液的滴加速度。

（4）控制好反应体系的搅拌速度。

（5）可以通过观察反应体系颜色变化初步判断反应结果。

［思考题］

（1）体系中加入甲基丙烯酸的目的是什么，加入量过大会对反应体系造成什么样的影响？

（2）如何控制反应终点？

（3）控制反应体系的搅拌速度、单体和引发剂溶液的滴加速度有什么意义？

（4）体系反应过程中，颜色发生什么样的变化，颜色变化说明了什么？

（5）简述影响乳液聚合以及乳液稳定性的因素。

参 考 文 献

［1］闫福安. 水性树脂与水性涂料［M］. 北京：化学工业出版社，2010.
［2］惠云珍，吴璧耀. 水性环氧树脂乳液的合成及性能研究［J］. 粘接，2008，29（2）：14～17.
［3］刘建平，郑玉斌. 高分子科学与材料工程实验［M］. 北京：化学工业出版社，2005.

实验 80 聚丙烯酰胺絮凝剂的合成与应用

[实验目的]

（1）熟悉聚丙烯酰胺絮凝剂配方设计与合成方法，掌握絮凝作用机理。

（2）了解聚丙烯酰胺絮凝剂的应用方法以及影响絮凝功效的因素。

[实验原理]

聚丙烯酰胺絮凝剂简称 PAM，又分阴离子（HPAM）和阳离子（CPAM）。非离子（NPAM）是一种线型高分子聚合物，是水溶性高分子化合物中应用最为广泛的品种之一。它可通过丙烯酰胺与阳离子型单体、阴离子型单体或非离子型单体进行自由基均聚或共聚而成。它能使悬浮物质通过电中和、架桥吸附作用，起絮凝作用；能通过机械的、物理的、化学的作用，起黏合作用；能有效地降低流体的摩擦阻力，水中加入微量 PAM 就能降阻 50% ~ 80%；在中性和酸性条件下均有增稠作用。PAM 及其衍生物可以用作有效的絮凝剂、增稠剂、纸张增强剂以及液体的减阻剂等，它广泛应用于水处理、造纸、石油、煤炭、矿冶、地质、轻纺、建筑等工业部门。

[实验试剂和仪器]

（1）主要实验试剂：丙烯酰胺；二甲基二烯丙基氯化铵；丙烯酸；氢氧化钠；乙二胺四乙酸；过硫酸铵；偶氮二异丁腈；去离子水。

（2）主要实验仪器：恒温加热水浴锅；电动搅拌器；电子天平；250mL 三口烧瓶；100mL 烧杯；40mL 烧杯；普通漏斗；100℃温度计；冷凝管；乳胶管；橡皮塞；药勺。

[实验步骤]

（1）聚丙烯酰胺絮凝剂配方设计。

要求：采用上述提供的实验试剂和仪器，可任选一种类型的聚丙烯酰胺絮凝剂进行配方设计。

提示：根据聚丙烯酰胺絮凝剂类型选择聚合单体。

（2）聚丙烯酰胺絮凝剂合成。

实例：

1）向 250mL 的三口烧瓶中加入 90g 去离子水，开启搅拌。称取 60g 丙烯酰胺，慢慢加入三口烧瓶内，搅拌溶解成 40%（质量分数）的水溶液。

2）向三口烧瓶中加入 50g 质量分数为 40% 的二甲基二烯丙基氯化铵，加热使体系内温度达到 55℃，加入 0.016g 乙二胺四乙酸，溶解搅拌均匀。加入质量浓度为 10% 的过硫酸铵 160mL，偶氮二异丁腈 32g。

3）向三口烧瓶中加入 0.08mL 质量浓度为 10% 的过硫酸铵，0.016g 偶氮二异丁腈，几分钟之内引发聚合发黏，约 2 ~ 3h，聚合完成。

4）将泡沫状聚合物胶块造粒，70 ~ 80℃烘干 10 ~ 12h，粉碎成为 0.246 ~ 1.168mm

（14～60 目）的成品，即完成。

（3）聚丙烯酰胺絮凝剂应用实验。

1）聚丙烯酰胺絮凝剂在净水应用实验：按《给水处理》和《水处理工程理论与应用》中介绍的凝聚试验方法，模拟净水生产工艺的混合搅拌条件为：搅拌转速 150r/min，搅拌时间 3min；絮凝反应搅拌条件为：搅拌转速 50r/min，搅拌时间 10min。观察并记录矾花形成情况，静止沉淀 10min，同时观察并记录矾花沉淀情况和检测上清液浊度及 pH 值。

2）聚丙烯酰胺絮凝剂在选矿应用实验：用 200mL 烧杯配制 1‰浓度的干粉聚丙烯酰胺絮凝剂溶液，用电磁搅拌器搅拌 1h，静置半小时。采集煤泥水试样并测其浓度，其值为 45.69g/L，分装在两个 500mL 量筒内，每只量筒内煤泥水的量均为 500mL。将配置好的絮凝剂用注射器分别吸取 2mL、2.5mL、3mL 注入量筒内，盖上橡胶塞，上下自然翻转五个循环，观察沉降速度。

［实验报告要求］

（1）实验报告无需撰写实验目的与实验原理。

（2）实验报告必须撰写聚丙烯酰胺絮凝剂配方设计思路，实验设备名称及型号，原料名称及牌号，实验配方表，实验步骤，应用实验结果与分析，实验心得与建议。

［注意事项］

（1）配方中单体浓度、引发剂加入量要控制。

（2）聚合工艺中聚合温度和时间要适宜。

［思考题］

（1）体系单体浓度、引发剂加入量不当会出现什么情况？请解释原因。

（2）聚合工艺中聚合温度和时间不当会出现什么情况？请解释原因。

（3）试解释聚丙烯酰胺絮凝剂的絮凝剂机理控制。

（4）影响聚丙烯酰胺絮凝剂功效的因素有哪些？如何通过配方和工艺来改善。

参 考 文 献

[1] 李风亭，张善发，赵艳. 混凝剂与絮凝剂[M]. 北京：化学工业出版社，2005.

[2] 张兴英，李齐芳. 高分子科学实验[M]. 北京：化学工业出版社，2004.

[3] 徐晓军. 化学絮凝剂作用原理[M]. 北京：科学出版社，2005.

实验 81 环境敏感水凝胶的合成及性能

[实验目的]

(1) 了解自由基聚合机理。

(2) 掌握自由基溶液聚合方法。

(3) 运用溶液聚合法进行水凝胶的配方设计与合成,掌握影响溶液聚合的因素。

(4) 了解环境敏感水凝胶的溶胀性能,掌握水凝胶的溶胀性能测定方法。

[实验原理]

水凝胶是一种主链或支链含有大量亲水性基团的聚合物,并同时是吸附有大量水分的三维网状结构。它吸附的水分常为聚合物自身干重的 0.1 至数千倍。这就使水凝胶既具有确定的形状又具有流动性,同时具有固态和液态两种性能。所以将随环境条件的微小变化,分子构象发生急剧变化的水凝胶称为"环境敏感性水凝胶"或"智能水凝胶"。根据环境影响因素可把环境敏感性水凝胶分为:温度、pH、光、电、磁、声、力、化学物质(含生物物质及离子)以及它们的综合作用等类别的敏感性水凝胶。环境敏感性水凝胶首先满足一般水凝胶的要求,此外还具有特定的结构与功能。

温敏水凝胶是吸水(或溶剂)量在某一温度有突变的一类水凝胶,溶胀比发生突变时的温度即为敏感温度。热胀温敏水凝胶:溶胀比在某一温度附近随温度升高而发生突变式增加,反之则降低,如经共价交联的聚丙烯酰胺凝胶在 42% 丙酮-水混合溶剂中,当温度升至 25℃ 附近,其溶胀比突增至约 10 倍。其他如丙烯酸、甲基丙烯酸共价交联聚合形成的水凝胶也具有热胀敏感性。这种敏感性一般认为与交联网上的酰胺基受热水解有关。热缩温敏水凝胶:在低温下溶胀,在较高温度下收缩。这类水凝胶通常由 N 取代丙烯酰胺和甲基丙烯酰胺或类似单体合成,其共同特点是都有一个温度转变区域——较低临界溶液温度(LCST)。pH 敏感水凝胶是吸水(或溶剂)量随着 pH 改变的一类水凝胶。水凝胶发生显著体积变化的 pH 区域取决于其骨架上的基团,若水凝胶含弱酸基团,它将随 pH 升高膨胀比增大;若水凝胶含弱碱基团则相反。根据 pH 敏感性基团的不同,可分为阴离子、阳离子和两性型三类。阴离子型 pH 敏感水凝胶的可离子化基团一般为—COOH,且常用甲基丙烯酸(MMA)及其衍生物作单体,并加入疏水性单体甲基丙烯酸甲酯/乙酯/丁酯(MMA/EMA/BMA)共聚,以改善其溶胀性能和机械强度。阳离子型 pH 敏感水凝胶的可离子化基团一般为胺基,如 N,N-二甲基/乙基氨乙基甲基丙烯酸甲酯、乙烯基吡啶和丙烯酰胺。两性 pH 敏感水凝胶同时含有酸碱基团,如苯磺酸钠和甲基丙烯酰胺丙基三甲基氯化铵共聚得到的水凝胶。

形成水凝胶的必备条件为:(1)主链或支链含有大量的亲水基团,如:—OH、—OH、—CONH$_2$、—NH、—O—、—SO$_3$H 等。(2)能形成网状体型结构。水凝胶可分为化学水凝胶和物理水凝胶。化学水凝胶:即亲水性单体通过化学交联剂或直接化学反应形成共价键结合,或者经金属离子形成配位结合。物理水凝胶:可经水溶性聚合物通过离子间力(静电排斥或吸引)、物理缠结或辐射、氢键、范德华力、疏水作用等形成。其中化学键与带相异电荷的离子间力作用能形成较牢固的水凝胶，可经历溶胀—收缩非相转变的过程；而氢键、范德华力一般不能形成牢固的水凝胶，通常只经历溶液—凝胶相转变的过程。因此，水凝胶常用的合成方法为：均聚、化学交联聚合、辐射交联聚合、离子型聚合、接枝聚合、共聚合和共混等。

[实验试剂和仪器]

（1）主要实验试剂：丙烯酸；蒸馏水或去离子水；对苯二酚；甲苯；正己烷；氢氧化钠；N-异丙基丙烯酰胺；硝酸铈铵；高锰酸钾；N,N-亚甲基双丙烯酰胺；过硫酸钾；N-丙基丙烯酰胺；N-环丙基丙烯酰胺；甲基丙烯酸；甲基丙烯酸甲酯；丙烯酸甲酯；N,N-二甲基丙烯酸甲酯；丙烯酰胺；丙烯酸丁酯；过硫酸铵；甲醇；乙醇；硝酸；磷酸二氢钾；磷酸氢二钠。

（2）主要实验仪器：扫描电子显微镜；250mL 烧瓶；蒸馏头；直形冷凝管；尾接管；磨口温度计；150mL 烧瓶；乳胶管；100mL 烧杯；50mL 烧杯；恒温加热磁力搅拌器；电动搅拌器；恒温水浴锅；不锈钢匙；移液管；胶头滴管；橡皮塞；药勺；表面皿；pH 计；温度计；干燥箱；冰箱；真空干燥箱；冻干机；电子天平；普通漏斗；试管；恒压滴液漏斗；真空泵；抽滤瓶；布氏漏斗。

[实验步骤]

（1）环境敏感水凝胶配方设计。

要求：采用上述提供的实验试剂和仪器，采用溶液聚合方法进行配方设计；所得水凝胶具有任意一种（温度、pH）或多种（温度及 pH）环境敏感特性；pH 敏感水凝胶要求吸水倍率在 500～1000 之间；温度敏感水凝胶要求吸水倍率不高于 2，且敏感温度在 31℃以上。

提示：吸水倍率可通过引发剂、交联剂的用量（相对于单体）来调节；敏感温度可通过单体的种类及单体与引发剂、交联剂用量比来调节。

（2）环境敏感水凝胶的合成。

实例一：pH 敏感水凝胶的合成

向盛有 30mL 蒸馏水的烧杯中加入 5mL 丙烯酸，将其放入冰盐浴中，搅拌下加入 2.36g 氢氧化钠调节中和度至 80%，然后加入 0.0032g 交联剂（N,N-亚甲基双丙烯酰胺）和 0.0085g 引发剂（过硫酸钾），混合并搅拌均匀，置入 50℃恒温水浴锅中反应 4.5h。取出样品将其剪成小块，置于 120℃烘箱中干燥至恒重后储存备用。

实例二：温度敏感水凝胶的合成

于 100mL 烧杯中将 0.0685g 硝酸铈铵溶解于 10mL 1mol/L 的硝酸中，然后加入 2.24g N-异丙基丙烯酰胺和 0.154g N,N-亚甲基双丙烯酰胺，搅拌均匀后于 30℃恒温水浴中反应 24h。反应结束后，将凝胶切成均匀的小块，用蒸馏水室温下浸泡 48h，在此期间不断换水，除去单体残余物和水溶性小分子及均聚物，至溶液呈中性。然后将凝胶放在 60℃干燥至恒重储存备用。

（3）凝胶性能测试。

1）凝胶溶胀动力学及平衡溶胀比的测定。将质量为 W_0 的干凝胶浸泡在室温

（25℃）、pH = 7.4 的磷酸缓冲溶液中，每隔一定的时间取出凝胶，用滤纸轻轻吸去表面带出的溶液，然后称量（设此时凝胶的质量为 W_t），再继续于溶液中溶胀，直至凝胶质量不再增加（设此时凝胶的质量为 W_e），即达溶胀平衡。通过测定不同时刻凝胶的质量 W_t，以 $(W_t - W_0)/W_0$ 为纵坐标、时间为横坐标作图考察其溶胀动力学；并计算凝胶的平衡溶胀比：$Q_e = (W_e - W_0)/W_0$。

2）凝胶 pH 敏感特性表征。将凝胶样品在不同 pH 值缓冲溶液中的平衡溶胀率，并以平衡溶胀率为纵坐标、pH 值为横坐标作图。

3）凝胶 pH 敏感特性表征。将凝胶样品在 28～37℃ 之间每间隔 0.2℃ 测试该温度下的平衡溶胀率，并以平衡溶胀率为纵坐标、温度为横坐标作图，平衡溶胀率发生突变的温度即为敏感温度。

4）结构表征。将凝胶样品与 KBr 按照 0.5∶100 的比例混合，研细、压片，然后采用傅里叶变换红外光谱仪对凝胶进行结构分析。

5）形貌观察。先将样品表面进行喷金处理，然后采用扫描电子显微镜进行形貌观察。

[实验报告要求]

（1）实验报告无需撰写实验目的与实验原理。

（2）实验报告必须撰写环境敏感水凝胶合成配方设计思路，实验设备名称及型号，原料名称及牌号，实验配方表，实验步骤，实验测试与结果分析，实验方案优化，实验心得与建议。

[注意事项]

（1）控制好单体、引发剂、交联剂的用量比，不宜过大或过小。

（2）保证反应体系在恒温下进行反应。

（3）平衡溶胀比测定一定要保证凝胶不再吸水而使其质量增加，同时保证每次称量前必须吸干凝胶表面的水。

[思考题]

（1）影响溶液聚合的主要因素有哪些？

（2）影响凝胶溶胀比的因素包括哪些？

（3）体系反应过程中，溶液相态有哪些变化？

（4）反应体系中各种反应物的先后加入次序对反应及产物有何影响？

参 考 文 献

[1] 王忠，李雷权，等. 高分子材料与工程专业实验教程[M]. 西安：陕西人民出版社，2007.
[2] 王槐三，寇晓康. 高分子化学教程[M]. 北京：科学出版社，2002.
[3] 梁晖，卢江. 高分子化学实验[M]. 北京：化学工业出版社，2005.
[4] 吴季怀. 高吸水保水材料[M]. 北京：化学工业出版社，2005.

实验82　不饱和聚酯树脂的合成及轻质玻璃钢的研制

[实验目的]

（1）掌握依据已知不饱和聚酯树脂平均相对分子质量进行合成配方设计的方法。
（2）明确酸值、出水量与相对分子质量、反应程度之间的关系。
（3）掌握轻质玻璃钢的制备方法。

[实验原理]

不饱和聚酯是由不饱和二元酸和二元醇缩聚反应的产物。这类聚酯分子中除了含有酯基外，还含有双键，在引发剂存在下，能与烯类单体进行共聚反应，形成有交联结构的热固性树脂。不饱和聚酯黏度低，浸润性好，透明度高，并且有一定的黏附力，主要用于制作玻璃纤维增强塑料，也可以用做胶泥、涂料及浇铸塑料等。

不饱和聚酯的品种很多，主要区别是所用的原料及其配比不同，可以制得从刚性到韧性的树脂，以及具有阻燃性、电绝缘性等系列产品，广泛适应各种性能制品的要求。常用的不饱和酸是顺丁烯二酸酐，这是工业上易得的原料，常用的二元醇有乙二醇、丙二醇和一缩乙二醇等。常用的饱和酸有壬二酸、己二酸和苯酐等。这些饱和酸可以调节线形聚酯链中的双键密度，还能增加聚酯和交联剂苯乙烯的相容性。交联剂除苯乙烯外还可用甲基丙烯酸甲酯和邻苯二甲酸二烯丙酯等。交联点之间交联剂的聚合度大小，取决于不饱和聚酯中的双键与烯类单体的竞聚率及投料比。若聚酯中的双键密度大，交联点之间聚合度小，则交联密度大，使聚酯树脂的弹性低，耐热性好。

玻璃纤维增强塑料品种很多，是近代塑料工业发展方向之一。一般不饱和聚酯用玻璃纤维作填料，因此又称"玻璃钢"。聚酯玻璃钢是不饱和聚酯在过氧化物存在下，与烯类单体交联之前，涂敷在经过预处理过的玻璃布上，在适当温度下低压接触成型固化得到的。它可以用来制造飞机上的大型部件、船体、火车车厢、建筑上的透明瓦楞板、化工设备和管道等。它具有拉伸强度高、密度小、电和热绝缘性优良等特点。

玻璃钢制作分两步进行。第一步是由顺丁烯二酸酐、邻苯二甲酸酐和微过量的乙二醇通过加热熔融缩聚，制得线形不饱和聚酯。反应过程中一般通过测定体系酸值或脱水量来控制聚合度。当酸值降到 50 左右时，可以得到低黏度的液体聚酯，再与含有阻聚剂的苯乙烯混合制成不饱和聚酯树脂。第二步是由线形不饱和聚酯树脂与玻璃纤维复合、交联固化成型得到玻璃钢。

[实验试剂和仪器]

（1）主要实验试剂：相对分子质量 2000 的不饱和聚酯树脂；顺丁烯二酸酐；邻苯二甲酸酐；1,2-丙二醇；苯乙烯；过氧化苯甲酰；对苯二酚；邻苯二甲酸二辛酯；二甲苯胺；玻璃纤维方格布；粉煤灰；聚乙烯薄膜。

（2）主要实验仪器：小型高速分散机；恒温加热油浴锅；电动搅拌器；电子天平；250mL 四口烧瓶；300mm 球形冷凝管；300mm 直形冷凝管；油水分离器；50mL 量筒；氮

气袋；500mL 烧杯；200℃温度计；乳胶管；橡皮塞；药勺；玻璃板；刮刀。

[**实验步骤**]

（1）不饱和聚酯树脂合成配方设计。

要求：采用上述提供的实验试剂和仪器，设计平均相对分子质量为 2000 的不饱和聚酯树脂合成配方；不饱和聚酯树脂的固体含量为 35%。

提示：确定合成不饱和聚酯树脂的二元酸和二元醇；计算不饱和聚酯树脂的平均聚合度；根据线形缩聚平衡方程计算小分子水的残留量、固体含量；固体含量可以通过反应结束后加入苯乙烯调节。

（2）轻质玻璃钢配方设计。

要求：分别采用工业级相对分子质量为 2000 的不饱和聚酯树脂和实验室自制相对分子质量为 2000 的不饱和聚酯树脂为黏结剂，玻璃纤维方格布作为增强体，粉煤灰作为轻质填料进行配方设计。

（3）不饱和聚酯树脂合成。

实例：

1）向 250mL 的四口烧瓶中加入 9.8g 顺丁烯二酸酐、14.8g 邻苯二甲酸酐、9.2g 1,2-丙二醇，密封装置，加热升温，并通入氮气保护，用干燥洁净的 50mL 量筒接收馏分。

2）30min 内升温至 80℃，充分搅拌 1.5h 后升温至 160℃，保持此温度 30min 后取样测酸值。逐渐升温至 190~200℃，并维持此温度。控制蒸馏头的温度在 102℃以下。每隔 1h 测一次酸值。当酸值小于 80mg（KOH）/g 后，每隔 30min 测一次酸值，直到酸值达到 40mg（KOH）/g 左右。

3）停止加热，冷却物料至 170~180℃，加入对苯二酚，充分搅拌，直至溶解。待物料降温至 100℃时，将称量好的苯乙烯迅速倒入四口烧瓶中，要求加完苯乙烯后物料温度不超过 70℃，充分搅拌，使物料冷却至 40℃以下，再取样测一次酸值，然后称量馏出水分，出料备用。

（4）轻质玻璃钢的研制。

实例：

1）在烧杯中，将 40g 不饱和聚酯树脂、1.6g 过氧化苯甲酰-邻苯二甲酸二辛酯糊、10g 粉煤灰、0.004g 二甲苯胺，在小型高速分散机中搅拌混合均匀后备用。

2）裁剪 100mm×100mm 的玻璃纤维方格布 10 块，备用。

3）在光洁的玻璃板上铺上一层聚乙烯薄膜，再铺上一层玻璃纤维方格布，用刮刀刮上一层混合料，使之渗透，小心驱逐气泡，再铺上一层玻璃纤维方格布，反复操作至一定厚度，最后再铺上一层聚乙烯薄膜，驱逐气泡，并压上适当的重物。

4）放置过夜，再于 100~150℃烘干 2h 即可得到轻质玻璃钢。

[**实验报告要求**]

（1）实验报告无需撰写实验目的与实验原理。

（2）实验报告必须撰写不饱和聚酯树脂合成配方设计思路，轻质玻璃钢配方设计思路，实验设备名称及型号，原料名称及牌号，实验配方表，实验步骤，实验结果比较与分析，实验心得与建议。

[注意事项]

（1）反应体系必须通入氮气。

（2）密切关注酸值的变化以及出水情况。

（3）加入苯乙烯后体系温度不宜过高，并且体系需要加入少量的阻聚剂。

（4）玻璃纤维方格布必须进行预处理。

（5）轻质玻璃钢制作过程中必须把气泡及时赶走。

[思考题]

（1）反应体系通入氮气的目的是什么？能否用其他气体代替加入？

（2）为什么反应初期监测酸值的频率低，而反应后期频率高？酸值大小能说明什么问题？

（3）观测记录出水情况能否代替监测酸值，为什么？

（4）加入苯乙烯后体系温度为什么不宜过高？体系为什么还需要加入少量的阻聚剂？

（5）玻璃纤维方格布为什么必须进行预处理？

参 考 文 献

[1] 赵德仁，张慰盛. 高聚物合成工艺学[M]. 2 版. 北京：化学工业出版社，1996.

[2] 张兴英，李齐方. 高分子科学实验[M]. 北京：化学工业出版社，2004.

[3] 刘建平，郑玉斌. 高分子科学与工程材料实验[M]. 北京：化学工业出版社，2005.

实验 83　高分子增塑软质 PVC 的配方设计

[实验目的]

(1) 了解软质和硬质 PVC 的性能差异，以及增塑剂含量对 PVC 材料性能的影响。

(2) 掌握各种添加助剂，尤其是增塑剂对软质 PVC 性能的影响。

(3) 掌握软质 PVC 产品性能的表征及测试方法。

[实验原理]

PVC 是一种用途广泛的通用塑料，其产量仅次于 PE 而居于第二位。PVC 在加工应用中，因增塑剂含量的不同而分为硬质和软质 PVC，两者性能差异较大。软质 PVC 是 PVC 树脂与较多的增塑剂混合塑化后的产物，传统的增塑剂为小分子液体增塑剂，比如说邻苯二甲酸二丁酯（DBP）和邻苯二甲酸二辛酯（DOP）就是最为常用的 PVC 增塑剂。液体增塑剂具有良好的增塑性能，但却易于挥发损失，使 PVC 软制品的耐久性降低。

采用高分子弹性体取代部分或全部液体增塑剂，可大大提高 PVC 软制品的耐久性。这些高分子弹性体实际上起到了 PVC 的大分子增塑增韧的作用，可以用做 PVC 大分子增塑剂的聚合物有 CPE、NBR、EVA、SBS 等。本实验采用 PVC 搪塑成型的方法来成型 PVC 软制品，尝试采用高分子弹性体替换液体增塑剂增塑 PVC 树脂。

[实验试剂和仪器]

(1) 主要实验试剂：聚氯乙烯（PVC）；邻苯二甲酸二丁酯（DBP）；SBS 树脂；CPE 树脂；NBR 树脂；EVA 树脂；硬脂酸钠；ZnO；无水乙醇；甲苯；二甲苯；四氢呋喃；二甲基甲酰胺；甲酸。

(2) 主要实验仪器：样条模具；平板硫化机；烘箱；磁力搅拌器；电子天平；100mL 烧杯；50mL 烧杯；量筒；药勺；扫描电镜；橡塑邵氏硬度计；计算机控制拉力试验机；机械式冲击试验机；热老化实验箱。

[实验步骤]

(1) 高分子弹性体增塑剂溶液的制备。

要求：从 SBS 树脂、CPE 树脂、NBR 树脂、EVA 树脂中任意选择一种作为 PVC 的增塑剂，选择与树脂对应的溶剂以溶解或溶胀该树脂。在保证用高分子弹性体增塑的 PVC 制品与 DBP 增塑的 PVC 制品获得同等性能的条件下，尽可能减少 DBP 增塑剂的用量。

提示：可以同时配置一系列不同高分子弹性体增塑剂含量的软质 PVC 糊料，与用 DBP 增塑的 PVC 软制品性能比较分析后，确定高分子弹性体增塑剂及溶剂的用量。

(2) PVC 糊料的制备。

以 PVC 质量为 100% 作为基准，加入适量的 DOP、硬脂酸钠、ZnO，充分搅拌均匀后，加入经过精确计量的高分子弹性体增塑剂，进一步用磁力搅拌器搅拌均匀。然后，缓慢加入 PVC，继续搅拌约 30min 形成分散均匀的 PVC 糊料。

（3）PVC 软制品的成型。

将经过前两步制备的 PVC 糊料充入模具中，用平板硫化机加热到一定的温度条件下成型，然后冷却取出试样即得到软质 PVC 试样。

（4）PVC 软制品的性能测试。

可以开展的性能测试有：用扫描电镜观察微观结构变化、用橡塑邵氏硬度计测硬度、用计算机控制拉力试验机测拉伸强度和拉伸韧性、用机械式冲击试验机测冲击韧性、用热老化实验箱测老化性能。

实例：

1）以 PVC 质量为 100% 作为基准，在 50mL 烧杯中加入 50% 的四氢呋喃和 30% 的 EVA 树脂，经过充分溶解、搅拌均匀后备用。

2）以 PVC 质量为 100% 作为基准，在 100mL 烧杯中加入 70% 的 DOP、1.5% 的硬脂酸钠、2% 的 ZnO，用磁力搅拌器充分搅拌均匀后；加入 EVA/四氢呋喃溶解，并继续搅拌均匀；在搅拌的状态下，缓慢加入 PVC 树脂粉末，继续搅拌 30min 后形成均匀分散的 PVC 糊料。

3）将 PVC 糊料充入模具中，升温至 175～195℃ 保持 7min 左右，然后冷却取出试样即得到软质 PVC 试样。

［实验报告要求］

（1）实验报告无需撰写实验目的与实验原理。

（2）实验报告必须撰写配方设计思路，实验设备名称及型号，原料名称及牌号，实验配方表，实验步骤，实验测试与结果分析，实验方案优化，实验心得与建议。

［注意事项］

（1）部分试剂挥发性较强，应根据指导老师的提醒佩戴口罩。

（2）助剂种类相同、含量不同的 PVC 糊料制备条件和成型条件必须完全一致。

（3）可以同时加入纤维或纳米颗粒增强 PVC 制品。

（4）PVC 糊料的制备过程中不可以加热。

（5）可以通过目测和手感的方式对 PVC 软制品进行表面质量评价。

［思考题］

（1）软质和硬质 PVC 的根本区别是什么？

（2）SBS 树脂、CPE 树脂、NBR 树脂、EVA 树脂的溶解分别可以采用什么溶剂？

（3）硬脂酸钠和 ZnO 的作用分别是什么？是否能够采用别的物质取代这两种物质？

（4）温度对 PVC 软制品的成型有什么样的影响？

（5）所选用的高分子弹性体增塑剂能有效取代 DBP 增塑剂吗？

参 考 文 献

[1] 王国全，王秀芬. 聚合物改性[M]. 2 版. 北京：中国轻工业出版社，2009.
[2] 董金虎. 助剂对软质 PVC 性能的影响[J]. 广州化工，2011（22）：55～57.
[3] 董金虎. SiO$_2$ 增韧增强 PVC 人造革的研究[J]. 现代塑料加工应用，2010（2）：47～49.

实验 84 高强高韧环氧树脂玻璃钢的制备

[实验目的]

（1）了解工业生产中玻璃钢的制备工艺及成型原理。
（2）掌握玻璃纤维的表面处理方法，掌握环氧树脂的固化机理和固化条件。
（3）掌握玻璃钢增强增韧的方法。
（4）掌握手糊成型工艺。
（5）掌握玻璃钢产品性能的表征及测试方法。

[实验原理]

环氧树脂是热固性的树脂，分子中含有两个或两个以上环氧基团的有机高分子化合物，除个别外，它们的相对分子质量都不高。环氧树脂的分子结构是以分子链中含有活泼的环氧基团为特征，环氧基团可以位于分子链的末端、中间或成环状结构。由于分子结构中含有活泼的环氧基团，使它们可与多种类型的固化剂发生交联反应而形成不溶、不熔的具有三向网状结构的高聚物。

玻璃钢（FRP）手糊成型工艺是玻璃纤维增强热固性塑料制品生产中使用最早的一种成型工艺。尽管随着 FRP 业的迅速发展，新的成型技术不断涌现，但在整个 FRP 工业发展过程中，手糊成型工艺仍占有重要地位。手糊成型工艺操作简便、设备简单、投资少、不受制品形状尺寸限制，可以根据设计要求，铺设不同厚度的增强材料。手糊成型特别适合于制作形状复杂、尺寸较大、用途特殊的 FRP 制品。但手糊成型工艺制品质量不够稳定、不易控制、生产效率低、劳动条件差。

环氧树脂在用于制备 FRP 时，通常以胺类有机物为固化剂，浸渍玻璃纤维，经适当的温度和一定的时间作用，树脂和玻璃纤维紧密黏结在一起，成为一个坚硬的 FRP 整体制品。在这一过程中，玻璃纤维增强材料的物理状态前后没有发生变化，而树脂则从黏流的液态转变成坚硬的固态。根据胺类有机物氨的氢原子活性的高低，环氧树脂可以在低、中、高不同的温度条件下固化，所获得的产品性能也不一样。

手糊成型工艺流程如图 9-4 所示。

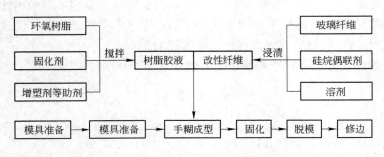

图 9-4 手糊成型工艺流程图

[实验试剂和仪器]

（1）主要实验试剂：环氧树脂（EP）；丙酮；乙二胺；二乙烯三胺；六次甲基四胺；聚酰胺；邻苯二甲酸二丁酯（DBP）或邻苯二甲酸二辛酯（DOP）；玻璃纤维布；硅烷偶联剂；无水乙醇；硅油。

（2）主要实验仪器：样条模具；烘箱；磁力搅拌器；电子天平；烧杯；剪刀；培养皿；手辊；毛刷；一次性塑料杯；一次性手套；滴管；量筒；玻璃棒；扫描电镜；橡塑邵氏硬度计；计算机控制拉力试验机；机械式冲击试验机。

[实验步骤]

（1）玻璃纤维改性。

将硅烷偶联剂用无水乙醇稀释后置于培养皿中，按照模具形腔尺寸裁剪玻璃布若干块浸泡在硅烷偶联剂溶液中 10～20min。

（2）树脂胶液配置。

要求：从乙二胺、二乙烯三胺、六次甲基四胺、聚酰胺中任意选择一种作为环氧树脂的固化剂，按照公式：

$$固化剂用量 = \frac{环氧树脂质量 \times 环氧当量 \times 固化剂相对分子质量}{100 \times 固化剂分子活性氢原子个数}$$

计算固化剂用量。将环氧树脂溶解在适量的丙酮之中，经充分搅拌混合均匀后，加入固化剂并搅拌混合均匀即得树脂胶液。

提示：环氧树脂的固化温度要根据不同的固化剂种类来确定，可以询问老师或查阅资料获得。

（3）模具准备。

在模具型腔中均匀涂抹一层硅油，便于玻璃钢产品固化成型后脱模。

（4）手糊成型工艺。

在模具型腔中用毛刷均匀涂抹一层树脂胶液，然后铺设一层改性玻璃纤维布，用手辊碾压赶出其中的气泡。然后再涂抹一层胶液，铺设一层改性玻璃纤维布，如此反复进行，直到达到所需要的厚度为止（该厚度可根据测试试样的厚度要求来确定）。

（5）玻璃钢制品的性能测试。

可以开展的性能测试有：用扫描电镜观察微观结构变化、用橡塑邵氏硬度计测硬度、用计算机控制拉力试验机测拉伸强度和拉伸韧性、用机械式冲击试验机测冲击韧性、热老化性能测试。

实例：

以二乙烯三胺作为环氧树脂的固化剂，二乙烯三胺的用量约为 10% 环氧树脂的质量。其固化条件是：60～80℃条件下加热 20min，然后在室温条件下存放 3 天。

[实验报告要求]

（1）实验报告无需撰写实验目的与实验原理。

（2）实验报告必须撰写配方设计思路，实验设备名称及型号，原料名称及牌号，实验配方表，实验步骤，实验测试与结果分析，实验方案优化，实验心得与建议。

[注意事项]

（1）部分试剂挥发性较强，应根据指导老师的提醒佩戴口罩；另外树脂胶液黏度较大，应该做好必要的防护处理，比如戴一次性手套。

（2）可以改变玻璃钢固化条件以探讨固化条件对玻璃钢性能的影响。

（3）可以在树脂胶液中加入高分子弹性体来增塑玻璃钢，从而探讨提高玻璃钢的耐久性的问题。

（4）乙二胺为低温固化剂，胶液在搅拌过程中黏度不能太大。

（5）胶液黏度大小对玻璃钢性能影响比较大，做对比分析时，胶液的黏度必须严格控制。

[思考题]

（1）尝试描述环氧树脂的固化机理。

（2）在胶液的配置过程中，能否采用高分子弹性体取代 DBP 液体增塑剂？如何做到？

（3）树脂胶液的黏度对玻璃钢的成型性能及使用性能有什么样的影响？

（4）你采用了几种固化条件来制备玻璃钢？从中有什么收获？

（5）所选用的固化剂最适宜的固化条件是什么？

参 考 文 献

[1] 王国全，王秀芬. 聚合物改性[M]. 2 版. 北京：中国轻工业出版社，2009.

[2] 董金虎. 从玻璃钢手糊成型实验"变革"看实验教学[J]. 科技信息，2010（35）：194.

[3] 冯学斌，彭超义，周娟，等. 风电叶片用环氧树脂/玻璃纤维复合材料性能研究[C]. 第十八届玻璃钢/复合材料学术年会论文集.

[4] 董金虎. 增韧剂对环氧树脂玻璃钢性能影响的研究[J]. 塑料工业，2011（11）：37～40.

附　　录

高分子创新开拓性实验题目

1. 常规乳液聚合生产苯丙乳液及工艺优化
2. 核-壳乳液聚合生产纯丙乳液及工艺优化
3. 微乳液聚合生产苯丙乳液及工艺优化
4. 无皂乳液聚合生产纯丙乳液及工艺优化
5. 离子型水性环氧树脂的研制与性能
6. 丙烯酸接枝改性水性环氧树脂的研制与性能
7. 羟基型水性聚酯树脂的研制与性能
8. 磺酸盐型水性聚酯树脂的研制与性能
9. 温度敏感水凝胶的合成及性能
10. pH 敏感水凝胶的合成及性能
11. 超耐水干酪素贴标胶的研制及性能
12. 高分子量聚丙烯酰胺黏合剂的研制及性能
13. 甲基丙烯酸甲酯原子转移自由基聚合体系引发剂的选择与验证
14. 活性阴离子聚合端基官能化聚合物的制备与表征
15. 活性阳离子聚合遥爪聚合物的制备与表征
16. 纳米 TiO_2 杂化聚酰亚胺薄膜的制备与表征
17. 牙科用 PMMA-ZrO_2 仿生纳米复合材料的设计、制备与性能
18. 高折射率有机-无机纳米杂化透明膜层材料的制备与性能
19. 高透明纤维增强复合材料制备与性能
20. 高强高韧树脂基复合材料制备与性能
21. 高性能橡胶配方设计、制备与性能
22. 高分子吸水纤维配方设计、制备与性能
23. 高分子阻燃材料配方设计、制备与性能
24. 可降解高分子材料配方设计、制备与性能
25. 超高分子质量聚丙烯腈的合成
26. 热敏高分子的制备
27. 聚丙烯腈链结构的表征
28. 聚氯乙烯的共混改性
29. 屏蔽紫外光有机-无机杂化材料的制备
30. 木屑填充 PMMA 研制防火装饰木塑复合板材
31. 粉煤灰填充 PMMA 研制防火隔热亚克力板材
32. 废弃塑料发泡研制防火隔热板材
33. 粉煤灰在可替代水泥砂浆隔热保温建筑底漆中的应用

34. 粉煤灰在耐磨环氧地坪涂料中的应用
35. 利用植物合成有机物单体
36. 利用动物合成有机物单体
37. 利用植物呼吸作用原理应用涂料降低温室效应
38. 室温相变储能材料的研制及其在建筑涂料中的应用
39. 释放负离子抗菌抑菌涂料的研制
40. 氧吧（释放负离子）涂料的研制
41. 红外反射型有机染料的合成
42. 带锈防锈涂料的研制
43. 超高温聚合物的研制
44. 超强超韧高分子材料的研制
45. 聚合物再生技术开发与城市矿产资源中的高分子材料
46. 高分子材料鉴别与应用
47. 聚氨酯植物秸秆复合材料
48. 高分子/苦荞植物驱蚊虫复合材料
49. 高分子/火麻油微胶囊
50. 高分子/火麻粉生命能量复合材料
51. 新的聚合反应实验
52. 丙烯腈的光引发聚合
53. 自由基活性聚合
54. 可控阳离子聚合
55. 基团转移聚合
56. 聚苯胺的电化学合成
57. 微波聚合
58. 微型高分子材料鉴别箱

冶金工业出版社部分图书推荐

书　名	定价(元)
材料科学与工程实验系列教材	
金属材料液态成型实验教程	32.00
金属材料塑性成形实验教程	20.00
材料现代分析测试实验教程	25.00
材料成型与控制实验教程(焊接分册)	36.00
材料科学与工程实验教程(金属材料分册)	43.00
无机非金属材料科学基础	45.00
材料科学基础	45.00
材料腐蚀与防护	25.00
金属材料学(第2版)	52.00
材料物理基础	42.00
金属材料及热处理	35.00
金属材料热加工技术	37.00
工程材料基础	26.00
复合材料	32.00
材料热工基础	40.00
工程材料与成型工艺	32.00
材料的晶体结构原理	26.00
材料成型控制工程基础教程	35.00
材料组织结构转变原理	32.00
纳米材料的制备及应用	33.00
材料成型的物理冶金学基础	26.00
材料成型及控制工程综合实验指导书	22.00
材料成型实验技术	16.00
无机非金属材料实验技术	28.00